Le site compagnon

ESPACE ÉLÈVE

QCM **POUR REVOIR**
Pour continuer tes révisions
Choisis ton QCM

QCM **POUR S'ÉVALUER**
Pour continuer ton entraînement
Choisis ton QCM

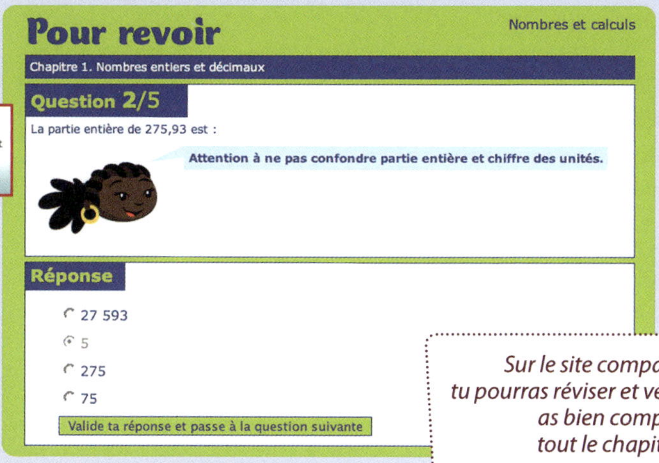

Sur le site compagnon, tu pourras réviser et vérifier que tu as bien compris tout le chapitre.

ESPACE ÉLÈVE

ANIMATIONS
Les animations du cours et des savoir-faire
Regarder

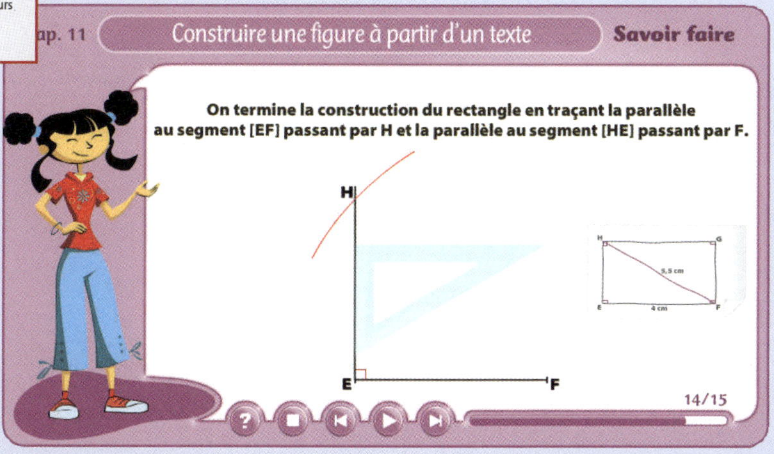

Les animations te permettront de bien comprendre le cours et de revoir les savoir-faire du manuel !

ESPACE ÉLÈVE

VIDÉOS
Les vidéos des fiches méthode
Regarder

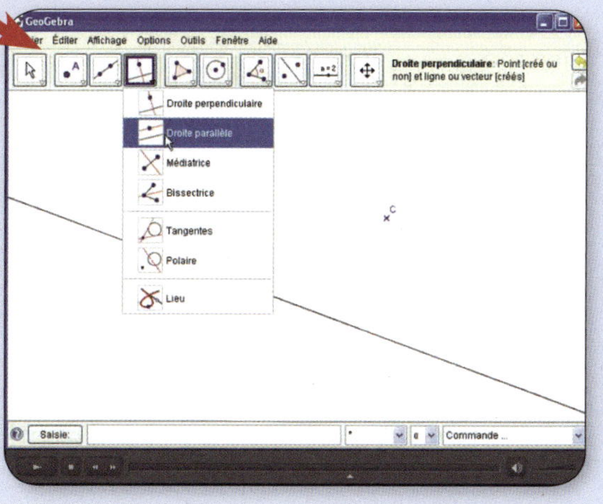

Les vidéos des fiches méthode TICE te permettront d'apprendre à manipuler les logiciels utilisés en maths.

Collection **Myriade**

MATHS 6e

Sous la direction de
Marc Boullis et Didier Roy

Marc Boullis
Yvan Monka
Véronique Nicolle
Stéphane Percot
Didier Roy

Bordas

Sommaire

ISBN 978-2-04-733148-4

Sommaire

Les pictos du manuel

- Utilisation de la calculatrice
- Utilisation de logiciels
- Téléchargement — Téléchargement d'un fichier logiciel sur le site compagnon
- Vidéo — Vidéo sur le site compagnon
- Animation — Animation sur le site compagnon

Pour découvrir le manuel

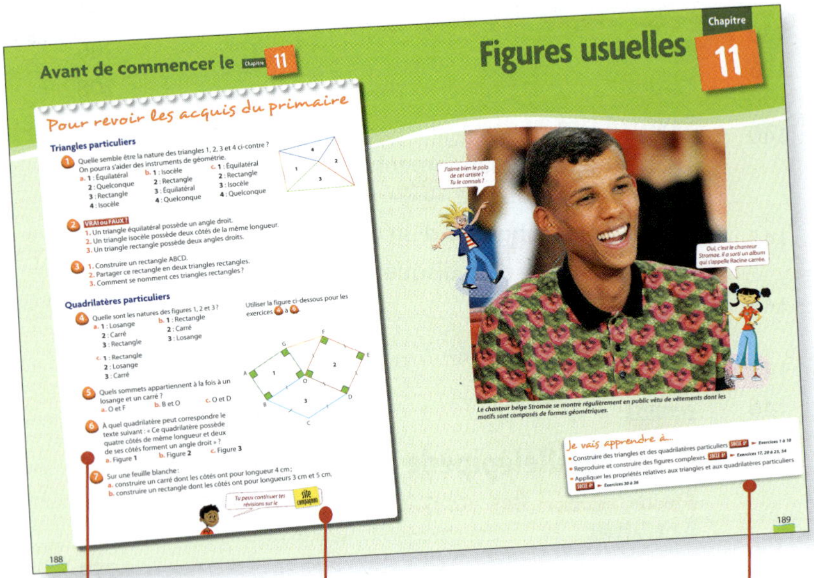

Des **exercices simples** pour revoir les **acquis de l'école primaire**.

Un **QCM interactif** sur le site compagnon pour continuer les révisions.

Les **objectifs du chapitre** avec l'indication des compétences du **socle commun**.

Les activités
courtes et attrayantes pour découvrir les notions

Des **fichiers à télécharger** sur le site compagnon pour aider à réaliser certaines activités.

Des savoir-faire
ciblés sur les compétences du programme

Des **animations à télécharge**
sur le site compagnon.

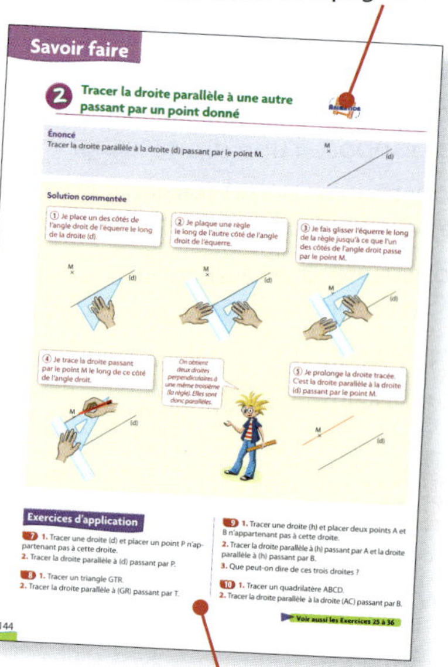

Des **exercices d'applicat**
immédiate avec des renv
vers d'autres exercices.

Un cours clair et structuré écrit pour les élèves

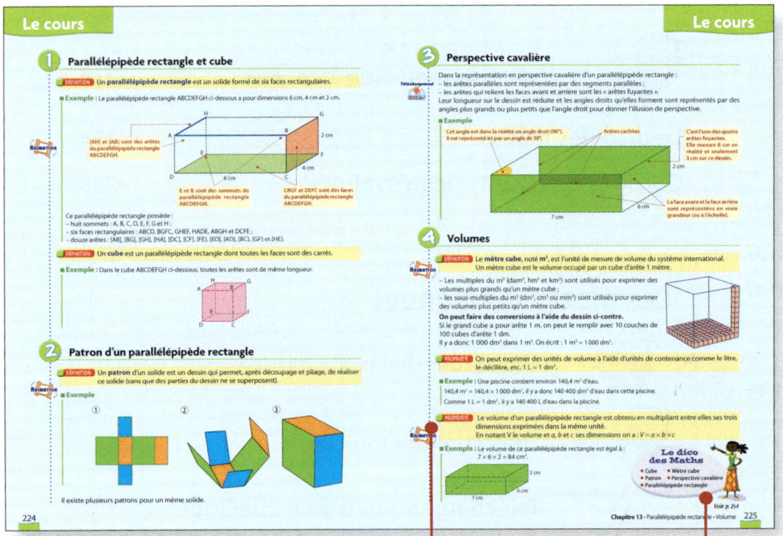

Des **animations à télécharger** sur le site compagnon pour mieux comprendre certaines définitions et propriétés.

« **Le dico des maths** » pour retenir les mots nouveaux.

Les exercices

Un **QCM pour s'évaluer** sur les notions du chapitre, corrigé à la fin du manuel.

e nombreux **exercices** radués et regroupés ar objectifs.

Des **problèmes ouverts** et des **tâches complexes.**

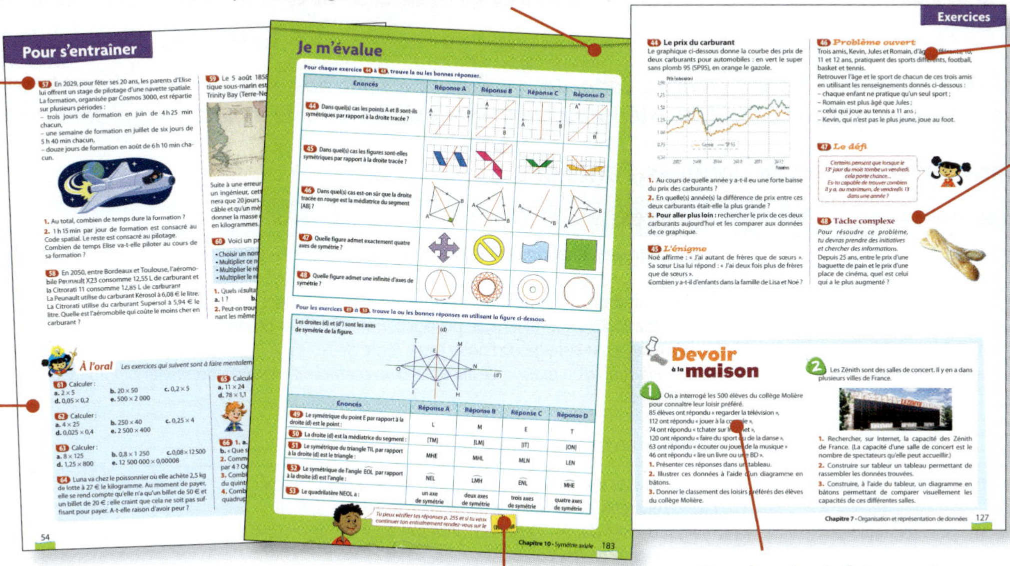

À **l'oral** » pour habituer s élèves à mener des rai- onnements non écrits et à s restituer oralement.

Un **QCM interactif** sur le site compagnon.

Des **devoirs à faire en temps non limité** pour travailler les notions du chapitre en laissant la place à la recherche personnelle.

Avec un ordinateur

Des activités pertinentes, prêtes à l'emploi, variées et bien adaptées à l'usage des TICE pour faire des mathématiques autrement.

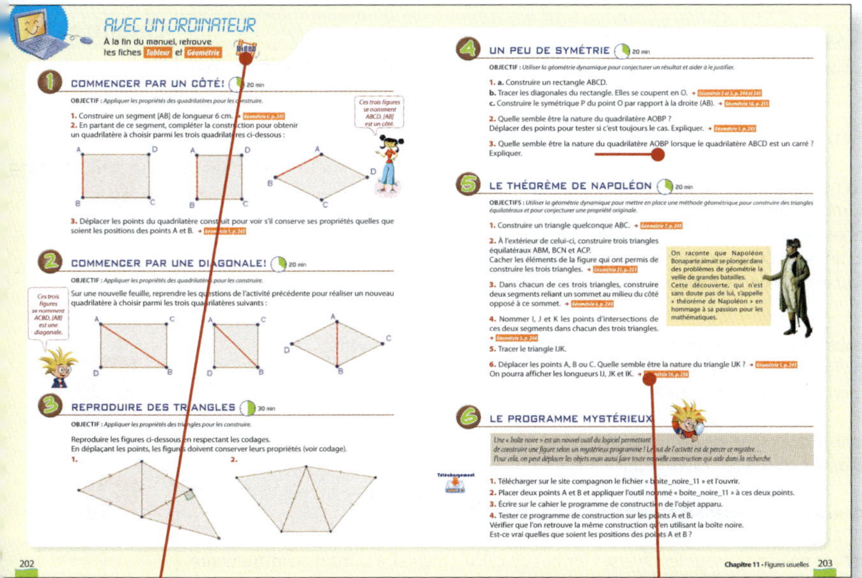

Les **vidéos** des fiches méthode TICE sont disponibles sur le site compagnon.

Des **renvois aux Fiches méthode TICE** pour aider les élèves à gagner en autonomie.

Le site compagnon

site compagnon

www.bordas-myriade.fr

Myriade, ce n'est pas seulement un manuel, mais aussi un site compagnon avec :

- 56 animations ;
- 26 vidéos ;
- 26 QCM interactifs ;
- une sélection de sites autour des maths.

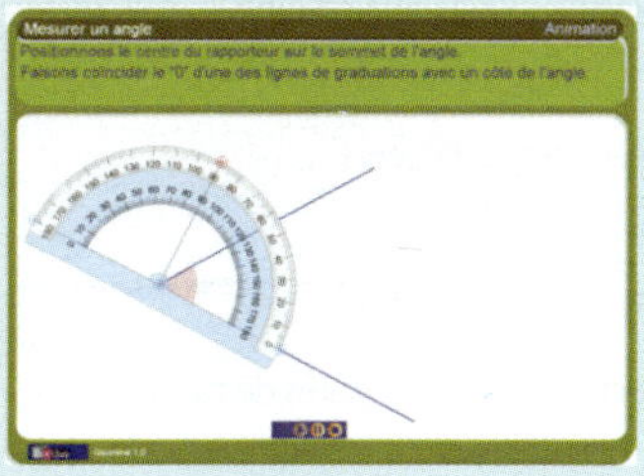

En plus

- **Des COMPLÉMENTS**
  - Choisir la bonne opération, p. 76
  - 10 TP pour faire des mathématiques avec un tableur, p. 130
- **Des FICHES MÉTHODE TICE**, p. 236
- **Le DICO DES MATHS**, p. 254

Programme de mathématiques de la classe de sixième

Extrait du *BO spécial n° 6 du 28 août 2008*

Les points du programme (connaissances, capacités [...]) qui ne sont pas exigibles pour le socle sont écrits en italique. Si la phrase en italique est précédée d'un astérisque, l'item sera exigible pour le socle dans une année ultérieure.

1. Organisation et gestion de données. Fonctions

Connaissances	Capacités	Chapitre
1.1. Proportionnalité Propriétés de linéarité Tableau de proportionnalité	– Reconnaître les situations qui relèvent de la proportionnalité et les traiter en choisissant un moyen adapté : – utilisation d'un rapport de linéarité, entier ou décimal, – utilisation du coefficient de proportionnalité, entier ou décimal, – passage par l'image de l'unité (ou « règle de trois »), – **utilisation d'un rapport de linéarité, d'un coefficient de proportionnalité exprimé sous forme de quotient.*	6
Pourcentages	– Appliquer un taux de pourcentage.	
1.2. Organisation et représentation de données Représentations usuelles : tableaux	– Lire, utiliser et interpréter des données à partir d'un tableau. – Lire, interpréter et compléter un tableau à double entrée. – ** Organiser des données en choisissant un mode de présentation adapté :* • **tableaux en deux ou plusieurs colonnes,* • *tableaux à double entrée.*	7
Repérage sur un axe	– Lire et compléter une graduation sur une demi-droite graduée, à l'aide d'entiers naturels, de décimaux, de fractions simples 1/2, 1/10, 1/4, 1/5 ** ou de quotients (placement exact ou approchés).*	
Représentations usuelles : – diagrammes en bâtons, – **diagrammes circulaires ou demi-circulaires* – graphiques cartésiens	– Lire, utiliser et interpréter des informations à partir d'une représentation graphique simple.	

2. Nombres et calculs

Connaissances	Capacités	Chapitre
2.1. Nombres entiers et décimaux Désignations	– Connaître et utiliser la valeur des chiffres en fonction de leur rang dans l'écriture d'un entier ou d'un décimal. – Associer diverses désignations d'un nombre décimal : écriture à virgule, fractions décimales.	1
Ordre	– Comparer deux nombres entiers ou décimaux, ranger une liste de nombres. – Encadrer un nombre, intercaler un nombre entre deux autres. – Placer un nombre sur une demi-droite graduée. – Lire l'abscisse d'un point ou en donner un encadrement.	
**Valeur approchée décimale*	**Donner une valeur approchée décimale (par excès ou par défaut) d'un décimal à l'unité, au dixième, au centième près.*	
2.2. Opérations Addition, soustraction, multiplication et division	– Connaître les tables d'addition et de multiplication et les résultats qui en dérivent. – Multiplier ou diviser un nombre par 10, 100, 1 000. – **Multiplier un nombre par 0,1 ; 0,01 ; 0,001.*	2
Multiples et diviseurs	– Connaître et utiliser les critères de divisibilité par 2, 5 et 10. – *Connaître et utiliser les critères de divisibilité par 3, 4 et 9.*	
Sens des opérations	– Choisir les opérations qui conviennent au traitement de la situation étudiée.	3
Techniques élémentaires de calcul	– Savoir effectuer ces opérations sous les diverses formes de calcul : mental, à la main ou instrumenté – Connaître la signification du vocabulaire associé : somme, différence, produit, *terme, facteur, dividende, diviseur, quotient, reste.*	4
Ordre de grandeur	– Établir un ordre de grandeur d'une somme, **d'une différence*, d'un produit.	
2.3. Nombres en écriture fractionnaire Écriture fractionnaire. **Quotient exact.*	– ** Interpréter $\frac{a}{b}$ comme quotient de l'entier a par l'entier b, c'est-à-dire comme le nombre qui multiplié par b donne a.* – ** Placer le quotient de deux entiers sur une demi-droite graduée dans des cas simples.* – Prendre une fraction d'une quantité. ** Il s'agit de faire comprendre la modélisation de ce type de problème par une multiplication.*	5
**Un quotient ne change pas quand on multiplie son numérateur et son dénominateur par un même nombre.*	– ** Reconnaître dans des cas simples que deux écritures fractionnaires différentes sont celles d'un même nombre.*	

3. Géométrie

Connaissances	Capacités	Chapitre
3.1. Figures planes Notions de parallèle, de perpendiculaire	– Tracer, par un point donné, la perpendiculaire ou la parallèle à une droite donnée. – *Utiliser différentes méthodes.* – Reporter une longueur. – **Reproduire un angle.*	8
Cercle	– Savoir que, pour un cercle : • tout point qui appartient au cercle est à une même distance du centre ; • tout point situé à cette distance du centre appartient au cercle. – Construire, à la règle et au compas, un triangle connaissant les longeurs de ses côtés.	
Propriétés des quadrilatères usuels	– Connaître les propriétés relatives aux côtés, aux angles, aux diagonales pour le rectangle, le carré et le losange.	9
Propriétés et construction des triangles usuels	– Connaître les propriétés relatives aux côtés et aux **angles* des triangles suivants : triangle isocèle, triangle équilatéral, triangle rectangle. – Utiliser ces propriétés pour reproduire ou construire des figures simples. – Construire une figure simple à l'aide d'un logiciel de géométrie dynamique.	11
** Médiatrice d'un segment* ** Bissectrice d'un angle*	– **Connaître et utiliser la définition de la médiatrice ainsi que la caractérisation de ses points par la propriété d'équidistance.* – **Connaître et utiliser la définition de la bissectrice.* – *Utiliser différentes méthodes pour tracer :* • *la médiatrice d'un segment ;* • *la bissectrice d'un angle.*	
Constructions géométriques	Reproduction, construction de figures complexes.	10
3.2. Symétrie orthogonale par rapport à une droite (symétrie axiale)	– Construire le symétrique d'un point, d'une droite, d'un segment, d'un cercle (que l'axe de symétrie coupe ou non la figure). – Construire ou compléter la figure symétrique d'une figure donnée ou de figures possédant un axe de symétrie à l'aide de la règle (graduée ou non), de l'équerre, du compas, **du rapporteur.* – Effectuer les tracés de l'image d'une figure par symétrie axiale à l'aide des instruments usuels (règle, équerre, compas).	10
3.3. Parallélépipède rectangle : patrons, représentations en perspective	– Fabriquer un parallélépipède rectangle de dimensions données, à partir de la donnée du dessin de l'un de ses patrons. – Reconnaître un parallélépipède rectangle de dimensions données à partir : • du dessin d'un de ses patrons, • d'un dessin le représentant en perspective cavalière. – Reconnaître dans une représentation en perspective cavalière du parallélépipède rectangle les arêtes de même longueur, les angles droits, les arêtes, les faces parallèles ou perpendiculaires. – *Dessiner ou compléter un patron d'un parallélépipède rectangle.*	13

4. Grandeurs et mesures

Connaissances	Capacités	Chapitre
4.1. Longueurs, masses, durées	– Effectuer, pour les longueurs et les masses, des changements d'unités de mesure. – Comparer géométriquement des périmètres. – Calculer le périmètre d'un polygone. – Connaître et utiliser la formule donnant la longueur d'un cercle. – Calculer des durées, calculer des horaires.	2 12
4.2. *Angles*	– *Comparer des angles sans avoir recours à leur mesure.* – **Utiliser un rapporteur pour :* • *déterminer la mesure en degrés d'un angle,* • *construire un angle de mesure donnée en degrés.*	9
4.3. Aires : mesure, comparaisons et calcul d'aires	– Comparer géométriquement des aires. – Déterminer l'aire d'une surface à partir d'un pavage simple. – Différencier périmètre et aire. – Calculer l'aire d'un rectangle dont les dimensions sont données. – Connaître et utiliser la formule donnant l'aire d'un rectangle. – Calculer l'aire d'un triangle rectangle, **d'un triangle quelconque dont une hauteur est tracée.* – Connaître et utiliser la formule donnant l'aire d'un disque. – Effectuer pour les aires des changements d'unités de mesure.	12
4.4. Volumes	– Déterminer le volume d'un parallélépipède rectangle en se rapportant à un dénombrement d'unités, **en utilisant une formule.* – Connaître et utiliser les unités de volume et les relier aux unités de contenance. – Savoir que 1 L = 1 dm^3. – *Effectuer pour les volumes des changements d'unités de mesure.*	13

Avant de commencer le Chapitre 1

Pour revoir les acquis du primaire

Les grands nombres

1 Au premier janvier 2014, la France comptait soixante-cinq millions huit cent trois mille six cent cinquante-deux habitants. Ce nombre s'écrit :
a. 65 308 652 **b.** 65 803 652 **c.** 650 803 652

2 Depuis 2011, la population mondiale a dépassé 7 000 000 000 d'habitants.
Ce nombre se lit :
a. sept millions **b.** sept cent millions **c.** sept milliards

3 Dans le nombre 786 253 :
a. Quel est le chiffre des unités ?
b. Quel est le chiffre des dizaines ?
c. Quel est le chiffre des centaines ?
d. Quel est le chiffre des dizaines de milliers ?

Partie entière et partie décimale d'un nombre

4 La partie entière de 417,85 est :
a. 7 **b.** 417 **c.** 41 785

5 La partie décimale de 417,85 est :
a. 0,8 **b.** 41 785 **c.** 0,85

6 Dans chaque cas, recopier et placer une virgule de façon à ce que...
a. 3 soit le chiffre des unités 2 5 8 7 6 3 4
b. 2 soit le chiffre des dizaines 2 5 8 7 6 3 4
c. 7 soit le chiffre des dixièmes 2 5 8 7 6 3 4
d. 3 soit le chiffre des centièmes 2 5 8 7 6 3 4

7 Hugo a 42 CD. Il les range dans des boîtes contenant chacune 10 CD.
Combien a-t-il de boîtes pleines ?

Comparaison et rangement de nombres

8 Dans la figure ci-contre, la flèche verte désigne le nombre :

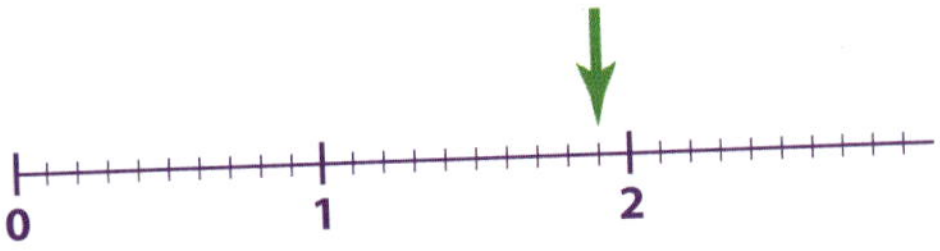

a. 1,9 **b.** 1,99 **c.** 1,09

9 Parmi les cinq nombres suivants : 4,2 ; 4,07 ; 4,19 ; 4,099 ; 4,105, quel est le plus grand ?

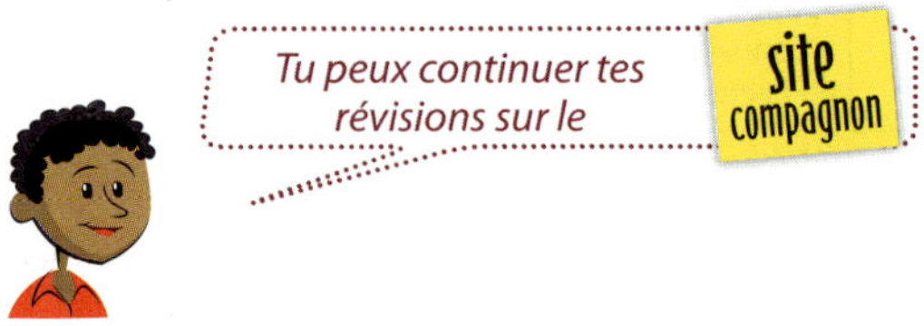

Chapitre 1

Nombres entiers et décimaux

Avec 200 000 SMS échangés chaque seconde dans le monde, on atteint des nombres énormes : environ 18 000 000 000 SMS envoyés par jour soit plus de 6 000 000 000 000 par an…

Je vais apprendre à…

- Utiliser la valeur des chiffres en fonction de leur rang dans l'écriture d'un nombre décimal **SOCLE 6e** ► *Exercices 32 à 45*
- Maîtriser les différentes écritures d'un nombre décimal **SOCLE 6e** ► *Exercices 52 à 65*
- Placer un nombre et lire l'abscisse d'un point sur une demi-droite graduée **SOCLE 6e** ► *Exercices 66 à 72*
- Comparer et ranger des nombres **SOCLE 6e** ► *Exercices 73 à 81*
- Encadrer un nombre et intercaler un nombre entre deux autres **SOCLE 6e** ► *Exercices 82 à 87*
- Donner une valeur approchée d'un nombre décimal **SOCLE 6e** ► *Exercices 88 à 93*

1 Comprendre le système décimal

Arthur, Béatrice, Célia et David jouent aux fléchettes sur la cible ci-contre.

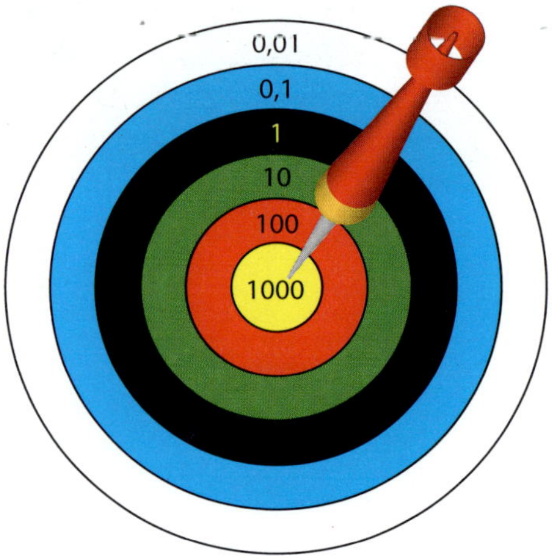

1. Première manche

Arthur, Béatrice, Célia et David lancent chacun 6 fléchettes sur la cible.

a. Arthur a lancé :
3 fléchettes dans le jaune ;
1 fléchette dans le rouge ;
2 fléchettes dans le noir.
Quel est son score ?

b. Béatrice a lancé :
2 fléchettes dans le rouge ;
2 fléchettes dans le vert ;
2 fléchettes dans le bleu.
Quel est son score ?

c. Célia a marqué 1 111,11 points et David a marqué 301,02 points.
Dans quelles zones se sont plantées leurs fléchettes ?

d. Qui a gagné le jeu ?

2. Deuxième manche

Arthur, Béatrice, Célia et David lancent autant de fléchettes qu'ils veulent.

a. Arthur voudrait marquer 1 000 points en lançant des fléchettes uniquement dans la zone rouge. De combien de fléchettes a-t-il besoin ?

b. Béatrice voudrait marquer 10 points en lançant des fléchettes uniquement dans la zone blanche. De combien de fléchettes a-t-elle besoin ?

c. Célia annonce qu'elle va marquer 0,1 point. Quelles sont les deux façons d'obtenir ce score ?

d. Pour aller plus loin
David annonce qu'il va marquer 1 point.
Peut-on trouver toutes les façons d'obtenir ce score ?

2 Comparer et ranger des nombres décimaux

Le facteur doit livrer huit colis. La masse de chacun de ces colis est inscrite sur le paquet :

1. Quel est le paquet le plus léger ?

2. Quel est le paquet le plus lourd ?

3. Aider le facteur à ranger ses paquets du plus léger au plus lourd.

3 Manipuler des nombres dans différentes écritures

Lilou adore son téléphone portable mais son forfait est très limité. Ce matin, elle apprend que la star de la chanson Lady Jaja sort un nouveau disque. Elle s'empresse alors de téléphoner à toutes ses amies pour leur faire part de cette nouvelle, en essayant d'être la plus rapide possible pour ne pas bloquer son forfait.

Voici le temps passé par Lilou avec chacune de ses amies :

Appel de...	Léa	Chloé	Djamila	Sarah	Marine	Sophiane	Cindy	Charlotte
Temps (en s)	19,98 s	20 s $\frac{3}{100}$	29,690 s	19,893 s	19 s $\frac{91}{100}$	19 s $\frac{956}{100}$	20 s $\frac{18}{1000}$	19,935 s

1. Avec qui Lilou a-t-elle passé le plus de temps ?

2. Avec qui Lilou a-t-elle passé le moins de temps ?

3. Classer les appels téléphoniques du plus court au plus long.

4 Placer des nombres sur une demi-droite graduée

Avant les vacances d'été, des rencontres sportives interclasses ont été organisées dans le collège Évariste Gallois.
Voici les résultats de dix jeunes athlètes pour l'épreuve de saut en longueur :

Prénom du sportif	Meilleur saut
Tanguy	4,09 m
Cathy	3,83 m
Elsa	3,45 m
Marius	3,54 m
Noé	3,25 m
Océane	4,01 m
Aminata	3,70 m
Zoé	3,89 m
Boris	3,61 m
Kévin	4,16 m

1. Sur une demi-droite graduée de 3,00 m à 4,50 m, placer les performances des dix sportifs en écrivant la première lettre de chaque prénom.

Tu peux prendre 1 cm sur la demi-droite pour représenter 0,10 m dans la réalité.

2. À l'aide de la demi-droite, donner le classement des filles, le classement des garçons et le classement global de cette épreuve.

3. Donner une longueur de saut qui aurait permis à Marius de terminer 2e.

Le cours

1 Écriture décimale des nombres

a Vocabulaire

Le **système décimal** utilise **dix chiffres** : 0, 1, 2, 3, 4, 5, 6, 7, 8 et 9.
Avec ces chiffres, on peut écrire tous les nombres.

■ **Exemple :** Le nombre 5 239,67 s'écrit avec six chiffres différents.

b Écriture et position

DÉFINITION Un nombre décimal s'écrit comme la somme de sa **partie entière** et de sa **partie décimale**.

■ **Exemple :** 5 239,67 = **5 239** + **0,67**.

La position d'un chiffre dans un nombre détermine sa signification.

centaines de mille	dizaines de mille	unités de mille	centaines	dizaines	unités	dixièmes	centièmes	millièmes	dix-millièmes
100 000	10 000	1 000	100	10	1	$\frac{1}{10}$ ou 0,1	$\frac{1}{100}$ ou 0,01	$\frac{1}{1000}$ ou 0,001	$\frac{1}{10\,000}$ ou 0,0001
		5	2	3	9	6	7		

la partie entière est 5 239 — **place de la virgule** — **la partie décimale est 0,67**

5 239,67 = (5 × 1 000) + (2 × 100) + (3 × 10) + 9 × 1 + (6 × 0,1) + (7 × 0,01)

cinq milliers
deux centaines
trois dizaines
neuf unités
six dixièmes
sept centièmes

c Les zéros inutiles

On peut rajouter ou supprimer des zéros à droite de la partie décimale ou à gauche de la partie entière d'un nombre décimal, cela ne change pas sa valeur.

■ **Exemples :** 5,3 = 5,30 = 5,300 ; 21,7 = 021,7.

Attention ! 0,81 ≠ 81 ; 708 ≠ 78 ; 740,25 ≠ 74,25.

Le symbole ≠ signifie « différent de ».

2 Écriture fractionnaire d'un nombre décimal

Animation

Un nombre décimal peut s'écrire de plusieurs façons.

Exemple : On considère le nombre 234,59. Voici quelques-unes de ses écritures :

- Écriture décimale en chiffres : **234,59**
- Écriture décimale décomposée : **234,59** = **234** + 0,**59** = **200** + **30** + **4** + **0,5** + **0,09**

ou **234,59** = **234** + (**59** × 0,01) = (**2** × 100) + (**3** × 10) + **4** × 1 + (**5** × 0,1) + (**9** × 0,01)

- Écriture fractionnaire : $\frac{23\,459}{100}$
- Écriture décomposée : **234,59** = **234** + $\frac{59}{100}$ = **200** + **30** + **4** + $\frac{5}{10}$ + $\frac{9}{100}$
- Écriture en lettres : **deux cent trente-quatre unités** et **cinquante-neuf centièmes**

ou **deux centaines trois dizaines quatre unités cinq dixièmes** et **neuf centièmes**.

Remarque : Pour faciliter la lecture, on écrit la partie entière des grands nombres en faisant des paquets de trois chiffres à partir de la virgule.

Exemple : 87 314 265,25.

Attention à l'orthographe ! « Mille » est invariable.
« Vingt » et « cent » sont invariables quand ils sont suivis d'un autre nombre.

Exemples : 80 300 s'écrit quatre-vingt mille trois cents ;
80 380 s'écrit quatre-vingt mille trois cent quatre-vingts.

3 Demi-droite graduée et abscisse d'un point

Animation

Pour graduer une demi-droite, on doit choisir **une unité de longueur** que l'on reporte régulièrement à partir de l'origine.

DÉFINITION Chaque point d'une demi-droite graduée peut être repéré par un nombre qui s'appelle l'**abscisse** de ce point.

Exemple

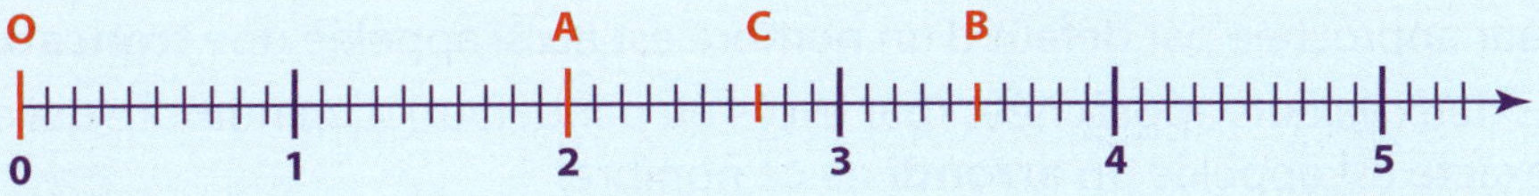

Le point O de la demi-droite graduée ci-dessus a pour abscisse 0 ; on dit que O est l'origine de la demi-droite.
Le point A a pour abscisse 2 ; on écrit A (2).
Le point B a pour abscisse 3,5 ; on écrit B (3,5).
Le point C a pour abscisse 2,7 ; on écrit C (2,7).

4 Comparaison de nombres décimaux

a Ordre croissant et décroissant

DÉFINITION **Comparer** deux nombres, c'est dire s'ils sont égaux ou si l'un est plus petit ou plus grand que l'autre.

Exemples

- 2,7 < 15,03 se lit « 2,7 *est inférieur à* 15,03 » (on peut aussi dire « 2,7 *est plus petit que* 15,03 »).
- 3,1 > 3,067 se lit « 3,1 *est supérieur à* 3,067 » (on peut aussi dire « 3,1 *est plus grand que* 3,067 »).

DÉFINITION **Ranger** des nombres dans l'**ordre croissant**, c'est les ranger du plus petit au plus grand.

■ **Exemple :** $0{,}7 < 0{,}89 < 2{,}47 < 25{,}2 < 54{,}1$

DÉFINITION **Ranger** des nombres dans l'**ordre décroissant**, c'est les ranger du plus grand au plus petit.

■ **Exemple :** $124{,}7 > 78 > 32{,}3 > 11{,}7 > 5{,}8 > 0{,}96$

b Encadrer et intercaler

DÉFINITION **Encadrer** un nombre, c'est trouver un nombre plus petit et un nombre plus grand que ce nombre.

■ **Exemple :** Voici quatre encadrements de 26,748 :

Au centième près $\left(\text{à } \frac{1}{100} \text{ près}\right)$	Au dixième près $\left(\text{à } \frac{1}{10} \text{ près}\right)$	À l'unité près (à 1 près)	À la dizaine près (à 10 près)
$26{,}74 < 26{,}748 < 26{,}75$	$26{,}7 < 26{,}748 < 26{,}8$	$26 < 26{,}748 < 27$	$20 < 26{,}748 < 30$

DÉFINITION **Intercaler** un nombre entre deux autres, c'est trouver un nombre compris entre deux autres nombres.

■ **Exemple :** Entre 2,4 et 2,7 on peut intercaler 2,5 ou 2,6 mais aussi 2,41 ou 2,518.

On peut toujours intercaler un nombre entre deux nombres décimaux. Il existe une infinité de possibilités.

c Valeurs approchées

DÉFINITIONS Une **valeur approchée par défaut** d'un nombre est une valeur proche de ce nombre mais plus petite.

Une **valeur approchée par excès** d'un nombre est une valeur proche de ce nombre mais plus grande.

- Une valeur approchée par défaut d'un nombre est aussi appelée une **troncature** de ce nombre.
- Celle des deux valeurs approchées (par excès ou par défaut) d'un nombre qui est la plus proche de la valeur exacte est appelée un **arrondi** de ce nombre.

■ **Exemple :** Prenons le nombre 2,536.

	Valeur approchée par défaut	Encadrement	Valeur approchée par excès
À l'unité près (à 1 près)	2	$2 < 2{,}536 < 3$	3
Au dixième près (à 0,1 près)	2,5	$2{,}5 < 2{,}536 < 2{,}6$	2,6
Au centième près (à 0,01 près)	2,53	$2{,}53 < 2{,}536 < 2{,}54$	2,54

Le dico des Maths

- Abscisse
- Comparer
- Demi-droite graduée
- Encadrer
- Intercaler
- Valeur approchée

Voir p. 254

1 Maîtriser les différentes écritures d'un nombre décimal

Énoncé

1. Donner une écriture fractionnaire du nombre 17,23.

2. Donner une écriture décimale du nombre $\frac{2\,567}{1\,000}$.

Solution commenté

1.

Le dernier chiffre de 17,23 est le chiffre des centièmes. 17,23 peut donc se lire « dix-sept unités et vingt-trois centièmes » ou « mille sept cent vingt-trois centièmes ».

Une écriture fractionnaire de 17,23 est donc $\frac{1\,723}{100}$.

$17{,}23 = \frac{1\,723}{100}$

2 chiffres après la virgule → 2 zéros

2.

$\frac{2\,567}{1\,000}$ se lit « deux mille cinq cent soixante-sept millièmes ».

Le chiffre des millièmes est le troisième chiffre après la virgule donc 7 sera au troisième rang après la virgule.

L'écriture décimale de $\frac{2\,567}{1\,000}$ est donc **2,567**.

$\frac{2\,567}{1\,000} = 2{,}567$

3 zéros → 3 chiffres après la virgule

Exercices d'application

1 Écrire une décomposition de chaque nombre ci-dessous selon le modèle suivant :

$$562{,}708 = 562 + 0{,}708 = 500 + 60 + 2 + 0{,}7 + 0{,}008.$$

a. 57,089 **b.** 458,87 **c.** 123,496
d. 102,058 **e.** 147,225 **f.** 4 256,87

2 Écrire une décomposition de chaque nombre ci-dessous selon le modèle suivant :

$$54{,}415 = (5 \times 10) + (4 \times 1) + (4 \times 0{,}1) + (1 \times 0{,}01) + (5 \times 0{,}001).$$

a. 57,089 **b.** 458,87 **c.** 147,057
d. 78,984 **e.** 102,684 **f.** 2 689,15

3 Écrire une décomposition de chaque nombre ci-dessous selon le modèle suivant :

$$86{,}45 = 86 + \frac{45}{100} = 80 + 6 + \frac{4}{10} + \frac{5}{100}.$$

a. 57,089 **b.** 458,87 **c.** 79,541
d. 80,095 **e.** 120,808 **f.** 5 784,56

4 Donner l'écriture décimale et une écriture fractionnaire des nombres suivants :
a. deux mille trois cent vingt-cinq unités ;
b. quatre cent cinq unités trente-sept centièmes ;
c. vingt mille cinq cent huit unités cent trente-trois millièmes ;
d. cinq mille quatre cent sept unités douze millièmes.

5 Donner l'écriture décimale et une écriture fractionnaire des nombres suivants :
a. six cent douze unités six dixièmes ;
b. quatre cent cinq unités trente-sept centièmes ;
c. trois mille cinquante unités cent trente-sept millièmes ;
d. sept mille quatre cent cinq unités treize millièmes.

6 Donner une écriture fractionnaire de ces nombres :
a. 215,6 **b.** 4 587,17 **c.** 101,101
d. 685,213 **e.** 248,650 **f.** 748,400

7 Donner une écriture fractionnaire de ces nombres :
a. 1 111,11 **b.** 4 124,84 **c.** 17,2154
d. 21,008 **e.** 900,009 **f.** 4 056,05

8 Donner l'écriture décimale des nombres suivants :
a. $\frac{28}{10}$ **b.** $\frac{365}{100}$ **c.** $\frac{6\,548}{100}$
d. $\frac{871}{1\,000}$ **e.** $\frac{62}{1\,000}$ **f.** $\frac{17}{10\,000}$

9 Donner l'écriture décimale des nombres suivants :
a. $3 + \frac{7}{10}$ **b.** $23 + \frac{40}{100}$ **c.** $97 + \frac{5}{10} + \frac{7}{100}$
d. $8 + \frac{7}{10} + \frac{8}{1\,000}$ **e.** $5\,000 + \frac{5}{1\,000}$ **f.** $130 + \frac{6}{100}$

Voir aussi les Exercices 52 à 65

Savoir faire

2 Comparer et ranger des nombres décimaux

Animation

Énoncé

Ranger dans l'ordre croissant les nombres 23,9 ; 21,8 ; 23,5 ; 23,15 et 25,09.

Ranger dans l'ordre croissant, c'est classer du plus petit au plus grand.

Solution commentée

① Je regarde d'abord les parties entières des cinq nombres.

23 (pour **23**,9) ; **21** (pour **21**,8) ; **23** (pour **23**,5) ; **23** (pour **23**,15) et **25** (pour **25**,09).
Donc 21,8 est le plus petit des cinq nombres et 25,09 est le plus grand.

② Je regarde les parties décimales des nombres qui possèdent la même partie entière : 23,9 ; 23,5 et 23,15.

- 23,**9** est plus grand que 23,**5** car 9 est plus grand que 5.
- 23,**5** est plus grand que 23,**15** car **5**, chiffre des dixièmes de 23,**5**, est plus grand que **1**, chiffre des dixièmes de 23,**1**5.

On peut ranger les cinq nombres de l'énoncé dans l'ordre croissant :

$$\mathbf{21,8 < 23,15 < 23,5 < 23,9 < 25,09}$$

Remarques

- On peut écrire tous les nombres avec le même nombre de chiffres en rajoutant des « zéros inutiles » :
  23,5 = 23,50 ; 23,9 = 23,90.
  Ainsi la comparaison avec 23,15 devient plus facile.
- Pour comparer des nombres, on peut aussi les placer sur une demi-droite graduée :

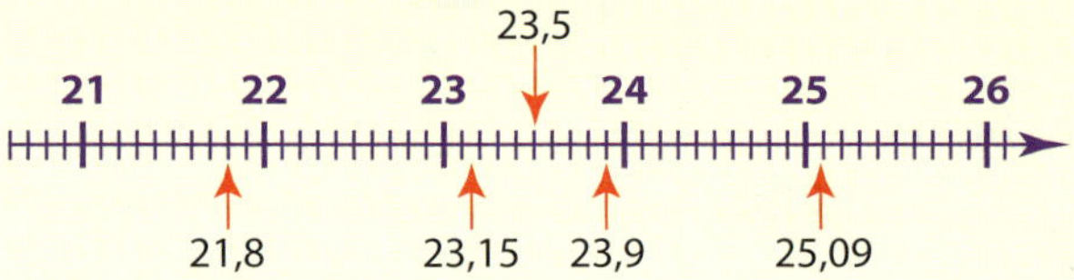

Exercices d'application

10 Comparer les nombres suivants :

a. 22 et 35 **b.** 19 et 21 **c.** 16 et 14,9
d. 26,58 et 26,64 **e.** 37,5 et 37,467 **f.** 54,78 et 54,708

11 Comparer les nombres suivants :

a. 926 et 828 **b.** 14 et 14,27 **c.** 72,256 et 27,256
d. 58,777 et 58,803 **e.** 57,241 et 57,3 **f.** 98,898 et 98,8989

12 Comparer les nombres suivants :

a. $\frac{124}{10}$ et $\frac{125}{10}$ **b.** $\frac{607}{100}$ et $\frac{670}{100}$ **c.** $\frac{147}{100}$ et $\frac{14}{10}$
d. $\frac{312}{100}$ et 31,7 **e.** $\frac{4\,780}{1\,000}$ et $\frac{4\,078}{1\,000}$ **f.** $\frac{123}{1\,000}$ et 1,22

13 Compléter avec le symbole qui convient (<, > ou =) :

a. 15 ... 22 **b.** 136 ... 135 **c.** 47,39 ... 39,47
d. 9,45 ... 9,405 **e.** 16,3 ... 16,03 **f.** 17,22 ... 17,220

14 Compléter avec le symbole qui convient (<, > ou =) :

a. 18 ... 81 **b.** 0,086 ... 0,0806 **c.** 8,705 ... 8,507
d. 5,11 ... 5,102 **e.** 7,2 ... 7,20 **f.** 0,56 ... 0,65

15 Ranger ces nombres dans l'ordre croissant :

34 33,8 34,2 34,15 35,1 33,68

16 Malgré les chiffres cachés, compléter avec le symbole qui convient (<, > ou =) :

a. 19,8 ... 2■,1 **b.** 0,0■6 ... 0,102 **c.** 8,7■4 ... 8,70
d. 5,101 ... 5,1■2 **e.** 17,2 ... 17,1■ **f.** ■,56 ... 0,5

17 Ranger ces nombres dans l'ordre décroissant :

11,8 11,804 110,8 10,99 1,75 10,909

18 Ranger ces animaux du plus lourd au plus léger (1 t = 1 000 kg) :

19 Ranger ces objets du plus court au plus long :

Voir aussi les Exercices 73 à 81

3 Donner une valeur approchée d'un nombre décimal

Énoncé : On considère le nombre 18,3762.
1. Donner un encadrement de ce nombre au centième près.
2. Donner une valeur approchée par défaut de ce nombre au dixième près.
3. Donner un arrondi de ce nombre au centième près.

Solution commentée

1. Trouver un encadrement au centième près de 18,3762, c'est trouver deux nombres qui respectent deux conditions :
– l'un de ces nombres doit être plus petit que 18,3762, l'autre plus grand que 18,3762 ;
– ces deux nombres ont une différence de 0,01 (un centième).
Ainsi, un encadrement de 18,3762 au centième près est : **18,37** < 18,3762 < **18,38**.

2. Trouver une valeur approchée par défaut au dixième d'un nombre, c'est trouver :
– une valeur proche de ce nombre, mais plus petite que celui-ci ;
– une valeur qui ne possède qu'un chiffre après la virgule (qui s'arrête au dixième).
Ainsi une valeur approchée par défaut au dixième près de 18,3762 est **18,3**.

3. Trouver un arrondi d'un nombre au centième près, c'est trouver la valeur approchée de ce nombre au centième près qui est la plus proche de celui-ci (valeur approchée par défaut ou par excès).
– La valeur approchée par défaut au centième de 18,3762 est 18,37.
– La valeur approchée par excès au centième de 18,3762 est 18,38.
Parmi ces deux nombres, 18,38 est le plus proche de 18,3762 donc un arrondi de 18,3762 au centième près est **18,38**.

Exercices d'application

20 **1.** Donner une valeur approchée par défaut à 0,01 près du nombre 46,238.
2. Donner une valeur approchée par excès à 0,01 près du nombre 46,238.

21 Reproduire et compléter le tableau ci-dessous :

	Valeur approchée par défaut		Valeur approchée par excès		Arrondi	
	à l'unité près	au dixième près	à l'unité près	au dixième près	à l'unité près	au dixième près
234,56	[illegible]	234,6	235			
49,14						
20,03						

22 Charly a besoin d'exactement 13,468 m de câble vidéo pour installer sa parabole de réception satellite. Quelle longueur de câble doit-il acheter si :
a. le câble est vendu au centimètre ?
b. le câble est vendu au mètre ?
c. le câble est vendu à la dizaine de mètres ?

23 On considère le nombre 24,6819.
1. Donner un encadrement de ce nombre au dixième près.
2. Donner l'arrondi de ce nombre au centième près.
3. Donner l'arrondi de ce nombre au millième près.

24 Donner l'arrondi à l'unité près des nombres suivants :
a. 47,2 **b.** 47,6 **c.** 47,5 **d.** 66,499 **e.** 91,601

25 **1.** Reproduire la droite graduée ci-dessous :

2. Placer le point C d'abscisse 15,67.
3. Le point C est-il plus proche de A ou de B ?
4. En déduire l'arrondi de 15,67 à l'unité.

26 **1.** Construire une droite graduée de 42,70 à 42,80 (une graduation représente 0,01).
2. Placer le point D d'abscisse 42,748.
3. Donner un encadrement de 42,748 à 0,01 près.
4. Donner l'arrondi de 42,748 à 0,1 près.

Voir aussi les Exercices 88 à 93

Pour s'entraîner

Lire et écrire des nombres

27 Écrire en chiffres les nombres suivants :
a. 9 unités 5 dixièmes ;
b. 4 dizaines 3 unités 6 dixièmes 8 centièmes ;
c. 25 centaines 4 unités 67 centièmes ;
d. trois mille cent quatre-vingt-cinq unités ;
e. sept millions huit cent mille trois cent cinq unités douze centièmes ;
f. onze milliards sept cent millions quatre-vingt mille sept cent treize unités cent trente-quatre millièmes.

28 Écrire en lettres les nombres entiers suivants :
a. 780 **b.** 2 368
c. 1 450 700 **d.** 32 500 689

29 Écrire en lettres les nombres décimaux suivants :
a. 12,8 **b.** 578,003
c. 133,54 **d.** 4 781,168

30 **Au xxe siècle** HISTOIRE

Recopier et compléter les phrases ci-dessous avec la date écrite en chiffres puis en lettres.

Si tu ne connais pas les réponses, cherche dans une encyclopédie ou sur Internet.

1. Neil Armstrong est le premier homme à avoir marché sur la Lune. C'était en ……
2. Le Général de Gaulle lance son appel de Londres le 18 juin ……
3. La Première Guerre mondiale a débuté en ……
4. L'équipe de France de football a gagné la coupe du Monde en ……
5. Marie Curie obtient le prix Nobel de Physique pour ses travaux sur la radioactivité en ……

31 Retrouver tous les nombres écrits dans le texte ci-dessous et les écrire en lettres :

Le sol des forêts renferme des populations extraordinaires. Dans un mètre carré du sol d'un bois feuillu, on a découvert 162 vers de terre, 1 257 mille-pattes, environ 210 000 petits insectes et presque 300 000 arachnides. De plus, chaque gramme du sol renferme environ 2 000 000 000 bactéries.

Utiliser la valeur des chiffres dans un nombre décimal SOCLE 6^{e}

32 Une usine fabrique des crayons à papier et utilise un site de vente en ligne pour vendre ses crayons par cartons de mille pour les magasins, par boîtes de cent pour les écoles et par paquet de dix pour les particuliers.

13 954 crayons ont été fabriqués aujourd'hui par les machines de production.
1. Avec cette production, combien pourrait-on remplir de cartons de mille ?
2. Avec cette production, combien pourrait-on remplir de boîtes de cent ?
3. Avec cette production, combien pourrait-on remplir de paquets de dix ?
4. Avec ces 13 954 crayons, le directeur décide de remplir le maximum de cartons de mille, puis le maximum de boîtes de cent avec les crayons qui restent, et enfin le maximum de paquets de dix avec le nouveau reste. Combien va t-il remplir de boîtes de chaque sorte ?

33 Recopier et compléter les phrases suivantes à partir du nombre 1 423,687 :
a. Le chiffre des dizaines est …
b. 4 est le chiffre des …
c. 8 est le chiffre des …
d. Le chiffre des dixièmes est …
e. 3 est le chiffre des …
f. 1 est le chiffre des …

34 Recopier et compléter les phrases suivantes à partir du nombre 6 532,781 :
a. La partie entière est …
b. Le chiffre des centaines est …
c. Le chiffre des dizaines est …
d. Le chiffre des unités est …
e. La partie décimale est …
f. Le nombre de centaines est …
g. Le nombre de dizaines est …
h. Le nombre d'unités est …

35 Recopier et compléter les phrases ci-dessous :
a. Dans le nombre 742,356 ; le chiffre des centaines est …
b. Dans le nombre 742,356 ; 4 est le chiffre des …
c. Dans le nombre 987,654 ; 4 est le chiffre des …
d. Dans le nombre 987,654 ; le chiffre des dixièmes est …
e. Dans le nombre 317,527 ; le chiffre des unités est …
f. Dans le nombre 317,527 ; 2 est le chiffre des …

36 **VRAI ou FAUX ?**
On considère le nombre 12 457,684.
a. 5 est le chiffre des dizaines.
b. Le nombre de centaines est 8.
c. Le chiffre des dixièmes est 6.
d. Le chiffre des dixièmes est inférieur au chiffre des millièmes.

37 Dans chacun des cas ci-dessous, recopier le nombre proposé en plaçant une virgule au bon endroit pour que l'affirmation suivante devienne vraie :
« Dans les nombres ci-dessous, 7 est le chiffre des centaines ».
a. 1 572 068 **b.** 187 023 **c.** 70 754 165

38 Dans chacun des cas ci-dessous, recopier le nombre proposé en plaçant une virgule au bon endroit pour que l'affirmation suivante devienne vraie :
« Dans le nombre ci-dessous, 6 est le chiffre des centièmes ».
a. 1 572 068 **b.** 120 121 026 **c.** 1 262 165

39 Donner tous les nombres entiers qui ne s'écrivent qu'avec les trois chiffres 5, 7 et 9 utilisés chacun une seule fois.

40 Donner tous les nombres entiers inférieurs à mille qui ne s'écrivent qu'avec les trois chiffres 2, 4 et 6.

41 Donner tous les nombres entiers ou décimaux qui ne s'écrivent qu'avec les trois chiffres 1, 4 et 9 utilisés chacun une seule fois.

42 Je suis un nombre entier à quatre chiffres. Mon chiffre des unités est 7. Mon nombre de dizaines est 145. Qui suis-je ?

43 Je suis un nombre décimal dont le chiffre des dizaines et des dixièmes est 7, le chiffre des centaines et des centièmes est 3. Tous mes autres chiffres sont des 0. Qui suis-je ?

44 Je suis un nombre décimal avec un chiffre après la virgule. Mon nombre d'unités est 245 et mon chiffre des dixièmes est le même que celui des dizaines. Qui suis-je ?

45 Léa a saisi des chiffres dans les cellules A1, A2, A3 et A4 d'un tableur. La copie d'écran ci-dessous montre une formule qu'elle a écrite dans la cellule A2.

SOMME =A1*10+B1*1+C1*0,1+D1*0,01

	A	B	C	D
1	2	5	4	7
2	=A1*10+B1*1+C1*0,1+D1*0,01			

Que va afficher la cellule A2 lorsque Léa va valider sa formule ?

Comprendre la notion de « zéros inutiles »

46 Recopier ces nombres en supprimant les zéros inutiles s'il y en a :
a. 500 **b.** 035 **c.** 7 006
d. 514,500 **e.** 37,0 **f.** 0 250,700

47 Recopier ces nombres en supprimant les zéros inutiles s'il y en a :
a. 2 500 **b.** 32,05 **c.** 4 600,700
d. 04 210 **e.** 00,80 **f.** 35 000,00

48 Recopier et compléter avec les symboles = ou ≠ selon les cas :
a. 140 ... 140,0 **b.** 4,00 ... 400
c. 12,2 ... 12,20 **d.** 23,10 ... 23,01

49 Recopier et compléter avec les symboles = ou ≠ selon les cas :
a. 15,40 ... 15,400 **b.** 04,20 ... 4,2
c. 17,2 ... 17,02 **d.** 13,10 ... 131

50 À partir du nombre 132 465, placer une virgule et/ou ajouter des zéros de façon que :
a. 2 soit le chiffre des unités.
b. 4 soit le chiffre des dizaines.
c. 3 soit le chiffre des dixièmes.
d. 1 soit le chiffre des dixièmes.
e. 5 soit le chiffre des dizaines.

Pour chaque question, tu devras repartir de 132 465.

51 **Population mondiale** GÉOGRAPHIE

Réécrire le texte ci-dessous, avec des nombres entiers ne comportant pas de « zéros inutiles » :

La population des cinq continents

L'Asie est le continent le plus peuplé avec environ 004 299 000 000,000 habitants.

L'Afrique abrite 1 110,8 millions de personnes, soit 139 000 000 de plus que l'Amérique.

742,45 millions de personnes habitent en Europe et seulement 38 300 000,000 en Océanie.

Pour s'entraîner

Maîtriser différentes écritures d'un nombre décimal SOCLE 6e

POUR T'AIDER, voir Savoir faire 1

52 Écrire une décomposition de chaque nombre ci-dessous selon le modèle suivant :

412,853 = 412 + 0,853.

a. 12,14 **b.** 147,58 **c.** 547,854
d. 102,985 **e.** 501,025 **f.** 674,512

53 Écrire une décomposition de chaque nombre ci-dessous selon le modèle suivant :

412,853 = 400 + 10 + 2 + 0,8 + 0,05 + 0,003.

a. 12,14 **b.** 147,58 **c.** 547,854
d. 102,985 **e.** 501,025 **f.** 674,512

54 Écrire une décomposition de chaque nombre ci-dessous selon le modèle suivant :

412,853 = (4 × 100) + (1 × 10) + (2 × 1) + (8 × 0,1) + (5 × 0,01) + (3 × 0,001).

a. 12,14 **b.** 147,58 **c.** 547,854
d. 102,985 **e.** 501,025 **f.** 674,512

55 Écrire les nombres suivants sous forme décimale :

a. (6 × 10) + (4 × 1) + (9 × 0,1)
b. (7 × 100) + (8 × 10) + (4 × 1) + (7 × 0,1) + (3 × 0,001)
c. (3 × 1 000) + (2 × 10) + (5 × 0,01)
d. (5 × 0,1) + (7 × 0,001)

56 Écrire une décomposition de chaque nombre ci-dessous selon le modèle suivant :

$$412,853 = 412 + \frac{853}{1000}.$$

a. 12,14 **b.** 147,58 **c.** 547,854
d. 102,985 **e.** 501,025 **f.** 674,512

57 Écrire une décomposition de chaque nombre ci-dessous selon le modèle suivant :

$$412,853 = 412 + \frac{8}{10} + \frac{5}{100} + \frac{3}{1000}.$$

a. 12,14 **b.** 147,58 **c.** 547,854
d. 102,985 **e.** 501,025 **f.** 674,512

58 Après la finale du 100 m des Jeux olympiques de Londres, un journaliste sportif écrit dans son article :

La course est remportée par le Jamaïcain Usain Bolt en 9 sec 63 centièmes, devant son compatriote Johan Blake en 9,75 s ! Les trois suivants sont des américains. Justin Gatlin en 9 s 79/100, Tyson Gay en 9s 8/10 et Ryan Bailey en 9s 881/1 000.

Réécrire cet article en écrivant tous les temps en écriture décimale.

59 Recopier et compléter les égalités suivantes :

a. $11,3 = \frac{\dots}{10}$ **b.** $147,23 = \frac{147\,230}{\dots}$

c. $24,880 = \frac{\dots}{100}$ **d.** $11,8 = \frac{118\,000}{\dots}$

60 Reproduire et compléter le tableau suivant en s'inspirant de l'exemple en première ligne :

67,23	$67 + \frac{2}{10} + \frac{3}{100}$	$67 + \frac{23}{100}$	$\frac{6\,723}{100}$
9,048			
	$8 + \frac{3}{10} + \frac{1}{100} + \frac{5}{1000}$		
		$81 + \frac{25}{1000}$	
			$\frac{3\,853}{10}$

61 Écrire les nombres suivants sous forme décimale :

a. $5 + \frac{3}{10} + \frac{4}{100}$ **b.** $12 + \frac{2}{10} + \frac{9}{100}$

c. $36 + \frac{7}{100} + \frac{2}{1\,000}$ **d.** $8 + \frac{8}{10} + \frac{8}{1\,000}$

62 Écrire les nombres suivants sous forme décimale :

a. $7 + \frac{4}{10}$ **b.** $9 + \frac{56}{100}$ **c.** $23 + \frac{4}{100}$

d. $119 + \frac{87}{1\,000}$ **e.** $230 + \frac{1}{1\,000}$ **f.** $600 + \frac{6}{1\,000}$

63 Écrire les nombres suivants sous forme décimale :

a. $\frac{4}{10}$ **b.** $\frac{157}{10}$ **c.** $\frac{25}{1\,000}$

d. $\frac{587}{1\,000}$ **e.** $\frac{25}{10\,000}$ **f.** $\frac{7}{10\,000}$

64 Trouver trois décompositions différentes pour chacun des nombres suivants :

a. 35,47 **b.** 233,085 **c.** 3 687,211

65 Parmi les écritures suivantes, retrouver celles qui sont égales à 32,6 :

a. $32 + \frac{6}{10}$ **b.** trente-deux unités six dixièmes

c. (3 × 10) + (2 × 1) + (6 × 0,01) **d.** $\frac{3\,260}{1\,000}$

Repérer sur une demi-droite graduée SOCLE 6e

66 Reproduire les demi-droites graduées ci-dessous et compléter leurs graduations :

a.

b.

c.

67 Voici une demi-droite graduée d'origine O et d'unité 1 cm :

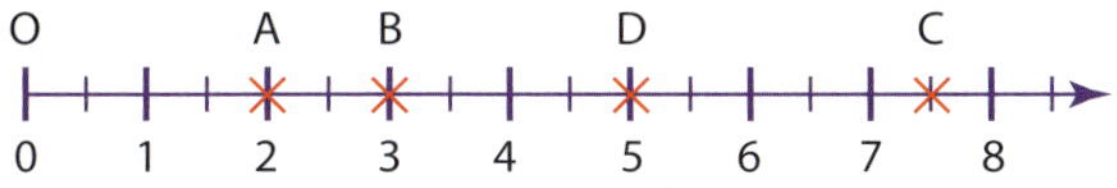

Quelles sont les abscisses des points A, B, C et D ?

68 Voici une demi-droite graduée sur laquelle sont placés les points E et F :

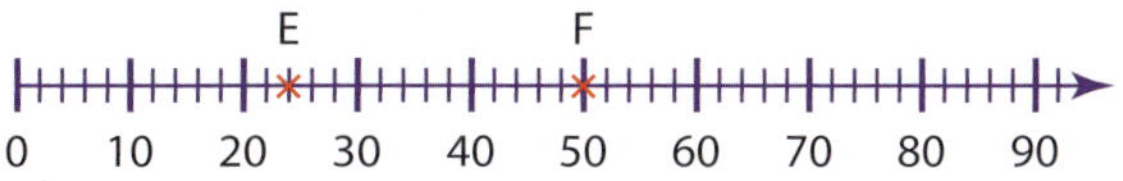

1. Reproduire cette demi-droite.
2. Quelles sont les abscisses des points E et F ?
3. Placer les points G et H d'abscisses respectives 36 et 62.

69 **1.** Construire une demi-droite graduée d'origine O et d'unité 1 carreau.
2. Placer les points E, R, U, S et P d'abscisses respectives 6 ; 8 ; 2 ; 1 et 3,5.
3. Quel mot apparaît en lisant les cinq lettres dans l'ordre où elles sont placées ?

70 **1.** Construire une demi-droite graduée d'origine O et d'unité 1 cm.
2. Placer les points I, J, K et L d'abscisses respectives 2,5 ; 6 ; 4,7 et 8,3.

71 **1.** Construire une demi-droite graduée d'origine O et d'unité 2 cm.
2. Placer les points B, N, I et E d'abscisses respectives 1,6 ; 4,3 ; 2,5 et 3,8.
3. Quel mot apparaît en lisant les quatre lettres dans l'ordre où elles sont placées ?

72 Sur la demi-droite graduée ci-dessous, lire les abscisses des points M, N, P et Q :

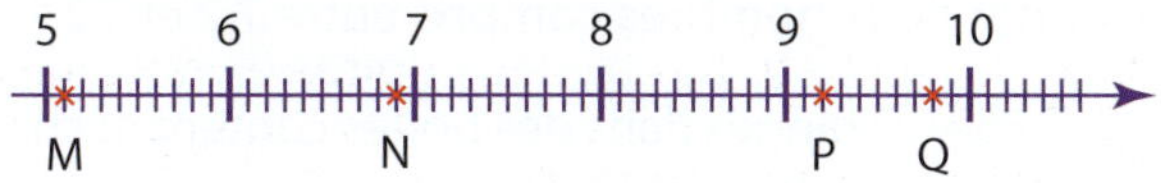

Comparer et ranger des nombres décimaux

SOCLE 6e POUR T'AIDER, voir Savoir faire 2

73 Comparer les nombres suivants :
a. 15,1 et 16,1 **b.** 48,24 et 48,26
c. 29,58 et 29,508 **d.** 23,7 et 23,70

74 Recopier et compléter avec le symbole qui convient (<, > ou =) :
a. 13,7 **...** 14,6 **b.** 17,6 **...** 16,7
c. 24,3 **...** 24,03 **d.** 11,4 **...** 11,51

75 Recopier et compléter avec le symbole qui convient (<, > ou =) :
a. 147,8 **...** 148,7 **b.** 0,2 **...** 0,19
c. 25,7 **...** 25,700 **d.** 7,3 **...** $\frac{74}{100}$

76 Recopier en remplaçant les **?** par un chiffre :
a. 17,**?** < 17,15 **b.** 18,32 > 18,**?**2
c. 4**?**,87 < 41 **d.** 15,29 < 1**?**,2

77 Ranger les nombres suivants dans l'ordre croissant :
12,3 12,32 12,03 13,02 12,23

78 Ranger les nombres suivants dans l'ordre croissant :
25,7 $25 + \frac{7}{100}$ $\frac{2\,569}{100}$ 25,17 $25 + \frac{2}{10} + \frac{7}{1\,000}$

79 Ranger les nombres suivants dans l'ordre décroissant :
49,1 $\frac{490}{100}$ $\frac{49\,001}{1\,000}$ $49 + \frac{1}{100}$ 49,02

80 Classer ces lapins du plus léger au plus lourd.

81 **Pays et population** GÉOGRAPHIE

Classer ces pays du plus peuplé au moins peuplé :

Brésil : 199 000 000 habitants
Chine : 1 351 000 000 habitants
États-Unis : 314 000 000 habitants
France : 65 700 000 habitants
Inde : 1 237 000 000 habitants
Indonésie : 247 000 000 habitants
Royaume-Uni : 63 200 000 habitants
Russie : 143 500 000 habitants
Allemagne : 81 900 000 habitants

Pour s'entraîner

Encadrer et intercaler des nombres décimaux SOCLE 6e

82 Encadrer chaque nombre décimal par deux entiers consécutifs :

a. … < 10,48 < … **b.** … < 0,35 < …
c. … < 99,528 < … **d.** … < 17,18 < …

83 En utilisant la demi-droite graduée ci-dessous, donner un encadrement de l'abscisse des points R et S par deux nombres entiers consécutifs :

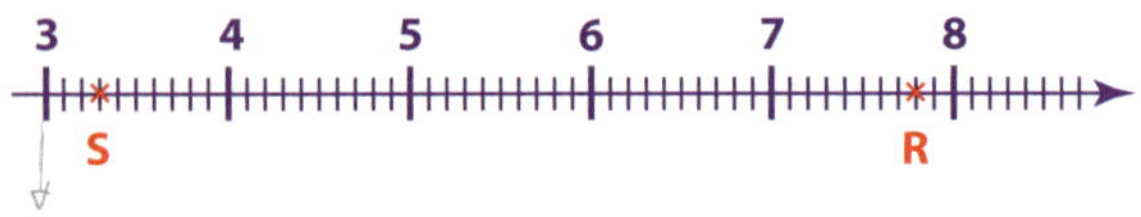

84 Encadrer chaque nombre ci-dessous au dixième près :

a. … < 5,39 < … **b.** … < 0,47 < …
c. … < 9,638 < … **d.** … < 13,14 < …

85 Encadrer chaque nombre ci-dessous au centième près :

a. … < 14,167 < … **b.** … < 0,385 < …
c. … < 17,729 < … **d.** … < 86,19 < …

86 Dans chacun des cas ci-dessous, intercaler un nombre décimal entre les deux nombres décimaux donnés :

a. 12 < … < 23 **b.** 13,2 < … < 14,3
c. 27,7 < … < 27,9 **d.** 25,6 < … < 25,7

87 Dans chacun des cas ci-dessous, intercaler un nombre décimal entre les deux nombres décimaux donnés :

a. 4,2 < … < 4,3 **b.** 7,7 < … < 7,71
c. 9,08 < … < 9,085 **d.** 9,99 < … < 10

Donner une valeur approchée d'un nombre décimal SOCLE 6e

POUR T'AIDER, voir Savoir faire 3

88 Donner une valeur approchée par défaut au dixième près des nombres suivants :

a. 178,657 **b.** 356,41
c. 38,575 **d.** 22,051

89 Donner une valeur approchée par excès au centième près des nombres suivants :

a. 26,684 **b.** 37,428
c. 124,647 **d.** 30,008

90 Donner un arrondi à l'unité des nombres suivants :

a. 17,6 **b.** 256,41 **c.** 38,19
d. 22,5 **e.** 16,9 **c.** 28,499

91 Trouver un nombre possédant deux chiffres après la virgule dont un arrondi au dixième est 16,8.

92 Trouver un nombre possédant trois chiffres après la virgule dont un arrondi au centième est 35,47.

93 Reproduire et compléter le tableau ci-dessous :

	Valeur approchée par défaut		Valeur approchée par excès	
	à l'unité près	au dixième près	à l'unité près	au dixième près
343,62				
45,17				
30,05				

À l'oral

Les exercices qui suivent sont à faire mentalement.

94 **1.** Combien d'unités font 6 centaines et 3 unités ?
2. Dans le nombre 412,5, le chiffre des dizaines est … et le nombre de dizaines est … .
3. Parmi les nombres 7,2 ; 7,02 ; 7,19, quel est le plus grand ?
4. Donner deux nombres compris entre 8,5 et 8,51.

95 J'ai 53 livres de poche rangées dans des cartons de 10 livres. Combien ai-je de cartons pleins ?

96 **1.** Combien d'unités font 8 centaines, 4 dizaines et 6 unités ?
2. Dans le nombre 4 723,8 le chiffre des centaines est … et le nombre de centaines est … .
3. Parmi les nombres suivants : 18,5 ; 18,43 ; 18,401, quel est le plus grand ?
4. Donner deux nombres compris entre 7,2 et 7,3.

97 J'ai 62 CD rangés dans des boîtes contenant chacune 10 CD. Combien ai-je de boîtes complètes ?

Je m'évalue

Pour chaque exercice 98 à 105, trouve la ou les bonnes réponses.

Énoncés	Réponse A	Réponse B	Réponse C	Réponse D
98 Sept cent mille sept cent sept s'écrit :	707 007	700 707	7 000 707	700 707 000
99 Le nombre 03 250,040 peut s'écrire :	325,4	3 250,4	3 250,40	3 250,04
100 Le nombre 9,47 est égal à :	9,470	$9 + \frac{47}{100}$	$\frac{947}{1\,000}$	$9 + (4 \times 0{,}1) + (7 \times 0{,}01)$
101 Dans le nombre 2 347,89 le chiffre des dizaines est :	34	4	234	8
102 $\frac{412\,008}{100}$ est égal à :	41,2008	412,008	4 120,08	41,28
103 Parmi les quatre nombres suivants : 7,3 7,03 7,23 7,09 quel est le plus grand ?	7,3	7,03	7,23	7,09
104 Un encadrement de 8,41 à l'unité est :	$8{,}4 < 8{,}41 < 8{,}5$	$8{,}40 < 8{,}41 < 8{,}42$	$8{,}40 < 8{,}41 < 8{,}50$	$8 < 8{,}41 < 9$
105 Entre 4,1 et 4,3 on peut intercaler :	4	4,2	4,12	4,39

Pour chaque exercice 106 et 107, trouve la ou les bonnes réponses en utilisant la droite graduée ci-dessous.

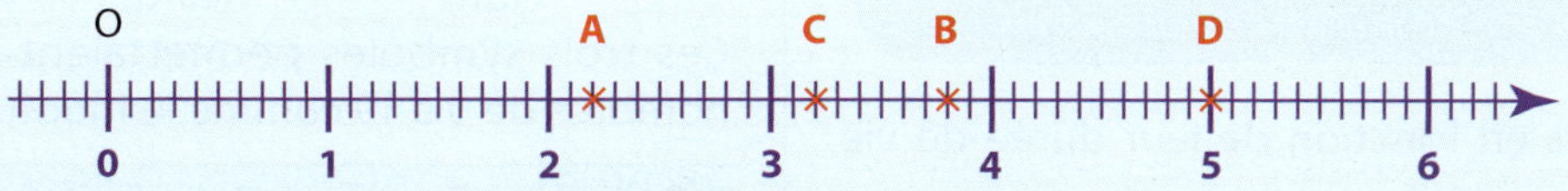

Énoncés	Réponse A	Réponse B	Réponse C	Réponse D
106 L'abscisse du point A est :	2	4	2,2	3,8
107 Le point d'abscisse 3,8 est :	A	B	C	D

Tu peux vérifier tes réponses p. 255 et si tu veux continuer ton entraînement rendez-vous sur le site compagnon

Pour approfondir

108 Nombres croisés

Dans la grille ci-dessous, placer les nombres suivants écrits en chiffres :

soixante-quinze ; mille trois cent quatorze ; quatre cent vingt-huit ; trente-huit ; quatre-vingt-neuf ; cinq cent quatre-vingt-seize ; dix-huit ; mille neuf cent soixante-seize ; cinq cent vingt-et-un ; cinq cent soixante-huit ; sept cent quatre-vingt-treize ; quinze.

Son premier chiffre est 7. (colonne D)

	A	B	C	D	E
1			■		
2		■			
3			■		
4				■	■
5	■				

C'est le plus grand des douze nombres. (ligne 5)

109 Développement durable

THÈME DE CONVERGENCE

L'illustration ci-dessous donne, pour plusieurs objets, le temps nécessaire à leur décomposition naturelle :

Classer ces objets en fonction de leur durée de vie dans la nature.

110 Numération romaine

Le système de numération des Romains de l'Antiquité a été utilisé en Europe jusqu'à la fin du Moyen Âge. Contrairement à notre système décimal (dix chiffres), le système de numération des Romains utilise seulement sept symboles :

Symbole	**I**	**V**	**X**	**L**	**C**	**D**	**M**
Valeur	un	cinq	dix	cinquante	cent	cinq cents	mille

Les chiffres romains sont écrits de la plus grande valeur à la plus petite. Par exemple, MDLXII vaut 1 562 et 2 373 s'écrit MMCCCLXXIII.

1. Lire les nombres XVII, MCXXV et MMMLXXXVI.

2. Écrire en chiffres romains les nombres suivants :

a. 328 **b.** 2 718 **c.** 2 009

111 Numération égyptienne

Les Égyptiens de l'Antiquité utilisaient des hiéroglyphes pour écrire leurs nombres. Ce système de hiéroglyphes est assez proche de notre système de numération décimale : chaque symbole possédait une valeur (1, 10, 100, 1 000…) et pouvait être écrit jusqu'à neuf fois.

1. En étudiant les trois exemples donnés ci-dessous, retrouver la valeur des sept hiéroglyphes utilisés :

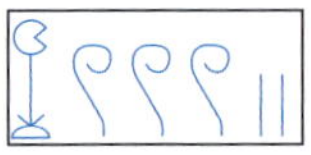 = 1 302 ; 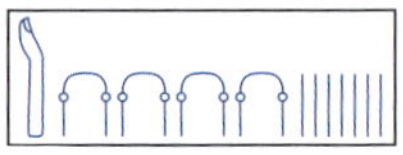 = 10 047 ;

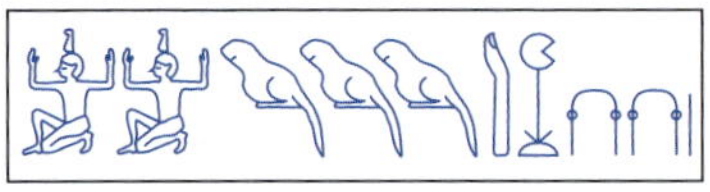 = 2 311 021.

2. Lire les nombres suivants :

a. 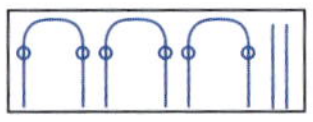 **b.** 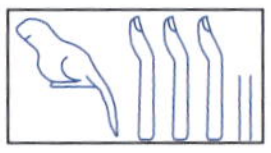 **c.** 

3. Écrire en hiéroglyphes les nombres suivants :

a. 426 **b.** 527 **c.** 12 315 **d.** 1 234 000.

112 Numération maya

La civilisation maya (qui a vécu en Amérique centrale de 300 av. J.-C. à 1600 ap. J.-C.) avait adopté un système de numération utilisant uniquement trois symboles :

• (un) — (cinq)  (zéro)

Ces trois symboles permettaient d'écrire tous ces nombres de 0 à 19 comme le montrent ces tableaux :

0	1	2	3	4	5	6	7	8	9

10	11	12	13	14	15	16	17	18	19

Les Mayas écrivaient les nombres plus grands que 19 sur plusieurs étages (de bas en haut), en utilisant les puissances de 20 (20 ; 20 × 20 ; 20 × 20 × 20 ; …).
Ils écrivaient par exemple le nombre 974 de la façon suivante :

3e **étage** (chaque • vaut 20 × 20) → 2 × (20 × 20) = 800
2e **étage** (chaque • vaut 20) → 8 × 20 = 160
1er **étage** (chaque • vaut 1) → 14 × 1 = 14

800 + 160 + 14 = 974

1. Lire les trois nombres suivants : 

2. Écrire avec le système maya les nombres suivants :

a. 37 **b.** 312 **c.** 2 045

113 Le chiffre 7

Victor écrit en chiffres tous les nombres entiers de zéro à cent. Combien de fois va-t-il écrire le chiffre 7 ?

114 Énergie

THÈME DE CONVERGENCE

Les éoliennes utilisent la force du vent pour produire de l'énergie. Une éolienne peut fournir de l'électricité pour 1 000 personnes en moyenne.
Combien faudrait-il d'éoliennes pour alimenter en électricité une ville comme Lyon (467 400 habitants environ) ?

115 Frise chronologique

HISTOIRE

1. Construire une demi-droite graduée de 1890 à 2010 (unité : 1 cm pour 10 ans).

2. Y placer les événements suivants :
B : chute du Mur de Berlin (1989)
G : mort du général Charles de Gaulle (1970)
E : fondation de la CEE – Communauté économique européenne (1957)
L : première traversée de l'Atlantique en avion (Charles Lindbergh en 1927)
T : premier et dernier voyage du *Titanic* (1912)
N : ta naissance

Tu peux rechercher d'autres événements importants de l'histoire du XXe siècle, et les placer sur ta frise chronologique.

116 *Problème ouvert*

Une année black-jack est une année dont la somme des 4 chiffres est égale à 21.

Combien y a t-il eu d'années black-jack depuis 1900 ?

117 *Le défi*

Es-tu capable de trouver combien il y a de nombres entiers ou décimaux s'écrivant uniquement avec les chiffres 1, 2, 3 et 4 ? (Nombres possédants au maximum quatre chiffres, différents ou non.)

118 *L'énigme*

Je suis un nombre décimal qui a quatre chiffres après la virgule.
Mon chiffre des dizaines est le même que mon chiffre des dix-millièmes.
Mon chiffre des millièmes est la moitié de mon chiffre des centièmes.
Mon chiffre des centièmes est le double de mon chiffre des unités.
Mon nombre de dixièmes est le triple de celui de 8,179.
Qui suis-je ?

119 Tâche complexe

Pour résoudre ce problème, tu devras prendre des initiatives et chercher des informations.
Essaye d'écrire ton âge et ton année de naissance en écritures romaine, égyptienne et maya (voir exercices 110 à 112).

Devoir à la maison

1 On considère le nombre 3 412 458,897.
1. Quel est le chiffre des dizaines, des centaines, des centièmes ?
2. Quel est le nombre de dizaines, de centaines, de centièmes ?
3. Écrire ce nombre en lettres.
4. Encadrer ce nombre par deux entiers consécutifs.

2 Je suis un nombre entier à quatre chiffres.
Mon chiffre des unités est 1.
Mon chiffre des unités de mille est 3.
Mon chiffre des centaines est inférieur à celui des unités.
Mon chiffre des dizaines est le double de celui des unités.
Qui suis-je ?

3 Voici la date de naissance et la taille de dix joueurs de l'équipe de France de handball ayant gagné la médaille d'or aux Jeux olympiques de Pékin :

Joueur	Date de naissance	Taille
Nikola Karabatic	11/04/1984	1,95 m
Olivier Girault	22/02/1973	1,83 m
Luc Abalo	06/09/1984	1,82 m
Bertrand Gille	24/03/1978	1,87 m
Thierry Omeyer	02/11/1976	1,92 m
Didier Dinart	18/01/1977	1,97 m
Guillaume Gille	12/07/1976	1,92 m
Douada Karaboue	11/12/1975	1,97 m
Daniel Narcisse	16/12/1979	1,89 m
Christophe Kempe	02/05/1975	1,93 m

1. Classer ces joueurs du plus jeune au plus vieux.
2. Classer ces joueurs du plus petit au plus grand.

AVEC UN ORDINATEUR

À la fin du manuel, retrouve tes fiches **Tableur** et **Géométrie**

Vidéo

1 UNE TABLE ROMAINE

20 min

OBJECTIF : *Découvrir le tableur (premières formules) en construisant une table de conversion des chiffres romains.*

Dans une feuille de calcul d'un tableur, on souhaite construire une table de conversion des nombres entiers, compris entre 1 et 100, en chiffres romains, sans écrire tous ces nombres à la main.
Voici un extrait d'une table de ce type :

	A	B	C	D	E	F	G	H	I	J
1	1	2	3	4	5	6	7	8	9	10
2	I	II	III	IV	V	VI	VII	VIII	IX	X
3										
4	11	12	13	14	15	16	17	18	19	20
5	XI	XII	XIII	XIV	XV	XVI	XVII	XVIII	XIX	XX
6										
7	21	22	23	24	25	26	27	28	29	30
8	XXI	XXII	XXIII	XXIV	XXV	XXVI	XXVII	XXVIII	XXIX	XXX
9										
10	31	32	33	34	35	36	37	38	39	40
11	XXXI	XXXII	XXXIII	XXXIV	XXXV	XXXVI	XXXVII	XXXVIII	XXXIX	XL

■ Première étape : découverte d'une formule du tableur

Dans un tableur, on peut utiliser des « fonctions ». Parmi elles, la fonction ROMAIN permet de convertir en chiffres romains un nombre entier écrit en chiffres arabes.

1. Ouvrir une feuille de tableur et écrire dans la cellule A1 le nombre entier de son choix.

2. Dans la cellule A2, écrire la formule « = ROMAIN (A1) ».
Observer le résultat obtenu. → Tableur 1, p. 238

ROMAIN f(x) ✗ ✓ =ROMAIN(A1)

	A	B
1	254	
2	=ROMAIN(A1	

■ Deuxième étape : construction de la première ligne de la table de conversion

1. Ouvrir une nouvelle feuille de calcul dans le tableur et saisir sur la ligne 1 les nombres entiers de 1 à 10 (de la cellule A1 à la cellule J1).

2. Dans la cellule A2, utiliser la fonction ROMAIN pour convertir le nombre de la cellule A1 (nombre du dessus) en chiffres romains. → Tableur 1, p. 238

3. Recopier cette formule dans toutes les cellules de B2 à J2. → Tableur 2, p. 238
On obtient ce résultat :

	A	B	C	D	E	F	G	H	I	J
1	1	2	3	4	5	6	7	8	9	10
2	I	II	III	IV	V	VI	VII	VIII	IX	X

■ Troisième étape : construction de la table de conversion complète

1. Sur la ligne 4, on écrit tous les nombres entiers de 11 à 20. Pour cela, on peut soit saisir au clavier tous ces nombres mais c'est un peu long, soit utiliser une formule qui ajoute 10 aux cellules de la ligne 1 : en D4 on peut écrire « = A1 + 10 » et recopier cette formule sur toute la ligne 4.
→ Tableur 2, p. 238

2. Recopier la formule de la cellule A2 (« = ROMAIN (A1) ») dans toutes les cellules de A5 à J5 pour convertir en chiffres romains les nombres entiers de 11 à 20. → Tableur 2, p. 238

3. Recommencer les deux dernières manipulations (questions **1.** et **2.**) pour les autres dizaines.
→ Tableur 2, p. 238

2 LE TABLEUR ET LES NOMBRES DÉCIMAUX

15 min

OBJECTIFS : *Découvrir et utiliser le tableur (premières formules) et consolider la maîtrise des nombres décimaux (rang et sens des chiffres).*

Dans une feuille de calcul d'un tableur, on a saisi un nombre décimal sur plusieurs colonnes (voir ci-contre).

I3 f(x) Σ =

	A	B	C	D	E	F	G	H	I
1		3	4	7	8	,	1	7	

On souhaite utiliser le tableur pour réécrire ce nombre dans une seule cellule de façon automatisée (c'est-à-dire que si l'on modifie le nombre écrit sur plusieurs colonnes, le nombre écrit dans la cellule seule se modifie également de façon automatique).

K
3478,17

Première étape : préparation de l'activité (à faire sur papier)

1. Dans 3 478,17, que représente le chiffre 3 ; le chiffre 4 ; le premier chiffre 7 (en partant de la gauche) ?

2. Utiliser la question précédente pour compléter la décomposition suivante :

$$3\,478{,}17 = (3 \times 1\,000) + (4 \times 100) + \dots$$

3. Choisir un autre nombre décimal et écrire sa décomposition.

Deuxième étape : utilisation du tableur

1. Ouvrir une feuille de tableur et saisir sur plusieurs colonnes le nombre décimal choisi à la question **c)**.

2. a. Sélectionner une cellule vide (par exemple K1).
b. À l'aide de la décomposition du nombre décimal choisi, écrire une formule de tableur permettant d'obtenir ce nombre dans une seule cellule. → Tableur 1, p. 238
Saisir cette formule dans la cellule vide sélectionnée.
c. Pour vérifier la formule, changer un ou plusieurs chiffres du nombre de départ et vérifier si le nombre écrit dans la cellule vide (en K1 par exemple) est correct.

Ci-dessus, pour 3 478,17 on a saisi le chiffre 3 dans la cellule B1, 4 en C1, 7 en D1, 8 en E1, la virgule (,) en F1, 1 en G1 et 7 en H1.

3 LE PROGRAMME MYSTÉRIEUX

Une « boîte noire » dans un tableur est un programme de calcul mystérieux !
Le but de l'activité est de percer ce mystère…
Pour cela, on peut saisir des nombres mais aussi utiliser des formules qui aident dans la recherche.

1. Télécharger sur le site compagnon le fichier « boite_noire_01 » et l'ouvrir.

2. Saisir un nombre dans la cellule verte et observer dans la cellule grise le résultat de la boîte noire.

3. Faire plusieurs observations puis chercher le programme de calcul mystérieux de la boîte noire.

4. Pour tester un programme de calcul, saisir dans la cellule jaune la formule qui correspond à ce programme et observer si le résultat obtenu est le même que celui dans la cellule grise.

5. Tester plusieurs exemples pour vérifier que les programmes de la boîte noire et de la boîte rouge donnent les mêmes résultats.

6. Écrire sur une feuille le programme de calcul qui semble être celui de la boîte noire.

Avant de commencer le Chapitre 2

Pour revoir les acquis du primaire

Addition

1 Calculer 257 + 124.

2 Pour calculer 12,19 + 7, on écrit :

a. $\begin{array}{r} 12{,}19 \\ +7\phantom{{,}19} \\ \hline \end{array}$ **b.** $\begin{array}{r} 12{,}19 \\ +\ 7\phantom{{,}19} \\ \hline \end{array}$ **c.** $\begin{array}{r} 12{,}19 \\ +\quad 7 \\ \hline \end{array}$

3 5,4 + 5,6 vaut :

a. 10,10 **b.** 11 **c.** 0,5

Soustraction

4 Calculer 267 – 144.

5 Calculer 175 – 157.

6 Pour calculer 8,4 – 2,15, on écrit :

a. $\begin{array}{r} 8{,}4 \\ -2{,}15 \\ \hline \end{array}$ **b.** $\begin{array}{r} 8{,}\ 4 \\ -2{,}15 \\ \hline \end{array}$ **c.** $\begin{array}{r} 2{,}15 \\ -8{,}4 \\ \hline \end{array}$

7 78 – (15 + 14) est égal à :

a. 77 **b.** 51 **c.** 49

Problèmes

8 Dans un jeu, Anne a gagné 2 300 points à la première partie.
Elle a perdu 958 points à la deuxième, puis elle a gagné 3 124 points à la troisième partie.
Sur l'ensemble des trois parties, Anne a-t-elle gagné ou perdu des points ?
Combien ?

9 Caroline a 14,50 €. Elle achète un livre à 8,24 €.
Il lui reste :

a. 6,26 € **b.** 6,19 € **c.** 22,74 €

10 Le haut de la porte de la chambre d'Arthur est à exactement 2,1 m du sol.
Sur cette porte, il colle une affiche qui fait 1,28 m de hauteur.
Quelle hauteur de porte reste disponible pour coller autre chose ?

11 Au restaurant « Miam-miam », le menu du midi est à 13,55 €.
Sami remarque que ce qui compose le menu (entrée, plat, dessert) est aussi disponible individuellement :
– l'entrée est à 2,90 € ;
– le plat est à 7,20 € ;
– le dessert est à 3,35 €.
Il trouve ça bizarre. Pourquoi ?

Tu peux continuer tes révisions sur le **site compagnon**

Chapitre

2 Addition Soustration

Les scientifiques estiment que le nombre d'étoiles dans l'Univers est supérieur au nombre de grains de sable sur la Terre.

Je vais apprendre à...

- Utiliser le vocabulaire : somme, différence, terme SOCLE 6e ► *Exercices 22 et 23*
- Effectuer des additions et des soustractions, mentalement, à la main, à la calculatrice SOCLE 6e ► *Exercices 24 à 40*
- Donner un ordre de grandeur d'une somme SOCLE 6e ► *Exercices 41 à 44*
- Donner un ordre de grandeur d'une différence ► *Exercices 41 à 44*
- Calculer avec des durées, des horaires SOCLE 6e ► *Exercices 45 à 48*

Activités

1 Des additions à corriger

Quentin a effectué les quatre calculs proposés par son professeur.
Mais il a commis une erreur dans chacun d'eux…

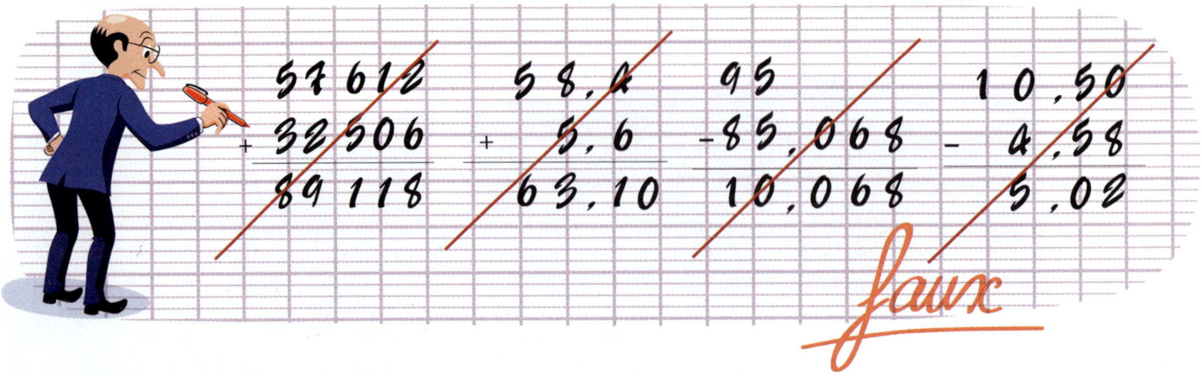

1. Identifier dans chaque calcul l'erreur commise par Quentin.

2. Effectuer correctement les quatre opérations.

2 Ordres de grandeur

« Approximatif » signifie « environ, à peu près ».

1. Nous sommes en 2033. À l'hypermarché automatique, Lenny a acheté des carottes pour 11,24 €, des céréales pour 19,50 €, du saumon pour 42,58 €, de l'eau pure pour 68,80 € et un livre pour 112,40 €.
Il pose ses achats dans l'autocaisse qui lui annonce :
« 284,52 €, monsieur ».
Lenny fait un peu de calcul mental et, à peine 10 secondes plus tard, il appuie sur le bouton rouge de l'autocaisse et dit : « Erreur, veuillez vérifier ».

a. Sans calculatrice et sans poser d'opération, chercher le montant approximatif des achats de Lenny pour montrer qu'il a raison de signaler l'erreur.
b. En posant l'opération, calculer le montant exact des achats de Lenny.

2. Pour chacune des opérations du tableau ci-dessous, sans calculatrice et sans poser d'opération, dire quel est le résultat juste :

Opération	Résultat A	Résultat B	Résultat C	Résultat D
865 + 224	641	1 239	959	1 089
2 895 – 1 328	1 567	1 327	4 223	3 037
2 378 + 5 478	9 656	7 856	7 753	3 676
2 + 10,4 + 6,3 + 71,5	91,4	111,2	90,2	74,2
120,56 – 12,056	108,504	0	108,0	107,496

Utilise des ordres de grandeur et raisonne sur les chiffres si besoin.

3 Des propriétés pour calculer astucieusement

1. On veut calculer la somme 38,4 + 2,91 + 1,6.
a. Calculer (38,4 + 2,91) + 1,6 en effectuant d'abord l'opération entre parenthèses.
b. Calculer (38,4 + 1,6) + 2,91 en effectuant d'abord l'opération entre parenthèses.
c. Entre la façon de faire de la question **a.** et celle de la question **b.**, quel est le moyen le plus rapide pour calculer mentalement 38,4 + 2,91 + 1,6 ?

2. En regroupant astucieusement les termes, calculer :
a. 10,7 + 3,5 + 4,3 + 12,5 **b.** 2,74 + 10,4 + 5,7 + 3,26

En regroupant astucieusement les termes d'une addition, tu peux faire ton calcul plus facilement.

4 Deux problèmes à résoudre

1. Pierrick pose une frise de tapisserie sur un mur de sa chambre. Hélas, il ne reste que 3,17 m de frise dans le vieux rouleau qu'il a trouvé.
Le mur mesure 4,21 m de large. En utilisant le schéma ci-dessous, calculer la longueur de frise manquante.

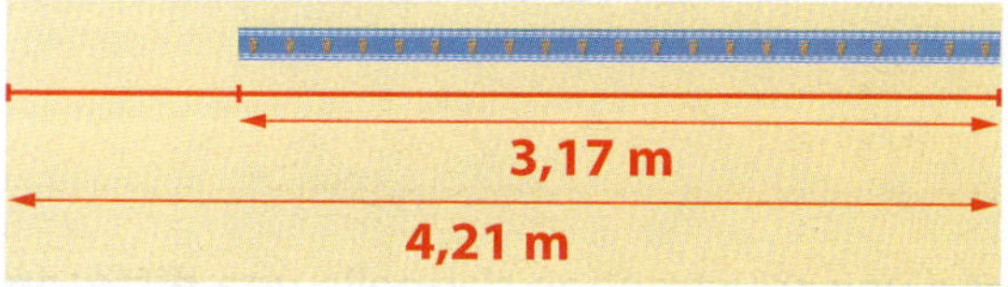

2. Mado est partie à vélo de Cessenon. Elle est allée à Murviel puis à Lignan pour enfin arriver à Béziers. Entre Cessenon et Murviel, il y a 9,3 km. Entre Lignan et Béziers, il y a 7,8 km.
Mado a parcouru en tout 24,6 km. On cherche la distance entre Murviel et Lignan.
a. Faire un schéma illustrant la situation.
b. Calculer la distance entre Murviel et Lignan.

5 Des durées et des horaires

1. Jessica a fait une tarte aux raisins. Cette tarte nécessite 40 minutes de préparation puis 1 h 15 de cuisson. Combien de temps en tout a mis Jessica pour réaliser ce dessert ?

2. Sami est allé au cinéma voir Spidermath 4. Le film a commencé à 16 h 30 et s'est terminé à 18 h 20. Combien de temps a-t-il duré ?

3. Pour aller au collège, Lucie prend le bus à 7 h 20 pour un trajet de 42 minutes.
a. À quelle heure Lucie arrive-t-elle au collège ?
b. Si le bus mettait 20 minutes de moins, à quelle heure Lucie devrait-elle le prendre pour arriver à la même heure au collège ?

4. Tom pense que si on enlève huit heures et huit minutes à une durée de deux jours deux heures deux minutes, alors on trouve un jour cinquante-trois heures cinquante-quatre minutes.
A-t-il raison ?

Le cours

1 Addition

a Vocabulaire

DÉFINITION
- Le résultat d'une addition s'appelle une **somme**.
- Les nombres que l'on additionne s'appellent des **termes**.

■ **Exemple :** 104,9 + 13,31 = 118,21.
118,21 est la **somme** des **termes** 104,9 et 13,31.

b Propriétés

DÉFINITION Dans une addition, on peut changer l'ordre des termes sans changer le résultat.

■ **Exemples :** 104,9 + 13,31 = 13,31 + 104,9 = 118,21.

DÉFINITION Dans une addition, on peut regrouper les termes de différentes façons.

■ **Exemple :** Il existe au moins deux façons de calculer la somme 56,21 + 12 + 13,79.

Méthode 1	**OU**	**Méthode 2**
56,21 + 12 + 13,79 = 68,21 + 13,79		56,21 + 12 + 13,79 = (56,21 + 13,79) + 12
= 82		= 70 + 12
		= 82

2 Soustraction

DÉFINITION
- Le résultat d'une soustraction s'appelle une **différence**.
- Les nombres que l'on soustrait s'appellent des **termes**.

■ **Exemple :** 104,9 − 13,31 = 91,59.
91,59 est la **différence** des **termes** 104,9 et 13,31.

Attention ! Dans une soustraction, changer l'ordre des termes change le résultat !

■ **Exemples :** 104,9 − 13,31 ≠ 13,31 − 104,9.

3 Ordres de grandeur

Animation

- Un **ordre de grandeur** d'un nombre est une valeur approchée simple de ce nombre.
On utilise les ordres de grandeur pour « avoir une idée » d'un résultat de calcul.
- On remplace les nombres d'une opération par des ordres de grandeur de ces nombres. On effectue ensuite l'opération avec ces nouveaux nombres qui doivent être assez simples pour que l'opération puisse se faire mentalement. Le résultat obtenu est un ordre de grandeur du résultat exact.

■ **Exemple :** On cherche un ordre de grandeur de 3 208,6 + 4 317,23.

1. On cherche un ordre de grandeur des termes :
3 208,6 ≈ 3 000 ; 3 208,6 est **de l'ordre** de 3 000.
4 387,23 ≈ 4 000 ; 4 387,23 est **de l'ordre** de 4 000.

2. On calcule un ordre de grandeur de la somme :
3 208,6 + 4 387,23 ≈ 3 000 + 4 000 ≈ 7 000.
La somme de 3 208,6 et de 4 387,23 est donc **de l'ordre** de 7 000.

Le dico des Maths
- Différence
- Ordre de grandeur
- Somme
- Terme

Voir p. 254

1 Poser et effectuer une addition

Énoncé
Effectuer 24,6 + 2,98 + 7 en posant l'opération.

Solution commentée

① J'aligne les nombres. Pour cela, j'aligne les virgules en faisant apparaître les virgules des nombres entiers, 7 = 7,00 (ou j'aligne les chiffres des unités).

$$\begin{array}{rcccc} & 2 & 4, & 6 & 0 \\ + & 0 & 2, & 9 & 8 \\ + & 0 & 7, & 0 & 0 \\ \hline \end{array}$$

② *Étape non obligatoire.* Je complète les nombres avec des zéros inutiles (**0**) afin qu'ils aient le même nombre de chiffres.

③ J'additionne les chiffres de la colonne la plus à droite : **0** + 8 + **0** = 8.
Je pose 8 au résultat.

$$\begin{array}{rcccc} & 2 & 4, & 6 & 0 \\ + & 0 & 2, & 9 & 8 \\ + & 0 & 7, & 0 & 0 \\ \hline & & & & 8 \end{array}$$

④ Je passe à la colonne suivante : 6 + 9 + **0** = 15.
Je pose 5 au résultat et je retiens **1** au-dessus de la colonne suivante (ou mentalement).

$$\begin{array}{rcccc} & & {}^{1} & & \\ & 2 & 4, & 6 & 0 \\ + & 0 & 2, & 9 & 8 \\ + & 0 & 7, & 0 & 0 \\ \hline & & & 5 & 8 \end{array}$$

⑤ Je passe à la colonne suivante : **1** + 4 + 2 + 7 = 14.
Je pose 4 au résultat et je retiens **1** au-dessus de la colonne suivante (ou mentalement).

$$\begin{array}{rcccc} & {}^{1} & {}^{1} & & \\ & 2 & 4, & 6 & 0 \\ + & 0 & 2, & 9 & 8 \\ + & 0 & 7, & 0 & 0 \\ \hline & & 4, & 5 & 8 \end{array}$$

⑥ Je passe à la colonne suivante : **1** + 2 + **0** + **0** = 3.
Je pose 3 au résultat.

$$\begin{array}{rcccc} & {}^{1} & {}^{1} & & \\ & 2 & 4, & 6 & 0 \\ + & 0 & 2, & 9 & 8 \\ + & 0 & 7, & 0 & 0 \\ \hline & 3 & 4, & 5 & 8 \end{array}$$

24,6 + 2,98 + 7 est donc égal à **34,58**.

Exercices d'application

1 Poser et effectuer :
a. 468 + 157 **b.** 32,68 + 819,14 **c.** 166 + 5,08

2 Poser et effectuer :
a. 28,76 + 761,46 + 29,8
b. 14 + 68,7 + 186,84 **c.** 377,6 + 1 200,58 + 90,001

3 Pour son nouvel appartement, Léa a dépensé 485,65 € de meubles, 174,5 € de tapisserie et 954 € de caution de loyer.
Combien a-t-elle dépensé en tout ?

4 Monsieur Précis calcule combien pèse la cargaison de son camion. Celle-ci se compose de trois caisses pesant 1 812,45 kg, 609,8 kg et 727,77 kg.
Combien pèse la cargaison totale ?

Voir aussi les Exercices 24 à 40

2 Poser et effectuer une soustraction

Énoncé

Effectuer 36,4 – 26,12 en posant l'opération.

Solution commentée

① J'aligne les nombres. Pour cela, j'aligne les virgules en faisant apparaître les virgules des nombres entiers (ou j'aligne les chiffres des unités).

```
  3 6, 4 0
– 2 6, 1 2
```

② *Étape non obligatoire.* Je peux compléter les nombres avec des zéros inutiles (**0**) afin qu'ils aient le même nombre de chiffres.

```
  3 6, 4 0
– 2 6,₁1 2
         8
```

③ Je soustrais les nombres de la colonne la plus à droite : **0** – 2, je ne peux pas.
Je fais alors **1**0 – 2. Je pose 8 au résultat et je retiens **1**, je le mets au pied de la colonne suivante.

```
  3 6, 4 0
– 2 6,₁1 2
       2 8
```

④ Je passe à la colonne suivante : 4 – (1 + **1**) = 4 – 2 = 2.
Je pose 2 au résultat.

```
  3 6, 4 0
– 2 6,₁1 2
    0, 2 8
```

⑤ Je passe à la colonne suivante : 6 – 6 = 0.
Je pose 0 au résultat.

```
  3 6, 4 0
– 2 6,₁1 2
  1 0, 2 8
```

⑥ Je passe à la colonne suivante : 3 – 2 = 1.
Je pose 1 au résultat.

36,4 – 46,12 est donc égal à **10,28**.

Exercices d'application

5 Poser et effectuer :
a. 468 – 157 **b.** 132,57 – 19,14 **c.** 16,6 – 2,05

6 Poser et effectuer :
a. 85,6 – 45,9 **b.** 25 – 6,75 **c.** 248,2 – 5,3

7 Poser et effectuer :
a. 725,6 – 476,84
b. 1 251,71 – 634,06
c. 116,216 – 21,78

8 Camille a 25 €. Elle achète un jeu vidéo à 20,85 €. Combien va-t-il lui rester ?

9 S'il y avait exactement 1 422,16 m de fil de cuivre dans une bobine, et qu'il en reste maintenant 75,68 m, combien en a-t-on pris ?

10 Un livreur a 751,5 kg de marchandises dans son camion.
Après ses livraisons du matin, il lui reste 328,4 kg.
Quelle masse a-t-il livrée le matin ?

Voir aussi les Exercices 24 à 40

3 Additionner et soustraire des durées

ANIMATION

Énoncé

1. Effectuer 5 h 26 min + 2 h 45 min en posant l'opération.
2. Effectuer 12 h 15 min – 8 h 30 min en posant l'opération.

Solution commentée

1. ① J'ajoute séparément les heures et les minutes.

5 h 26 min + 2 h 45 min = 7 h 71 min.

② **1 h = 60 min.** Si le nombre de minutes est plus grand que 60, je le convertis en heures et minutes : 71 min = 1 h 11 min.

7 h 71 min = 7 h + 1 h 11 min = 8 h 11 min.
5 h 26 min + 2 h 45 min est donc égal à **8 h 11 min**.

	5 h	26 min	
+	2 h	45 min	
	7 h	71 min	
donc	**8 h**	**11 min**	

2. ① Je soustrais séparément les heures et les minutes.
Attention, on ne peut pas soustraire 30 min à 15 min car 30 est plus grand que 15.

② **1 h = 60 min.** Je transforme 1 h en 60 min dans 12 h 15 min :
12 h 15 min = 11 h + 1 h + 15 min = 11 h + 60 min + 15 min = 11 h 75 min.

	11 h	**75 min**
	~~12 h~~	~~15 min~~
–	8 h	30 min
	3 h	45 min

En remplaçant 12 h 15 min par 11 h 75 min dans l'opération, on peut faire le calcul de départ. On trouve 12 h 15 – 8 h 30 = **3 h 45 min**.

Exercices d'application

11 Calculer :
a. 11 h 23 min + 7 h 35 min
b. 5 h 45 min + 2 h 38 min
c. 2 h 20 min + 23 h 50 min

12 Calculer :
a. 13 h 45 min – 8 h 24 min
b. 5 h 18 min – 4 h 54 min
c. 8 h 14 min – 2 h 15 min

13 Calculer :
a. 17 h 01 min 15 s + 4 h 34 min 50 s
b. 2 h 00 min 58 s + 14 h 59 min 4 s
c. 23 h 45 min 45 s + 18 h 54 min 54 s

14 Lola fait 1 h 30 min de sieste tous les jours. Sachant qu'elle s'est couchée aujourd'hui à 15 h 55 min, à quelle heure va-t-elle se réveiller ?

15 Sylvain a fait une randonnée balisée en VTT. Il a mis exactement 3 h 38 min pour faire le parcours. Sachant qu'il est parti à 9 h 42 min, à quel heure est-il arrivé ?

16 Diego commence à préparer des pâtes au pesto à 17 h 48 min. Il faut 2 h 43 min pour qu'elles soient prêtes. À quelle heure Diego pourra-t-il servir ses pâtes ?

17 Sophie part de Bordeaux à 11 h 47 min et arrive à Paris à 15 h 51 min.
Combien de temps a duré son trajet ?

18 Le 16 janvier 2023, le soleil se lèvera à Bordeaux à 8 h 35 min et se couchera à 17 h 48 min.
Combien de temps durera le jour ?

19 Momo l'escargot a atteint le potager à 23 h.
Sachant qu'il lui a fallu 4 h 24 min pour parcourir les 18,70 m qui le séparaient de ses salades préférées, à quelle heure est-il parti ?

20 Julie a fabriqué cinq étagères en bois puis les a fixées au mur du salon. Elle a commencé à 9 h 35 min et a fini à 16 h 50 min. Combien de temps a-t-elle mis ?

21 Il est 16 h 32 min. Monsieur Dumont doit avoir terminé les décors d'une pièce de théâtre à 20 h 21 min. Il lui reste à fabriquer une fausse fenêtre et son rideau, ce qui lui prendra 3 h 48 min. Terminera-t-il à temps ?

Voir aussi les Exercices 45 à 48

Pour s'entraîner

Vocabulaire SOCLE 6e

22 Recopier et compléter les phrases suivantes avec les mots *termes, somme, différence* :

a. 14,5 + 11,2 = 25,7 donc 25,7 est la ………… des ………… 14,5 et 11,2.

b. La ………… des ………… 41 et 29 est 12.

Coup de pouce
Un même mot peut servir deux fois !

23 Recopier et compléter les phrases ci-dessous :

a. Les ………… romains étaient des établissements de bains publics chauds de la Rome Antique.

b. Le ………… est un appareil qui sert à mesurer les températures.

c. 124 + 28 + 5 = 157. Les nombres 124, 28 et 5 sont les ………… de l'addition 124 + 28 + 5.

Additions et soustractions SOCLE 6e

POUR T'AIDER, voir Savoir faire 1 et 2

24 Recopier puis effectuer les opérations suivantes :

a.
```
   3 2 4, 3 5
+      8 2, 9
```

b.
```
   2 5 0 6, 8
+   1 4 2, 9 8
```

c.
```
       8 4, 8
+         2, 9 5
+   4 1 7
```

25 Poser et effectuer les opérations suivantes :

a. 3 456 + 582 **b.** 253,35 + 86,58

26 Poser et effectuer les opérations suivantes :

a. 27 + 38,015 **b.** 95 124,4 + 7 320

27 Poser et effectuer les opérations suivantes :

a. 78,4 + 31,9 + 42,3 **b.** 507,4 + 3,948 + 64,25

28 Recopier puis effectuer les opérations suivantes :

a.
```
   5 8 4, 9 5
-      6 2, 3
```

b.
```
   6 0 5, 2
-  4 7 2, 8 9
```

c.
```
   8 3 2 4, 8
-          2, 0 5
```

29 Poser et effectuer les opérations suivantes :

a. 5 386 – 582 **b.** 125,4 – 18,16

30 Poser et effectuer les opérations suivantes :

a. 532,15 – 347,23 **b.** 7 – 2,009

31 Poser et effectuer les opérations suivantes :

a. 914,357 – 37,358 **b.** 100 000 – 0,1

32 Calculer astucieusement, en regroupant des termes :

a. 7,5 + 126 + 3,5 + 14

b. 18 + 8,45 + 42 + 6,55

33 Calculer astucieusement, en regroupant des termes :

a. 125 + 210 + 275 + 690 + 1 500

b. 2,4 + 0,85 + 7,6 + 0,77 + 1,15 + 2,23

34 Recopier puis compléter les opérations suivantes :

a.
```
     7 . 4 . 2
+      3 . 7 .
     7 5 6 9 2
```

b.
```
     6 4 5 0 .
-    3 . 8 . 1
     . 0 . 1 3
```

35 Recopier puis compléter les opérations suivantes :

a.
```
   1 6 . , . 0 8
+  . 4 8 , 4 0 .
   5 . 6 , 0 . 6
```

b.
```
   9 . 0 , . 4 1
-  . 9 2 , 0 0 .
   3 5 . , 6 . 8
```

36

Pour additionner ou soustraire des fractions décimales, on peut utiliser leur écriture décimale.

Exemple : $\frac{321}{10} + \frac{43}{10} = 32{,}1 + 4{,}3 = 36{,}4 = \frac{364}{10}$.

Effectuer de cette façon les opérations suivantes :

a. $\frac{25}{10} + \frac{8}{10}$ **b.** $\frac{254}{100} - \frac{61}{100}$ **c.** $\frac{5}{10} + \frac{75}{100}$

d. $\frac{45}{100} - \frac{4}{10}$ **e.** $2 - \frac{25}{100}$ **f.** $\frac{2}{10} + \frac{2}{100} - \frac{2}{1000}$

37 Mathilde achète 875 g de poisson, 472,5 g de pêches et 184,75 g de noisettes.
Quelle masse doit-elle porter ?

38 Marciano doit clôturer trois terrains situés dans trois villes différentes. Le premier a un périmètre de 423,9 m, le second 728,18 m et le dernier 1 907,15 m.
Quelle longueur de grillage doit-il acheter au total ?

39 Mamie Jo donne 15 € à Charlotte pour acheter un CD. Le CD coûte 12,94 €.
Combien va-t-il rester à Charlotte ?

40 Batman et sa batmobile pèsent ensemble 2 341,24 kg. Batman seul pèse 82,53 kg.
Combien pèse la batmobile ?

Ordres de grandeur SOCLE 6e

41 Trouver un ordre de grandeur du résultat des opérations ci-dessous sans les calculer :

a. 4 852,36 + 5 102,12 **b.** 4 859,86 – 612,9
c. 18,03 – 7,9 + 0,96 – 10,88

42 Pour chacune des opérations ci-dessous, sans effectuer l'opération, retrouver le résultat juste parmi les quatre propositions :

Opération	Résultat A	Résultat B	Résultat C	Résultat D
547,84 + 308,7	239,14	850	856,54	800
95,26 + 13,65	108,91	81,61	118,91	100,91
601 485 – 232	601 717	601 253	369 485	600 253
76,352 – 38,652	37,7	38,7	37,4	115,004

43 Au restaurant avec des amis, Lorenzo se demande si le serveur n'a pas fait une erreur en calculant le total de ce qu'ils doivent pour le repas. Voici leur addition :

3 grillades de sardine	28,30 €
1 tartare de saumon	7,80 €
2 crèmes brûlées	9,90 €
2 glaces au citron	6,10 €
Total :	64,10 €

Calculer un ordre de grandeur de cette addition et dire si le serveur semble avoir fait une erreur importante.

44 Voici les dépenses de téléphone de Noé Bavardus pour cinq mois :

Janvier	Février	Mars	Avril	Mai
49,90 €	51,20 €	102,80 €	34,60 €	81,70 €

Calculer un ordre de grandeur du montant total de ses communications téléphoniques sur ces cinq mois.

Durée et horaires

POUR T'AIDER, voir Savoir faire 3

45 Calculer :

a. 2 h 27 min + 5 h 12 min **b.** 15 h 48 min + 5 h 30 min
c. 16 min 35 s – 4 min 67 s

46 Alice a repeint sa chambre. Elle a commencé à 8 h 15 min et a terminé à 19 h 10 min. Sachant qu'elle s'est arrêtée 1 h 20 min, combien de temps a-t-elle mis ?

47 Calculer :

a. 3 h 28 min + 5 h 59 min **b.** 12 h – 4 h 16 min
c. 16 h 35 min 20 s – 4 h 67 min 40 s

48 Calculer :

a. 18 h 02 min 05 s – 3 h 46 min 52 s
b. 22 h – 12 h 12 min 12 s
c. 4 j 18 h 30 min 07 s – 2 j 20 h 48 min 08 s

Problèmes

49 Émilie achète un livre à 6,80 € et un DVD à 16,30 €. Elle paie avec un billet de 50 €.
Combien va-t-on lui rendre ?

50 À 13 h 17 précises, le petit Chaperon Rouge aperçoit le grand Méchant Loup caché dans un buisson, ce qui l'empêche de passer. À 15 h 08, le Méchant Loup quitte sa cachette et s'en va dans la forêt.
Combien de temps le petit Chaperon Rouge a-t-il dû attendre avant de poursuivre son chemin ?

51 Raphaël et Alexis ont 32 ans à eux deux. Lucie et Raphaël ont 36 ans à eux deux. Sachant que Lucie a 17 ans, quels âges ont Raphaël et Alexis ?

52 Victoire part en train de Bordeaux à 8 h 45 min. Elle arrive à Montpellier à 13 h 20 min. Elle se promène dans la ville pendant 2 h 15 min puis repart en train pour Nice où elle arrive à 18 h 34 min.
Combien de temps en tout a-t-elle passé dans un train au cours de cette journée ?

53 Le serveur d'un restaurant compte à haute voix : « 12,50 euros plus 5,20 euros plus 3,44 euros plus 7,80 euros ».

1. Quel est le montant de l'addition ?

2. Le serveur s'est trompé, ce n'était pas 3,44 euros mais 34,40 euros.
Rectifier l'addition.

54 Sami est contrarié. Il a demandé trois baguettes de couleur de même longueur.
Or la baguette rouge mesure 2 cm de plus que la baguette verte et 5 cm de moins que la baguette jaune.
La baguette jaune mesure 2,48 m.

1. Représenter la situation par un schéma.

2. Combien mesure la baguette verte ?

55 Milou a parcouru 3 km de plus que Tintin. Le petit chien a fait 7,3 km. Quelle distance a parcouru Tintin ?
Faire un schéma puis résoudre le problème.

56 Loïc mesure 7 cm de plus que Safina. Safina mesure 11 cm de moins que Cheng.
Combien Loïc mesure-t-il de moins que Cheng ?
Faire un schéma puis résoudre le problème.

57 Monsieur Malin veut peser un agneau mais l'agneau est si vif qu'il ne veut pas rester sur la balance. Monsieur Malin prend l'agneau dans ses bras et monte sur la balance, il lit : 106,6 kg.
Il pose l'agneau puis se pèse seul, il lit alors : 84,8 kg.

1. Combien pèse l'agneau ?

2. La balance est mal réglée. Elle compte 500 g en trop.
Combien pèse réellement l'agneau ?

58 Voici un tableau des précipitations mensuelles moyennes à Brest et à Biarritz entre 1981 et 2010 (données en mm).

	Brest	Biarritz
Janvier	143,8	128,8
Février	111,7	111,5
Mars	95,8	103,5
Avril	92,1	129,7
Mai	79	113,9
Juin	59,8	87,8
Juillet	66,8	69,3
Août	66,8	98,4
Septembre	83,3	119,6
Octobre	129	152,1
Novembre	134,1	185,9
Décembre	147,8	150,4

1. Dans quelle ville a-t-il le plus plu dans l'année ?

2. Pour quel mois y a-t-il eu l'écart le plus grand entre les deux villes ? Et l'écart le plus petit ?

59 Dans le cargo « ROBERVAL », on charge un camion de 3 600 kilogrammes. On décharge ensuite un dromadaire de 700 kilogrammes. Puis on charge 1 200 kilogrammes de bois. On décharge enfin un tracteur de 2 tonnes. Sachant que le cargo pèse maintenant 43 567 tonnes, combien pesait-il avant que l'on charge le camion ?

60 Voici un terrain rectangulaire dans lequel le père Lapaille veut mettre un mouton.

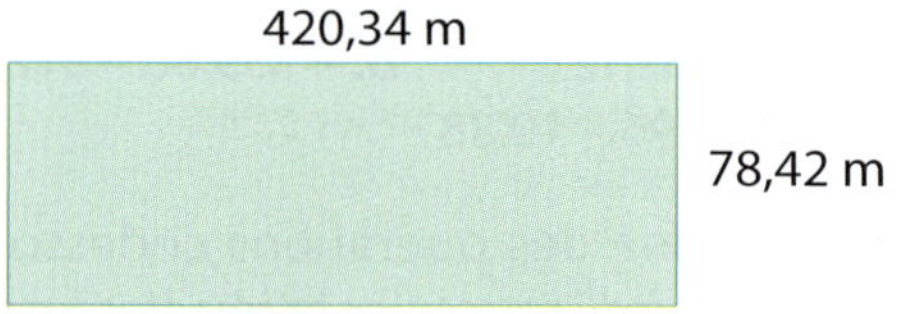

Quelle longueur de clôture va-t-il devoir mettre en place pour que son mouton ne s'échappe pas ?

61 Le *Meteor Crater* est un cratère situé dans l'état de l'Arizona aux États-Unis d'Amérique. On pense que ce cratère s'est formé lors de la chute d'une météorite de 300 000 tonnes, il y a environ 50 000 ans. Le cratère mesure 1 200 m de diamètre et sa profondeur est de 180 m.
Joe descend au fond du cratère et monte sur un rocher. Sachant que Joe mesure 1,78 m et qu'une fois perché sur le rocher, il se trouve à 176,85 m de la surface du cratère, quelle est la hauteur du rocher ?

À l'oral

Les exercices qui suivent sont à faire mentalement.

62 Calculer :
a. 18 + 15 **b.** 88 + 7 **c.** 124 + 26 **d.** 1 356 + 125
e. 54 − 8 **f.** 754 − 23 **g.** 972 − 631 **h.** 300 − 33

63 Calculer en regroupant astucieusement :
a. 18 + 15 + 12 **b.** 27 + 24 + 106 **c.** 985 + 17 + 15

64 Calculer :
a. 28,7 + 14,2 **b.** 5,28 + 3,04 **c.** 10,25 + 5,8
d. 11,8 − 5,5 **e.** 15 − 7,2 **f.** 28 − 2,54

65 Calculer en regroupant astucieusement :
a. 9,5 + 11 + 0,5 **b.** 175 + 14,7 + 5,3 **c.** 2,75 + 90 + 7,25

66 Quel est le périmètre de chacun des triangles ci-dessous ?

a.

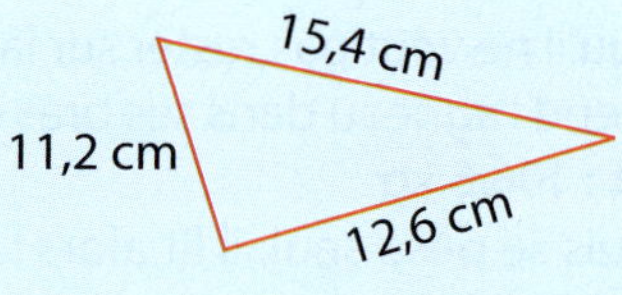

b.

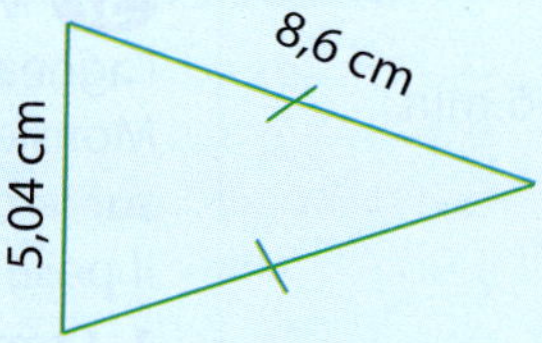

c.

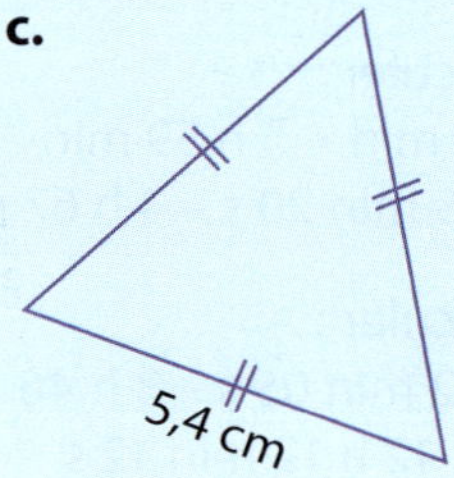

Je m'évalue

Pour chaque exercice 67 à 79, trouve la ou les bonnes réponses.

Énoncés	Réponse A	Réponse B	Réponse C	Réponse D
67 Comment appelle-t-on les nombres qui participent à une addition ou à une soustraction ?	facteurs	termes	sommes	opérateurs
68 Comment appelle-t-on le résultat d'une addition ?	somme	différence	produit	quotient
69 Comment appelle-t-on le résultat d'une soustraction ?	somme	différence	produit	quotient
70 *Calcul mental* 128 + 93 vaut :	35	211	231	221
71 *Calcul mental* 218 000 – 189 000 vaut :	29 000	71 000	407 000	28 000
72 45,23 + 18,077 vaut :	64	63,307	63,54	63,237
73 574 – 12,12 vaut :	562,12	561,88	586,12	Impossible…
74 Quel est l'ordre de grandeur de 4 178 + 7 926 + 9 099 ?	20 000	19 203	21 000	22 000
75 Quel est l'ordre de grandeur le plus proche de 254,081 – 9,07 ?	240	245	250	260
76 Cheikh Saliou s'achète un CD à 9,40 €, un livre à 13,65 € et un bonbon à 1,20 €. Il a dépensé :	24,25 €	23,25 €	24 €	On ne peut pas savoir, on ne sait pas combien il avait au départ…
77 Un train part de Bordeaux à 6 h 28 min et arrive à Paris à 9 h 25 min. La durée du trajet Bordeaux-Paris est :	2 h 57 min	3 h 03 min	15 h 53 min	3 h 53 min
78 À 13 h 48 min, Henrique s'allonge pour une sieste de 23 minutes. Ensuite, il part en promenade pendant 2 h 01 min. Il revient chez lui à :	11 h 24 min	15 h 72 min	12 h 10 min	16 h 12 min
79 Papy René a 52 ans de plus que Lily. Lily a 3 ans de moins que Pierrot. Donc Papy René a :	55 ans de plus que Pierrot	49 ans de moins que Pierrot	On ne peut pas savoir	49 ans de plus que Pierrot

Tu peux vérifier tes réponses p. 255 et si tu veux continuer ton entraînement rendez-vous sur le site compagnon

Pour approfondir

80 Nombres et lettres

Pour calculer « avec des lettres », on remplace ces lettres par les valeurs qu'elles représentent.
Exemple : Si $a = 2$ et $b = 8$, $a + b = 2 + 8 = 10$.

Soit $a = 5{,}6$ et $b = 8{,}2$. Calculer la somme de a et b puis la différence entre a et b.

81 Où est le grillage ?

Le père Lapaille veut clôturer d'un grillage son terrain rectangulaire de 500 m de long et 371 m de large.
Sur chacune des longueurs, il veut laisser une ouverture de 4,20 m sans clôture. Le père Lapaille va à Brico-city acheter le grillage puis le pose. Misère ! Il manque 3,20 m de clôture, le vendeur s'est trompé !
Quelle longueur de grillage le père Lapaille a-t-il ramenée du magasin de bricolage ?

82 VRAI ou FAUX ?

1. Si deux nombres sont égaux alors leur différence vaut 0.

2. 2,85 + (24,52 + 11,41) donne le même résultat que 11,41 + (2,85 + 24,52).

3. On ne peut pas calculer : 3 h 02 min – 2 h 48 min.

4. Supposons que la différence entre deux nombres soit 12. Si j'ajoute 8 à chacun de ces nombres, leur différence est maintenant égale à 20.

83 L'heptagone

Il manque une mesure sur l'heptagone ci-dessous. Sachant que son périmètre est 173,31 cm, quelle est la mesure manquante ?

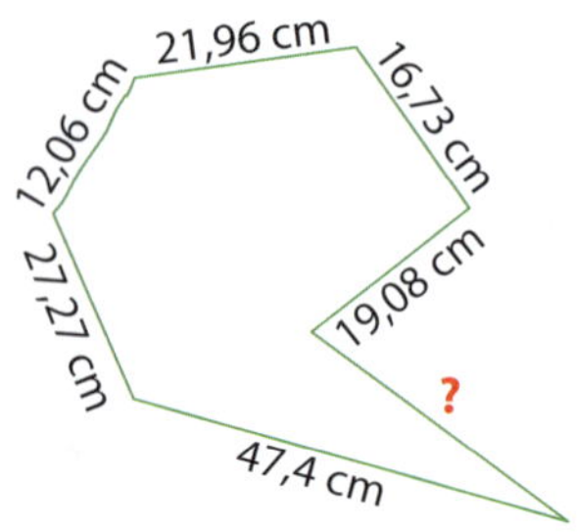

84 Quand je serai grand — ÉDUCATION CIVIQUE

Le père de Medhi et Pierre a 14 ans de plus que la somme des âges de ses deux enfants.
Pierre dit : « Dans 7 ans, je pourrai voter ! ».
Son père ajoute : « Oui, c'est vrai, tu pourras voter et Medhi devra attendre 2 ans de plus ! ».
Quels sont les âges actuels de Medhi, Pierre et de leur père ?

85 Patatras !

M. Tournebol vient de se fabriquer une table de jardin qui ne peut pas supporter plus de 320 kg ! Pour tester sa solidité, il pose dessus : une enclume de forgeron de 120,48 kg ; un moteur de voiture de 164,08 kg ; un sac de ciment de 35,46 kg. Craaaac ! La table s'écroule.
M. Tournebol se tourne furieux vers Arrondicius qui rougit et lui dit : « Je suis sûr de mes calculs, j'ai trouvé 319 kg, ça n'aurait pas dû s'effondrer ! »
M. Tournebol a correctement construit sa table. Arrondicius n'a pas fait d'erreur de calcul, mais sa façon de calculer pour aller vite a peut-être été trop rapide…
Quelle erreur a donc commise Arrondicius ? Expliquer.

86 Statistiques — THÈME DE CONVERGENCE

Voici un tableau montrant l'évolution de la population (données en millions) dans les différents continents du Monde (*source : ONU 2013*) :

	1950	2013	2030 (estimation)
Amérique du Nord	172	355	405
Amérique latine et Caraïbes	167	617	713
Europe	547	742	707
Océanie	13	38	43
Afrique	221	1 111	1 518
Asie	1 398	4 299	4 931

1. Quelle était la population mondiale en 1950 ? En 2013 ?

2. Quelle sera la population mondiale en 2030 ?

3. a. De combien augmentera la population en Asie entre 1950 et 2030 ? Et celle de l'Europe ?
b. Que peut-on remarquer ?

87 Énergie — THÈME DE CONVERGENCE

Esther et sa famille ont consommé 1 492 kWh d'électricité pour se chauffer en janvier, 1 132 kWh en février, 1268 kWh en mars et 516 kWh en avril.

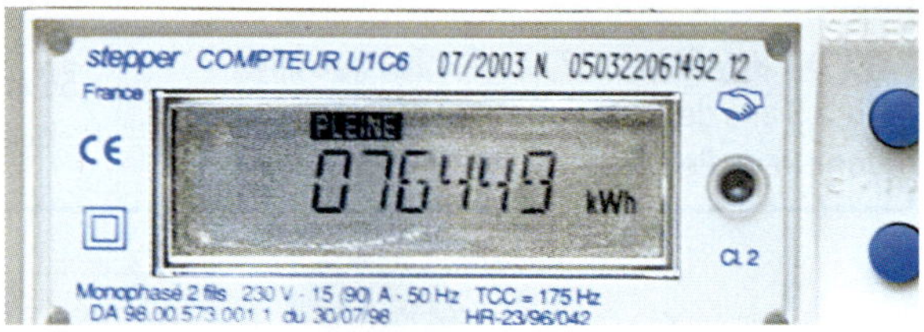

1. Combien de kWh d'électricité Esther et sa famille ont-ils consommé de janvier à avril ?

2. Montrer que leur consommation a moins baissé de janvier à février que de mars à avril.

88 Un voyage en Airbus

Un Airbus A380-800F de la compagnie Loufberia doit transporter 590 tonnes de fret de l'Europe vers l'Afrique. Il lui faut quatre voyages pour tout transporter et il ne transporte que du fret à chaque voyage.
Au 1er vol, l'avion pèse 408,8 t. Au 2e vol, il pèse 395,2 t. Au 3e vol, il pèse 401,5 t. Au 4e, il pèse 384,5 t.
Combien pèse l'avion sans fret ?

89 Problème ouvert

Voici un algorithme (succession d'actions) :

Téléchargement

- **Étape 1** : Choisir un nombre de trois chiffres qui ne soient pas tous égaux (par exemple 573).
- **Étape 2** : Écrire avec ces chiffres le plus grand nombre possible (ici 753) et le plus petit nombre possible (ici 357).
- **Étape 3** : Calculer la différence entre ces deux nombres (ici 753 – 357 = 396).
- **Étape 4** : Recommencer à partir de l'étape 2 avec le nombre obtenu (ici 396).

1. Tester cet algorithme avec plusieurs nombres différents. Que remarque-t-on ?

2. Tester cet algorithme avec des nombres à quatre chiffres (les quatre chiffres sont tous différents).
Que remarque-t-on ?

90 Le défi

Caroline a eu 24 ans le 14 février 2013. C'était un jeudi. Sachant que 2012 était une année bissextile, quel jour de la semaine Caroline a-t-elle eu 22 ans ?

91 L'énigme

Jules l'escargot est au fond d'un puits de 10 m de profondeur dont il voudrait bien sortir !
Dans la journée, il monte de 3 m mais la nuit il redescend de 2 m (il faut dire que Jules n'est pas doué, dès qu'il y a un peu d'humidité il panique !).
Au bout de combien de temps sortira-t-il du puits ?

92 Tâche complexe — ASTRONOMIE

Pour résoudre ce problème, tu devras prendre des initiatives et chercher des informations.

Le 3 septembre 2081 aura lieu une éclipse totale de Soleil visible dans une partie de la France, dont Paris.
Paris n'aura pas connu d'éclipse totale de Soleil depuis le 22 mai 1724.
En 2081, l'éclipse commencera à 6 h 35 min 51 s et se terminera à 8 h 41 min 22 s mais l'obscurité ne sera totale qu'à partir de 7 h 35 min 4 s et ce jusqu'à 7 h 38 min 2 s.

1. Combien de temps durera l'éclipse en tout ?

2. Combien de temps durera l'obscurité ?

3. Quel âge avait le roi de France lors de l'éclipse de 1724 ? Combien d'années après cette éclipse est-il mort ?

Devoir à la maison

1 Lola et Caroline ont reçu chacune la même somme d'argent de leur grand-mère. Lola possédait 6,75 € avant leur visite, maintenant elle en a 14. Caroline possédait 11,55 €, combien d'argent possède-t-elle maintenant ?

2 Jules et Maya ont 20 ans à eux deux. Si Jules avait trois ans de moins et Maya un an de plus alors ils auraient le même âge. Quels âges ont-ils ?

3 Françoise Barré-Sinoussi, spécialiste en biologie des virus, est née le 30 juillet 1947. Elle a obtenu le prix Nobel de médecine le 6 octobre 2008. Quel âge avait-elle lorsqu'elle a reçu ce prix ?

4 Recopier et compléter la grille ci-dessous à l'aide des indications suivantes :

Horizontalement
1. 3 553 + 325,8 + 1 647 + 474,2.
2. Le nombre entier qui précède 90 900.
3. Entre 35 et 42 ;
353 – 286.
4. Cinq chiffres qui se suivent dans l'ordre décroissant.
5. 888 – 777 + 666 – 555 ; 12,724 – 3,724.

	A	B	C	D	E
1					■
2					
3			■		
4					
5				■	

Verticalement
A. 23 548 + 12 267 + 21 096 + 12 581.
B. (40 + 40 + 2) et trois zéros inutiles.
C. Le résultat de 12,7 + 45,8 + 21,5 inversé ;
La différence des chiffres de ce nombre vaut 5.
D. (111 + 888 – 222 + 189) et un zéro inutile.
E. 9 + 0,009 + 0,7 + 0,05 (résultat sans virgule).

AVEC UN ORDINATEUR

À la fin du manuel, retrouve tes fiches **Tableur** et **Géométrie** Vidéo

1 SOMMES DE NOMBRES ENTIERS CONSÉCUTIFS 30 min

OBJECTIF : *Utiliser le tableur pour conjecturer sur les propriétés de sommes de nombres entiers consécutifs.*

Somme de deux nombres entiers consécutifs

	A	B	C
1	12	13	25

1. Ouvrir un tableur et dans la cellule A1, écrire un nombre entier.

2. Dans la cellule B1, écrire le nombre entier qui suit celui de la cellule A1.

3. Dans la cellule C1, écrire une formule qui ajoute les nombres en A1 et B1. → Tableur 1, p. 238

4. Si l'on change le nombre en A1, est-ce que le nombre en B1 change ? S'il ne change pas, écrire une formule en B1 qui donne le nombre qui suit celui en A1.

5. Écrire successivement 0, puis 1, puis 2, puis 3, puis 4… dans la cellule A1 et observer à chaque fois le résultat en C1. Que remarque-t-on ?

Somme de trois nombres entiers consécutifs

1. Ouvrir une nouvelle feuille du tableur et dans la cellule A1, écrire un nombre entier.

2. Dans la cellule B1, écrire une formule qui donne le nombre entier qui suit celui de la cellule A1. → Tableur 1, p. 238

3. Dans la cellule C1, écrire une formule qui donne le nombre entier qui suit celui de la cellule B1.

4. Dans la cellule D1, écrire une formule qui ajoute les nombres en A1, B1 et C1.

5. Écrire successivement 0, puis 1, puis 2, puis 3, puis 4… dans la cellule A1 et observer à chaque fois le résultat en D1. Que remarque-t-on ?

2 EMPILEMENTS DE CUBES 30 min

OBJECTIF : *Utiliser le tableur pour faire de nombreuses itérations.*

Préparation de l'activité, à faire sur papier

1. Combien faut-il de cubes :

a. pour faire 1 étage ? **b.** pour faire 2 étages ? **c.** pour faire 3 étages ? **d.** pour faire 4 étages ?

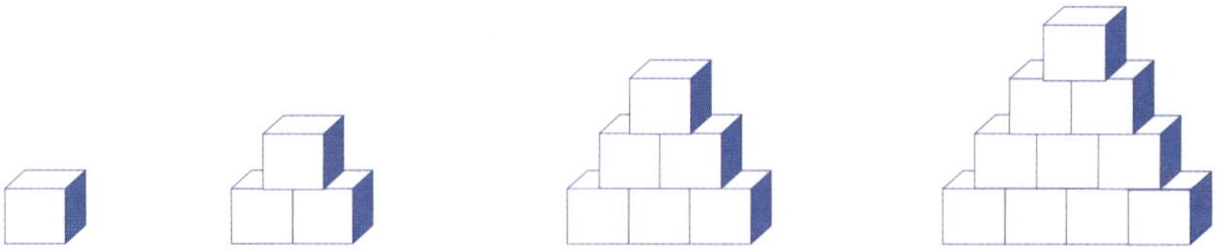

1 étage — 2 étages — 3 étages — 4 étages

2. Combien de cubes ajoute-t-on pour passer :

a. d'1 étage à 2 étages ? **b.** de 2 étages à 3 étages ? **c.** de 3 étages à 4 étages ?

3. Que remarque-t-on ?

Et maintenant… 100 étages !

1. Ouvrir une feuille de tableur. En présentant comme ci-contre, utiliser le tableur pour déterminer le nombre de cubes nécessaires pour 100 étages. Il faut trouver une formule puis la recopier. → Tableur 1 et 2, p. 238

	A	B
1	Étages	Cubes
2	1	1
3	2	3
4	3	

2. Combien faut-il de cubes pour construire 100 étages ?

3 CARRÉ MAGIQUE 30 min

OBJECTIFS : *– Utiliser le tableur pour automatiser des tâches de vérification.*
– Faire du calcul mental (addition et soustraction).

1. Ouvrir un tableur et reproduire la situation ci-contre.

	A	B	C
1			
2	442	104	474
3	372	340	308
4	206	576	238

2. En D2, écrire une formule qui donne la somme des trois nombres de la ligne 2. → Tableur 1, p. 238

3. En D3, écrire une formule qui donne la somme des trois nombres de la ligne 3. → Tableur 2, p. 238

4. En D4, écrire une formule qui donne la somme des trois nombres de la ligne 4.

5. En A5, écrire une formule qui donne la somme des trois nombres de la colonne A.

6. En B5, écrire une formule qui donne la somme des trois nombres de la colonne B.

7. En C5, écrire une formule qui donne la somme des trois nombres de la colonne C.

8. En D1, écrire une formule qui donne la somme des trois nombres de la diagonale A4, B3, C2.

9. En D5, écrire une formule qui donne la somme des trois nombres de la diagonale A2, B3, C4.

10. Que remarque-t-on ?

On trouve des représentations de carrés magiques dans les civilisations indiennes et chinoises 2 000 av. J.-C. Le peintre allemand Dürer a représenté un de ces carrés dans sa célèbre gravure Melencolia en 1514.

4 LE PROGRAMME MYSTÉRIEUX

Une « boîte noire » dans un tableur est un programme de calcul mystérieux !
Le but de l'activité est de percer ce mystère...
Pour cela, on peut saisir des nombres mais aussi utiliser des formules qui aident dans la recherche.

1. Télécharger sur le site compagnon le fichier « boite_noire_02 » et l'ouvrir.

2. Saisir un nombre dans la cellule verte et observer dans la cellule grise le résultat de la boîte noire.

3. Faire plusieurs observations puis chercher le programme de calcul mystérieux de la boîte noire.

4. Pour tester un programme de calcul, saisir dans la cellule jaune la formule qui correspond à ce programme et observer le résultat obtenu.

5. Tester plusieurs exemples pour vérifier que les programmes de la boîte noire et de la boîte rouge donnent les mêmes résultats.

6. Écrire sur le cahier le programme de calcul qui semble être celui de la boîte noire.

Avant de commencer le Chapitre 3

Pour revoir les acquis du primaire

Dénombrement

1 Combien de carreaux y a-t-il sur le quadrillage ci-dessous ?

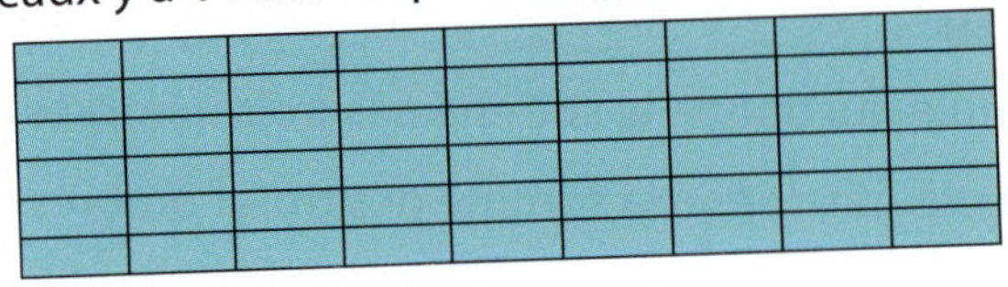

a. 59 carreaux
b. On ne peut pas savoir parce que les carreaux ne sont pas des carrés
c. 54 carreaux

Multiplication avec des nombres entiers

2 Calculer 68×100.

3 Calculer 23×15.

Multiplication avec des nombres décimaux

4 Calculer $100 \times 2{,}5$.

5 Calculer $1{,}4 \times 3{,}1$.

Problèmes

6 Charles a porté 60 caisses de 18 kg chacune. En tout, il a porté :
a. 1 080 kg **b.** 78 kg **c.** 42 kg

7 Pour son magasin, Malik a acheté 100 kg de tomates à 2,50 € le kilogramme.
Il a payé :
a. 2,500 € **b.** 2,5 € **c.** 250 €

8 Elsa achète trois livres à 8,42 € chacun. Elle paie en tout :
a. 24,126 € **b.** 25,26 € **c.** 11,42 €

9 Une navette spatiale a fait 5 allers-retours entre la Terre et la Lune.
Sachant qu'il y a 384 402 km entre la Terre et la Lune, quelle distance a parcouru la navette ?

Tu peux continuer tes révisions sur le **site compagnon**

Chapitre

3

Multiplication

Voici le Tianhe-2 *(*MilkyWay-2*, en anglais), le supercalculateur chinois qui a franchi la barrière des 33,8 petaflops !*

Et un petaflop, c'est un million de milliards d'opérations par seconde ! Pas mal, non ?

Le supercalculateur Tianhe-2 est installé dans le National Supercomputer Center à Guangzho, en Chine.

Je vais apprendre à…

- Utiliser le vocabulaire : produit, facteur **SOCLE 6e** ► ***Exercice 25***
- Effectuer des multiplications mentalement, à la main, à la calculatrice **SOCLE 6e** ► ***Exercices 26 à 35***
- Donner un ordre de grandeur d'un produit **SOCLE 6e** ► ***Exercices 36 à 42***
- Multiplier un nombre par 10, 100, 1 000 **SOCLE 6e** ► ***Exercices 43 à 46***
- Multiplier un nombre par 0,1 ; 0,01 ; 0,001 ► ***Exercices 43 à 46***

Activités

1 Des multiplications à corriger

Voici une même opération effectuée par quatre élèves qui se sont tous trompés !

Adrien **Brian** **Charlotte** **Djibril**

1. Trouver les erreurs commises dans chaque cas.

2. Effectuer correctement l'opération 614×23.

2 Ordres de grandeur

1. Monsieur Livretout est en train de charger 312 caissettes de 2,54 kg chacune dans sa camionnette.

– Lucas, son employé, se précipite vers lui : « Monsieur Livretout, vous ne pouvez pas livrer ça ! La camionnette ne peut porter que 500 kg ! »
– Monsieur Livretout répond : « Aïe, je vais poser l'opération pour voir si tu dis vrai. »
– Lucas : « Pas besoin de poser l'opération, m'sieur ! »
Comment a fait Lucas pour réagir si vite sans poser l'opération ?

2. Pour chacune des opérations ci-dessous, dire quel est le résultat juste sans utiliser de calculatrice et sans poser d'opération.

Opération	Résultat A	Résultat B	Résultat C	Résultat D
$5,2 \times 6,1$	30,61	3,142	320,12	31,72
$9,913 \times 375$	3 717,375	37,17375	371,7375	3 931,372
112×28	2 136	3 136	3 124	2 124
$47 \times 1\,067$	50 149	5 649	507 249	47 000

Utilise des ordres de grandeur et raisonne sur les chiffres si besoin.

3 Multiplications par 10, 100, 1000

1. Calculer :
a. 5,6 × 1 000 **b.** 24,25 × 10 **c.** 547,86 × 100

2. Calculer :
a. 10 × 0,04 **b.** 0,01 × 100 **c.** 1 000 × 0,09

3. Quelle est la règle qui permet de faire rapidement les calculs ci-dessus ?

4 Multiplications par 0,1; 0,01; 0,001

1. Recopier et compléter :

a. $24 \times 0{,}1 = 24 \times \frac{1}{10} = \frac{\dots}{10} = \dots$

b. $0{,}1 \times 135 = \frac{1}{10} \times \dots = \frac{\dots}{10} = 13{,}5$

c. $56 \times 0{,}01 = 56 \times \frac{1}{\dots} = \frac{56}{\dots} = \dots$

d. $8 \times 0{,}001 = 8 \times \frac{1}{\dots} = \frac{8}{\dots} = \dots$

e. 0,01 × 278 = ...
f. 0,001 × 54 218 = ...

Les fractions, $\frac{1}{10}, \frac{1}{100}, \frac{1}{1000}$... s'appellent des fractions décimales.

2. Écrire une règle indiquant comment multiplier par 0,1 ; 0,01 et 0,001.

3. Calculer :
a. 0,1 × 4 500 **b.** 52 × 0,001
c. 0,01 × 20 005 **d.** 7,2 × 0,01
e. 0,085 × 0,1 **f.** 0,001 × 57,12

5 Propriétés de la multiplication

1. On veut calculer le produit 1,2 × 4 × 25.
a. Calculer (1,2 × 4) × 25 en effectuant d'abord l'opération entre parenthèses.
b. Calculer (4 × 25) × 1,2 en effectuant d'abord l'opération entre parenthèses.
c. Entre la méthode de la question **a.** et celle de la question **b.**, quelle est la méthode la plus rapide pour calculer 1,2 × 4 × 25 ?

Dans une multiplication, on peut regrouper les facteurs comme on veut.

2. En regroupant astucieusement les facteurs, calculer :
a. 2 × 5,048 × 0,5 **b.** 5 × 324 × 0,2
c. 30 × 0,25 × 5 × 4 **d.** 0,75 × 31 × 2 × 2

Le cours

1 Multiplication

a Vocabulaire

DÉFINITIONS
- Le résultat d'une multiplication s'appelle un **produit**.
- Les nombres que l'on multiplie s'appellent des **facteurs**.

Exemple : $24 \times 31 = 744$.
744 est le **produit** des **facteurs** 24 et 31.

b Propriétés

PROPRIÉTÉ Dans une multiplication, on peut changer l'ordre des facteurs sans changer le résultat.

Exemples : $2{,}1 \times 5 = 5 \times 2{,}1 = 10{,}5$.

PROPRIÉTÉ Dans une multiplication, on peut regrouper les facteurs de différentes façons sans changer le résultat.

Exemple : Il existe au moins deux façons de calculer le produit $4 \times 18 \times 0{,}5$.

Méthode 1	**OU**	**Méthode 2**
$4 \times 18 \times 0{,}5 = (4 \times 18) \times 0{,}5$		$4 \times 18 \times 0{,}5 = (4 \times 0{,}5) \times 18$
$= 72 \times 0{,}5$		$= 2 \times 18$
$= 36$		$= 36$

c Calcul posé

```
      1 4, 9   ← L'alignement des nombres 14,9 et 13 n'a pas d'importance.
   ×    1 3
   ---------
      4 4 7
 +  1 4 9 •   ← Le point « • » représente le zéro issu de : 149 × 10 = 1 490.
   ---------
    1 9 3, 7
```

L'alignement des nombres 14,9 et 13 n'a pas d'importance.

Le point « • » représente le zéro issu de : $149 \times 10 = 1\,490$.
On peut mettre un « • », un « 0 » (mais attention à ne pas les confondre avec d'autres zéros du calcul !) ou un espace vide (attention dans ce cas à l'alignement des chiffres !).

On calcule le produit de deux nombres décimaux sans se soucier de la virgule, puis on place la virgule de façon que le nombre de décimales du produit soit égal au nombre total de décimales des facteurs.
Dans le produit de 14,9 par 13, il n'y a qu'une décimale (le 9 de 14,9).
En effet : $14{,}9 = 149 \times 0{,}1$ donc $14{,}9 \times 13 = (149 \times 0{,}1) \times 13 = (149 \times 13) \times 0{,}1$.

Remarques
- Certains alignements peuvent être pratiques. Comme le **7** de 44**7** sous le **3** de 1**3**, indiquant que 447 est le produit de 149 par **3**. De même, le **9** de 14**9** sous le **1** de **1**3 indique que 149 est le produit de 149 par **1**.
- On peut contrôler le résultat d'une multiplication à l'aide des ordres de grandeur (voir paragraphe 3) et du dernier chiffre du produit ($9 \times 3 = 27$ donc le dernier chiffre du produit $14{,}9 \times 13$ doit être 7).

2 Multiplications par 10, 100, 1000 ou par 0,1 ; 0,01 ; 0,001

PROPRIÉTÉ Multiplier par 10 ; 100 ; 1 000 revient à déplacer la virgule d'un, deux, trois rangs vers la droite.

Exemple :
- $39{,}45 \times 10 = 394{,}5$
- $0{,}028 \times 100 = 2{,}8$
- $125{,}1 \times 1\,000 = 125\,100$

PROPRIÉTÉ Multiplier par 0,1 ; 0,01 ; 0,001 revient à déplacer la virgule d'un, deux, trois rangs vers la gauche.

Exemple :
- $39{,}45 \times 0{,}1 = 3{,}945$
- $28 \times 0{,}01 = 0{,}28$
- $125{,}1 \times 0{,}001 = 0{,}1251$
- $0{,}01 \times 50\,000 = 500$
- $0{,}001 \times 15 = 0{,}015$

*Pour multiplier par 10, 100, 1 000 et 0,1 ; 0,01 ; 0,001 tu peux utiliser si besoin des « zéros inutiles », voir **Savoir-faire 2**, p. 51.*

3 Ordres de grandeur

- Un **ordre de grandeur** d'un nombre est une valeur approchée simple de ce nombre. On utilise les ordres de grandeur pour « avoir une idée » d'un résultat de calcul.

- On remplace les nombres d'une opération par des ordres de grandeur de ces nombres. On effectue ensuite l'opération avec ces nouveaux nombres qui doivent être choisis assez simples pour que l'opération puisse se faire de préférence mentalement.

Le résultat obtenu est un ordre de grandeur du résultat exact.

Exemple : On cherche un ordre de grandeur du produit de 32,6 par 496,23.

1. On cherche un ordre de grandeur des facteurs du produit :
$32{,}6 \approx 30$; $496{,}23 \approx 500$.

2. On effectue la nouvelle opération :
$32{,}6 \times 496{,}23 \approx 30 \times 500$;
$32{,}6 \times 496{,}23 \approx 15\,000$.

Le produit de 32,6 par 496,23 est donc **de l'ordre** de grandeur de 15 000.

Le symbole « ≈ » signifie « à peu près égal à ».

Le dico des Maths
- Facteur
- Ordre de grandeur
- Produit

Voir p. 254

Savoir faire

1 Effectuer une multiplication posée

Énoncé
Effectuer 6,38 × 20,4.

Solution commentée

① Je pose la multiplication sans tenir compte des virgules.

② **4** × 638 = 2 55**2**.
Je peux aligner le **2** sous le **4** pour mieux me repérer.

③ **0** × 638 = 00**0**.
Je peux aligner le **0** sous le **0** de 20,4 pour faciliter le décalage nécessaire avec le nombre précédent.

④ **2** × 638 = 1 27**6**.
Je peux aligner le **6** sous le **2** de 20,4 pour faciliter le décalage nécessaire avec le nombre précédent.

⑤ 2 552 + 000**0** + 127 **600** = 130 152.

⑥ 6,38 a deux chiffres après la virgule. 20,4 a un chiffre après la virgule. Le produit 6,38 × 20,4 doit donc avoir trois chiffres après la virgule.
Le produit 6,38 × 20,4 est égal à **130,152**.

				6,	3	8
×				**2**	**0,**	**4**
			2	5	5	**2**
+			0	0	**0**	•
+	1	2	7	**6**	•	•
	1	3	0,	1	5	2

Exercices d'application

1 Calculer :
a. 468 × 5,7 **b.** 32,6 × 9,1

2 Calculer :
a. 200 × 70,1 **b.** 1,4 × 68,72

3 Calculer :
a. 22,4 × 15,7 **b.** 45,02 × 17

4 Calculer :
a. 4,78 × 2,001 **b.** 5 204 × 30,3

5 La société API fabrique du jus de pomme. Elle dispose de 48 cuves de 185,6 hL chacune. Quelle quantité de jus de pomme peut-elle stocker dans ses cuves ?

6 Monsieur Ronéop est un expert en vélo. Il a calculé qu'à chaque tour de roue il parcourait 2,17 m.
En 15 tours de roue, quelle distance parcourt-il ?

7 Alicia et Ahmed achètent 4,5 kg de pommes à 2,80 €. Combien vont-ils payer ?

8 Un camion de livraison transporte 32 caisses de pots de fleurs. Chaque caisse pèse 10,9 kg.
Combien pèse toute la livraison de pots de fleurs ?

9 En 2013, Hervé et Oscar sont allés 38 fois à la piscine de Thouars pour nager 45 min à chaque séance. Combien de temps ont-ils nagé en tout ?

10 Pour se maintenir en forme, Caroline court 3 fois par semaine. Elle effectue chaque fois 12 tours d'une piste qui mesure 0,542 km de long.
Quelle distance parcourt-elle par semaine ?

11 Un triacontakaienneagone régulier est un polygone qui a 39 côtés de la même longueur.
Sachant que la longueur d'un côté est 23,08 cm, quel est le périmètre du triacontakaienneagone ?

12 Le Zénith de Strasbourg est une salle de spectacle qui peut contenir jusqu'à 9 975 personnes. La comédie musicale *La clé à molette* a joué à guichet fermé pendant 23 représentations. Combien de tickets environ ont été délivrés pour les 23 représentations ?

Voir aussi les Exercices 26 à 35

2 Multiplier par 10, 100, 1 000 et par 0,1 ; 0,01 ; 0,001

ANIMATION

Énoncé

1. Calculer : **a.** $37{,}8 \times 10$ **b.** 100×247 **c.** $0{,}5 \times 1\,000$.

2. Calculer : **a.** $37{,}8 \times 0{,}1$ **b.** $0{,}01 \times 247$ **c.** $0{,}5 \times 0{,}001$.

Solution commentée

1. a. $37{,}8 \times 10 = 37{,}8000... \times 10 = 378{,}000... = 378$.

$37{,}8 \times 10 = \mathbf{378}$.

b. $100 \times 247 = 100 \times 247{,}000... = 24\,700{,}0... = 24\,700$.

$100 \times 247 = \mathbf{24\,700}$.

c. $0{,}5 \times 1\,000 = 0{,}5000... \times 1\,000 = 0500{,}0... = 500$.

$0{,}5 \times 1\,000 = \mathbf{500}$.

2. a. $37{,}8 \times 0{,}1 = 3{,}78$.

$37{,}8 \times 0{,}1 = \mathbf{3{,}78}$.

b. $0{,}01 \times 247 = 0{,}01 \times 247{,}000... = 2{,}47000... = 2{,}47$.

$0{,}01 \times 247 = \mathbf{2{,}47}$.

c. $0{,}5 \times 0{,}001 = ...0000{,}5 \times 0{,}001 = ...0{,}0005 \times 0{,}001 = 0{,}0005$.

$0{,}5 \times 0{,}001 = \mathbf{0{,}0005}$.

Souviens-toi que multiplier par 10, 100 ou 1000 revient à déplacer la virgule d'un, deux ou trois rangs vers la droite.

Multiplier par 0,1 ; 0,01 ou 0,001 revient à déplacer la virgule d'un, deux ou trois rangs vers la gauche.

Exercices d'application

13 Calculer :
a. $46{,}8 \times 10$ **b.** $1{,}6 \times 1\,000$ **c.** $0{,}003 \times 100$
d. $48{,}72 \times 100$ **e.** $10 \times 0{,}0004$ **f.** $1\,000 \times 0{,}04$

14 Calculer :
a. $2\,500 \times 100$ **b.** $17{,}5 \times 1\,000$ **c.** $10 \times 0{,}05$
d. $1\,000 \times 0{,}236$ **e.** $100 \times 57{,}88$ **f.** $10{,}01 \times 10$

15 Calculer :
a. $1\,000 \times 39{,}5$ **b.** $100 \times 68{,}04$ **c.** $0{,}6 \times 10$
d. $46{,}8 \times 10$ **e.** 100×891 **f.** $57{,}162 \times 100$

16 Recopier et compléter :
a. $25{,}7 \times ... = 2\,570$ **b.** $... \times 0{,}45 = 450$
c. $0{,}41 = ... \times 100$

17 Recopier et compléter :
a. $1\,000 \times ... = 23$ **b.** $2{,}8 \times 100 = ...$
c. $0{,}528 \times ... = 52\,800$

18 Recopier et compléter :
a. $10 \times ... = 782\,000$ **b.** $... \times 0{,}00086 = 0{,}086$
c. $1\,000 \times ... = 524$

19 Calculer :
a. $53{,}9 \times 0{,}1$ **b.** $502 \times 0{,}01$ **c.** $80 \times 0{,}001$
d. $0{,}001 \times 568$ **e.** $500\,005 \times 0{,}01$ **f.** $0{,}1 \times 2$

20 Calculer :
a. $2500 \times 0{,}01$ **b.** $17{,}5 \times 0{,}001$ **c.** $0{,}1 \times 0{,}05$
d. $0{,}001 \times 236$ **e.** $0{,}01 \times 57{,}88$ **f.** $10{,}01 \times 0{,}1$

21 Calculer :
a. $0{,}035 \times 0{,}01$ **b.** $0{,}1 \times 6$ **c.** $0{,}001 \times 52$
d. $9 \times 0{,}001$ **e.** $0{,}001 \times 3\,000\,000$ **f.** $0{,}00001 \times 100$

22 Recopier et compléter :
a. $164{,}8 \times ... = 0{,}1648$ **b.** $0{,}01 \times ... = 15{,}6$
c. $0{,}0004 = 0{,}1 \times ...$

23 Recopier et compléter :
a. $... \times 0{,}001 = 210$ **b.** $4{,}44 \times ... = 0{,}0444$
c. $582 = ... \times 0{,}1$

24 Recopier et compléter :
a. $0{,}001 \times ... = 0{,}5295$ **b.** $3{,}024 \times ... = 0{,}003024$
c. $... \times 0{,}001 = 280\,000$

Voir aussi les Exercices 43 à 46

Pour s'entraîner

Vocabulaire SOCLE 6e

25 Recopier et compléter les phrases suivantes avec les mots *terme*, *somme*, *différence*, *produit*, *facteur* :
a. $2{,}1 \times 15{,}6 = 32{,}76$ donc 32,76 est le ...... des ...... 2,1 et 15,6.
b. La ...... des ...... 24 et 50 est 74.
c. La ...... des ...... 7,5 et 3,2 est 4,3.

Multiplications SOCLE 6e

POUR T'AIDER, voir Savoir faire 1

26 Poser et effectuer les opérations suivantes :
a. 365×16 **b.** $2\,300 \times 32$ **c.** $9 \times 31\,716$

27 Poser et effectuer les opérations suivantes :
a. $64{,}2 \times 45$ **b.** $35{,}07 \times 36$ **c.** $3\,423 \times 6{,}08$

28 Poser et effectuer les opérations suivantes :
a. $0{,}56 \times 0{,}476$ **b.** $6\,000{,}6 \times 4{,}04$ **c.** $3{,}435 \times 9{,}9$

29 Poser et effectuer les opérations suivantes :
a. $8{,}21 \times 2{,}78$ **b.** $7{,}208 \times 31{,}13$ **c.** $4{,}4 \times 68{,}5$

30 **1.** Calculer le produit 314×25 en posant l'opération.
2. Sans poser l'opération, calculer :
a. $3{,}14 \times 2{,}5$ **b.** $0{,}314 \times 0{,}25$ **c.** $0{,}0025 \times 0{,}00314$

31 Une calculatrice affiche le résultat ci-contre.sans effectuer les opérations, citer les produits égaux à 2 097,216 :

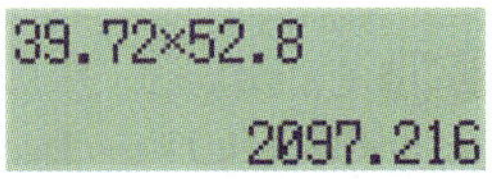

- $3{,}972 \times 528$
- $397{,}2 \times 5\,280$
- $3\,972 \times 0{,}528$
- $5{,}28 \times 3{,}972$
- $0{,}003972 \times 528\,000$
- $39\,720 \times 0{,}00528$

32 Dans la pyramide ci-dessous, chaque nombre d'une brique est le produit des nombres des deux briques inférieures. Recopier et compléter cette pyramide :

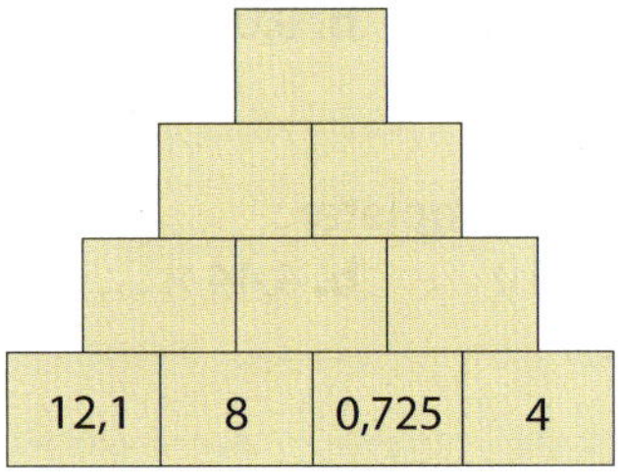

33 Calculer astucieusement les produits suivants en regroupant des facteurs :
a. $2 \times 58 \times 5$ **b.** $82{,}7 \times 25 \times 4$ **c.** $0{,}5 \times 101 \times 8$

34 Calculer astucieusement les produits suivants en regroupant des facteurs :
a. $800 \times 2{,}5 \times 2$ **b.** $0{,}4 \times 53{,}42 \times 25$ **c.** $0{,}125 \times 12 \times 8$

35 Recopier et compléter les opérations ci-dessous avec les chiffres qui conviennent :

a.
```
      3 7
  ×   • •
  -------
    • • 8
  • • 2
  -------
  • • • •
```

b.
```
        • • 5 9
  ×       • 4 •
  -------------
      8 3 • 8
  • • • • • •
  • • • • 5
  -------------
  • • • • 1 • •
```

Ordres de grandeur SOCLE 6e

36 Choisir, parmi les nombres suivants, l'ordre de grandeur le plus proche du produit $32{,}56 \times 51$:
150 1 600 1 400,56 1 500 1 500,56

37 Choisir, parmi les nombres suivants, l'ordre de grandeur le plus proche du produit $0{,}781 \times 72{,}89$:
70 50 560 60

38 Trouver pour chaque produit ci-dessous un ordre de grandeur du résultat puis calculer sa valeur exacte à l'aide de la calculatrice :
a. $64{,}75 \times 4{,}823$ **b.** $9\,874{,}42 \times 6\,012$
c. $1{,}77 \times 10{,}06 \times 19{,}8$ **d.** $518{,}03 \times 87{,}9 \times 0{,}96$

39 Recopier et compléter :
a. $3{,}01 \times 998{,}4 \approx$ ... **b.** $41{,}02 \times 6{,}98 \approx$ ...
c. $19{,}89 \times 8{,}02 \approx$ ... **d.** $21\,256{,}088 \times 1\,984{,}548 \approx$ ...

40 Pour chacune des opérations ci-dessous, sans effectuer l'opération, retrouver le résultat juste parmi les trois propositions :

Opérations	Résultat A	Résultat B	Résultat C	Résultat D
954×325	1 279	31 005	224 000	310 050
$506{,}50 \times 304$	153 976	15 024,50	1 539 760	15 024,2
$0{,}74 \times 0{,}45$	0,0333	1,19	0,333	0,2820

41 Le « pied anglais » est une unité de mesure encore utilisée dans certains pays anglo-saxons.

Sachant qu'un « pied anglais » vaut environ 30,48 cm, combien mesurent approximativement 2311,547 « pieds anglais » en centimètres ?

42 Lors de sa dernière exposition d'art, Isabelle a vendu 5 lithographies à 76,30 € pièce, 8 petits collages à 114 € pièce et 11 sculptures en raku à 27 € pièce.
En calculant à l'aide d'ordres de grandeur, dire si Isabelle a vendu pour plus ou moins de 1 800 €.

Multiplications par 10, 100, 1 000 SOCLE 6e
Multiplications par 0,1 ; 0,01 ; 0,001
POUR T'AIDER, voir Savoir faire 2

43 Recopier et compléter :
a. ... $\times$ 79 = 0,79 b. 1 000 $\times$ 0,04 = ...
c. 6,18 $\times$ ... = 0,00618 d. 400 000 $\times$ 0,001 = ...
e. 0,01 $\times$ ... = 303,7 f. 0,054 $\times$ ... = 0,00054

44 Calculer sans poser l'opération :
a. 0,01 $\times$ 100 b. 100 $\times$ 0,1
c. 0,1 $\times$ 0,1 d. 1 000 $\times$ 0,01 $\times$ 10
e. 0,001 $\times$ 0,01 $\times$ 1000 f. 1 000 $\times$ 100 $\times$ 10 $\times$ 100 $\times$ 1 000

45 Calculer sans poser l'opération :
a. 80 $\times$ 7 000 b. 3 000 $\times$ 500 c. 60 000 $\times$ 800
d. 406 $\times$ 0,02 e. 0,003 $\times$ 300 f. 6 000 000 $\times$ 0,003

46 Twister le chien aime courir. Son maître a remarqué que, tous les jours, Twister fait 10 fois le tour du jardin. Sachant que le périmètre du jardin est de 1 246,52 m, quelle distance Twister parcourt-il en 100 jours ?

Problèmes

47 Madame Lafon achète 3,5 kg de tomates à 2,34 € le kilogramme. Combien va-t-elle payer ?

48 Soukaïna a écrit une petite histoire en 21 jours en rédigeant chaque jour 7 tweets d'exactement 140 caractères. Combien son histoire comporte-t-elle de caractères ?

49 Agnès travaille 7 h par jour, 5 jours par semaine. Combien d'heures travaille-t-elle en 27 semaines ?

50 Chez ses grands-parents, Alice a rempli 23 pots de 15 graines de persil chacun et sa sœur Justine a rempli 14 pots de 28 graines de persil chacun.
Combien de graines ont-elles semées à elles deux ?

51 Qui a raison ?

52 Chlorophylle, la chatte tigrée, dort en moyenne 15 h 30 min par jour.
Combien de temps dort-elle en tout en 24 jours ?

53 Madame Capbern prépare ses plantations. Elle achète 14 plants de chèvrefeuille à 9,90 € pièce, 21 plants d'œillets d'Inde à 3,50 € pièce et 6 plants d'azalée à 29,50 € pièce. Combien paie-t-elle ?

54 La distance entre la Terre et le Soleil est environ 150 000 000 km. La distance entre la Terre et la Lune est environ 384 000 km. La fusée Lunatix a fait 200 fois l'aller-retour Terre-Lune.
A-t-elle parcouru plus ou moins que la distance Terre-Soleil ?

55 Le cœur d'Ahmed bat en moyenne 72 fois par minute, celui de Lulu le moineau bat 500 fois par minute et celui de Jo la baleine grise bat 9 fois par minute.
1. Combien y a-t-il de minutes dans une heure ? Et dans une journée ?
2. Calculer le nombre de battements que les cœurs d'Ahmed, Lulu et Jo effectuent chacun dans une journée, puis dans une semaine.
3. Le cœur d'Ahmed pompe 5 litres de sang par minute.
Quelle quantité de sang pompe-t-il par jour ? Et par semaine ?

56 Morgane et Mathias ont rendez-vous à la pointe de l'île English Spot. Mathias doit parcourir 3,7 milles marins en bateau et Morgane doit parcourir 4,26 miles à vélo.

1. Qui a la plus longue distance à parcourir ?
2. Le **nœud** est une unité de vitesse égale à un mille marin par heure. Sachant que le bateau de Mathias va à la vitesse de 5,2 nœuds, combien de kilomètres parcourt-il en une heure ?

Coup de pouce
- *Le **mile** est une unité de longueur utilisée dans les pays anglo-saxons : un mile vaut environ 1,609 km.*
- *Le **mille marin** est une unité de longueur utilisée en navigation maritime et aérienne : un mille marin vaut environ 1,852 km.*

Pour s'entraîner

57 En 2029, pour fêter ses 20 ans, les parents d'Elise lui offrent un stage de pilotage d'une navette spatiale. La formation, organisée par Cosmos 3000, est répartie sur plusieurs périodes :
– trois jours de formation en juin de 4 h 25 min chacun,
– une semaine de formation en juillet de six jours de 5 h 40 min chacun,
– douze jours de formation en août de 6 h 10 min chacun.

1. Au total, combien de temps dure la formation ?

2. 1 h 15 min par jour de formation est consacré au Code spatial. Le reste est consacré au pilotage. Combien de temps Elise va-t-elle piloter au cours de sa formation ?

58 En 2050, entre Bordeaux et Toulouse, l'aéromobile Peunault X23 consomme 12,55 L de carburant et la Citrorati 11 consomme 12,85 L de carburant.
La Peunault utilise du carburant Kérosol à 6,08 € le litre. La Citrorati utilise du carburant Supersol à 5,94 € le litre. Quelle est l'aéromobile qui coûte le moins cher en carburant ?

59 Le 5 août 1858, le premier câble transatlantique sous-marin est posé entre Valentia (Irlande) et Trinity Bay (Terre-Neuve).

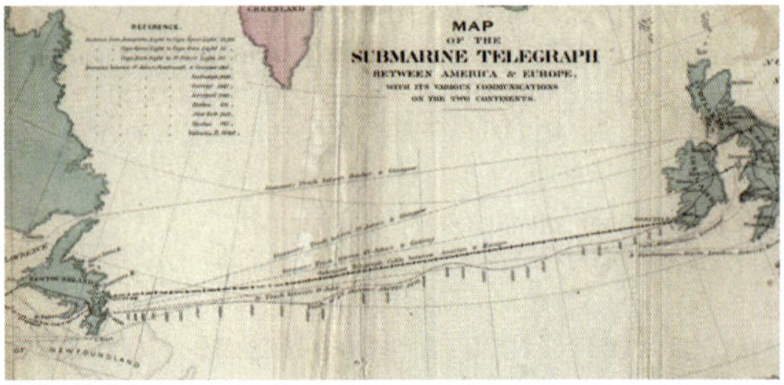

Suite à une erreur de tension électrique commise par un ingénieur, cette ligne télégraphique ne fonctionnera que 20 jours. Sachant qu'il y a 4 200 kilomètres de câble et qu'un mètre de câble pèse environ 1,67 tonnes, donner la masse de la totalité du câble, en tonnes puis en kilogrammes.

60 Voici un programme de calcul :

- Choisir un nombre.
- Multiplier ce nombre par 12,5.
- Multiplier le résultat précédent par 8.
- Multiplier le résultat précédent par 20.

1. Quels résultats ce programme donne-t-il pour
a. 1 ? **b.** 4 ? **c.** 8 ? **d.** 1 000 ?

2. Peut-on trouver un programme de calcul plus court donnant les mêmes résultats ? Justifier la réponse.

À l'oral

Les exercices qui suivent sont à faire mentalement.

61 Calculer :
a. 2×5 **b.** 20×50 **c.** $0{,}2 \times 5$
d. $0{,}05 \times 0{,}2$ **e.** $500 \times 2\,000$

62 Calculer :
a. 4×25 **b.** 250×40 **c.** $0{,}25 \times 4$
d. $0{,}025 \times 0{,}4$ **e.** $2\,500 \times 400$

63 Calculer :
a. 8×125 **b.** $0{,}8 \times 1\,250$ **c.** $0{,}08 \times 12\,500$
d. $1{,}25 \times 800$ **e.** $12\,500\,000 \times 0{,}00008$

64 Luna va chez le poissonnier où elle achète 2,5 kg de lotte à 27 € le kilogramme. Au moment de payer, elle se rend compte qu'elle n'a qu'un billet de 50 € et un billet de 20 € ; elle craint que cela ne soit pas suffisant pour payer. A-t-elle raison d'avoir peur ?

65 Calculer mentalement :
a. 11×24 **b.** $1\,200 \times 11$ **c.** $11 \times 0{,}8$
d. $78 \times 1{,}1$ **e.** $45\,000 \times 0{,}11$

Coup de pouce
Pour multiplier un nombre par 11, on multiplie le nombre par 10 puis on ajoute ce résultat au nombre lui-même.

66 **1. a.** Que signifie « le double » d'un nombre ?
b. Que signifie « le triple » d'un nombre ?
2. Comment s'appelle le produit d'un nombre par 4 ? On dit que c'est le .... du nombre.
3. Combien vaut le double du triple du quadruple du quintuple du nombre 7 ?
4. Combien vaut le quintuple du double du quadruple du triple du nombre 7 ?

Je m'évalue

Pour chaque exercice 67 à 76, trouve la ou les bonnes réponses.

Énoncés	Réponse A	Réponse B	Réponse C	Réponse D
67 245×12 vaut :	2 940	294	2 450	257
68 $45{,}23 \times 7{,}8$ vaut :	352,184	352,794	53,03	350,794
69 $57{,}4 \times 100$ vaut :	57 400	5 740	574	0,574
70 $0{,}001 \times 124{,}8$ vaut :	0,1248	1,248	12,48	124 800
71 On cherche un ordre de grandeur du produit $26{,}011 \times 3{,}2$. Quel est l'ordre de grandeur le plus proche ?	78	29	75	104
72 Moussa et Paul font des achats au marché. Moussa achète 3 kg de poisson à 16,25 € le kilogramme, 5 melons à 2,10 € pièce et 6 baguettes à 0,85 € pièce. Paul achète 3,5 mètres de tissu à 2,50 € le mètre et 3 paires de chaussettes à 1,20 € la paire. Ils ont dépensé en tout :	76,70 €	767 €	7,67 €	On ne peut pas savoir
73 Patou et Freddy doivent transporter des bottes de paille à l'aide d'une remorque. La remorque peut supporter au maximum 3,5 t et chaque botte de paille pèse 16,4 kg. Sachant qu'il y a 231 bottes de paille, que peuvent faire Patou et Freddy ?	Ils peuvent ne faire qu'un voyage	On ne peut pas savoir	Ils doivent faire plus de deux voyages	Ils doivent faire plus d'un voyage
74 $632 \times 827 = 522\,664$ donc :	$6{,}32 \times 8{,}27 = 52{,}2664$	$63{,}2 \times 0{,}827 = 522{,}664$	$0{,}632 \times 82{,}7 = 52{,}2664$	$6{,}32 \times 82{,}7 = 52{,}2664$
75 En attendant son bus qui arrive dans 41 minutes, Isa court autour du pâté de maisons. Elle fait 13,5 tours de 3 minutes chacun. Avant que son bus n'arrive, il lui reste :	Rien du tout, elle a manqué son bus !	5 secondes	0,5 seconde	30 secondes
76 Nahema a le double du triple de l'argent de Samuel. Samuel a 126 € donc Nahema possède : 	378 €	86 €	756 €	189 €

Tu peux vérifier tes réponses p. 255 et si tu veux continuer ton entraînement rendez-vous sur le site compagnon

Pour approfondir

77 Magique

Compléter le carré magique ci-contre (les produits des nombres de chaque ligne, celui des nombres de chaque colonne et celui des nombres de chaque diagonale sont les mêmes).

	1	
4	6	9
	36	2

78 Centre de recherches

Une salle d'expériences de l'équipe de recherche en robotique Flowers est en travaux. Le sol de la salle de 12 m sur 10 m va être complètement recouvert de 500 plaques rectangulaires de 60 cm sur 40 cm sans chevauchement et sans découpe.

Calculer l'aire de la salle de deux façons différentes : directement ou à partir de l'aire d'un carreau.

79 Du grillage

Monsieur Ardouin veut clôturer un terrain rectangulaire avec un grillage fixé sur des piquets régulièrement espacés. Il met un piquet à chaque coin du terrain, plus cinq piquets sur chacune des deux longueurs du terrain et trois piquets sur chacune des deux largeurs du terrain. La distance entre deux piquets est toujours la même : 4,20 m. Sur une des largeurs, monsieur Ardouin a prévu une ouverture pour un portail en bois de 4,20 m de large.

1. Faire un schéma représentant la situation.

2. Calculer la longueur de grillage nécessaire pour clôturer le terrain.

80 Nombres et lettres

Pour calculer « avec des lettres », on remplace les lettres par les valeurs qu'elles représentent.
Si $a = 2$ et $b = 8$, alors $a \times b = 16$.

Soit $a = 5{,}6$ et $b = 8{,}2$.

1. Calculer le produit de a et b.

2. Calculer le produit de la somme de a et b par la différence entre a et b.

81 Nombres vampires !

Un **nombre vampire** est un nombre égal au produit de deux nombres formés avec ses chiffres et de mêmes nombres de chiffres.

Exemples

• 1 260 est un nombre vampire car 1 260 = 21 × 60.
Et 21 et 60 sont formés avec les chiffres de 1 260.

• 1 395 est un nombre vampire car 1 395 = 15 × 93.
Et 15 et 93 sont formés avec les chiffres de 1 395.

À l'aide de la calculatrice, dire si les nombres suivants sont des nombres vampires :

a. 1 435 **b.** 1 512 **c.** 1 530 **d.** 2 187 **e.** 6 880

82 Petit bambou deviendra grand — SVT

1. Le bambou est une plante qui pousse très vite. Il y a même une variété qui pousse d'environ 98 cm par jour. De combien, en centimètres, cette variété poussera-t-elle en 90 jours ? Et en un an ?

2. Les bonsaïs poussent lentement, notamment une variété qui pousse d'environ 0,0003 mm par heure. De combien de millimètres cette variété poussera-t-elle en 100 ans ? (Ne pas tenir compte des années bissextiles.)

83 VRAI ou FAUX ?

$12{,}45 \times (25{,}42 \times 47{,}15)$ donne le même résultat que $47{,}15 \times (12{,}45 \times 25{,}42)$.

84 VRAI ou FAUX ?

Soit deux nombres dont le produit est 24.
Si l'on ajoute 2 à chacun des nombres, leur produit sera égal à 28.

85 Le nombre manquant

Voici deux tableaux de multiplication :

A

×	4	3
5	20	15
7	28	21

B

×		
	35	63
	30	?

Dans le tableau **B**, des nombres ont malheureusement disparu. Quel est le nombre manquant dans la case marquée d'un point d'interrogation ?

D'après Le Kangourou des mathématiques, 2008.

86 L'âge d'Olivia

Agnès a 10 ans. Sa mère Olivia est quatre fois plus âgée. Quel âge aura Olivia quand Agnès sera deux fois plus âgée qu'aujourd'hui ?

D'après Le Kangourou des mathématiques, 2007.

87 Affluents de La Loire — GÉOGRAPHIE

L'Aron, la Mare et la Borne sont des affluents de la Loire. Leurs débits respectifs sont 17,6 m^3 d'eau par seconde ; 0,864 m^3 d'eau par seconde et 3,89 m^3 d'eau par seconde.

1. Combien de mètres cubes d'eau ces rivières déversent-elles dans la Loire en 5 minutes 20 secondes ?

2. Sachant qu'1 m^3 vaut 1 000 L, quelle quantité d'eau en litres représente ce que déversent les trois rivières en 5 minutes 20 secondes ?

88 Que la lumière soit ! ASTRONOMIE

La lumière que fournit le Soleil n'est pas instantanée. Elle se déplace très vite (environ 300 000 km en une seconde) mais le Soleil est très loin ! La lumière met environ huit minutes pour nous parvenir du Soleil.

1. Quelle est la distance entre la Terre et le Soleil ?

2. Le 21 juillet 1969, Neil Armstrong et Buzz Aldrin ont déployé un panneau composé de 100 miroirs sur la Lune. Des observatoires terrestres ont alors pu envoyer des faisceaux laser (donc de la lumière) dans la direction des miroirs et mesurer la durée de l'aller-retour.
Si un aller-retour se fait en 2,56 s, à combien de kilomètres environ peut-on estimer la distance entre la Terre et la Lune ?

89 Problème ouvert

Le son parcourt dans l'air environ 340 m en une seconde. La lumière, quant à elle, parcourt 300 000 km en une seconde. Lors d'un orage, un coup de foudre déclenche un éclair lumineux et un bruit de tonnerre.

1. Si le bruit du tonnerre met 10 secondes à me parvenir après que j'ai vu l'éclair, à quelle distance a eu lieu le coup de foudre ?

2. Quelle est la distance parcourue par la lumière en 10 secondes ? Que peut-on dire du décalage qu'il y a entre le coup de foudre et le temps que met la lumière à me parvenir ?

3. En résumé, quelle est la méthode permettant de savoir si l'orage s'éloigne ou se rapproche ? Et pour savoir à quelle distance il se trouve ?

90 Le défi

Quel est le dernier chiffre du résultat de l'opération suivante : $1 \times 2 \times 3 \times 4 \times \ldots \times 2\,009$?

91 L'énigme

Lola s'amuse à plier une feuille de papier. Sachant que la feuille mesure 0,1 mm d'épaisseur, quelle épaisseur devrait trouver Lola si elle pliait la feuille sur elle-même 20 fois de suite ?

Coup de pouce

1. Prends une feuille de papier. Plie-la en deux.
Tu as donc deux épaisseurs de papier.
2. Plie ensuite le tout en deux. Combien as-tu d'épaisseurs de papier ?
3. Plie encore en deux. Combien as-tu d'épaisseurs de papier ? etc.

92 Tâche complexe

Pour résoudre ce problème, tu devras prendre des initiatives et chercher des informations.

Le Petit Poucet se rend à la cour du roi après avoir « emprunté » les bottes de 7 lieues de l'ogre. À peine arrivé, il part prendre des nouvelles de l'armée du roi postée à 200 lieues de là.

1. À quelle distance, en mètres, se trouvait l'armée du roi de son château ?

2. Convertir en coudées la distance obtenue à la question précédente.

Devoir à la maison

1 Selon une légende, il y a 5 000 ans en Inde, le roi Belkib s'ennuyait terriblement. Pour tromper cet ennui, le sage Sissa lui apprit à jouer aux échecs.

Le roi, ravi par cette distraction, s'écria :
– Mille mercis, sage Sissa, je retrouve la joie de vivre ! Que veux-tu en échange de ce prodigieux cadeau ?
– Rien, roi Belkib, ta renaissance à la vie me suffit.
– Ne m'irrite pas, sage Sissa ! Dis-moi ce que tu veux !
Le sage Sissa détestait les ordres… C'est ainsi que, pour toute récompense, il demanda que l'on dépose des grains de blé sur l'échiquier : 1 grain sur la première case, 2 grains sur la seconde, 4 grains sur la troisième, 8 grains sur la quatrième, et ainsi de suite jusqu'à la dernière case de l'échiquier, en doublant le nombre de grains à chaque nouvelle case.
Le roi éclata de rire : « Tu l'auras ton pot de blé, vieux fou ! ».
Hélas pour l'arrogant souverain, cela représentait beaucoup de grains de blé, vraiment beaucoup…

1. Combien doit-il y avoir approximativement de grains de blé sur la dixième case de l'échiquier ?

2. Est-ce qu'il y a plus ou moins de 10 milliards de milliards de grains sur la 64ᵉ case de l'échiquier ?

2 Dans sa course annuelle autour du Soleil, la Terre parcourt environ 29,78 km par seconde.
Quelle distance parcourt-elle en une heure ?

Ouh la la, heureusement que la Terre ne freine pas brusquement !

AVEC UN ORDINATEUR

À la fin du manuel, retrouve tes fiches **Tableur** et **Géométrie**

Vidéo

1 LE TOUR DE MAGIE — 30 min

OBJECTIF : *Utiliser le tableur pour comprendre le fonctionnement d'un algorithme.*

Dans son grenier, Benoît trouve un vieux livre abîmé dans lequel est expliqué un tour de magie de son ancêtre magicien Permoboullus :

Sur la page, le nombre à soustraire est caché par une tache. Il faut absolument le retrouver !

1. Si le magicien choisit un 3 comme carte de départ et que le partenaire choisit un 5 comme carte, quel est le nombre formé lorsque l'on retourne les deux cartes ?

2. Ouvrir une feuille de calcul de tableur et reproduire la situation ci-dessous :

	A	B
1	Valeur de la carte du magicien	3
2	Valeur de la carte du partenaire	5
3	Nombre formé avec les 2 cartes	
4	Programme de calcul	
5	Valeur de la carte du partenaire multipliée par 2	
6	Résultat précédent augmenté de 2	
7	Résultat précédent multiplié par 5	
8	*Nombre à soustraire*	
9	Résultat du programme de calcul	

3. Trouver une formule pour compléter la cellule B3. → Tableur 1, p. 238

4. Trouver des formules pour compléter les cellules B5, B6 et B7. → Tableur 1, p. 238

5. Trouver une formule pour compléter la cellule B9. Il s'agit de prendre le résultat en B7 puis de lui soustraire le nombre en B8. → Tableur 1, p. 238

6. Trouver le nombre à soustraire (en B8) pour que le nombre formé avec les deux cartes (en B3) et le résultat du programme de calcul (en B9) soient les mêmes.

7. Faire varier la carte du partenaire. Est-ce que le tour fonctionne toujours ?

8. Faire varier la carte du magicien. Est-ce que le tour fonctionne encore ? Sinon, trouver ce qu'il faut mettre en B8 pour que cela fonctionne de nouveau.

9. Que peut-on dire du nombre à soustraire recherché ? Doit-il toujours être le même ?

2 VRAI OU FAUX ? 30 min

OBJECTIF : *Étudier des propriétés des nombres à l'aide d'un tableur.*

Pour chacune des affirmations ci-dessous, dire si elle semble vraie ou fausse.
On utilisera un tableur pour tester l'affirmation sur un grand nombre d'exemples.

1. Le produit de deux nombres consécutifs (qui se suivent) est toujours un nombre pair.

2. Le produit de trois nombres consécutifs est toujours un multiple de 4.

3. Le produit de cinq nombres consécutifs est toujours un multiple de 10.

3 LE SECRET 30 min

OBJECTIF : *Utiliser le tableur pour automatiser des calculs fastidieux.*

Le 1er janvier, Safina confie un secret à deux amies. Le lendemain, celles-ci le répètent chacune à deux autres amies qui, le jour suivant, le répètent elles-mêmes chacune à deux amies et ainsi de suite.
On suppose dans la suite que toutes les personnes concernées sont différentes.

1. Combien de personnes apprennent le secret le 2 janvier ? Le 3 janvier ?

2. Combien de personnes en tout sont au courant du secret le 2 janvier ? Et le 3 janvier ?

3. On veut savoir combien de personnes seront au courant du secret à la fin du mois de janvier.

a. Ouvrir une feuille de calcul de tableur et reproduire le tableau ci-contre.

	A	B	C
1	JOUR	Nombre de personnes qui apprennent le secret	Nombre total de personnes au courant
2	1		
3	2		
4	3		

b. Remplir la cellule B2. Trouver une formule pour compléter les autres cellules de la colonne B (B3, B4, etc.) → Tableur 1 et 2, p. 238

c. Remplir la cellule C2. Trouver une formule pour compléter les autres cellules de la colonne C (C3, C4 etc.) → Tableur 1 et 2, p. 238

d. Combien de personnes seront au courant du secret le 31 janvier ?

4 LE PROGRAMME MYSTÉRIEUX

Une « boîte noire » dans un tableur est un programme de calcul mystérieux !
Le but de l'activité est de percer ce mystère...
Pour cela, on peut saisir des nombres mais aussi utiliser des formules qui aident dans la recherche.

hargement

1. Télécharger sur le site compagnon le fichier « boite_noire_03 » et l'ouvrir.

2. Saisir un nombre dans la cellule verte et observer dans la cellule grise le résultat de la boîte noire.

3. Faire plusieurs observations puis chercher le programme de calcul mystérieux de la boîte noire.

4. Pour tester un programme de calcul, saisir dans la cellule jaune la formule qui correspond à ce programme et observer si le résultat obtenu est le même que celui dans la cellule grise.

5. Tester plusieurs exemples pour vérifier que les programmes de la boîte noire et de la boîte rouge donnent les mêmes résultats.

6. Écrire sur une feuille le programme de calcul qui semble être celui de la boîte noire.

Avant de commencer le Chapitre 4

Pour revoir les acquis du primaire

Divisions euclidiennes

1 Quelle division est correctement posée ?

a.
```
 346 | 4
-36  |----
  26 | 96
 -24 |
   2 |
```

b.
```
 346 | 4
-32  |----
  26 | 85
 -20 |
   6 |
```

c.
```
 346 | 4
-32  |----
  26 | 86
 -24 |
   2 |
```

2 Pour cette division, quelles affirmations sont justes ?

```
 116 | 6
 -6  |----
  56 | 19
 -54 |
   2 |
```

a. 19 est le quotient et 2 est le reste
b. 116 est le diviseur et 2 est le reste
c. 116 est le dividende et 19 est le quotient

3 Une mamie achète à ses trois petits-enfants un lot de 20 entrées pour les attractions de la foire de la ville. Sachant que les enfants vont ensemble à chaque attraction, combien de tours pourra faire chaque enfant ? Restera-t-il des entrées ?

Multiples d'un nombre

4 Quel nombre est un multiple de 5 ?
a. 1 **b.** 22 **c.** 30

5 **1.** Donner trois multiples de 2.
2. Donner trois multiples de 5.
3. Donner trois multiples de 10.
4. Existe-t-il des nombres qui sont à la fois multiple de 2, de 5 et de 10 ?

6 **VRAI ou FAUX ?**
Dire si chacune des phrases suivantes est vraie ou fausse en expliquant la réponse.
1. 30 est un multiple de 2 et de 5.
2. Si un nombre est un multiple de 10, alors c'est un multiple de 5.
3. Si un nombre est un multiple de 5, alors c'est un multiple de 10.

Division décimale

7 294,6 : 100 est égal à :
a. 29 460 **b.** 2,946 **c.** 0,2946

8 Calculer : **a.** 456 : 10 = … **b.** 568 : 1 000 = … **c.** 564,2 : 100 = …

9 Claire, 6 ans, a cassé ses 2 tirelires pour offrir à ses amis 5 lots de cartes à collectionner. Sachant qu'elle a dépensé 8 € en tout, combien coûte un lot de cartes ?

Tu peux continuer tes révisions sur le **site compagnon**

Chapitre 4

Division

C'est en effectuant une division que ces enfants vont pouvoir se partager ces friandises !

Je vais apprendre à...

- Effectuer des divisions euclidiennes et décimales sous différentes formes SOCLE 6e :
  – mentale ► *Exercices 49, 50, 55, 56 et 57*
  – posée ► *Exercices 1 à 15*
  – à la calculatrice ou avec un logiciel de calcul ► *Activités 1 à 4, p. 74 et 75*
- Définir les notions de multiple et de diviseur SOCLE 6e ► *Exercices 27 à 34*
- Utiliser les critères de divisibilité SOCLE 6e ► *Exercices 35 à 41*

Pour s'entraîner

47 Donner un ordre de grandeur des quotients suivants :
a. 79,3 : 2,1 **b.** 990 : 3,92 **c.** 100 300 : 10,5

Coup de pouce
Pour obtenir un ordre de grandeur du résultat d'un calcul, remplace les nombres par des valeurs approchées permettant d'effectuer plus rapidement ce calcul.
Par exemple :
5,1 × 2,9 est à peu près égal à 5 × 3 = 15.

48 Elia, qui revient de vacances, commande sur le site PhotoPro un lot de 25 photos au prix de 5,50 €.
Quel est le prix d'une photo sur ce site ?

49 Calculer :
a. 34 : 10 **b.** 568 : 100 **c.** 67,91 : 1 000
d. 56,91 × 100 **e.** 7,906 : 100 **f.** 6,004 × 1 000
g. 67,68 × 1 000 **h.** 6,08 : 10 **i.** 78,959 × 10 000

50 Recopier et compléter :
a. 45 : **...** = 4,5 **b.** 945 : **...** = 9,45
c. **...** : 100 = 7,93 **d.** 46,9 × **...** = 4 690
e. **...** : 1 000 = 9,8 **f.** 87,87 × **...** = 87 870

51 Recopier et compléter le schéma suivant :

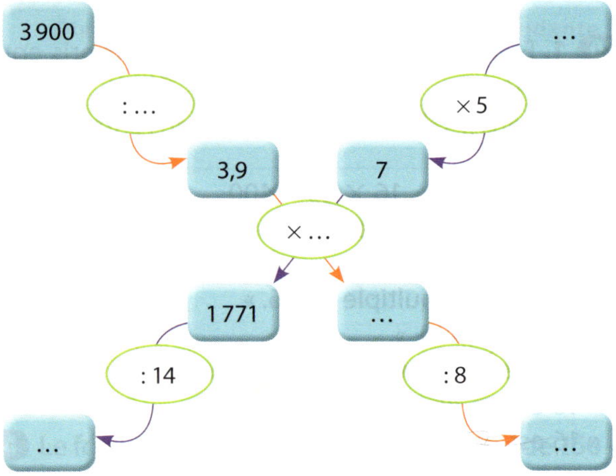

52 Arsène Lafrime dit s'être entraîné au football plus de 6 000 heures en un an.
Que penser de l'affirmation du garçon ? Expliquer.

53 Marie a acheté un lot de trois shampoings au prix de 5,10 €. Dans un autre magasin, sa copine Charlotte a acheté quatre shampoings de la même marque au prix de 6,60 €.
Laquelle des deux amies a payé le moins cher le shampoing à l'unité ?

À l'oral

Les exercices qui suivent sont à faire mentalement.

54 **VRAI ou FAUX ?**
a. 42 est un multiple de 6. **b.** 147 est un multiple de 7.
c. 8 divise 92. **d.** 11 est un diviseur de 1 122.

55 Calculer le quotient et le reste des divisions suivantes :
a. 78 : 7 **b.** 69 : 8 **c.** 115 : 7
d. 150 : 6 **e.** 157 : 15 **f.** 200 : 18

56 Calculer :
a. 56 : 4 **b.** 120 : 5 **c.** 440 : 20
d. 600 : 50 **e.** 280 : 40 **f.** 45 : 30

57 Donner un ordre de grandeur du quotient :
a. 503 : 2 **b.** 41,2 : 8 **c.** 5 965 : 3
d. 453 : 15 **e.** 50 : 7 **f.** 100 : 9

58 On multiplie un nombre par 5, puis le résultat par 7. On obtient ainsi un nouveau nombre que l'on multiplie par 20. Le résultat final est 1 652.
Quel est le nombre de départ ?

59 Quel athlète est le plus rapide au marathon ?
• Franz : « C'est moi ! Il m'a fallu 234 minutes. »
• Hans : « Mais non, c'est moi ! Je cours le marathon en 3 heures 48 minutes. »
• Willy : « Je suis plus rapide ! J'ai besoin d'à peine 10 000 secondes. »

60 Le périmètre de chaque polygone ci-dessous est égal à 21 cm. Calculer la longueur des côtés de chacun de ces polygones.

a.

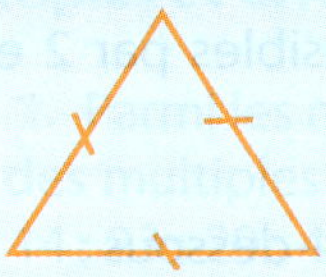

Triangle

b.

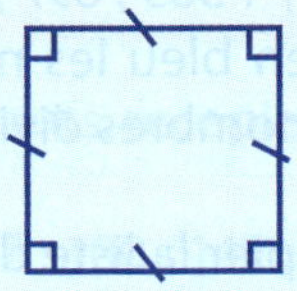

Carré

c.

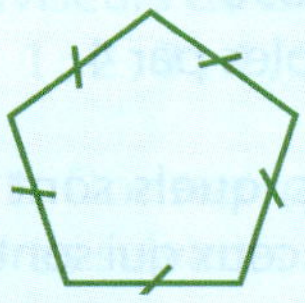

Pentagone

d.

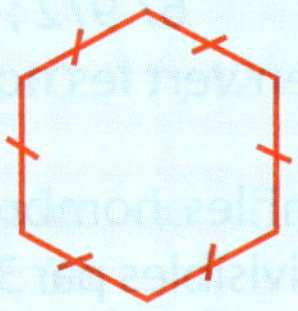

Hexagone

Je m'évalue

Pour chaque exercice 61 à 70, trouve la ou les bonnes réponses.

Énoncés	Réponse A	Réponse B	Réponse C	Réponse D
61 Quel est le reste de la division dont le dividende est 141 et le diviseur est 12 ?	11	0	9	15
62 À quelle division euclidienne l'égalité $92 = 5 \times 16 + 12$ peut-elle être associée ?	92 | 5 16 | 12	92 | 5 12 | 16	16 | 12 5 | 92	92 | 16 12 | 5
63 Pour la division euclidienne ci-contre, quelle affirmation est juste ? 560 | … … | 62	Le diviseur est égal à 7	Le reste est inférieur au diviseur	Le reste est égal à 2	Le diviseur est égal à 9
64 D'après cette égalité $216 = 9 \times 24$, quelle affirmation est vraie ?	9 divise 216	24 est un multiple de 216	216 a pour diviseur 24	9 est un diviseur de 24
65 Le nombre 1 092 a pour diviseur :	9	3	4	5
66 Quels nombres sont à la fois divisibles par 4 et par 9 ?	5 148	780	3 366	12 096
67 Quelle division est correctement posée ?	56,21 | 7 49 | 7,103 72 –70 21 –21 0	56,21 | 7 –56 | 8,3 021 –21 0	56,21 | 7 –56 | 80,3 02 – 0 21 –21 0	56,21 | 7 –56 | 8,03 02 – 0 21 –21 0
68 Quelle est la valeur approchée au millième près par défaut du quotient de 54,9 par 11 ?	5	4,99	4,991	4,9909
69 9 103,7 : 20 ≈ …	1 800	450	45	180
70 Recopier et compléter : 45,807 : … = 0,45807	45,807 : 10 = 0,45807	45,807 : 100 = 0,45807	45,807 : 1 000 = 0,45807	45,807 : 0,01 = 0,45807

Tu peux vérifier tes réponses p. 255 et si tu veux continuer ton entraînement rendez-vous sur le **site compagnon**

Pour approfondir

71 Des p'tits trous... toujours des p'tits trous !

Recopier et compléter les divisions ci-dessous :

a.

```
 . .  | .
−4    |----
  29  | 1.
 −. . |
 ---- |
    . |
```

b.

```
  . 3 .  | . 1
 −2 .    |-----
 -----   | 21
    . .  |
   −. .  |
   ----  |
      5  |
```

72 Où est l'erreur ?

Après avoir vérifié les calculs avec la calculatrice, expliquer l'erreur de raisonnement commise par l'un des deux enfants.

73 À n'en plus finir !

1. Poser la division de 589 par 11 et donner une valeur approchée du quotient en soulignant les décimales qui semblent se répéter à l'infini.

2. Même question avec la division de 52 par 7.

Coup de pouce

Tu devras effectuer ici les calculs jusqu'à la 7e décimale avant de trouver une « répétition ».

74 Nombres mystérieux

1. Retrouver les chiffres manquants du nombre 5 ■ 8 ■ sachant qu'il est divisible par 4, par 5 et par 9.

2. Retrouver les chiffres manquants du nombre 79 ■ ■ sachant qu'il est divisible par 2, par 3, par 5 et qu'il n'est pas divisible par 4.

75 Inventer un problème

1. Inventer un énoncé de problème dont la solution conduirait à poser la division euclidienne suivante :

```
256 | 11
    |----
    |
```

2. Rédiger la solution de ce problème.

76 Le Petit Poucet

Pour ne pas se faire dévorer par un ogre, le Petit Poucet s'est muni de petits cailloux pour retrouver le chemin de sa maison. Il a ainsi déposé 664 cailloux à la même distance les uns des autres pendant 8 km.

1. Combien de cailloux a-t-il laissé tombé à chaque kilomètre ?

2. Donner un arrondi au mètre près de la distance séparant deux cailloux.

77 Club de sport

Anne travaille dans un club de sport. Elle se rend dans un magasin pour faire des achats pour son club. Recopier et compléter la facture des articles qu'elle a achetés :

	Quantité	Prix unitaire	Total
Casquette	8		60 €
Chaussure	7		298,20 €
Polo	9		254,25 €
Survêtement	1		
Chaussettes		4 €	192 €
		TOTAL	**879,95 €**

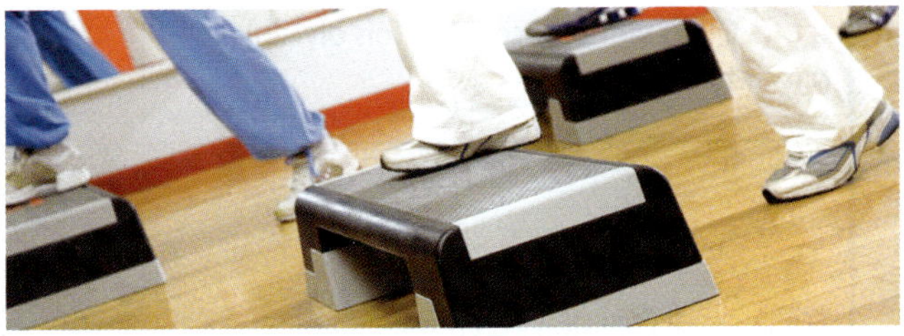

78 Nombres croisés

Recopier et compléter la grille à l'aide des indications.

Horizontalement

A : Quotient de la division euclidienne de 5 887 par 7.

B : Produit de 526 par 42.

C : Reste de la division euclidienne de 455 par 12 ; Multiple de 8.

D : Diviseur de 765 ; Nombre divisible par 3.

E : Quotient de 1 121,04 par 9.

	1	2	3	4	5
A	■				■
B					
C			■		
D		■			
E					

Verticalement

1 : Nombre divisible par 3.

2 : Arrondi à l'unité du quotient de la division de 4 927 par 6 ; Le double de la moitié de 2.

3 : Ordre de grandeur du quotient de 161 par 3,9 ; Nombre à deux chiffres divisible par 4.

4 : Arrondi à l'unité du quotient de 96 327 par 5.

5 : Nombre divisible par 9.

79 Jeu télévisé

Catherine, qui a remporté la finale d'un célèbre jeu télévisé, empoche une jolie récompense de 7 500 €. Elle partage généreusement cette somme avec ses quatre meilleures amies. Chacune recevra la même somme d'argent sauf Catherine qui garde pour elle le double de la somme donnée à chacune de ses amies.
Quelle somme Catherine garde-t-elle pour elle ?

80 Histoires de nombres

Effectuer les divisions soulignées, en les posant si besoin, pour simplifier la phrase suivante :
Durant une vie de 70 ans, une femme passe en moyenne **(5 110 : 7)** jours à se laver alors qu'un homme n'en passe que **(531 : 3)**.

Fabrice Devos, *Le meilleur des nombres*

81 Problème de périmètre

Reproduire en vraie grandeur la figure ci-dessous sachant que son périmètre est égal à 17 cm :

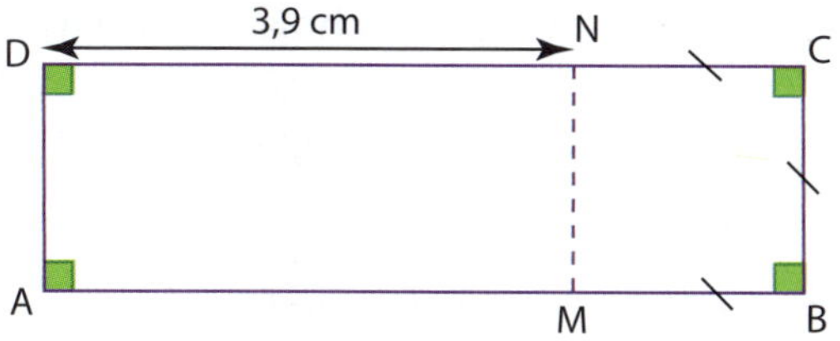

82 *L'énigme*

Quel est le nombre à quatre chiffres inférieur à 5 000 qui est divisible par 2, par 3, par 4, par 5, par 6, par 7, par 8, par 9 et par 10 ?

83 *Problème ouvert*

L'association sportive Trotop organise une sortie de fin d'année à la piscine municipale. 42 personnes y participent dont 13 jeunes et 22 enfants.
Le président de l'association donne à la caissière un chèque de 156,45 €. Retrouver le tarif manquant.

Enfant (jusqu'à 11 ans) :	2,80 €
Jeune (12-16 ans) :	4,20 €
Adulte :	

84 *Le défi*

Certaines divisions ne s'arrêtent jamais (voir exercice 73).
Leurs quotients ne sont pas des nombres décimaux parce qu'ils ne possèdent pas d'écriture décimale exacte.

Saurais-tu retrouver les 15 décimales qui se répètent dans le quotient de la division de 1 000 par 155 ?

85 Tâche complexe

Pour résoudre ce problème, tu devras prendre des initiatives et chercher des informations.
Combien de paquets de cigarettes consommerait par jour un fumeur durant toute sa vie avec la somme d'argent correspondant au prix d'un bel appartement ?

Devoir à la maison

1

1. Inventer un énoncé de six ou sept lignes environ dont la solution conduirait à effectuer le calcul (345 – 24) : 6.

2. Sans donner la solution, faire lire l'énoncé à un parent, un frère, une sœur ou un ami et lui demander de le résoudre sur une feuille à part. Corriger cette feuille en rouge, la découper et la coller sur la copie.

2

C'est en 1800 que le mathématicien allemand Carl Friedrich Gauss donne des formules permettant de calculer le jour de Pâques. Voici ci-après la méthode simplifiée, valable de 1900 à 2099 pour le calendrier grégorien.

1. Recopier et compléter au fur et à mesure ce tableau avec les indications ci-dessous :

A	*R*	*S*	*T*	*B*	*M*	*C*	*N*	*P*

- Choisir une année que l'on note ***A***.
- ***R*** est le reste de la division de ***A*** par 4.
- ***S*** est le reste de la division de ***A*** par 7.
- ***T*** est le reste de la division de ***A*** par 19.
- $B = (19 \times T) + 24$.
- ***M*** est le reste de la division de ***B*** par 30.
- $C = (2 \times R) + (4 \times S) + (6 \times M) + 5$.
- ***N*** est le reste de la division de ***C*** par 7.
- $P = M + N$

2. Si $P < 10$, alors le jour de Pâques est le $(P + 22)$ mars.
Si $P > 9$, alors le jour de Pâques est le $(P - 9)$ avril.
Quel est le jour de Pâques de l'année ***A*** choisie ?

AVEC UNE CALCULATRICE

1 PROGRAMME DE CALCUL (1) 20 min

OBJECTIF : *Donner une approche intuitive de la notion de variable et de fonction à l'aide de processus de calcul.*

On donne le programme de calcul suivant :

> Choisir un nombre.
> - Diviser par 10.
> - Ajouter 2.
> - Multiplier par 8.
> - Calculer le quotient du nombre de départ par 5 et l'ajouter au résultat précédent.
> - Enlever 11.
> - Écrire le résultat.

1. Vérifier à l'aide de la calculatrice qu'en choisissant le nombre 23 au départ, on obtient 28 comme résultat.

2. Calculer, à l'aide de la calculatrice, le nombre obtenu lorsque le nombre choisi au départ est :
a. 56 ; **b.** 598 ; **c.** 7 459.

3. a. Connaissant le résultat, comment peut-on retrouver le nombre de départ ?
b. Quel nombre peut-on choisir pour que le résultat soit 567 ?

Pour épater tes copains, demande-leur de choisir un nombre sans te le dire et fais-leur appliquer le programme de calcul. Lorsqu'ils te diront le résultat, tu pourras leur donner le nombre de départ !

2 PROGRAMME DE CALCUL (2) 20 min

OBJECTIFS : *Donner une approche intuitive de la notion de variable et de fonction à l'aide de processus de calcul et mettre en application l'égalité euclidienne.*

On donne le programme de calcul suivant :

> Choisir un nombre.
> - Calculer le quotient de la division euclidienne de ce nombre par 3.
> - Ajouter à ce quotient le triple du nombre de départ.
> - Multiplier par 10.
> - Calculer le reste de la division du résultat précédent par 7.
> - Écrire le résultat.

Coup de pouce

Pour calculer le reste et le quotient d'une division euclidienne,
sur TI-Collège, appuie sur les touche : 2nde ÷
et sur Fx-92 Collège 2D+, utilise la touche : ⊢

1. Vérifier, à l'aide de la calculatrice, que le nombre 50 donne 1 comme résultat.

2. Calculer, à l'aide de la calculatrice, le nombre obtenu lorsque le nombre choisi au départ est :
a. 102 ; **b.** 589 ; **c.** 1 012.

3. a. Expliquer pourquoi il est impossible d'avoir 9 comme résultat.
b. Quels sont tous les résultats possibles ?

3 FABIEN LE JARDINIER 30 min

OBJECTIF : *Donner du sens à la notion de division en l'exprimant comme une suite de soustractions.*

1. Fabien le jardinier voudrait répartir 80 géraniums dans des bacs à fleurs pouvant contenir 13 géraniums chacun.
Pour calculer le nombre de bacs nécessaires, Fabien propose une méthode qu'il détaille ci-contre dans la feuille de calcul d'un tableur.

	A
1	80
2	67
3	54
4	41
5	28
6	15
7	2

a. Expliquer comment Fabien a obtenu les nombres de la colonne A.
b. Où lit-on le nombre de bacs nécessaires ?
c. Où lit-on le nombre de géraniums restants ?

2. À l'aide d'un tableur et en s'inspirant de la méthode vue à la question **1.**, résoudre la situation suivante :
Fabien souhaite maintenant répartir 225 impatiens dans des pots pouvant contenir chacun 14 impatiens. Trouver le nombre de pots nécessaires à cette répartition et le nombre d'impatiens restants. → Tableur 1 et 2, p. 238

3. Sur une feuille de papier, traduire chacune des deux situations précédentes (question **1.** et question **2.**) par des divisions euclidiennes.

4 LE PROGRAMME MYSTÉRIEUX

Une « boîte noire » dans un tableur est un programme de calcul mystérieux !
Le but de l'activité est de percer ce mystère…
Pour cela, on peut saisir des nombres mais aussi utiliser des formules qui aident dans la recherche.

argement

1. Télécharger sur le site compagnon le fichier « boite_noire_04 » et l'ouvrir.

2. Saisir un nombre dans la cellule verte et observer dans la cellule grise le résultat de la boîte noire.

3. Faire plusieurs observations puis chercher le programme de calcul mystérieux de la boîte noire.

4. Pour tester un programme de calcul, saisir dans la cellule jaune la formule qui correspond à ce programme et observer si le résultat obtenu est le même que celui dans la cellule grise.

5. Tester plusieurs exemples pour vérifier que les programmes de la boîte noire et de la boîte rouge donnent les mêmes résultats.

6. Écrire sur une feuille de papier le programme de calcul qui semble être celui de la boîte noire.

Choisir la bonne opération

Quelques pistes pour faire le bon choix

✔ On choisit l'**addition** (ou la **soustraction**) lorsqu'il faut **ajouter** (ou **retrancher**) des nombres désignant une même grandeur. Il n'est pas possible de soustraire 3 minutes à 7 euros. Cela n'a pas de sens !

✔ Pour une **multiplication** ou une **division**, il est très fréquent d'effectuer une opération sur des nombres désignant des grandeurs différentes.

Exemple : Il est possible de diviser des euros par des kilogrammes.
Si 5 kg de tomates coûtent 10 € alors 1 kg de tomates coûte **10 : 5 = 2 €**.

✔ Dans les énoncés, certains mots se rapportent à l'**addition** : **ajouter**, **augmenter**, **de plus**…
D'autres à la **soustraction** : **ôter**, **enlever**, **retirer**, **de moins**, …

✔ Il est parfois possible de repérer la **multiplication** ou la **division** : **trois fois plus**, **trois fois moins**, …

Exemples

- « Thomas possède trois cartes **de plus** que Romain. »
Cette phrase se rapporte à une **addition**.
- « Thomas possède **trois fois plus** de cartes que Théo. »
Cette phrase se rapporte à une **multiplication**.

✔ Il faut cependant être attentif : certains mots sont trompeurs !

Exemple

Thomas possède 50 cartes et Romain lui dit : « Tu as trois cartes **de plus** que moi. »
Combien de cartes possède Romain ?
50 – 3 = 47 cartes ! « **de plus** » nous mène ici à effectuer **une soustraction** !

Les étapes pour résoudre un problème

Problèmes

Pour commencer

1 La princesse Clara demande à son jardinier de lui confectionner 12 bouquets de 13 roses pour décorer la salle où aura lieu le prochain bal masqué du château.

Combien de roses devra couper le jardinier ?

2 La flotte intergalactique du célèbre capitaine Spik est composée de 19 cuirassés, 18 croiseurs, 75 patrouilleurs et 26 frégates.

Le capitaine Spik commande près de 5 500 hommes répartis sur ces différents vaisseaux de guerre.

Combien de vaisseaux composent la flotte du capitaine ?

3 Le père Lapaille, éleveur de poules, souhaite étendre son élevage. Pour cela, il a acheté 49 poules au prix de 3 € chacune à son voisin le père Lamotte.

Son élevage compte maintenant 96 cocottes !

Combien de poules possédait le père Lapaille avant de s'agrandir ?

4 José est un tapissier reconnu qui a 40 ans de métier. Il commande 80 m de tissu matelassé pour réaliser des canapés. Pour confectionner un canapé, José utilise 3 m de tissu.

Combien de canapés pourra-t-il réaliser avec le tissu commandé ?

5 Françoise est pâtissière depuis l'âge de 16 ans. Un client lui commande 750 petits fours pour le mariage de sa fille. « En 35 ans de métier, je n'ai jamais eu une aussi belle commande » dit-elle.

Calculer l'âge de Françoise.

6 Mon père n'est pas content car j'ai un peu abusé du téléphone pendant les vacances d'été. En juillet, j'ai consommé 14,60 € de communication. En août, j'ai téléphoné pour 3,90 € de plus qu'en juillet.

À combien s'élève ma facture de téléphone pour les deux mois ?

7 Philippe a besoin d'argent car il veut partir en vacances en Chine. Il décide de publier une petite annonce sur Internet pour revendre sa vieille moto qu'il a payée à l'époque 4 538 €.

Il reçoit par mail une proposition : « Je vous rachète votre moto 8 fois moins que son prix d'achat. »

Quel est le montant de cette proposition ?

8 Ma plus grande fille me dit qu'elle a 3 fois l'âge de sa petite sœur et que j'ai 3 fois son âge.

Sachant que sa petite sœur a 3 ans, calculer mon âge.

9 Elia, Florie et leur maman jouent ensemble au jeu de fléchettes. Chaque joueur lance 3 fléchettes à chaque tour. Elia, la première à jouer, a marqué 19 points au total au premier tour. Florie a marqué 20 points. Leur maman a marqué 25 points.

Au deuxième tour, Elia a marqué 27 points, Florie 23 points et leur maman 16 points.

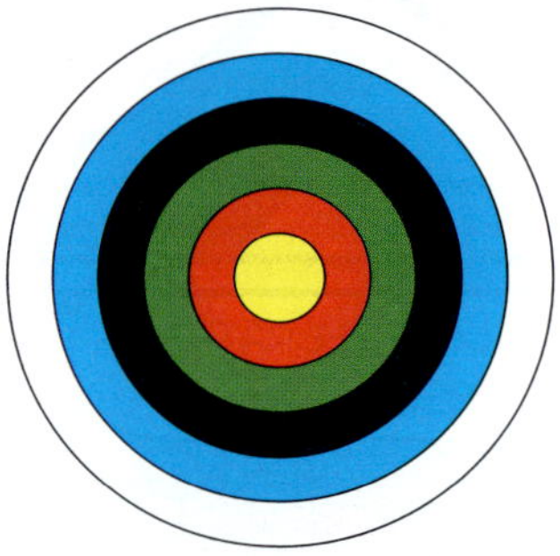

Quelle joueuse est en tête ?

10 Dans un magasin de musique, on vend des pupitres en bois à 53 €, des pupitres en aluminium à 14,70 € et des petits pupitres pour débutants à 8 €. Stéphane, le directeur de l'école de musique, achète 42 pupitres en aluminium pour ses élèves.

Combien devra-t-il payer au vendeur ?

11 Depuis 3 ans, Sophie et Fabien restaurent une maison. Les travaux, déjà bien avancés, s'orientent maintenant vers le crépi. Fabien se rend chez son fournisseur habituel pour acheter 6 sacs de 35 kg de crépi. Chaque sac coûte 24,90 €.

À Bricohouf, Sophie achète le petit matériel : 2 truelles à 4,40 € l'une, 4 raclettes à 3,90 € l'une et 2 pots d'enduit pour les finitions.

Les 2 bricoleurs ont dépensé au total 189,40 €.

Calculer le prix d'un pot d'enduit.

Pour s'exercer

12 Mon village accueille chaque année 350 nouveaux habitants alors que 200 s'en vont.
À ce rythme, dans 5 ans, mon village pourra compter 3 250 habitants.
Combien y-a-t-il d'habitants dans mon village aujourd'hui ?

13 Le roi Babahl Ier part avec son armée de 150 guerriers à la conquête de nouveaux territoires. 28 jours leur seront nécessaires pour rejoindre la région de l'Alphap. De là, ils mettront 2 fois plus de temps pour se rendre à Betap. La suite du périple les mènera à Gammap après 137 jours de voyage.
Combien de jours faut-il pour aller de Betap à Gammap ?

14 Jimmy Laflambe, qui a travaillé toute une semaine comme garçon de café, vient de toucher sa paie qui s'élève à 255 €. Pour fêter cette bonne nouvelle, il invite au restaurant Paulo et Fredo, ses meilleurs copains, et offre à sa petite amie Selina une somptueuse bague en or.
L'addition du restaurant s'élève à 68,30 €. La facture du bijoutier est plus sévère !
Sachant qu'il ne reste à Jimmy que 39,45 € de sa paie, calculer le prix de la bague offerte à Selina.

15 Dédé La frime s'en va faire ses achats pour la rentrée. Il s'achète 1 blouson en cuir à 54,80 €, des bottes noires à 39,75 €, 3 casquettes à 12,60 € l'une et 37 peignes à 1,23 € le peigne !!!
Combien a-t-il dépensé en tout pour cette rentrée ?

16 Pour construire un enclos de forme carrée, le père Lapaille a besoin d'acheter du grillage. Sur chaque côté de l'enclos, il posera une porte en bois de 90 cm de largeur comme représenté sur la figure :

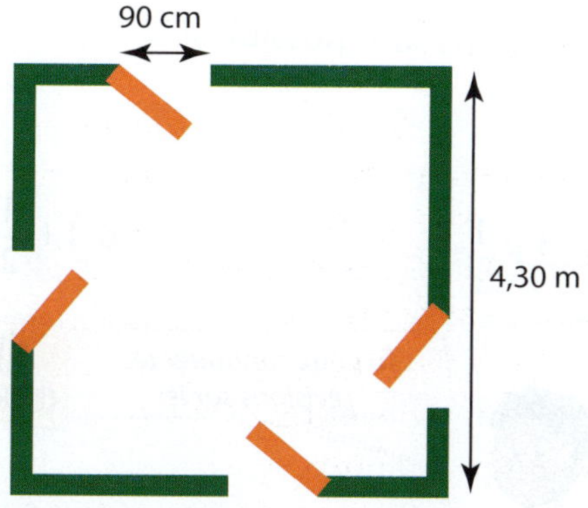

Sachant qu'un côté de l'enclos mesure 4,30 m, quelle longueur de grillage devra-t-il acheter ?

17 Aux abords de la rivière Mipississi, on trouve 100 fois plus de crapauds que de ratons laveurs, 10 fois plus de ratons laveurs que de castors et 5 fois plus de castors que de loutres. Dernièrement, on a recensé 3 400 ratons laveurs.
Combien y a-t-il de crapauds, de castors et de loutres aux abords de la rivière Mipississi ?

18 C'est l'heure du repas chez les 7 nains ! Ce n'est pas facile pour Blanche Neige de contenter tout son petit monde !
Pour Grincheux, Dormeur et Prof, elle a préparé pour chacun un bon steak et 210 g de purée de carottes.
Simplet et Atchoum, qui préfèrent le poisson, mangeront chacun une belle truite et 230 g de purée de carottes. Les deux nains restants n'ont pas faim et se contentent d'un quignon de pain.
Le gros pot en terre qui contenait 1,250 kg de purée de carottes avant le déjeuner est maintenant vide !
Quelle quantité de purée Blanche-Neige a-t-elle mangée ?

19 Le jeune Pierrot Lachance vient de gagner la super cagnotte du loto soit 13 860 000 €.
1. En supposant qu'il lui reste 60 ans à vivre, combien pourra-t-il dépenser chaque année ?
2. Combien pourra dépenser Pierrot chaque jour ? Donner un arrondi de la somme au centime d'euro près.

20 Sandrine et Didier projettent de partir en vacances en Corse. Leur budget ne pourra dépasser 1 300 €.
Didier a calculé que les dépenses pour le transport seront de 370 €. Sandrine dit qu'il faut encore prévoir 70 € par jour pour le camping, la nourriture et les dépenses diverses.
Combien de jours pourront durer les vacances de Sandrine et Didier sans dépasser le budget fixé au départ ?

21 Un ensemble composé d'une table et quatre chaises coûte 689,90 €. Une cliente choisit la table mais demande au vendeur de remplacer les chaises par d'autres. Il lui en coûtera 103,20 € de plus.
Quel est le prix d'une de ces nouvelles chaises, sachant que la table seule coûte 276,50 € ?

22 Le camion de Jojo pèse 1 340 kg à vide et 2 420 kg chargé. Il transporte 15 caisses qui contiennent chacune 120 boîtes identiques.
Combien pèse une boîte ?

Avant de commencer le Chapitre 5

Pour revoir les acquis du primaire

Nommer les fractions

1 Comment lit-on la fraction $\frac{1}{3}$?

a. un demi **b.** un quart **c.** un tiers

Répondre par vrai ou faux pour chacun des exercices 2 à 4.

2 Un dixième s'écrit $\frac{1}{100}$.

3 La fraction $\frac{1}{4}$ se lit « un quart ».

4 La fraction $\frac{1}{2}$ permet de représenter la moitié.

Coder des mesures

5 Quelle fraction du disque représente la surface colorée en bleu ?

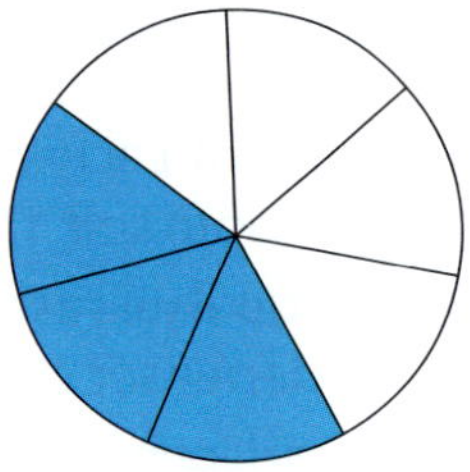

a. $\frac{3}{4}$ **b.** $\frac{3}{7}$ **c.** $\frac{7}{3}$

6 Quel segment mesure le tiers du segment [CD] ?

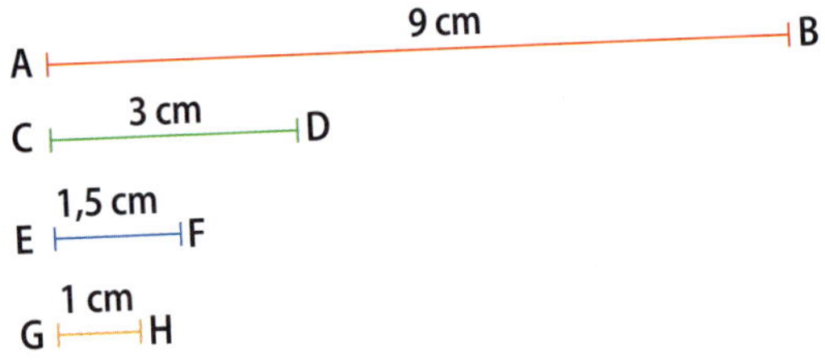

a. [AB] **b.** [EF] **c.** [GH]

Encadrer une fraction

7 Quelle fraction peut-on encadrer par les entiers 0 et 1 ?

a. $\frac{5}{2}$ **b.** $\frac{1}{2}$ **c.** $\frac{7}{3}$

8 Encadrer la fraction $\frac{1}{3}$ par deux entiers consécutifs.

9 Recopier et compléter par une fraction (plusieurs solutions sont possibles) : 2 > **...** > 3

Différentes écritures d'une fraction

10 $\frac{3}{2}$ est égal à :

a. $3 + \frac{1}{2}$ **b.** $2 + \frac{1}{3}$ **c.** $1 + \frac{1}{2}$

11 Écrire les fractions suivantes comme somme d'un entier et d'une fraction inférieure à 1 :

a. $\frac{5}{4}$ **b.** $\frac{5}{2}$ **c.** $\frac{7}{3}$

Tu peux continuer tes révisions sur le site compagnon

Chapitre

5

Écritures fractionnaires

Les fractions sont bien utiles dans le langage de tous les jours dès que l'on parle de partage.

Je vais apprendre à...

- Placer un quotient sur une demi-droite graduée SOCLE 6e ► *Exercices 28 à 32*
- Donner différentes significations d'une écriture fractionnaire SOCLE 6e ► *Exercices 22, 33, 36 et 40*
- Trouver plusieurs écritures d'un quotient SOCLE 6e ► *Exercices 1 à 8 et 33 à 48*
- Prendre une fraction d'une quantité SOCLE 6e ► *Exercices 9 à 22 et 49 à 54*

Pour s'entraîner

46 Simplifier le plus possible chaque fraction :

a. $\frac{25}{35}$ b. $\frac{64}{16}$ c. $\frac{2800}{300}$

d. $\frac{90}{66}$ e. $\frac{100}{175}$ f. $\frac{34}{51}$

Coup de pouce

Dans chaque cas, tu dois trouver une fraction égale telle que son numérateur et son dénominateur soient les plus petits possibles.

47 Écrire les quotients sous la forme d'une fraction la plus simple possible :

a. $\frac{5,6}{1,2}$ b. $\frac{3,2}{10}$ c. $\frac{6,5}{2,5}$ d. $\frac{0,44}{1,04}$

48 Écrire chaque nombre sous la forme d'une fraction la plus simple possible :

a. 0,6 b. 1,4 c. 3,6 d. 0,32 e. 12,5 f. 2,05

Fractions de quantités SOCLE 6e

POUR T'AIDER, voir Savoir faire 2

49 Calculer et donner les résultats sous forme décimale :

a. $6 \times \frac{16}{12}$ b. $\frac{7}{14} \times 2$ c. $2,3 \times \frac{9}{3}$

d. Les $\frac{4}{6}$ de 42 e. Le triple de $\frac{7}{6}$ f. $5 \times \frac{7}{15} \times 3$

50 Lorsque Lisa fait la vaisselle, elle casse quatre assiettes sur dix. Après sa fête d'anniversaire, Lisa doit laver quinze assiettes.

Combien d'assiettes sortiront intactes de cette vaisselle ?

51 Evelyne enfile ses chaussures de marche pour une balade de 24 km.
Il fait très chaud mais heureusement pour elle, les sept huitièmes de sa balade sont en forêt.
Quelle sera la longueur de son parcours à l'ombre ?

52 Le plein tarif d'une place de cinéma est 8,70 €. Les enfants de moins de 12 ans ne paient que les trois cinquièmes de ce tarif. Les jeunes de 12 ans à 15 ans paient les deux tiers de ce tarif.
Isabelle accompagne ses deux enfants : Romain 11 ans et Amandine 14 ans. Quelle somme va-t-elle payer ?

53 Les trois gagnants d'un jeu concours se partagent la somme de 1 400 €.
Le premier reçoit les $\frac{4}{7}$, le deuxième reçoit les $\frac{3}{8}$ et le troisième reçoit ce qu'il reste.
Calculer ce que va recevoir chacun des gagnants.

54 Je cherche un mot de 6 lettres dont :
– le nombre de lettres « A » représente la moitié du nombre total de lettres ;
– le nombre de lettres « N » représente un tiers du nombre total de lettres ;
– le nombre de lettres « S » représente un sixième du nombre total de lettres.
Trouver un mot respectant ces conditions.

À l'oral

Les exercices qui suivent sont à faire mentalement.

55 Calculer :
a. la moitié de 26 ; b. le quart de 32 ;
c. les deux tiers de 1,2 ; d. les trois dixièmes de 20.

56 Calculer :

a. $\frac{2}{7} \times 7$ b. $9 \times \frac{4}{3}$ c. $36 \times \frac{7}{6}$ d. $25 \times \frac{12}{5}$

57 Exprimer en minutes chaque fraction d'heure :

a. $\frac{3}{4}$ d'heure b. $\frac{1}{2}$ heure

c. $\frac{5}{6}$ d'heure d. $\frac{6}{12}$ d'heure

58 **1.** Emmanuelle a dépensé les deux cinquièmes des 55 € se trouvant dans sa tirelire.
Quelle somme a-t-elle dépensée ?
2. Pierre a bu les trois quarts de deux litres de lait.
Quelle quantité cela représente-t-il ?
3. M. Henri, commercial étourdi, a perdu les trois quarts de ses 12 dossiers.
Combien a-t-il perdu de dossiers ?

59 Donner une écriture décimale des quotients suivants :

a. $\frac{7}{10}$ b. $\frac{45}{5}$ c. $\frac{8,1}{9}$ d. $\frac{3}{5}$

Je m'évalue

Pour chaque exercice 60 à 70, trouve la ou les bonnes réponses.

Énoncés	Réponse A	Réponse B	Réponse C	Réponse D
60 Dans quel(s) cas a-t-on colorié les $\frac{2}{3}$ de la figure ?	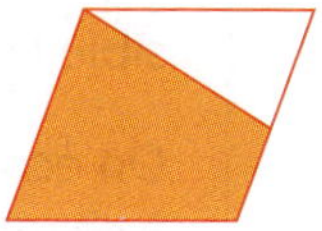	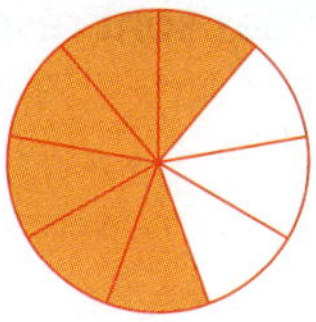		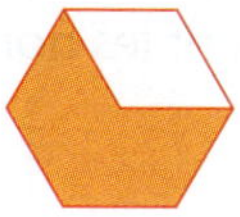
61 L'abscisse de A est égale à : 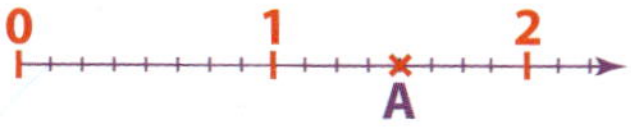	$\frac{12}{8}$	1,5	$\frac{6}{4}$	$\frac{3}{2}$
62 Par combien faut-il multiplier 9 pour trouver 11 ?	$\frac{9}{11}$	$\frac{11}{9}$	9×11	1,22
63 Une écriture décimale de $\frac{15}{4}$ est :	15,4	0,26	$\frac{30}{8}$	3,75
64 2,4 a pour écriture fractionnaire :	$\frac{2}{4}$ ou $\frac{1}{2}$	$\frac{24}{10}$	24 : 10	$\frac{12}{5}$
65 Quel quotient a un dénominateur égal au tiers de son numérateur ?	$\frac{21}{7}$	$\frac{4}{12}$	$\frac{16}{4}$	$\frac{4,2}{1,4}$
66 $21 \times \frac{9}{7} = \dots$	$9 \times 21 : 7$	27	$21 \times 7 : 9$	$\frac{21 \times 9}{21 \times 7}$
67 Romain possède 36 cartes *Pocket-Mocket*. Il en donne les cinq sixièmes à son amie Florie. Combien lui en reste-t-il ?	30	5	12	6
68 $\frac{12}{60} = \dots$	$\frac{3}{15}$	$\frac{6}{40}$	$\frac{1}{5}$	$\frac{24}{120}$
69 La fraction la plus simple égale à $\frac{25}{75}$ est :	$\frac{1}{4}$	$\frac{5}{15}$	$\frac{0,5}{2}$	$\frac{1}{3}$
70 Quel nombre est égal à 0,8 ?	$\frac{4}{5}$	8	8,0	$\frac{80}{100}$

Tu peux vérifier tes réponses p. 255 et si tu veux continuer ton entraînement rendez-vous sur le **site compagnon**

Pour approfondir

71 Droite graduée

1. Reproduire la demi-droite graduée ci-dessous et placer les points A, B et C dont les abscisses sont respectivement les nombres suivants :

$$\frac{3}{5}\ ;\ 1+\frac{1}{5}\ \text{et}\ 2+\frac{2}{5}.$$

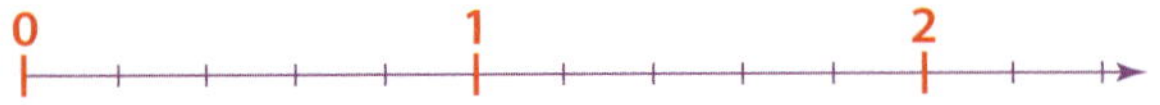

2. Écrire alors, à l'aide d'une fraction, les abscisses des points B et C.

72 Étiquettes

Recopier les étiquettes ci-dessous et colorier d'une même couleur celles pour lesquelles les nombres inscrits sont égaux :

$\frac{1}{6}$	$\frac{7}{5}$	$3+\frac{34}{100}$	$\frac{5}{30}$
$\frac{5}{4}$	1,125	$1+\frac{2}{5}$	$\frac{334}{100}$
$1+\frac{1}{4}$	$\frac{9}{8}$	$1+\frac{1}{8}$	1,4

73 Nombres croisés

Recopier et compléter la grille ci-dessous à l'aide des indications suivantes :

Horizontalement

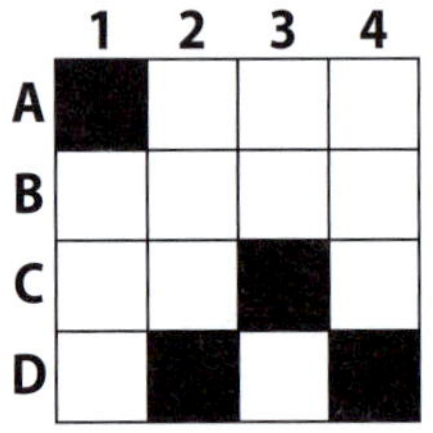

A : Nombre manquant dans l'égalité : $\frac{5}{11} = \frac{55}{\dots}$.

B : Les $\frac{4}{3}$ de 3 588.

C : $\frac{2}{6}$ du nombre de la colonne 4 ; Écriture décimale d'un quotient dont le numérateur est égal au dénominateur.

D : Chiffre pair ; Chiffre impair.

Verticalement

1 : Le double des $\frac{2}{3}$ de 333.

2 : Nombre manquant dans l'égalité : $\frac{19}{59} = \frac{57}{\dots}$.

3 : Nombre manquant dans l'égalité : $\frac{57}{2} = \dots + \frac{1}{2}$; Tiers de 15.

4 : Dénominateur de la fraction égale à $\frac{3}{47}$ dont le numérateur est 9.

74 Simplification

1. En s'aidant de la calculatrice, simplifier le plus possible la fraction suivante : $\frac{7650}{8550}$.

On écrirea les étapes de la simplification en précisant à chaque fois : « J'ai simplifié par… ».

2. Reprendre la question précédente avec $\frac{3564}{3888}$.

Coup de pouce

Commence par calculer le nombre de quarts d'heure qu'il y a dans une journée.

75 Fractions de fractions

Calculer :

a. les $\frac{2}{3}$ des $\frac{3}{4}$ de 24 ; **b.** les $\frac{4}{5}$ des $\frac{3}{2}$ de 100.

76 Les crêpes de Cécile

Pour la Chandeleur, Cécile a préparé 72 crêpes.

Les $\frac{5}{8}$ de ces crêpes sont salées pour faire des crêpes au jambon et au gruyère. Les autres sont sucrées pour être servies avec de la confiture.

Combien de crêpes sucrées Cécile a-t-elle préparées ?

77 Quatre quatre-quarts !

Pour faire un quatre-quarts, il faut :

– le tiers d'un paquet de farine,
– le quart d'un paquet de sucre,
– les $\frac{7}{8}$ d'un pain de beurre,
– trois œufs.

Léa veut préparer quatre quatre-quarts !

Aura-t-elle assez d'ingrédients avec un paquet et demi de farine, un paquet de sucre, trois pains de beurre et une boîte de douze œufs ? Expliquer.

78 Les poules du père Lapaille

Le père Lapaille possède une belle basse-cour de 240 animaux. Sa spécialité est l'élevage de poules ; elles représentent les deux tiers de sa basse-cour.

Parmi elles, les trois cinquièmes sont des poules pondeuses. Les autres sont des poules de Bresse.

Combien de poules de Bresse le père Lapaille possède-t-il ?

79 Sécurité routière

THÈME DE CONVERGENCE

En 2012, sur les 105 000 véhicules impliqués dans un accident de la route, les $\frac{6}{25}$ concernaient des mobylettes.

Combien de conducteurs de mobylette cela représente-t-il ?

80 Un peu d'astronomie

- Avec ses 143 000 km de diamètre, Jupiter est la plus grande planète du système solaire.
- Le diamètre de la planète aux anneaux, Saturne, est environ égal au $\frac{5}{6}$ du diamètre de Jupiter.
- La planète Vénus, appelée également l'Étoile du Berger, a un diamètre égal au $\frac{9}{100}$ du diamètre de Jupiter.
- Mercure, planète la plus proche du Soleil, possède un diamètre environ égal aux $\frac{2}{5}$ de celui de Vénus.

Saturne *Jupiter* *Vénus* *Mercure*

Calculer le diamètre de Saturne, Vénus et Mercure. On donnera des valeurs arrondies au millier de kilomètres près.

81 Élections

ÉDUCATION CIVIQUE

Au deuxième tour des élections présidentielles de 2012, les $\frac{4}{5}$ des électeurs inscrits ont mis un bulletin dans l'urne. Environ 46 028 542 Français sont inscrits sur une liste électorale.

Combien de personnes se sont abstenues lors de ce deuxième tour de 2012 ? Donner une valeur approchée au million près.

82 Problème ouvert

Construire deux rectangles de dimensions différentes respectant les conditions suivantes :

– la largeur est égale aux $\frac{5}{12}$ de la longueur,

– un des côtés mesure 6 cm.

83 Le défi

Mon gâteau a la forme d'un triangle équilatéral. Saurais-tu parfaitement couper les deux tiers de ce gâteau en deux coups de couteau seulement ?

84 L'énigme

Ma classe contient trois cinquièmes de filles.

Parmi elles, la moitié a les yeux bleus et le tiers les yeux marron. Et les autres filles, au nombre de trois, ont les yeux verts.

Combien y a-t-il d'élèves dans ma classe ?

85 Tâche complexe

Pour résoudre ce problème, tu devras prendre des initiatives et chercher des informations.

Dans un rectangle dont les dimensions sont à choisir, représenter en rose la part qui correspond au nombre de filles de la classe et en bleu la part qui correspond au nombre de garçons de la classe.

Devoir à la maison

1

1. Construire un disque de rayon 3 cm, un carré de côté 5 cm et un rectangle de dimensions 6 cm sur 4 cm.

2. a. Colorier en noir les $\frac{3}{8}$ du disque.

b. Colorier en bleu les $\frac{7}{25}$ du carré et en rouge les $\frac{2}{5}$ du carré.

c. Colorier en vert le dixième du rectangle et en mauve les $\frac{13}{20}$ du rectangle.

3. Pour chaque figure, donner une fraction de la surface qui n'a pas été coloriée.

2

Lors du deuxième tour de l'élection des délégués de classe, chaque élève a voté pour un candidat :

- $\frac{2}{12}$ des élèves ont voté pour Salomé,
- $\frac{1}{3}$ des élèves a voté pour Ricardo,
- $\frac{1}{4}$ des élèves a voté pour Elia,
- $\frac{1}{6}$ des élèves a voté pour Jean-Baptiste.

1. Quels sont les deux délégués élus ? Expliquer.

2. Quelle fraction d'élèves de la classe a mis un bulletin nul ou blanc dans l'urne ?

3. La classe contient 24 élèves. Calculer le nombre de voix obtenues par chaque candidat.

AVEC UN ORDINATEUR

À la fin du manuel, retrouve tes fiches **Tableur** et **Géométrie**

Vidéo

1 L'ÂGE DES FRANÇAIS 20 min

OBJECTIF : *Exploiter les représentations graphiques données par le tableur.*

Le tableau ci-dessous *(source : Insee)* représente la répartition de la population en France métropolitaine par groupe d'âge, en 2010 :

	A	B	C	D	E
1	Age	Moins de 20 ans	20 ans à 59 ans	60 ans à 74 ans	75 ans ou plus
2	Population	15 407 000	33 024 000	8 759 000	5 576 000

1. a. Reproduire ce tableau dans une feuille de calcul d'un tableur.

b. Représenter les données de ce tableau dans un diagramme circulaire présentant le nombre de Français pour chaque tranche d'âge. → Tableur 4, p. 240

2. En observant le diagramme, répondre par Vrai ou Faux aux affirmations suivantes :

a. Moins de la moitié de la population a entre 20 ans et 59 ans.

b. Plus des $\frac{3}{4}$ de la population ont moins de 59 ans.

c. Moins de $\frac{1}{6}$ de la population a plus de 60 ans.

d. Les $\frac{2}{3}$ environ de la population ont entre 20 ans et 74 ans.

e. Les $\frac{3}{8}$ environ de la population ont plus de 75 ans.

2 NOMBRE D'ENFANTS PAR FAMILLE 20 min

OBJECTIF : *Exploiter les représentations graphiques données par le tableur.*

Le tableau ci-dessous *(source : Insee)* représente la répartition en 2006 des familles en France métropolitaine selon leur nombre d'enfants de moins de 25 ans :

	A	B	C	D	E	F
1	Nombre d'enfants	Pas d'enfant	1 enfant	2 enfants	3 enfants	4 enfants ou plus
2	Nombre de familles	8 194 000	3 889 000	3 511 000	1 288 000	432 000

1. a. Reproduire ce tableau dans une feuille de calcul d'un tableur.

b. Représenter les données de ce tableau dans un diagramme circulaire présentant le nombre de familles selon le nombre d'enfants. → Tableur 4, p. 240

2. En observant le diagramme, répondre par Vrai ou Faux aux affirmations suivantes :

a. Moins des $\frac{3}{4}$ des familles ont moins d'un enfant.

b. Moins de $\frac{1}{4}$ des familles ont plus de trois enfants.

c. Environ $\frac{1}{3}$ des familles ont plus de deux enfants.

d. Les $\frac{3}{5}$ environ des familles ont un ou deux enfants.

3 PARTAGES 20 min

OBJECTIF : *S'exercer à représenter des fractions de surface en utilisant le tableur comme outil de vérification.*

1. a. Dans une feuille de calcul d'un tableur, reproduire le tableau ci-dessous en respectant les consignes suivantes :

– le format des cellules A2, B2 et C2 est modifié pour obtenir un affichage des nombres en écriture fractionnaire : sélectionner ces cellules et faire clic droit « Format de cellule », dans l'onglet « Nombre » choisir la catégorie « Fraction » ;

Si tu utilises OpenOffice, avant de commencer, clique sur ***Outils*** *puis* ***AutoCorrection****. Dans l'onglet* ***Option****, décoche* ***Remplacer 1/2… par ½…***

– la cellule D2 affiche la somme des nombres des cellules A2, B2 et C2 : modifier son format pour obtenir un affichage avec deux décimales.

	A	B	C	D
1	1ère part	2e part	3e part	Total
2	1/4	1/4	1/2	1,00

b. Le diagramme ci-contre représente des parts de disque données par les fractions du tableau précédent.
Dans la feuille de calcul de la question **a.**, afficher ce diagramme.
→ *Tableur 4, p. 240*

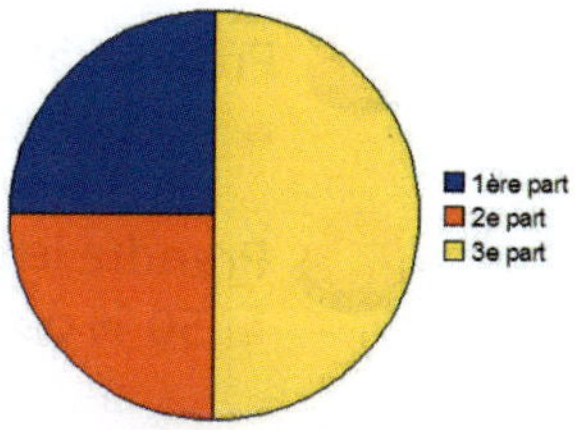

2. Écrire de nouvelles fractions dans les cellules A2, B2 et C2 de façon que leur somme soit égale à 1 et qu'elles correspondent au partage dans le diagramme ci-contre.

Coup de pouce
1,00 doit s'afficher dans la cellule D2 de ta feuille de calcul.

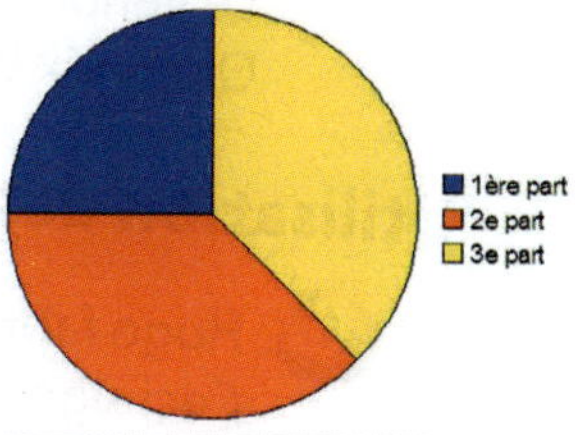

chargement

4 LE PROGRAMME MYSTÉRIEUX

Une « boîte noire » dans un tableur est un programme de calcul mystérieux !
Le but de l'activité est de percer ce mystère…
Pour cela, on peut saisir des nombres mais aussi utiliser des formules qui aident dans la recherche.

chargement

1. Télécharger sur le site compagnon le fichier « boite_noire_05 » et l'ouvrir.

2. Saisir dans la cellule verte une fraction et observer dans la cellule grise le résultat de la boîte noire.

3. Faire plusieurs observations puis chercher le calcul mystérieux de la boîte noire.

4. Pour tester un calcul, saisir dans la cellule jaune la formule correspondante et observer si le résultat obtenu est le même que celui dans la cellule grise.

5. ester plusieurs exemples pour vérifier que les programmes de la boîte noire et de la boîte rouge donnent les même résultats. → *Tableur 1 et 2, p. 238*

6. Écrire sur une feuille le programme de calcul qui semble être celui de la boîte noire.

Avant de commencer le Chapitre 6

Pour revoir les acquis du primaire

Proportionnalité

1 Sur l'affiche du magasin, il est écrit : « 1 ananas pour 1,50 € » ; « 3 ananas pour 4 € ».
Y a-t-il proportionnalité entre le nombre d'ananas achetés et le prix à payer ?
a. non **b.** oui **c.** on ne peut pas savoir

2 Le tableau de cette feuille de calcul est-il un tableau de proportionnalité ?
Justifier la réponse.

	A	B	C	D	E
1	Temps de course (en min)	10	20	30	60
2	Distance parcourue (en km)	5	10	15	25

Utilisation de pourcentages

3 Prendre 50 % d'une quantité, c'est prendre :
a. sa moitié **b.** son double **c.** son triple

4 Prendre le quart d'un gâteau, c'est prendre :
a. 50 % du gâteau **b.** 25 % du gâteau **c.** 4 % du gâteau

5 Dans un magasin, un appareil photo numérique est affiché 200 €.
Le vendeur propose à Léa une remise de 15 %.
Quel prix Léa va-t-elle payer cet appareil photo ?

Utilisation des échelles

6 Hugo fabrique une maquette de voiture à l'échelle 1/50.
Ceci signifie que la maquette d'Hugo :
a. mesure 50 cm **b.** est 50 fois plus petite que la vraie voiture
c. est 50 fois plus grande que la vraie voiture

7 Lors d'une balade en forêt, un groupe de randonneurs utilise une carte à l'échelle 1/25 000.
Sur la carte leur parcours mesure 10 cm. Quelle distance vont-ils parcourir en réalité ?

Utilisation de la proportionnalité

8 Le prix de 2 kg de pommes est 3 €. Quel est le prix de 8 kg de pommes ?
a. 9 € **b.** 12 € **c.** 4 €

9 À l'âge d'un an, Célia mesurait 65 cm. Quelle est sa taille à l'âge de deux ans ?
a. 130 cm **b.** 75 cm **c.** on ne peut pas savoir

10 15 BD coûtent 105 €.
Toutes les BD coûtent le même prix.
1. Quel est le prix de 9 BD ?
2. Combien de BD peut-on acheter avec 161 € ?

Tu peux continuer tes révisions sur le **site compagnon**

Proportionnalité

Chapitre 6

Recette de la pâte à crêpes
(pour 8 personnes)
Dans un saladier, mélanger :
250 g de farine avec 4 œufs,
15 g de sucre vanillé et 50 cL de lait.
Ajouter 50 g de beurre fondu et laisser reposer une heure.

Je vais apprendre à…

- Reconnaître une situation de proportionnalité SOCLE 6e ► *Exercices 18 à 29*
- Utiliser la proportionnalité pour résoudre un problème SOCLE 6e ► *Exercices 30 à 39*
- Appliquer un taux de pourcentage SOCLE 6e ► *Exercices 40 à 46*

1 Reconnaître la proportionnalité

Voici une photographie d'un troupeau de vaches broutant paisiblement dans un pré :

(1)

Quatre copies de cette photographie ont été réalisées (et numérotées de (2) à (5)). Il faut retrouver les copies dont les dimensions sont proportionnelles aux dimensions de l'original.

(2)

(3)

(4)

(5)

1. Regarder chaque photographie de la page précédente et indiquer si elle semble être une copie bien proportionnée de la photographie originale.

2. **a.** Mesurer les dimensions de chaque photographie de la page précédente et après l'avoir recopié, compléter le tableau ci-dessous :

Photographie	①	②	③	④	⑤
Longueur (en cm)					
Largeur (en cm)					
$\frac{\text{Longueur}}{\text{Largeur}}$					

b. Que remarque-t-on pour les quotients $\frac{\text{Longueur}}{\text{Largeur}}$?

Expliquer pourquoi cela permet de reconnaître les copies bien proportionnées.

2 Reproduire proportionnellement

1. Reproduire en vraie grandeur le puzzle ci-contre.

2. Agrandir ce puzzle en respectant la consigne suivante : « Un segment mesurant 4 cm sur le puzzle devra mesurer 5 cm sur le puzzle agrandi ».

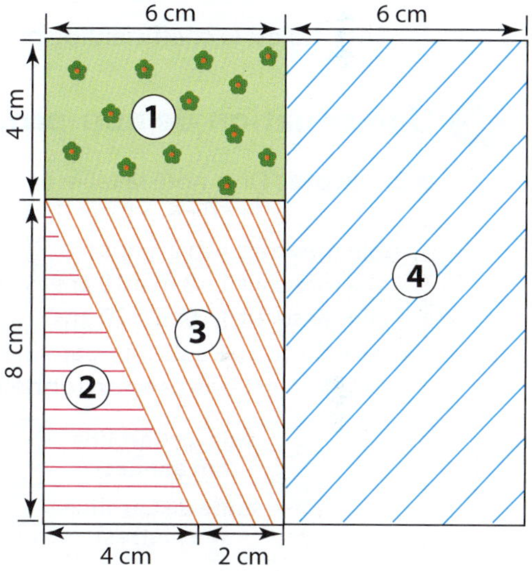

3 Appliquer un pourcentage

Dans une salle de concert de 5 000 places, 4 catégories de places sont proposées à la vente pour le public.
Le tableau ci-dessous, construit dans une feuille de calcul, montre la répartition (en pourcentage) de ces places dans chaque catégorie :

	A	B	C	D	E	F
1	Tribunes	VIP	arrière	latérale	début	TOTAL
2	Pourcentage par rapport à la capacité totale	5%	40%	30%	25%	100%
3	Nombre de spectateurs	250				**5 000**

1. 5 % des places de cette salle de concert sont réservées pour les spectateurs en tribune VIP.
Vérifier qu'il y a 250 places VIP.

2. Calculer le nombre de places disponibles pour les spectateurs dans les trois autres catégories.

Le cours

1 Reconnaître la proportionnalité

DÉFINITION Dire que deux **grandeurs** sont **proportionnelles** signifie que les valeurs de l'une s'obtiennent en multipliant (ou en divisant) les valeurs de l'autre par **un même nombre** non nul, appelé **coefficient de proportionnalité**.

a Une situation de proportionnalité : le prix des pommes par rapport à la masse achetée

■ **Exemple :** Des pommes sont vendues au poids à 1,30 € le kilogramme :

– 1 kg de pommes coûte 1,30 € ;
– 2 kg de pommes coûtent 2,60 € ;
– 4 kg de pommes coûtent 5,20 €, etc.

On remarque qu'acheter 2 fois plus de pommes coûte 2 fois plus cher.

Le prix ici est donc proportionnel à la masse.

On peut représenter cette situation de proportionnalité par un tableau :

Masse de pommes (en kg)	1	2	4	10
Prix à payer (en €)	1,30	2,60	5,20	13,00

$\times 1,3$

1,3 est le coefficient de proportionnalité.

b Une situation de non-proportionnalité : la taille en fonction de l'âge

■ **Exemple :** On a noté la taille de Caroline à différents moments de sa vie :

– elle mesurait 60 cm à l'âge de 1 an ;
– elle mesurait 1 m à 5 ans ;
– elle mesurait 1,40 m à 10 ans ;
– elle mesurait 1,70 m à 20 ans.

On remarque qu'à 20 ans, Caroline ne mesure pas 2 fois la taille qu'elle mesurait à 10 ans.

La taille n'est pas proportionnelle à l'âge.

Âge de Caroline (en années)	1	5	10	20
Taille de Caroline (en mètres)	0,60	1	1,40	1,70

2 Utiliser la proportionnalité

■ **Exemple :** 4 litres de jus d'orange coûtent 7,20 €. Sachant que le prix est proportionnel à la quantité de jus d'orange, quel est le prix de 6 litres, de 8 litres et de 14 litres de jus d'orange ?

● **Calcul du prix de 6 litres de jus d'orange à l'aide de la méthode du passage par l'unité (coefficient de proportionnalité)**

On calcule combien coûte 1 litre de jus d'orange, 7,20 : 4 = **1,80**.

Volume de jus d'orange (en L)	4	1
Prix (en €)	7,20	**1,80**

← **1,8 est le coefficient de proportionnalité.**

On calcule le prix de 6 litres de jus d'orange, $6 \times 1,8 =$ **10,80**.

Volume de jus d'orange (en L)	4	1	6
Prix (en €)	7,20	**1,80**	**10,80**

Le prix de 6 litres de jus d'orange est donc **10,80 €**.

- **Calcul du prix de 8 litres de jus d'orange à l'aide de la méthode multiplicative**

On connaît le prix de 4 litres de jus d'orange, on cherche celui de 8 litres.
On remarque que 8 est le double de 4 car $4 \times \mathbf{2} = 8$.
On achète **2 fois plus** de jus d'orange, on paye donc **2 fois plus** cher. On calcule $7{,}20 \times \mathbf{2} = \mathbf{14{,}40}$.

Volume de jus d'orange (en L)	4	8
Prix (en €)	7,20	**14,40**

(× 2 ; × 2)

Le prix de 8 litres de jus d'orange est donc **14,40 €**.

- **Calcul du prix de 14 litres de jus d'orange à l'aide de la méthode additive**

On connaît le prix de 6 litres et 8 litres de jus. On remarque que 14 est la somme de 6 et 8, **6** + **8** = 14.
Le prix de 14 litres est donc égal à la somme du prix de 6 litres et du prix de 8 litres : **10,80** + **14,40** = **25,20**.

Volume de jus d'orange (en L)	6	8	14
Prix (en €)	**10,80**	**14,40**	**25,20**

(+ ; = ; + ; =)

Le prix de 14 litres de jus d'orange est donc **25,20 €**.

3 Des exemples d'application de la proportionnalité

a La vitesse

Exemple : Un escargot parcourt 25 cm en 2 minutes. En supposant qu'il avance toujours à la même vitesse, combien de temps mettra-t-il pour parcourir 50 cm ? 200 cm ? 1 000 cm ?
Cet escargot va toujours à la même vitesse, il y a **proportionnalité entre la distance parcourue et le temps passé**. On complète un **tableau de proportionnalité** :

Distance (en cm)	25	50	200	1 000
Temps (en min)	2	**4**	**16**	**80**

(× 2 ; × 4 ; × 5 ; : 12,5)

L'escargot a donc mis **4 minutes** pour parcourir 50 cm, **16 minutes** pour parcourir 200 cm et **80 minutes** pour parcourir 1 000 cm.

b Le taux de pourcentage

Exemple : J'ai acheté une tablette de chocolat de 250 g, contenant 35 % de cacao.
Quelle masse de cacao contient ma tablette ?
Prendre 35 % de 250 g, c'est se demander : 35 g pour 100 g, c'est combien, dans la même proportion, pour 250 g ?

Calculer 35 % d'un nombre revient donc à multiplier ce nombre par $\frac{35}{100}$. 35 % de 250 c'est $\frac{35}{100} \times 250 = \mathbf{87{,}5}$.

Masse de la tablette (en g)	100	250
Masse de cacao (en g)	35	**87,5**

($\frac{35}{100}$)

Il y a donc **87,5 g** de cacao dans ma tablette de chocolat.
Remarque : **100 %** de la tablette de chocolat, c'est **toute** la tablette de chocolat !

Le dico des Maths

- Coefficient de proportionnalité
- Grandeurs proportionnelles
- Pourcentage
- Tableau de proportionnalité

Voir p. 254

Savoir faire

1 Calculer et utiliser un coefficient de proportionnalité

Énoncé

12 paquets de bonbons pèsent 3 kg. Quelle est la masse de 17 paquets de bonbons ?

Solution commentée

① Je commence par me demander si l'énoncé correspond à une situation de proportionnalité.

La situation évoquée est une situation de proportionnalité car la masse des paquets est proportionnelle au nombre de paquets.

② Il faut donc que je calcule la masse d'un paquet de bonbons.

Pour cela, on divise la masse des 12 paquets de bonbons par 12, soit : 3 : 12 = **0,25**.
0,25 est le coefficient de proportionnalité.
Un paquet de bonbons pèse 0,250 kg.

En résumé, on a calculé : (3 : 12) × 17 = 4,25.

③ Puis je calcule la masse de 17 paquets de bonbons qui sera égale à 17 fois la masse d'un paquet.

17 × **0,25** = 4,25 : la masse de 17 paquets de bonbons est donc **4,250 kg**.

Remarques : Il est possible de représenter la situation de l'énoncé à l'aide d'un tableau, comme ci-dessous :

Nombre de paquets de bonbons	12	17
Masse des paquets de bonbons (en kg)	3	**4,25**

(× 0,25)

Exercices d'application

1 Trois livres de poche coûtent 9 €.
1. Quel est le prix d'un livre de poche ?
2. Combien coûtent 10 livres de poche ?

2 Pour télécharger un fichier de 6 Mo, l'ordinateur de Léa met 120 secondes.
1. Combien de temps faut-il pour télécharger 1 Mo ?
2. Combien de temps faut-il pour télécharger 85 Mo ?

3 Arthur marche toujours à la même vitesse. Il met 36 minutes pour parcourir 3 km.
1. Combien de temps lui faut-il pour parcourir 1 km ?
2. Combien de temps lui faut-il pour parcourir 5 km ?

4 Trois bidons de lait pèsent 6 kg.
1. Quelle est la masse d'un bidon de lait ?
2. Recopier et compléter le tableau suivant :

Nombre de bidons de lait	3	1	10	
Masse (en kg)	6			10

(× …)

5 Reproduire et compléter ce tableau de proportionnalité :

7	1		2	
56		24		80

6 Reproduire et compléter ce tableau de proportionnalité à l'aide de la calculatrice :

6	2		11	
21		24,5		19,25

7 **1.** Le prix de 3 kg de tomates est de 6 €. Quel est le prix de 7 kg de tomates ?
2. Le prix de 2 kiwis est 1,20 €. Quel est le prix de 5 kiwis ?
3. Le prix de 5 salades est 4 €. Combien puis-je en acheter avec 12,80 € ?

8 Dans un lotissement, tous les terrains sont vendus au même prix au m^2. Maxime achète un terrain de 650 m^2 pour 50 700 €.
Quel sera le prix payé par Léa pour son terrain de 730 m^2 ?

Voir aussi les Exercices 30 à 39

2 Appliquer un taux de pourcentage

Animation

Énoncé
Une paire de baskets coûte 62 €. Le magasin Décasport annonce une baisse de ses prix de 30 %.
Quel est le nouveau prix des baskets ?

Solution commentée

Calculer 30 % d'un nombre, c'est multiplier ce nombre par $\frac{30}{100}$.

① Je commence par chercher à calculer le montant de la baisse pour avoir le nouveau prix.

On calcule **30 % de 62**.

$\frac{30}{100} \times 62 = 0{,}3 \times 62 = 18{,}60.$

Le montant de la baisse est donc de 18,60 €.

② Puis je calcule le nouveau prix.

Ancien prix – montant de la baisse = nouveau prix,
soit 62 – 18,60 = 43,40.
Le prix soldé des baskets est donc **43,40 €**.

Exercices d'application

9 Former des couples avec une étiquette verte et une étiquette jaune pour obtenir des phrases correctes :

Prendre 50 % d'un nombre	c'est le multiplier par $\frac{30}{100}$
Prendre 30 % d'un nombre	c'est le multiplier par $\frac{10}{100}$
Prendre 10 % d'un nombre	c'est le multiplier par $\frac{50}{100}$

10 Former des couples avec une étiquette verte et une étiquette jaune pour obtenir des phrases correctes :

Prendre 50 % d'un nombre	c'est le multiplier par $\frac{1}{2}$
Prendre 20 % d'un nombre	c'est le multiplier par $\frac{3}{4}$
Prendre 10 % d'un nombre	c'est le multiplier par $\frac{1}{4}$
Prendre 75 % d'un nombre	c'est le multiplier par 3
Prendre 25 % d'un nombre	c'est le multiplier par $\frac{1}{10}$
Prendre 300 % d'un nombre	c'est le multiplier par $\frac{1}{5}$

11 Calculer les montants demandés :
a. 10 % de 30 € **b.** 30 % de 30 €
c. 70 % de 70 € **c.** 15 % de 300 €

12 Calculer les quantités demandées :
a. 60 % de 30 élèves **b.** 75 % de 2 000 spectateurs
c. 45 % de 400 kg **d.** 95 % de 10 000 personnes

13 Avant les soldes, le prix de cette chemise était de 20 €. On annonce une baisse de 30 %.
Quel est le nouveau prix de la chemise ?

14 Le prix du dernier CD de Lady Jaja était de 13 € à sa sortie. Il augmente de 20 % un mois plus tard.
Quel est le nouveau prix de ce CD ?

15 En 10 ans le prix de l'essence a augmenté de 115 %.
Le prix de l'essence était à l'origine 0,60 € par litre.
Combien coûte l'essence aujourd'hui ?

16 En 1914, la France comptait 41 630 000 habitants. En un siècle, la population a augmenté de 52 %.
Quel était le nombre d'habitants en France en 2014 ?

17 Reproduire et compléter le tableau ci-dessous :

Prix avant réduction (en €)	100	10	40	55	72
Prix après réduction de 25 % (en €)					

Voir aussi les Exercices 40 à 46

Pour s'entraîner

Reconnaître la proportionnalité SOCLE 6e

18 Un primeur propose des pommes au détail à 1,60 € le kilogramme ou en sac de 5 kg à 8,00 €.

1. Quelles sont les deux grandeurs qui interviennent dans cet énoncé ?

2. Sont-elles proportionnelles ?

19 Un pâtissier propose des croissants à l'unité au prix de 0,80 € ou par lot de 5 au prix de 3,50 €.

1. Quelles sont les deux grandeurs qui interviennent dans cet énoncé ?

2. Sont-elles proportionnelles ?

20 À Paris, un ticket de métro coûte 1,70 €. Le carnet de 10 tickets coûte 13,30 €.
Le prix à payer est-il proportionnel au nombre de tickets achetés ?

21 À partir des tableaux ci-dessous, dire pour chaque boutique de location si le nombre de DVD loués est proportionnel au prix à payer :

a.

Boutique Futuro Vidéo				
Nombre de DVD loués	2	3	4	5
Prix à payer (en €)	4	6	8	10

b.

Boutique Action Ciné				
Nombre de DVD loués	2	3	4	5
Prix à payer (en €)	3	4	5	6

22 Dire si les grandeurs du tableau ci-dessous sont proportionnelles. Justifier la réponse.

Nombre de tours de manège	1	2	4	8
Prix à payer (en €)	3	6	10	20

23 Dire si les publicités suivantes traduisent des situations de proportionnalité. Justifier les réponses.

24 Hugo a 10 ans et mesure 1,35 m.
Peut-on prévoir quelle taille aura Hugo à 20 ans ?

25 Un robinet ouvert au maximum peut remplir un seau de 15 L en 30 secondes.
Peut-on savoir combien de temps il faut pour remplir une piscine de 20 000 L avec le même robinet ?

26 Le tableau suivant donne le prix de yaourts au lait entier vendus par lot de 8, 12 ou 24.
Le prix du lot est-il proportionnel au nombre de yaourts ? Justifier la réponse.

Nombre de yaourts	8	12	24
Prix du lot (en €)	2,40	3,60	7,20

27 Le tableau suivant donne le prix de pots de crème au chocolat vendus par lot de 4, 6 ou 10.
Le prix du lot est-il proportionnel au nombre de pots de crème ? Justifier la réponse.

Nombre de pots	4	6	10
Prix du lot (en €)	2,20	3,30	5,00

28 Le tableau ci-dessous indique, pour les années 2010 à 2013, le film ayant réalisé le plus grand nombre d'entrées au cinéma en France et son budget.

Année	2010	2011	2012	2013
Film	*Harry Potter*	*Intouchables*	*Skyfall*	*Moi, moche et méchant 2*
Nombre d'entrées	*6 016 779*	*19 385 300*	*7 003 902*	*4 640 852*
Budget (en €)	*91 000 000*	*9 500 000*	*145 000 000*	*55 000 000*

En France, le nombre d'entrées des films ayant eu le plus de succès a-t-il été proportionnel à leur budget ?

29 Le tableau suivant donne les tarifs de La Poste pour l'envoi du courrier en France métropolitaine.
Le prix des timbres est-il proportionnel à la masse de la lettre ?

Envois de correspondances

• **Lettre prioritaire**

En France métropolitaine	
Poids jusqu'à	**Tarif net**
20 g	0,63 €
50 g	1,05 €
100 g	1,55 €
250 g	2,55 €
500 g	3,40 €
1 kg	4,40 €
2 kg	5,75 €
3 kg	6,70 €

Utiliser la proportionnalité SOCLE 6e

POUR T'AIDER, voir Savoir faire 1

30 Yvan est un géant. Lorsqu'il marche, il fait des pas de 5 m. Reproduire et compléter le tableau suivant :

Nombre de pas d'Yvan le géant	2	5		10	
Distance parcourue (en m)			35		125

× 5

31 Sur Internet, on peut télécharger des chansons pour 0,99 € l'unité. Reproduire et compléter le tableau suivant :

Nombre de chansons téléchargées	1	2		10	
Prix à payer (en €)			4,95		99,00

× 0,99

32 Au cinéma, un film est projeté en 24 images par seconde.

1. Combien d'images seront projetées pendant un court-métrage de 3 minutes ?

2. Combien d'images seront projetées pendant un film d'une heure et demie ?

33 Pour les quatre questions suivantes, on considère que les grandeurs sont proportionnelles.

1. Le prix de 4 kg de confiture de cerises est 13 €. Quel est le prix de 8 kg de confiture de cerises ?

2. Le prix de 4 kg de confiture de fraises est 12 €. Quel est le prix de 6 kg de confiture de fraises ?

3. Le prix de 4 kg de confiture de framboises est 10,60 €. Quel est le prix de 7 kg de confiture de framboises ?

4. Le prix de 4 kg de confiture d'abricots est 10 €. Combien puis-je en acheter avec 25 € ?

34 Dans un magasin, le prix du sucre est proportionnel à la masse achetée. Reproduire et compléter le tableau suivant :

Masse de sucre (en kg)	2	5		9	
Prix à payer (en €)	8		6		3

35 Robert vend des poires sur le marché de Lyon à 2,30 € le kilogramme. Aider Robert à compléter sa grille de tarifs (après l'avoir recopiée) :

Masse de poires achetées (en kg)	1	2	3	5	10
Prix (en €)					

36 Robert vend également des abricots. Mais Gérard, son concurrent, en vend aussi. À partir des deux tableaux de prix ci-après, peut-on dire qui est le moins cher ?

Chez Robert

Masse d'abricots (en kg)	3	5	10
Prix (en €)	8,10	13,50	27,00

Chez Gérard

Masse d'abricots (en kg)	2	6	8
Prix (en €)	5,60	16,80	22,40

37 Richard s'entraîne pour le Tour de France cycliste. Il monte le très difficile col de l'Alpe d'Huez.
On suppose que Richard roule toujours à la même vitesse et qu'il parcourt 2 km en 12 minutes.

1. Reproduire et compléter le tableau suivant :

Distance parcourue (en km)	2	1	3	5	10
Temps (en min)	12				

2. Sachant qu'il y a 13 km de montée, combien de temps mettra Richard pour arriver au sommet du col ?

38 En moyenne, ma voiture consomme 6,5 L d'essence pour 100 km parcourus.

1. Combien de kilomètres pourrai-je parcourir avec mon réservoir plein (58 L) ?

2. De quelle quantité d'essence ai-je besoin pour parcourir 350 km ?

39 Dans la salle de classe de Lisa, les distances mesurées sur la carte de France accrochée au mur sont proportionnelles aux distances réelles.
Recopier et compléter le tableau de Lisa :

Distances sur la carte (en cm)	1	4,2		11,3	
Distances réelles (en km)	50		350		1 050

Pour s'entraîner

Appliquer un pourcentage SOCLE 6e

POUR T'AIDER, voir Savoir faire 2

40 Calculer mentalement :

a. 10 % de 55 € **b.** 30 % de 120 €
c. 75 % de 10 000 € **d.** 200 % de 130 €

41 Calculer à l'aide de la calculatrice :

a. 12 % de 45 € **b.** 35 % de 230 €
c. 75 % de 712 € **d.** 260 % de 130 €

42

Que veut dire cette inscription ?
Choisir la bonne réponse parmi celles proposées ci-dessous :
① La tablette pèse 72 g.
② La tablette contient 72 g de cacao.
③ La tablette contient 72 carreaux.
④ Si je mange 100 g de cette tablette, je mange 72 g de cacao.

43 Dans le collège de Ludo, 66 % des 550 élèves sont demi-pensionnaires. Les autres sont externes.
1. Quel est le pourcentage d'élèves externes ?
2. Combien y a-t-il d'élèves dans chaque catégorie ?

44 En 2013, la production d'électricité de la France était de 540 TWh (Térawatt-heure) dont 16,4 % issue des énergies renouvelables. Quelle quantité d'électricité est produite par les énergies renouvelables ?

45 Sur son pot de confiture de fraises, Natacha lit :
« Teneur en fruit : 60 % ».
1. Que signifie cette inscription ?
2. Recopier et compléter le tableau ci-dessous :

Masse de confiture (en g)	20		32	
Masse de fraises (en g)		16,5		23,1

46 5 000 personnes ont voté lors des élections municipales de Mathéville.
Voici les résultats des trois candidats :
– Mme Maggie Bolle : 36 % des voix ;
– M. Pat Atrac : 55 % des voix ;
– M. Larry Golade : 9 % des voix.

1. Retrouver le nombre de voix obtenues par chaque candidat.
2. Qui est élu maire de Mathéville ?

À l'oral

Les exercices qui suivent sont à faire mentalement.

47 **1.** Il a beaucoup plu ce mois-ci. Hier, il est tombé 20 mm d'eau. Peut-on calculer la quantité d'eau tombée au cours des 30 derniers jours ? Si oui, la donner.
2. Une fontaine débite un demi-litre d'eau par heure. Peut-on calculer la quantité d'eau fournie en une journée ? Si oui, quelle est-elle ?
3. Si la taille d'un arbre augmente régulièrement de 30 cm par an, de combien augmentera-t-elle en sept ans ?

48 **1.** J'ai 4 exercices de mathématiques à faire. J'ai mis 5 minutes pour faire le premier. Puis-je savoir combien de temps il me faudra pour faire les 3 autres ?
2. Je prends mon pouls. Pour 20 secondes, je compte 25 pulsations. En considérant que mon pouls est régulier, combien de pulsations devrais-je compter en une minute ?

49 **1.** Marc vend des bouteilles de jus d'orange au prix de 1,20 € l'unité. Quel est le prix de 3 bouteilles ? 9 bouteilles ? 7 bouteilles de jus d'orange ?
2. 25 % des 500 élèves d'un collège ont déjà joué à un jeu en ligne sur Internet. Combien d'élèves cela représente-t-il ?
3. 1 élève sur 4 dans un collège de 500 élèves a déjà joué au tennis. Combien d'élèves cela représente-t-il ?

50 **VRAI ou FAUX ?**
1. Prendre 50 % d'un nombre, c'est en prendre la moitié.
2. Baisser un prix de 10 %, c'est enlever 10 € à ce prix.
3. Augmenter un prix de 50 % revient à doubler ce prix.
4. Augmenter un prix de 100 % n'est pas possible.

Je m'évalue

Pour chaque exercice 51 à 53, trouve la ou les bonnes réponses en utilisant les tableaux de tarifs de deux opérateurs de téléphonie mobile :

Tableau A : « Jaune Télécom »

Forfait de communication (en h)	2	4	10
Prix (en €)	2,80	5,60	14,00

Tableau B : « Laissez-faire Télécom »

Forfait de communication (en h)	2	4	10
Prix (en €)	3,00	6,00	9,00

Énoncés	Réponse A	Réponse B	Réponse C	Réponse D
51 Il y a une situation de proportionnalité dans :	le tableau A uniquement	le tableau B uniquement	les deux tableaux	aucun des deux tableaux
52 Avec « Jaune Télécom », le prix à payer pour 20 heures de communication est de :	24 €	28 €	22,4 €	On ne peut pas savoir
53 Avec « Laissez-faire Télécom », le prix à payer pour 20 heures de communication est de :	30,00 €	18,00 €	24,00 €	On ne peut pas savoir

Pour chaque exercice 54 à 57, trouve la ou les bonnes réponses en considérant que les grandeurs sont proportionnelles.

Énoncés	Réponse A	Réponse B	Réponse C	Réponse D
54 Une boîte de bonbons est vendue 1,90 €. Quel est le prix de trois boîtes de bonbons ?	3,90 €	4,80 €	5,70 €	7,60 €
55 5 paquets de gâteaux coûtent 11 €. Combien coûtent 7 paquets de gâteaux ?	2,20 €	13,00 €	15,40 €	22,00 €
56 6 kilogrammes de sucre coûtent 4 €. Combien coûtent 9 kilogrammes de sucre ?	5,40 €	6 €	7 €	On ne peut pas calculer ce prix
57 Des oranges sont vendues 1,25 € le kilogramme. Combien puis-je en acheter avec 20 € ?	20 kg	16 kg	25 kg	18,75 kg

Pour chaque exercice 58 à 60, trouve la ou les bonnes réponses.

Énoncés	Réponse A	Réponse B	Réponse C	Réponse D
58 20 % de 12 € représentent :	24 €	14,40 €	2,40 €	9,60 €
59 Augmenter un prix de 100 %, c'est :	doubler ce prix	tripler ce prix	laisser ce prix inchangé	impossible
60 Le prix d'une chemise à 30 € baisse de 10 %. Quel est le nouveau prix de cette chemise ?	3 €	33 €	20 €	27 €

Tu peux vérifier tes réponses p. 255 et si tu veux continuer ton entraînement rendez-vous sur le **site compagnon**

Pour approfondir

61 Un petit pas pour l'homme…

Romain, 4 ans, marche dans la forêt avec son père. Romain fait de tout petits pas de 40 cm. Son père fait de grands pas de 90 cm. Au cours de sa promenade, Romain compte ses pas : il en a fait 216.
Combien de pas a fait le père de Romain ?

62 Photo numérique

L'appareil photo numérique de Naomi lui permet de réaliser des photographies dans deux formats : 4/3 et 16/9. Pour chacun de ces formats, la qualité des photographies dépend de leur nombre de pixels ; ce nombre est obtenu en multipliant la longueur de l'image par sa largeur (en pixels).

1. Photographie au format 4/3

Le premier format d'image proposé par l'appareil photo est le format 4/3, ce qui signifie que le quotient entre la longueur et la largeur de la photographie sera de 4/3.

a. Quel coefficient de proportionnalité permet de passer de la première ligne à la deuxième ligne du tableau ci-dessous ?

Largeur en pixels	480	600	1 200	1 536		
Longueur en pixels	640				2 240	2 560
Nombre de pixels de l'image	480 × 640 = **307 200**					

b. Recopier et compléter ce tableau au modèle de la deuxième colonne.

2. Photographie au format 16/9

Le second format proposé par l'appareil photo est le format 16/9, ce qui signifie que le quotient entre la longueur et la largeur de la photographie sera de 16/9.

a. Quel coefficient de proportionnalité permet de passer de la première ligne à la deuxième ligne de ce tableau ?

Largeur en pixels	540	720	1 080			
Longueur en pixels	960			2 400	3 200	
Nombre de pixels de l'image	540 × 960 = **518 400**					9 000 000

b. Recopier ce tableau et compléter les troisième, quatrième et cinquième colonnes au modèle de la deuxième.

c. Plus difficile : Essayer de compléter la dernière colonne.

63 Format de papier

L'ingénieur allemand Walter Porstmann a mis au point en 1922 une série de formats de feuille de papier appelée « série des A ». Dans cette série, on passe d'un format de feuille à un autre plus petit en pliant la feuille en deux. Le format A4 (21 cm × 29,7 cm) est le format le plus utilisé.
Voici un tableau donnant les dimensions de certaines feuilles de cette série :

Format	**A2**	**A3**	**A4**	**A5**	**A6**	**A7**
Longueur (en cm)	59,4	42,0	29,7	21,0	14,8	10,5
Largeur (en cm)	42,0	29,7	21,0	14,8	10,5	7,4
Surface de la feuille (en cm^2)						

1. Les longueurs et les largeurs des feuilles sont-elles proportionnelles ?

2. Calculer la surface de chaque feuille.

3. Essayer de calculer les dimensions et la surface des feuilles de format A1 et A0.

64 Au microscope

SVT

Cette photo d'une tête de mouche a été prise avec un objectif qui grossit 50 fois.
Quelle est la taille réelle de l'œil de cette mouche ?

65 Équilibre alimentaire

THÈME DE CONVERGENCE

Recopier et compléter l'étiquette de cette boîte de céréales :

	Pour 100 g	**Pour une portion de 30 g**
Valeur énergétique	1 537 kJ	…
Glucides dont sucre	75,8 g …	… 6,0 g
Lipides dont acides gras saturés	3,6 g 0,7 g	… …
Fibres alimentaires	9,0 g	2,7 g
Sodium	0,28 g	…
Vitamines PP	…	4,6 mg
Fer	…	3,6 mg

66 La planète bleue GÉOGRAPHIE

La surface de notre planète Terre est environ de 510 000 000 km².
Les mers et océans couvrent environ 71 % de cette surface.

1. Calculer la surface des continents terrestres.

2. Les déserts occupent environ 20 % des continents. Quelle surface cela représente-t-il ?

67 J'ai la clé TECHNOLOGIE

Olivier possède une clé USB pour stocker ses fichiers informatiques. La capacité totale de sa clé est de 2 Go (gigaoctets). Elle est actuellement remplie à 85 %.
Olivier a-t-il assez de place sur sa clé pour stocker un nouveau fichier de 250 Mo (mégaoctets) ?

Coup de pouce
1 Go = 1 000 Mo.

68 Problème ouvert

Raymond possède 400 € d'économies qu'il veut placer dans une banque très spéciale qui lui propose 2 options.
Option 1 : sa fortune augmente de 1 % par mois.
Option 2 : sa fortune augment de 65 € par an.
Quelle option Raymond doit-il choisir s'il veut doubler son capital le plus rapidement possible ?

69 Le défi

Sachant que 30 joueurs de rugby mangent 30 kg de riz en 30 jours, es-tu capable de dire combien de riz mangent 15 joueurs de rugby en 15 jours ?

70 L'énigme

Ma montre est déréglée. Elle retarde de 12 minutes par jour. De combien de minutes dois-je l'avancer ce soir à 21 h si je veux qu'elle me donne l'heure exacte demain matin à 7 h ?

71 Tâche complexe

Pour résoudre ce problème, tu devras prendre des initiatives et chercher des informations.
À sa vitesse de pointe, combien de temps mettrait le guépard (animal terrestre le plus rapide au monde) pour traverser Paris ? pour faire un marathon ?

Devoir à la maison

1 Paul Ochon est éleveur de moutons. Il achète un terrain rectangulaire de 50 m de longueur et 30 m de largeur afin de construire un enclos pour ses animaux.

1. Dessiner un plan de ce terrain.

Coup de pouce
Tu dois prendre 10 cm pour la longueur du rectangle et chercher la largeur correspondante.

Pour clore ce terrain, il veut planter des piquets séparés de 2 m et y accrocher un fil de clôture.

2. Combien de piquets doit-il acheter ?

3. Sachant que les piquets coûtent 2,50 € pièce et le fil de clôture 0,80 € le m, quel sera le montant de la facture ?

4. M. Ochon recevra pour ses travaux une aide de l'Union Européenne s'élevant à 25 % du montant de sa facture. Quelle somme restera à sa charge ?

2 Armand est très gourmand. Il a mangé une grosse partie d'une tablette de chocolat, il n'en reste maintenant que 70 g.

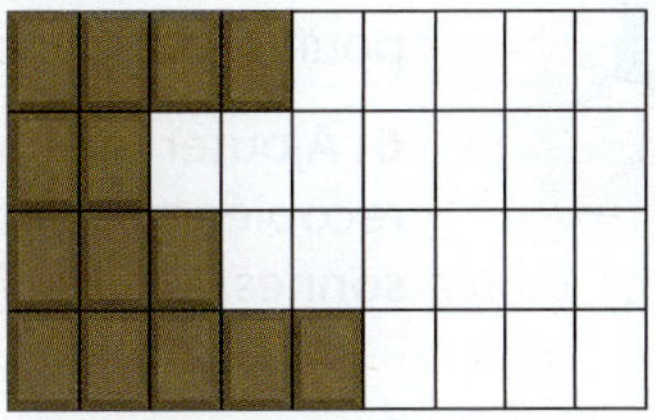

Quelle masse de chocolat Armand a-t-il mangée ?

AVEC UN ORDINATEUR

À la fin du manuel, retrouve tes fiches Tableur et Géométrie Vidéo

1 LA RECETTE DES CRÊPES 20 min

OBJECTIF : *Utiliser le tableur pour réaliser des calculs de proportionnalité.*

Voici la recette de papy Stéphane pour réussir de bonnes crêpes :

Samuel souhaite faire des crêpes pour un nombre de personnes différent de 8, mais en gardant les mêmes proportions.

Travail préalable (à faire sur papier)

1. Écrire les quantités d'ingrédients nécessaires à la réalisation de crêpes pour 4 personnes.

Samuel souhaite préparer des crêpes pour 16 personnes

Ouvrir une feuille de calcul sur tableur et reproduire le tableau à deux lignes ci-dessous :

	A	B	C	D	E	F
1	ingrédients	farine	œufs	lait	sucre	sucre de canne
2	quantités pour 8 personnes					

2. Remplir le tableau avec les proportions pour 8 personnes suivant la recette de papy Stéphane.

Tu trouveras un autre problème de proportionnalité au TP 6, –> Compléments p. 133.

3. En ajoutant une troisième ligne au tableau et à l'aide de formules de calcul du tableur bien choisies, calculer les quantités d'ingrédients nécessaires pour faire des crêpes pour 16 personnes. → Tableur 1, p. 238

Samuel n'a que 4 œufs

4. En ajoutant une ligne au tableau et à l'aide de nouvelles formules du tableur, calculer les quantités d'ingrédients nécessaires pour faire des crêpes en utilisant 4 œufs (et tous les autres ingrédients…). → Tableur 1, p. 238

Samuel souhaite préparer des crêpes pour 50 personnes

5. Quel coefficient permet de passer des quantités pour 8 personnes à celles nécessaires pour 50 personnes ?

6. Ajouter une nouvelle ligne au tableau pour établir, à l'aide d'une formule de calcul recopiée sur toute la ligne, les quantités nécessaires pour faire des crêpes pour 50 personnes. → Tableur 1 et 2, p. 238

2 PÉRIMÈTRE ET AIRE DU CARRÉ

20 min

OBJECTIF : *Déterminer si le périmètre et l'aire d'un carré sont proportionnels à la longueur de son côté en utilisant un tableur.*

Travail préalable (à faire sur papier)

1. Dessiner un carré de côté 5 cm, puis calculer son périmètre et son aire.

Étude du périmètre

2. Ouvrir une feuille de calcul d'un tableur et créer un tableau à deux lignes :
– la première pour saisir différentes longueurs de côtés (en cm) : 2, 3, 4, 5, 7, 10, 15 et 27 ;
– la seconde pour calculer le périmètre du carré correspondant.
On obtient un tableau ressemblant à celui-ci :

	A	B	C	D	E	F	G	H	I
1	longueur du côté (cm)	2	3	4	5	7	10	15	27
2	périmètre du carré (cm)								

3. On veut calculer le périmètre du premier carré (celui de côté 2) à l'aide d'une formule de calcul du tableur. Quelle formule faut-il saisir ? → Tableur 1, p. 238

4. Saisir cette formule et la recopier sur toute la ligne. → Tableur 1 et 2, p. 238

5. Pourquoi la longueur du côté d'un carré et son périmètre sont-ils proportionnels ? Comment le vérifier en utilisant les possibilités de calcul du tableur ?

Étude de l'aire

6. Créer un nouveau tableau à deux lignes :
– la première pour saisir différentes longueurs de côtés (en cm) : 2, 3, 4, 5, 7, 10, 15 et 27 ;
– la seconde pour calculer l'aire du carré correspondant.

	A	B	C	D	E	F	G	H	I
1	longueur du côté (cm)	2	3	4	5	7	10	15	27
2	aire du carré (cm²)								

7. On veut calculer l'aire de tous les carrés du tableau à l'aide d'une formule de calcul du tableur. Saisir la formule nécessaire au calcul de l'aire du premier carré et la recopier sur toute la ligne. → Tableur 1 et 2, p. 238

8. Y a-t-il proportionnalité entre la longueur du côté d'un carré et son aire ?
Utiliser le tableau pour justifier la réponse. → Tableur 1, p. 238

3 LE PROGRAMME MYSTÉRIEUX

Une « boîte noire » dans un tableur est un programme de calcul mystérieux !
Le but de l'activité est de percer ce mystère…
Pour cela, on peut saisir des nombres mais aussi utiliser des formules qui aident dans la recherche.

chargement

1. Télécharger sur le site compagnon le fichier « boite_noire_06 » et l'ouvrir.

2. Saisir un nombre dans la cellule verte et observer dans la cellule grise le résultat donné par la boîte noire.

3. Faire plusieurs observations puis chercher le programme de calcul mystérieux de la boîte noire.

4. Pour essayer un programme de calcul, saisir dans la cellule jaune la formule correspondant à ce programme et observer le résultat obtenu.

5. Tester plusieurs exemples pour vérifier que les programmes de la boîte noire et de la boîte rouge donnent les mêmes résultats.

6. Écrire sur le cahier le programme de calcul qui semble être celui de la boîte noire.

Avant de commencer le Chapitre 7

Pour revoir les acquis du primaire

Avec un tableau

Le tableau ci-dessous est à utiliser pour les exercices **1** et **2**. Il recense le nombre de jours de pluie par saison pour une ville de la côte d'azur.

Saison	printemps	été	automne	hiver
Nombre de jours de pluie	15	5	25	20

1 Le nombre de jours de pluie en été est :
a. 15 **b.** 0 **c.** 5

2 La saison la plus pluvieuse est :
a. l'été **b.** l'automne **c.** l'hiver

Le tableau ci-dessous est à utiliser pour les exercices **3** à **5**. Il donne les horaires de circulation d'un bus sur la ligne entre Riom et Clermont-Ferrand.

RIOM-ES-MONT. (Place du Monument)		09.30			
ST AMANDIN (Arrêt de bus SNCF)		09.40			
CONDAT (Arrêt de bus SNCF)		19.50			
EGUSENEUVE D'ENTRAIGUES (Devant Post)		10.00			
SUPER-BESSE (En haut de la station devant station Transdôme)	08.45	|	10.00	16.15	18.00
SUPER-BESSE D149 (Station abribus n°58)	08.45	|	10.00	16.15	18.00
PONT DE CLAMOUZE	|	10.10	|	|	|
BESSE	09.00	10.18	10.13	16.30	18.13
LOMPRAS (St Pierre Calamine) (Chez Chareyre)	09.03	10.21	10.16	16.33	18.16
LE CHEIX	09.07	10.25	10.20	16.37	18.20
LA BATAILLE	09.09	10.27	10.22	16.39	18.22
LE RIVALET	09.15	10.31	10.26	16.45	18.26
MONTAIGUT-LE-BLANC	19.20	10.34	10.29	16.50	18.29
CHAMPEIX (Face à la Mairie)	09.25	10.38	10.33	16.55	18.33
PLAUZAT	09.30	10.43	10.38	17.00	18.38
CLERMONT-FD (Gare SNCF)	10.00	11.05	10.59	17.30	18.59
CLERMONT-FD (Place des Salins - Gare routière)	10.10	11.15	11.09	17.40	19.09

3 À quelle heure part le premier car de Super-Besse ?

4 Si je prends le car de 9 h 30 à Riom, à quelle heure vais-je arriver à Plauzat ?

5 Si je pars de Super-Besse, quel car dois-je prendre pour être à la gare SNCF de Clermont-Ferrand avant 18 h 00 ?

Tu peux continuer tes révisions sur le site compagnon

Avec un diagramme

Le diagramme ci-dessous est à utiliser pour les exercices **6** et **7**.
On a demandé aux élèves d'une classe de 6ᵉ quel était leur jour de la semaine préféré.
Voici les résultats de ce sondage :

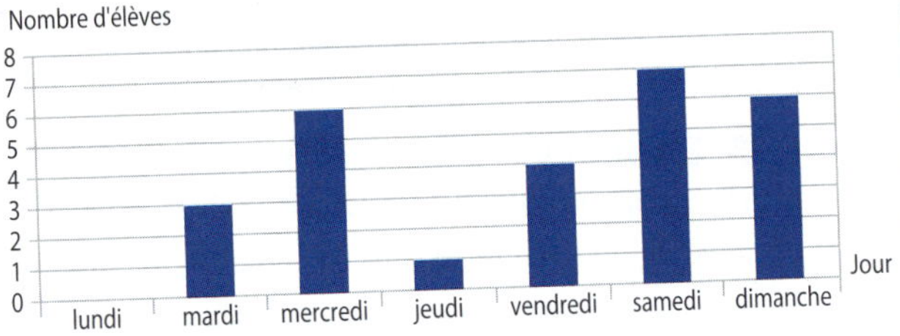

6 Combien d'élèves préfèrent le mercredi ?
a. 6 **b.** 25 **c.** 30

7 Sachant que tous les élèves de la classe ont répondu, combien d'élèves ont été interrogés au total ?
a. 27 **b.** 7 **c.** 56

8 Le diagramme ci-dessous est une pyramide des âges de la population française au 1er janvier 2013.

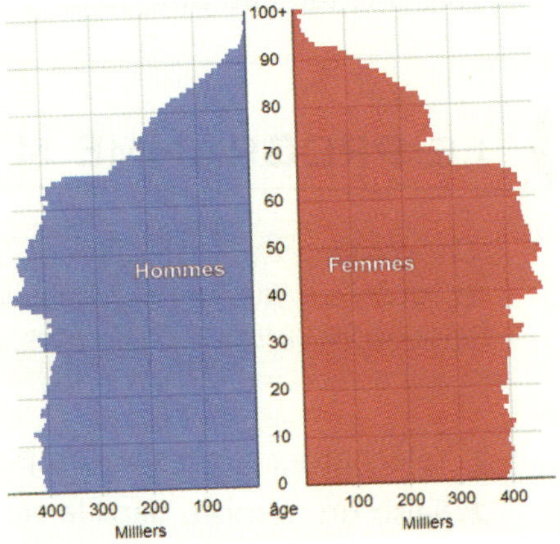

D'après Insee

Quel était environ le nombre de Français (hommes et femmes) âgés de 20 ans au 1er janvier 2013 ?

Chapitre 7

Organisation et représentation de données

Le tableur peut être un logiciel utile pour organiser, traiter et représenter graphiquement un grand nombre de données.

Je vais apprendre à...

- Lire et utiliser des données à partir d'un tableau simple **SOCLE 6e** ► *Exercices 8 à 11*
- Lire et utiliser des données à partir d'un tableau à double entrée **SOCLE 6e** ► *Exercices 12 à 15*
- Construire un tableau pour présenter des données ► *Exercices 16 à 19*
- Lire des données sur un diagramme en bâtons ou circulaire **SOCLE 6e** ► *Exercices 20 à 25*
- Lire des données sur un graphique cartésien **SOCLE 6e** ► *Exercices 26 à 28*
- Construire, à l'aide d'un logiciel, des tableaux, des graphiques et des diagrammes simples ► *Activités 1 et 2, p. 128 et 129*

Pour s'entraîner

Lire un tableau simple SOCLE 6e

8 Le tableau suivant donne le nombre d'élèves externes des différentes classes de 6e d'un collège :

Classe	6e A	6e B	6e C	6e D
Nombre d'externes	5	11	3	9

1. Quelle classe possède le plus d'élèves externes ?

2. Combien y a-t-il d'élèves externes en 6e ?

9 Le tableau ci-dessous donne, pour chaque pays, le nombre de députés élus au Parlement européen :

États membres	Nombre de sièges
Allemagne	99
France	78
Italie	78
Royaume-Uni	78
Espagne	54
Pologne	54
Roumanie	36
Pays-Bas	27
Belgique	24
République tchèque	24
Grèce	24
Hongrie	24
Portugal	24
Suède	19
Autriche	18
Bulgarie	18
Danemark	14
Finlande	14
Slovaquie	14
Irlande	13
Lituanie	13
Lettonie	9
Slovénie	7
Chypre	6
Estonie	6
Luxembourg	6
Malte	5
Total Union européenne	**785**

1. Combien de pays sont membres de l'Union européenne ?

2. Quels pays possèdent exactement 14 députés ?

3. Rechercher deux pays dont la somme des sièges de députés est égale au nombre de sièges de députés français.

10 À l'entrée de la piscine de Ploufville, deux tableaux sont affichés :

Tarifs de la piscine municipale	
tarif normal	4,00 €
tarif réduit (de 4 à 16 ans)	2,50 €
tarif enfants de moins de 4 ans	gratuit
Abonnement	
10 entrées (tarif normal)	32,00 €
10 entrées (tarif réduit)	20,00 €

Horaires d'ouverture de la piscine municipale		
	Petit bassin	Grand bassin
Lundi au vendredi	9 h à 13 h	9 h à 13 h 30 et 15 h à 20 h
Samedi	9 h à 20 h	9 h à 20 h
Dimanche et jours fériés	9 h à 13 h	9 h à 13 h

1. Ahmed a 11 ans. Combien va-t-il payer pour entrer seul à la piscine ?

2. Ahmed décide d'aller à la piscine avec ses deux parents, sa sœur de 3 ans et son frère de 7 ans. Combien la famille va-t-elle payer ?

3. Ahmed envisage d'aller à la piscine tous les jours de cette semaine. Est-il intéressant pour lui de prendre un abonnement ?

4. Quels sont les horaires d'ouverture du petit bassin le mardi ?

5. Combien de temps la piscine est-elle ouverte le jeudi ? Le samedi ? Le dimanche ?

11 Le tableau ci-dessous, construit dans une feuille de calcul tableur, donne la répartition de la population française métropolitaine par âge et par sexe :

	A	B	C
1	classe d'âge	hommes	femmes
2	Moins de 20 ans	7 964 841	7 616 568
3	Entre 20 et 40 ans	7 820 388	7 894 608
4	Entre 40 et 60 ans	8 408 799	8 697 222
5	plus de 60 ans	6 679 010	8 621 755
6	TOTAL		

1. Quel renseignement est donné dans la cellule B5 ?

2. Quels nombres manquent-ils dans les cellules B6 et C6 ?

3. À l'aide du tableau ci-dessus, lire ou calculer les renseignements suivants :

a. le nombre d'hommes entre 20 et 40 ans ;

b. le nombre de femmes entre 40 et 60 ans ;

c. le nombre total de jeunes de moins de 20 ans ;

d. la population française totale.

4. Quelle partie de ce tableau permet de voir que l'espérance de vie d'une femme française est supérieure à celle d'un homme ?

Lire un tableau à double entrée SOCLE 6e

12 Voici un tableau donnant les saisons de certains fruits :

	Janvier	Février	Mars	Avril	Mai	Juin	Juillet	Août	Septembre	Octobre	Novembre	Décembre
Abricot							☺	☺				
Cerise						☺	☺	☺				
Fraise						☺	☺	☺				
Framboise						☺	☺	☺	☺	☺		
Kiwi	☺	☺	☺									
Mûre				☺	☺	☺	☺	☺	☺	☺		
Orange	☺	☺	☺	☺							☺	☺
Poire	☺	☺	☺				☺	☺	☺	☺	☺	☺
Pomme	☺	☺	☺			☺	☺	☺	☺	☺	☺	☺
Pruneau								☺	☺			
Raisin									☺	☺		

☺ fruit de saison

1. Quels mois peut-on manger des cerises ?

2. Que peut-on manger en février ?

3. Quel(s) mois peut-on manger des mûres et des oranges ?

4. Quel(s) mois peut-on manger des pommes mais pas des poires ?

5. Quel(s) mois peut-on manger le plus de fruits différents ?

13 Les élèves de 6e de mon collège devaient voter pour choisir le film projeté lors de la soirée de fin d'année. Le tableau suivant présente le nombre de votes obtenus par les cinq films en compétition :

	Votes des 6e A	Votes des 6e B	Votes des 6e C	Votes des 6e D	TOTAL
Le monde de Narnia	7	8	3	5	**23**
Avatar	4	5	8	4	**21**
Moi, moche et méchant	1	9	9	8	**27**
Spiderman 3	5	1	4	4	**14**
Iron man 3	8	2	0	3	**13**
TOTAL	**25**	**25**	**24**	**24**	**98**

1. Combien d'élèves ont participé à ce vote ?

2. Combien d'élèves de 6e B ont voté pour *Avatar* ?

3. Combien d'élèves au total ont voté pour *Le monde de Narnia* ?

4. Donner le classement résultant de ce vote. Quel film sera projeté lors de la soirée ?

14 Voici un extrait des horaires de TGV entre Paris et Nantes :

Numéros des trains		TGV 8801	TGV 8001	ter 857311	TGV 8803 8903	TGV 8805	TGV 8807
Aéropt-C-de-Gaulle TGV	Dép.						
Marne-la-Vallée-Chessy	Dép.						
Paris-Montparnasse 1-2	Dép.	06.30	06.35		07.00	07.30	08.00
Massy TGV	Dép.					07.41	
Le Mans	Arr.	07.24	07.30			08.29	
Le Mans	Dép.	07.27		07.35		08.32	
Sablé	Arr.			08.04		08.50	
Angers-St-Laud	Arr.	08.03		08.44		09.13	09.30
Ancenis	Arr.						
Nantes	Arr.	08.42			09.01	09.52	10.08

1. Le TGV n° 8801 est le premier train de la journée au départ de Paris pour aller à Nantes.

a. À quelle heure part ce train ?

b. À quelle heure arrive-t-il à Nantes ?

c. Combien de temps dure le trajet Paris-Nantes ?

2. Le TGV n° 8805 met-il le même temps que le TGV n° 8801 pour aller de Paris à Nantes ? Pourquoi ?

3. Hugo prend le TGV de 8 h 00, où peut-il descendre ?

15 La France possède un réseau routier géré par les collectivités et des sociétés privées.
Le tableau ci-dessous donne la répartition de ce réseau par type de route :

	Gestion	Longueurs cumulées (en km)	Vitesse maximum autorisée (en km/h)
Autoroutes	privée	8 950	130
Routes nationales	état	11 800	90
Routes départementales	département	377 000	90
Voies communales	municipalité	550 000	50

1. Quelle est la longueur du réseau des routes nationales ?

2. Qui assure la gestion de cette partie du réseau ?

3. Quelles routes sont gérées par des sociétés privées ?

4. Sur quelles routes peut-on généralement rouler jusqu'à 90 km/h ?

5. Quelle est la longueur totale du réseau routier français ?

Pour s'entraîner

Construire un tableau

POUR T'AIDER, voir Savoir faire 1

16 Le bouclier de Brennus est le trophée qui récompense chaque année le champion de France de rugby. Voici la liste des vainqueurs de 1999 à 2013 :
2013 : Castres **2012** : Toulouse **2011** : Toulouse
2010 : Clermont-Ferrand **2009** : Perpignan **2008** : Toulouse
2007 : Stade Français **2006** : Biarritz **2005** : Biarritz
2004 : Stade Français **2003** : Stade Français **2002** : Biarritz
2001 : Toulouse **2000** : Stade Français **1999** : Toulouse

1. Construire un tableau présentant le nombre de titres de chaque équipe.

2. Quelle équipe a gagné le plus de fois ce trophée depuis 15 ans ?

17 Le nombre π (pi) comporte une infinité de chiffres. Voici les 50 premiers :
3,1415926535897932384626433832795028841971693993751
Construire un tableau présentant le nombre d'apparitions de chaque chiffre dans l'écriture ci-dessus.

18 Rémy lance 30 fois son dé. Il obtient les résultats suivants :
2 – 1 – 2 – 5 – 1 – 5 – 6 – 1 – 5 – 4 – 2 – 3 – 2 – 5 – 1 – 3 – 4 – 6 – 1 – 1 – 1 – 2 – 3 – 4 – 5 – 6 – 6 – 2 – 4 – 5

1. À l'aide de ces résultats, reproduire et compléter ce tableau :

Résultats	1	2	3	4	5	6
Nombre de fois						

2. Quelle face a été obtenue le plus souvent ?

19 Rémy décide de lancer deux dés en même temps : un dé bleu et un dé rouge. Il veut construire un tableau à double entrée présentant toutes les combinaisons possibles et calculer la somme des points obtenus.
Par exemple :

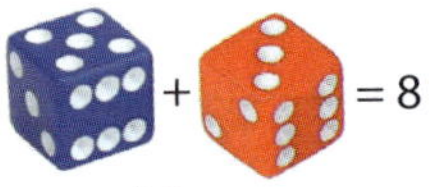

Voici le début de son tableau :

+		dé rouge					
		1	2	3	4	5	6
dé bleu	1						
	2						
	3						
	4						
	5			8			
	6						

1. Aider Rémy à terminer son tableau.

2. Quelle somme apparaît le plus souvent dans ce tableau ?

3. Quelles sommes apparaissent le moins souvent ?

Lire un diagramme SOCLE 6e

POUR T'AIDER, voir Savoir faire 2

20 Le diagramme ci-dessous montre le nombre de visiteurs des principaux sites touristiques français en 2013 :

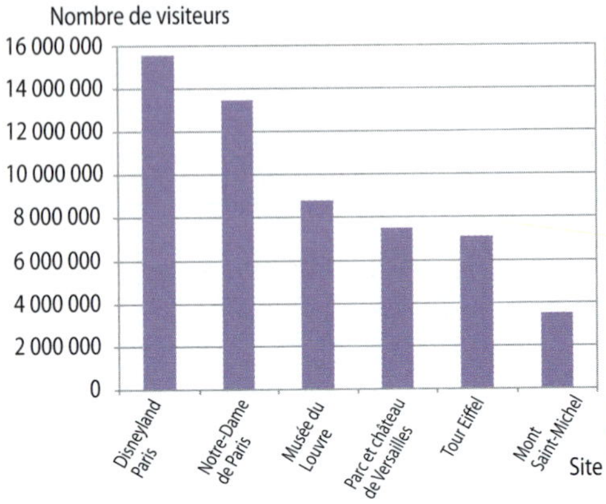

1. Quel est le site le plus visité en France en 2013 ?

2. Combien de personnes ont visité la tour Eiffel en 2013 ?

3. Quels lieux ont été visités par plus de 8 000 000 de personnes en 2013 ?

21 Dans sa ferme, Raymond a produit cette année quatre types de céréales.

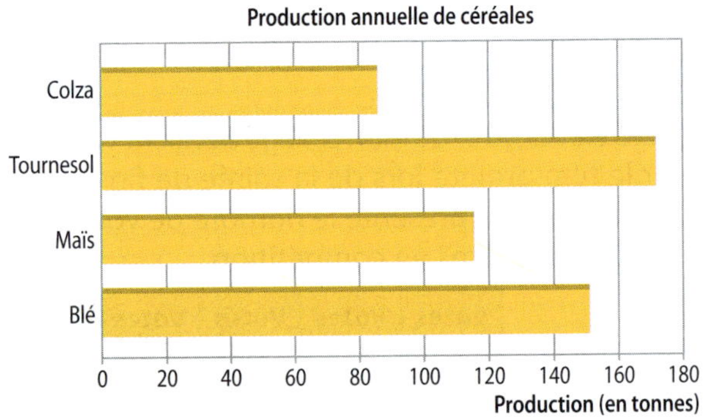

1. Quelle céréale a-t-il le plus produit ?

2. Quelle est environ, en tonnes, sa production totale ?

22 Pour ses vacances, la famille Dupont a établi la répartition de son budget comme le montre le diagramme semi-circulaire suivant :

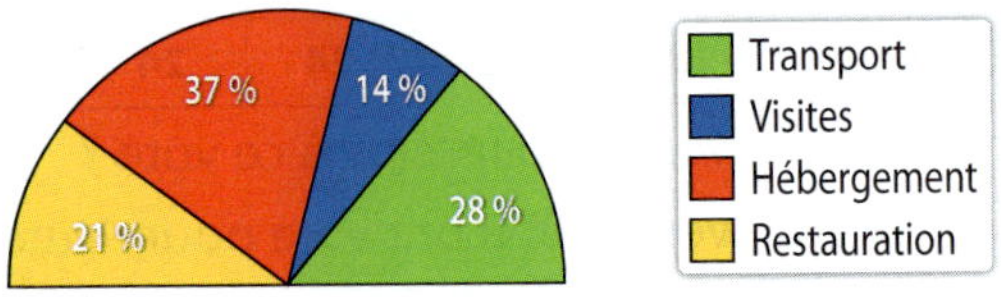

1. Quelle est la dépense la plus importante ?

2. Est-il vrai que le budget du transport est le double du budget des visites ? Justifier.

23 Associer chaque diagramme ci-dessous au bon pourcentage :

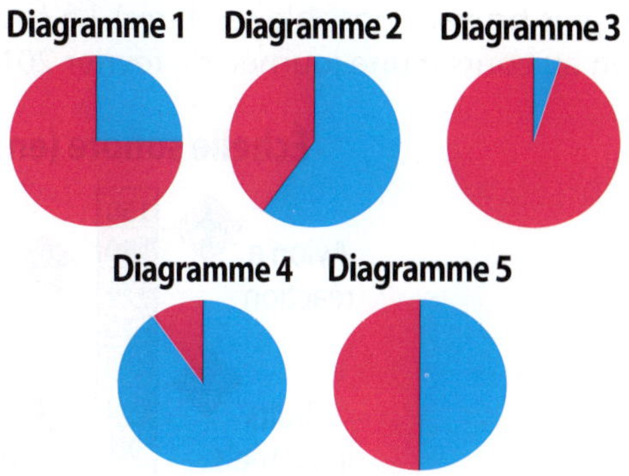

A. La partie bleue représente 5 % du total.
B. La partie bleue représente 25 % du total.
C. La partie bleue représente 50 % du total.
D. La partie bleue représente 60 % du total.
E. La partie bleue représente 90 % du total.

24 Répondre aux questions suivantes en utilisant le diagramme ci-dessous :

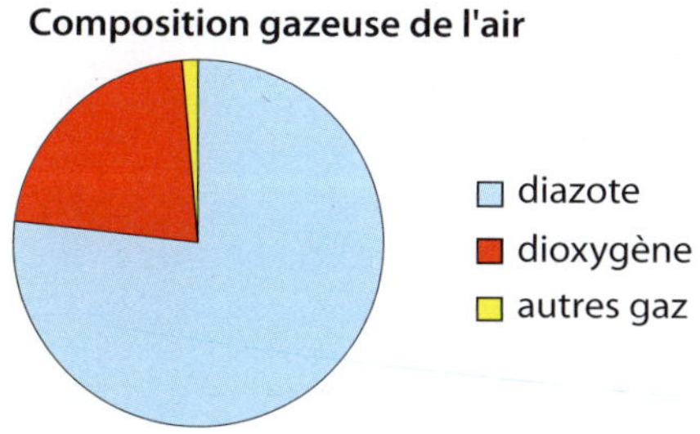

1. Quel est le composant principal de l'air ?
2. D'après ce diagramme, on peut dire que dans l'air, il y a : entre 20 et 25 % de dioxygène, entre 40 et 50 % de dioxygène ou entre 70 et 80 % de dioxygène ?

25 Marie possède un magasin de confiseries. Elle vend des bonbons, des sucettes, des caramels et des chocolats. Le mois dernier, elle a vendu 8 000 confiseries.
Le diagramme circulaire ci-dessous illustre la répartition de ses ventes :

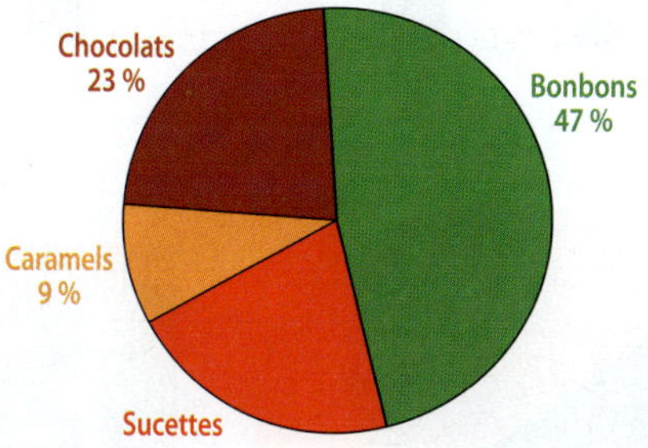

1. Déterminer le nombre de bonbons vendus.
2. Déterminer de même le nombre de chocolats et de caramels vendus.
3. Expliquer comment on peut déterminer le nombre de sucettes vendues.

Lire un graphique cartésien SOCLE 6e

26 Le graphique ci-dessous montre les croissances de Thomas **(en bleu)** et de sa sœur Claire **(en rouge)** née le même jour que lui :

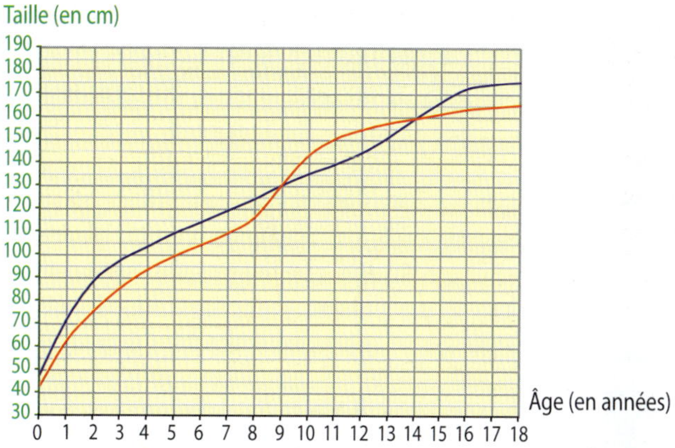

1. Ce graphique nous permet d'avoir des renseignements jusqu'à quel âge des enfants ?
2. Quelle était la taille de Claire à 3 ans ?
3. À quel âge Claire a-t-elle atteint 150 cm ?
4. À quel âge Claire a-t-elle dépassé la taille de son frère ?
5. Que s'est-il passé lorsque Thomas et Claire ont eu 14 ans ?
6. Combien de centimètres y avait-il entre Thomas et Claire à l'âge de 18 ans ?

27 Répondre aux questions en utilisant le graphique ci-dessous *(source : Insee)* :

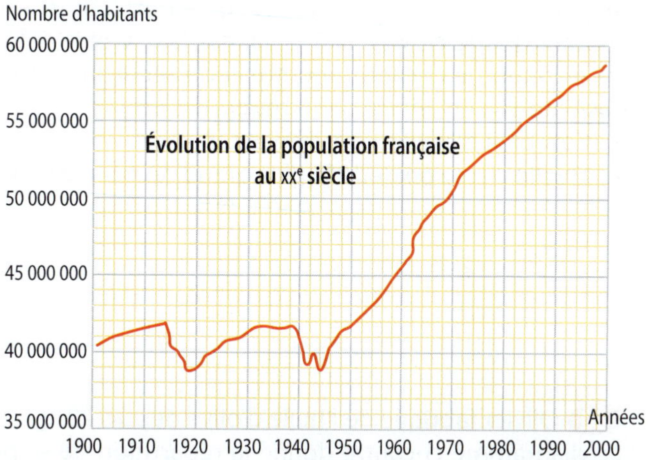

1. Quelle était la population française en 1914 ?
2. En quelle année la population française est-elle devenue supérieure à 50 000 000 d'habitants ?
3. La population française a-t-elle toujours été en augmentation ? Pourquoi ?
4. En combien d'années la population française est-elle passée de 45 000 0000 à 55 000 0000 d'habitants ?

Pour s'entraîner

28 Le son peut être mesuré à l'aide d'un appareil : le sonomètre. L'unité pour exprimer le niveau sonore est le décibel (dB). Son échelle va de 0 dB (calme absolu) à 200 dB (son le plus bruyant possible sur Terre). La courbe ci-dessous illustre les mesures faites dans la cour d'un collège vendéen au cours d'une journée de février 2014 :

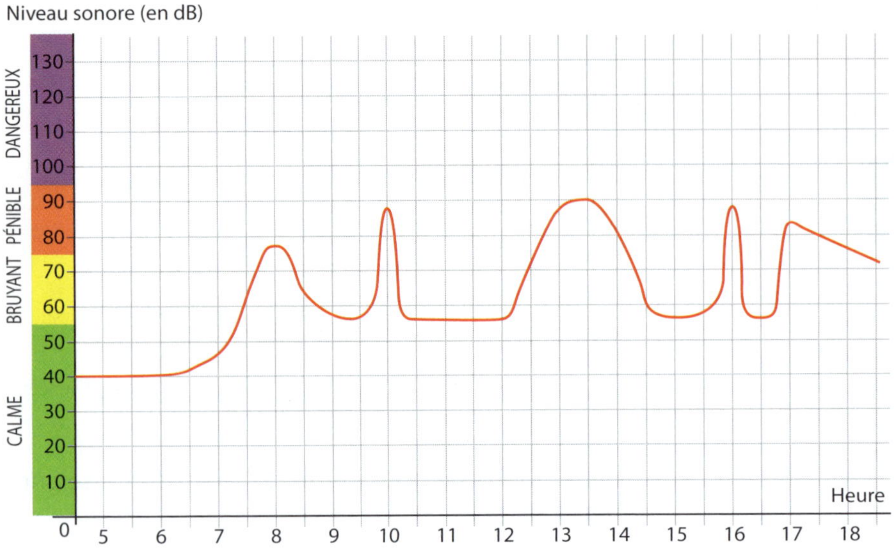

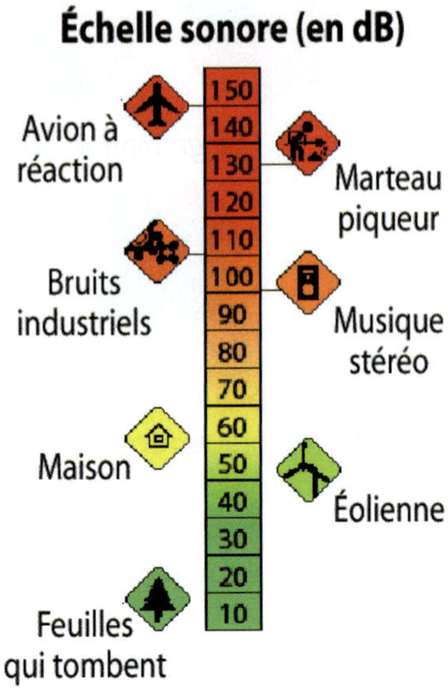

1. Quel est le plus haut niveau sonore enregistré ?

2. À quelle heure a-t-il été enregistré ?

3. Quel est le plus bas niveau sonore enregistré ?

4. À quelle heure a-t-il été enregistré ?

5. Comment expliquer les différents pics de bruit ?

À l'oral

Les exercices qui suivent sont à faire mentalement.

29 Les 100 élèves de 6e du collège Albert Camus sont répartis dans quatre classes : la 6e A, la 6e B, la 6e C et la 6e D.
Le diagramme ci-contre montre cette répartition, mais un de ses bâtons a été effacé par erreur.

1. Combien d'élèves y a-t-il en 6e C ?

2. Quelle classe possède le plus grand nombre d'élèves ?

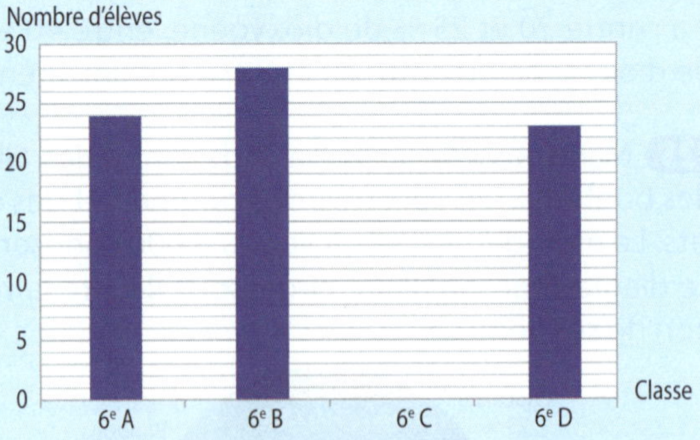

30 Olivier fabrique de l'huile d'olive depuis 2010.
Le diagramme ci-contre donne la répartition de sa production sur cinq années.

1. Quel pourcentage du total de la production est colorié en rouge ?

2. Quelle année représente la plus grande part dans cette répartition ?

3. En quelle année la production a-t-elle été la même qu'en 2011 ?

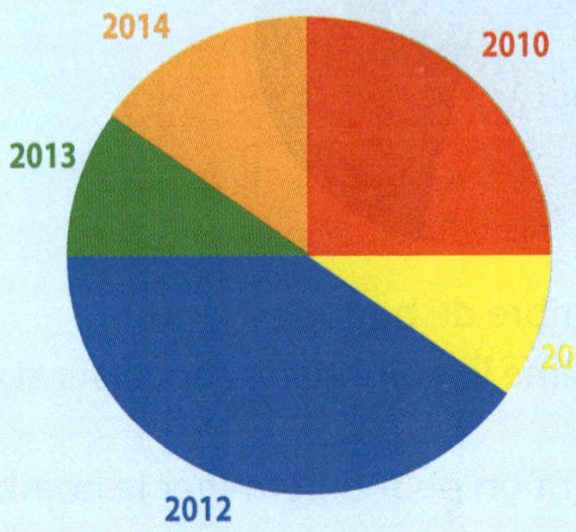

Je m'évalue

Pour chaque exercice 31 à 35, trouve la ou les bonnes réponses en utilisant les diagrammes relatifs à la région Pays de la Loire ci-dessous.

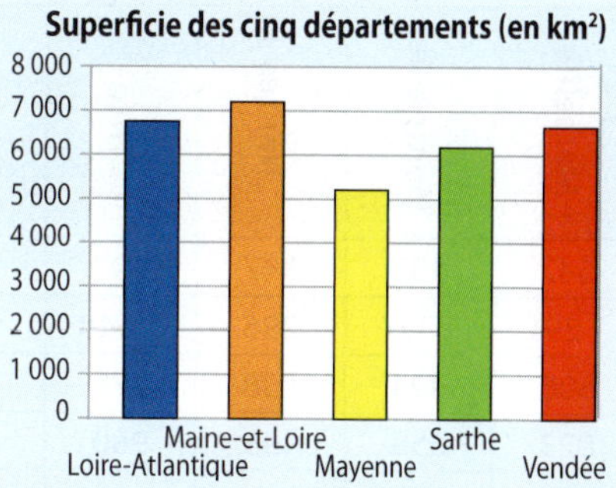

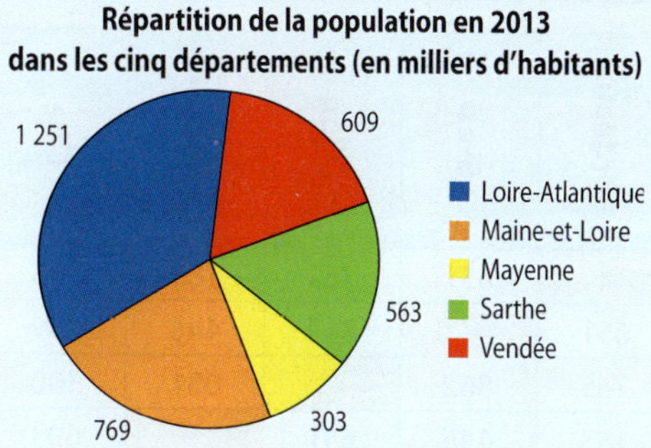

Énoncés	Réponse A	Réponse B	Réponse C	Réponse D
31 Quel est le département le plus peuplé en 2013 ?	Loire-Atlantique	Maine-et-Loire	Vendée	Mayenne
32 Quel est le département le plus grand ?	Loire-Atlantique	Maine-et-Loire	Vendée	Mayenne
33 Combien de départements ont une population dépassant le million d'habitants en 2013 ?	0	1	2	5
34 Combien de départements ont une superficie inférieure à 6 000 km² ?	0	1	2	5
35 En 2013, la population totale de la région Pays de la Loire est d'environ :	3 500 habitants	2 000 000 habitants	3 500 000 habitants	4 500 000 habitants

Pour chaque exercice 36 à 40, trouve la ou les bonnes réponses en utilisant les données relatives au climat de San Francisco (États-Unis) ci-dessous.

Précipitations par mois

Mois	Janvier	Février	Mars	Avril	Mai	Juin	Juillet	Août	Septembre	Octobre	Novembre	Décembre
Précipitations (en mm)	118	82	67	39	8	3	1	2	5	27	58	90

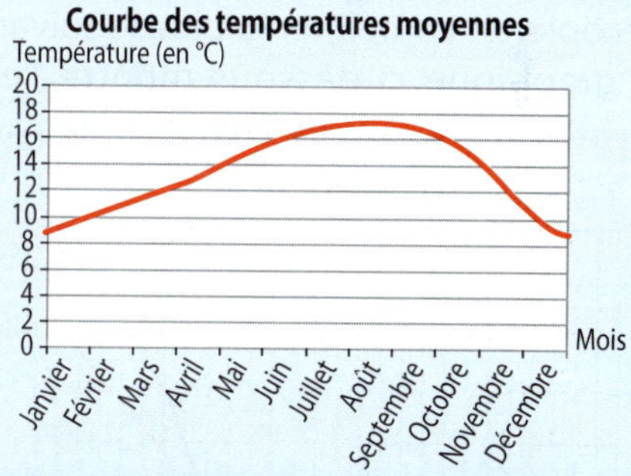

Énoncés	Réponse A	Réponse B	Réponse C	Réponse D
36 Pour quel mois le total des précipitations est-il de 39 mm ?	Mars	Avril	Août	Décembre
37 Quel est le mois qui a connu le plus de précipitations ?	Janvier	Février	Juillet	Décembre
38 Quel mois a enregistré la température moyenne la plus élevée ?	Juin	Juillet	Août	Janvier
39 Quelle est la température moyenne la plus élevée enregistrée ?	Environ 9 °C	Environ 20 °C	Environ 16 °C	Environ 17 °C
40 Quel est le total annuel des précipitations de San Francisco ?	118 mm	90 mm	500 mm	5 000 mm

Tu peux vérifier tes réponses p. 255 et si tu veux continuer ton entraînement rendez-vous sur le site compagnon

Pour approfondir

41 En voiture !

Le tableau ci-dessous donne les distances routières (en kilomètres) entre plusieurs villes de France :

	Bordeaux	Brest	Dijon	La Rochelle	Lille	Lyon	Marseille	Montpellier	Nantes	Nice	Paris	Toulouse
Bordeaux		651	765	183	805	574	647	482	347	803	585	244
Brest	651		862	446	759	1 012	1 291	1 127	296	1 448	593	888
Dijon	765	862		651	500	194	506	494	638	775	314	767
La Rochelle	183	446	651		693	647	823	658	143	980	472	420
Lille	805	759	500	693		691	997	905	605	1 154	230	899
Lyon	574	112	194	647	691		316	303	761	472	466	539
Marseille	647	1 291	506	823	997	316		170	988	204	777	406
Montpellier	482	1 127	494	658	905	303	170		823	325	331	241
Nantes	347	296	638	143	605	761	988	823		1 145	385	585
Nice	803	1 488	775	980	1 154	472	204	325	1 145		825	562
Paris	585	593	314	472	230	466	777	331	385	825		678
Toulouse	244	888	767	420	899	539	406	241	585	562	678	

1. Quelle est la distance entre Lyon et Paris ?

2. Quelle est la distance entre Marseille et Toulouse ?

3. Pourquoi n'y a-t-il rien d'écrit dans les cases jaunes ?

4. Parmi les 12 villes présentées ici, quelles sont les deux plus éloignées ?

42 Santé

THÈME DE CONVERGENCE

1. Recopier et compléter la phrase suivante :
« Le graphique ci-dessous montre l'évolution de .... en France entre ...... et 2002. »

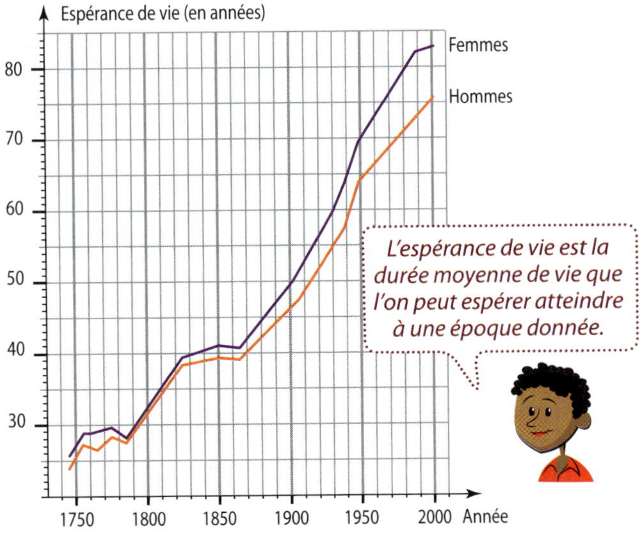

2. Quelle était en 1900 l'espérance de vies des femmes ? L'espérance de vie des hommes ?

3. De combien d'années l'espérance de vie a-t-elle augmenté en France au cours du XXe siècle ?

4. À quelle époque l'écart entre l'espérance de vie des femmes et celle des hommes était-il le plus faible ?

43 Une carte originale

La SNCF a publié en 2006 la carte ferroviaire ci-dessous qui représente l'éloignement des villes par le réseau féroviaire en durée :

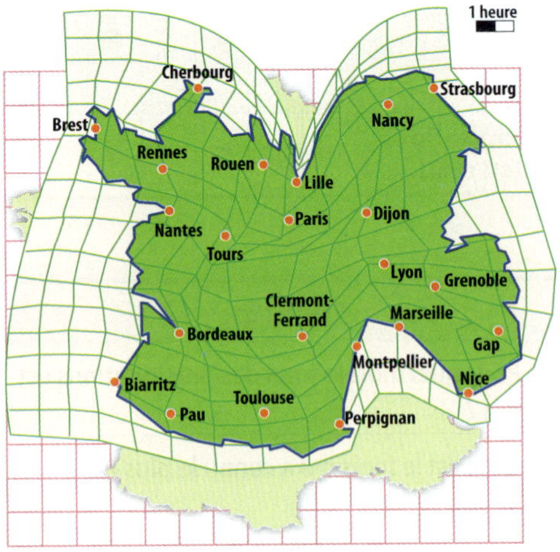

1. En utilisant cette carte, calculer combien de temps met le train pour aller :
a. de Paris à Marseille ; **b.** de Paris à Nantes ;
c. de Paris à Lille.

2. Depuis 2007, le TGV-Est permet de rejoindre Paris à Strasbourg sur une ligne plus rapide.
a. Chercher sur Internet le temps de trajet actuel pour aller en TGV de Paris à Strasbourg.
b. Combien de temps a-t-on gagné par rapport à 2006 ?

44 **Le prix du carburant**

Le graphique ci-dessous donne la courbe des prix de deux carburants pour automobiles : en vert le super sans plomb 95 (SP95), en orange le gazole.

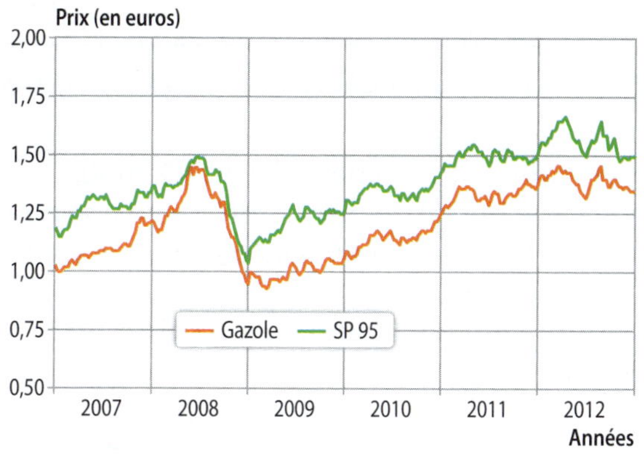

1. Au cours de quelle année y a-t-il eu une forte baisse du prix des carburants ?

2. En quelle(s) année(s) la différence de prix entre ces deux carburants était-elle la plus grande ?

3. **Pour aller plus loin :** rechercher le prix de ces deux carburants aujourd'hui et les comparer aux données de ce graphique.

45 ***L'énigme***

Noé affirme : « J'ai autant de frères que de sœurs ». Sa sœur Lisa lui répond : « J'ai deux fois plus de frères que de sœurs ».
Combien y a-t-il d'enfants dans la famille de Lisa et Noé ?

46 ***Problème ouvert***

Trois amis, Kevin, Jules et Romain, d'âges différents, 10, 11 et 12 ans, pratiquent des sports différents, football, basket et tennis.
Retrouver l'âge et le sport de chacun de ces trois amis en utilisant les renseignements donnés ci-dessous :
- chaque enfant ne pratique qu'un seul sport ;
- Romain est plus âgé que Jules ;
- celui qui joue au tennis a 11 ans ;
- Kevin, qui n'est pas le plus jeune, joue au foot.

47 ***Le défi***

Certains pensent que lorsque le 13e jour du mois tombe un vendredi, cela porte chance...
Es-tu capable de trouver combien il y a, au maximum, de vendredis 13 dans une année ?

48 **Tâche complexe**

Pour résoudre ce problème, tu devras prendre des initiatives et chercher des informations.
Depuis 25 ans, entre le prix d'une baguette de pain et le prix d'une place de cinéma, quel est celui qui a le plus augmenté ?

Devoir à la maison

1 On a interrogé les 500 élèves du collège Molière pour connaître leur loisir préféré.
85 élèves ont répondu « regarder la télévision »,
112 ont répondu « jouer à la console »,
74 ont répondu « tchater sur Internet »,
120 ont répondu « faire du sport ou de la danse »,
63 ont répondu « écouter ou jouer de la musique »
46 ont répondu « lire un livre ou une BD ».

1. Présenter ces réponses dans un tableau.

2. Illustrer ces données à l'aide d'un diagramme en bâtons.

3. Donner le classement des loisirs préférés des élèves du collège Molière.

2 Les Zénith sont des salles de concert. Il y en a dans plusieurs villes de France.

1. Rechercher, sur Internet, la capacité des Zénith de France. (La capacité d'une salle de concert est le nombre de spectateurs qu'elle peut accueillir.)

2. Construire sur tableur un tableau permettant de rassembler les données trouvées.

3. Construire, à l'aide du tableur, un diagramme en bâtons permettant de comparer visuellement les capacités de ces différentes salles.

AVEC UN ORDINATEUR

À la fin du manuel, retrouve les fiches **Tableur** et **Géométrie** Vidéo

1 VENTE DE VOITURES 30 min

OBJECTIFS : *Construire un tableau à double entrée sur tableur et utiliser les formules tableur pour calculer les sommes des lignes et des colonnes.*

Olivier, Béatrice, Abdul, Simon et Natacha sont vendeurs de voitures chez TOP AUTO 3000.
Le directeur du magasin souhaite construire un tableau récapitulatif des ventes de la semaine passée pour voir combien de voitures ont été vendues chaque jour (du lundi au samedi) par chaque vendeur.

Première étape : Construction d'un tableau à double entrée (7 lignes et 8 colonnes)

1. Dans une feuille de tableur, reproduire le tableau ci-dessous :

	A	B	C	D	E	F	G	H
1		lundi	mardi	mercredi	jeudi	vendredi	samedi	TOTAL
2	Olivier							
3	Béatrice							
4	Abdul							
5	Simon							
6	Natacha							
7	TOTAL							

Coup de pouce

Tu peux utiliser la recopie de cellule car le tableur connaît les jours de la semaine : écris « lundi » en B1 et « étire » la cellule vers la droite. → Tableur 2, p. 238

B	C	D	E	F	G
lundi					

Deuxième étape : Saisie des ventes de chaque vendeur

2. Compléter le tableau de la question **1.** sachant que du lundi au samedi :
- Olivier a vendu 2, 4, 4, 1, 5 et 7 voitures ;
- Béatrice a vendu 3, 0, 5, 2, 0 et 9 voitures ;
- Abdul a vendu 6, 3, 3, 5, 2 et 6 voitures ;
- Simon a vendu 1, 1, 0, 1, 1 et 2 voitures ;
- Natacha a vendu 3, 3, 1, 2, 2 et 8 voitures.

Troisième étape : Calcul du bilan des ventes

3. Dans la cellule B7, écrire une formule qui donne le total des ventes du lundi. → Tableur 1, p. 238

4. Compléter de même les cellules C7, D7, E7, F7 et G7 pour les autres jours de la semaine. → Tableur 2, p. 238

5. Dans la cellule H2, écrire une formule qui donne le total des ventes d'Olivier pour cette semaine. → Tableur 1, p. 238

6. Compléter de même les cellules H3, H4, H5 et H6 pour les autres vendeurs. → Tableur 2, p. 238

7. Compléter le tableau en écrivant dans la cellule H7 une formule permettant de calculer le total des ventes du magasin pour toute la semaine. → Tableur 1, p. 238

Quatrième étape : Vérification des formules

Abdul a, en réalité, vendu deux voitures de plus le mardi (elles n'avaient pas été comptabilisées dans le relevé de la question **2.**).

8. Corriger dans le tableur le nombre de voitures vendues par Abdul le mardi.

9. Que se passe-t-il pour le total des ventes d'Abdul ? Pour le total des ventes du magasin ?

2 CONSOLES DE JEUX VIDÉO 20 min

OBJECTIFS : *– Passer d'un tableau de données au diagramme correspondant.*
– Utiliser le tableur pour construire des diagrammes en barres ou des circulaires.

Le tableau ci-dessous donne le nombre de consoles de jeux vidéo vendues dans le monde au cours de l'année 2012 :

	A	B	C	D	E	F	G
1	**Modèle**	Microsoft XBOX 360	Nintendo Wii et WiiU	Nintendo DS et 3DS	Sony PSP et Vita	Sony PlayStation 3	**Total**
2	**Nombre de ventes en 2012**	8 354 000	6 390 000	15 315 000	6 033 000	8 948 000	**45 040 000**

On souhaite construire des diagrammes permettant d'analyser et comparer rapidement les ventes de chaque modèle.

■ Première étape : Reproduction du tableau de données

1. a. Dans une feuille de calcul de tableur, reproduire ce tableau de renseignements.
b. Pour vérifier qu'il n'y a pas d'erreurs de saisie, ne pas écrire simplement 45 040 000 à la fin du tableau, mais calculer ce total des ventes à l'aide d'une formule de tableur. → *Tableur 1, p. 238*

■ Deuxième étape : Construction de diagrammes

2. a. À partir du tableau de la question **1.**, construire un diagramme en bâtons présentant le nombre de consoles vendues pour chaque modèle. → *Tableur 4, p. 240*
b. Construire, à l'aide du tableau de la question **1.**, un diagramme circulaire présentant la répartition des ventes de consoles par modèle. → *Tableur 4, p. 240*

■ Troisième étape : Comparaison et analyse des données

3. On souhaite savoir quel modèle de console s'est le plus vendu dans le monde en 2012.
a. Quel diagramme permet de répondre le plus facilement à cette question ?
b. Donner la réponse à cette question.

4. On souhaite savoir qui de Microsoft, Nintendo ou Sony a réalisé le plus de ventes en 2012.
a. Quel diagramme permet de répondre à cette question ?
b. Donner la réponse à cette question.

3 LE PROGRAMME MYSTÉRIEUX

Une « boîte noire » dans un tableur est un programme de calcul mystérieux !
Le but de l'activité est de percer ce mystère…
Pour cela, on peut saisir des nombres mais aussi utiliser des formules qui aident dans la recherche.

hargement

1. Télécharger sur le site compagnon le fichier « boite_noire_07 » et l'ouvrir.
2. Saisir un nombre dans la cellule verte et observer dans la cellule grise le résultat de la boîte noire.
3. Faire plusieurs observations puis chercher le programme de calcul mystérieux de la boîte noire.
4. Pour tester un programme de calcul, saisir dans la cellule jaune la formule qui correspond à ce programme et observer si le résultat obtenu est le même que celui dans la cellule grise.
5. Tester plusieurs exemples pour vérifier que les programmes de la boîte noire et de la boîte rouge donnent les mêmes résultats.
6. Écrire sur une feuille le programme de calcul qui semble être celui de la boîte noire.

10 TP pour faire des mathématiques avec le tableur

Chacun des 10 travaux pratiques de ce livret comporte un problème mathématique à résoudre à l'aide du tableur. Ils sont de difficulté croissante tant sur le plan mathématique que sur le plan technique.

Si tu as un problème technique avec le tableur, n'oublie pas d'utiliser tes Fiches méthode Tice page 237.

TP 1 Découverte du tableur et premières formules

Objectifs : → Travailler les notions de somme, produit, double, triple.
→ Proposer un premier TP guidé permettant une prise en main du tableur.

TP 2 Les escaliers

Objectifs : → Résoudre une énigme géométrique.
→ Utiliser des formules et les recopier.

TP 3 Le marché de Marc

Objectifs : → Résoudre un problème de prix.
→ Utiliser différentes formules et travailler la mise en forme d'un tableau.

TP 4 Le salaire de Robert

Objectifs : → Résoudre un problème de salaire.
→ Utiliser des formules comprenant des fonctions et les recopier.

TP 5 La rentrée des classes

Objectifs : → Résoudre un problème de prix utilisant les pourcentages.
→ Utiliser des formules et travailler la mise en forme d'un tableau.

TP 6 La recette des gaufres

Objectifs : → Résoudre un problème de proportionnalité.
→ Programmer plusieurs cellules faisant référence à une variable unique.

TP 7 Le loyer de Léon

Objectifs : → Résoudre un problème de prix utilisant les pourcentages.
→ Utiliser différentes formules et les recopier.

TP 8 Drôles de ferme

Objectifs : → Résoudre une énigme de dénombrement sans technique experte.
→ Utiliser l'outil logiciel pour faire des essais.

TP 9 Les nombres myriadiens

Objectifs : → Jouer avec les nombres et résoudre un problème de recherche numérique.
→ Utiliser les formules du tableur pour faire un grand nombre d'essais.

TP 10 Les médailles françaises aux Jeux Olympiques d'été

Objectifs : → Proposer un TP bilan. Construire un tableau pour présenter des données.
→ Utiliser Internet pour faire des recherches ; utiliser le tableur pour les organiser, les illustrer, les comparer.

TP 1 DÉCOUVERTE DU TABLEUR ET PREMIÈRES FORMULES

Le tableur est un logiciel de calcul très utilisé en mathématiques et en sciences. Il se présente sous la forme d'un grand tableau : des **lignes** (numérotées 1, 2, 3, etc.) et des colonnes (numérotées A, B, C, etc.). L'intersection d'une ligne et d'une colonne s'appelle une **cellule**. Dans ces cellules, on peut écrire du texte, des nombres ou effectuer des calculs à l'aide de formules…

1. Prendre une feuille de calcul tableur vierge.
Dans les cellules A1 et B1, écrire deux nombres de votre choix.

a) En C1, calculer à l'aide d'une formule la somme des nombres écrits en A1 et en B1.

b) En D1, calculer à l'aide d'une formule le produit des nombres écrits en A1 et en B1.

c) Changer les nombres des cellules A1 et B1. Que constate t-on ?

d) Quels nombres doit-on choisir dans les cellules A1 et B1 pour que leur somme (affichée en C1) soit égale à 8 et leur produit (affiché en D1) soit égal à 15 ?

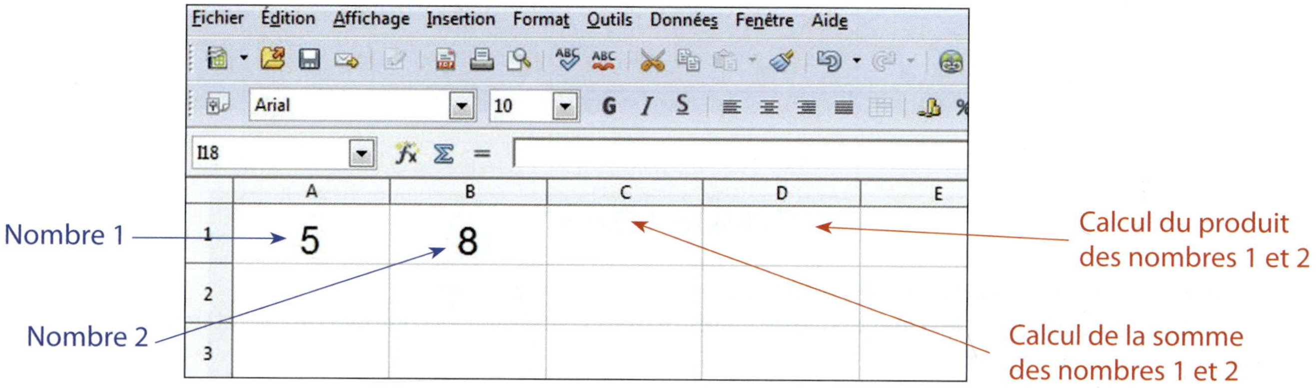

2. Dans la cellule A2, écrire un autre nombre de son choix.

a) En B2, calculer à l'aide d'une formule le double du nombre choisi ; en C2 calculer le triple de ce nombre et en D2 calculer sa moitié.

b) En E2, calculer, à l'aide d'une formule, la somme des quatre nombres écrits sur cette deuxième ligne (A2, B2, C2, D2).

c) Changer le nombre saisi en A2. Que constate t-on ?

d) Quel nombre doit-on choisir en A2 pour obtenir en E2 le nombre 117 ? Le nombre 71,5 ? Le nombre 46,8 ? Le nombre 151,58 ?

TP 2 LES ESCALIERS

Utiliser des formules et savoir les recopier permet de résoudre des problèmes utilisant des grands nombres.

À l'aide de cubes, on construit deux types d'escaliers **A** et **B** :

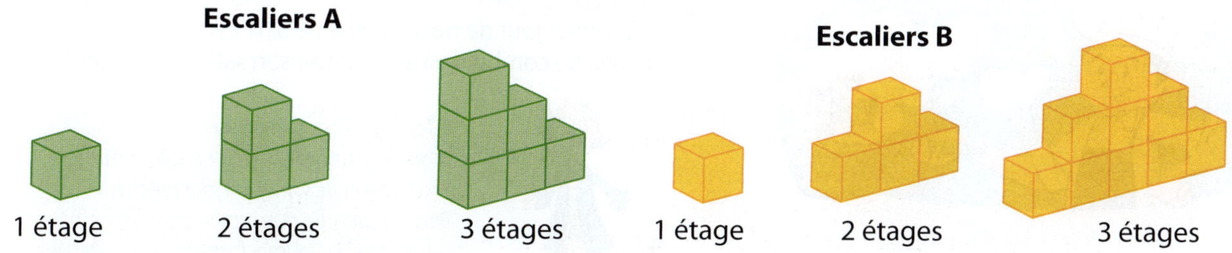

Combien de cubes faudrait-il pour construire des escaliers de chaque type à 4, 5, 6, 7, 8, 9, 10 étages ? Et pour 50 étages ? 100 étages ? 1 017 étages ?

TP3 LE MARCHÉ DE MARC

Le tableur est très utilisé en comptabilité. Il permet de mettre en forme des tableaux organisés.

Marc veut faire une salade de fruits. Il va au marché avec un billet de 20 € pour acheter 4 kg de pommes, 2,5 kg de poires, 1,7 kg d'abricots et des bananes.
Les prix affichés par le marchand sont les suivants :

Pommes 1,65 € le kg

Poires 2,05 € le kg

Abricots 3,10 € le kg

Bananes 1,70 € le kg

1. Marc souhaite connaître la quantité de bananes qu'il peut demander sans dépasser son budget de 20 €.
Le marchand de son côté souhaite établir une facture complète pour les achats de Marc.
Aider Marc et le marchand en construisant une facture sur tableur basée sur le modèle ci-dessous :

Articles	Prix au kg	Quantité achetée	Prix total
Pommes			
Poires			
Abricots			
Bananes			
		Prix total à payer	

2. Léa arrive chez le même marchand. Elle souhaite acheter des fruits pour environ 12 €.
Pour sa recette, il lui faut autant de pommes que de poires, deux fois plus d'abricots que de pommes et trois fois plus de bananes que de pommes.
Comment peut-elle choisir des quantités qui conviennent ?

TP4 LE SALAIRE DE ROBERT

Le tableur permet d'effectuer rapidement un grand nombre de calculs. La possibilité de recopier ou d'étirer des formules est très utile pour gagner du temps.

Robert a trouvé un nouveau travail. Il est maintenant cuisinier dans un grand restaurant où il travaille 19 jours par mois. Son salaire est différent chaque jour :
- le premier jour travaillé du mois, il gagne 0,01 € ;
- le deuxième jour, il gagne 0,02 € ;
- le troisième jour, il gagne 0,04 € ;
- le quatrième jour, il gagne 0,08 €, etc.

Son salaire est doublé chaque jour.

1. Peut-on accepter de travailler pour un tel salaire ?

Coup de pouce
Tu peux utiliser une cellule différente pour chaque jour travaillé.

2. Quel sera le salaire mensuel de Robert ?

3. Au mois d'août, le restaurant accueille beaucoup de touristes et Robert accepte de travailler deux jours de plus dans le mois. Quel sera son salaire du mois d'août ?

4. Robert, qui fait du bon travail, demande à ce que le salaire de son premier jour de travail passe de 0,01 € à 0,02 €. Si son patron accepte, de combien va augmenter son salaire mensuel ?

Coup de pouce
N'oublie pas que l'on calcule le salaire d'un jour en doublant le salaire du jour précédent.
Pour apprendre à recopier rapidement plusieurs fois la même formule, consulte tes **Fiches méthode Tice** *à la fin du manuel,*
→ *Tableur 2, p. 238*

TP5 LA RENTRÉE DES CLASSES

Le tableur permet des calculs de comptabilité complets : utilisation des pourcentages, calcul de prix, etc.

Pour sa rentrée des classes, Pierre doit acheter 5 cahiers, des crayons, 2 classeurs, 1 équerre et 1 compas.
La maman de Pierre lui demande de ne pas dépasser 30 € pour ses achats.
Les prix (Hors Taxes) des articles sont les suivants :

– 1 cahier : 1,65 €
– 1 crayon : 0,79 €
– 1 classeur : 2,33 €
– 1 équerre : 1,89 €
– 1 compas : 2,66 €

Le taux de taxes (TVA) est de 19,6 %.

1. Combien de crayons Pierre peut-il acheter sans dépasser son budget ?

2. Si Pierre achète 1 classeur de moins, combien de crayons pourra-t-il acheter sans dépasser son budget ?

Coup de pouce
Pour répondre à ces questions, construis une facture sur tableur en t'inspirant du modèle ci-contre.

Articles	Prix unitaire (Hors Taxes)	Quantité achetée	Prix total (Hors Taxes)
Cahier			
Crayon			
Classeur			
Équerre			
Compas			
		Total (Hors Taxes)	
		TVA (19,6 %)	
		Prix total à payer	

TP6 LA RECETTE DES GAUFRES

Le tableur permet de faire des tableaux très utiles pour résoudre des problèmes de proportionnalité.

La grand-mère d'Erwan a une fabuleuse recette de gaufres.
Voici les quantités d'ingrédients nécessaires pour en faire 10 :
• 80 g de beurre frais • 4 oeufs • 250 g de farine
• 20 g de levure chimique • 350 cL de lait • 50 g de sucre

On se propose dans ce TP de construire un tableau donnant rapidement les quantités de chaque ingrédient nécessaires à la réalisation d'un nombre différent de gaufres.

1. Prendre une feuille de calcul tableur vierge et réaliser un tableau montrant l'ensemble des ingrédients. On pourra s'inspirer du tableau ci-dessous :

A11

	A	B	C	D	E	F	G
1	nombre de gaufres souhaité	beurre (g)	œufs	farine (g)	levure (g)	lait (cL)	sucre (g)
2	10	80	4	250	20	350	50
3							

2. Choisir un autre nombre de gaufres et le saisir dans la cellule correspondante, ici A3.

3. Calculer, en utilisant des connaissances sur la proportionnalité et des formules de tableur, la quantité de chaque ingrédient nécessaire pour réaliser le nombre de gaufres choisi.

4. Changer le nombre de gaufres choisi, ici en A3. Que constate-t-on ?

5. Quel est l'intérêt du tableau construit ?

TP7 LE LOYER DE LÉON

Le tableur permet d'automatiser, de présenter et de comparer des calculs. Bien choisir les premières formules et savoir les recopier permet de gagner du temps et d'étudier de grandes séries de nombres.

Léon va louer à partir du 1er janvier 2010 un nouvel appartement.
Le propriétaire de cet appartement lui propose de choisir entre trois tarifs de location :
– première possibilité : un loyer fixe de 699 € mensuel ;
– deuxième possibilité : un loyer variable de 400 € pour le premier mois, augmentant de 10 € chaque mois (il sera donc de 410 € le deuxième mois, puis de 420 € le troisième, etc.) ;
– troisième possibilité : un loyer variable de 400 € pour le premier mois, augmentant de 2% chaque mois (il sera donc de 408 € le deuxième mois, puis de 416,16 € le troisième, etc.).

Quel tarif doit choisir Léon ?

Coup de pouce

- *Tu peux calculer, dans trois colonnes d'une feuille de calcul tableur, le loyer de Léon sur plusieurs mois pour comparer les trois tarifs.*
- *Tu peux aussi, pour chaque tarif, t'intéresser au total des loyers versés sur plusieurs mois (du 1er janvier 2010 jusqu'à la date de ton choix)… et conseiller Léon en fonction de ce total.*

TP8 DRÔLES DE FERMES

Manipuler le tableur permet de faire facilement un grand nombre d'essais pour résoudre des petites énigmes mathématiques.

Raymond élève des lapins et des poules. Ses animaux sont tous mélangés dans la cour de sa ferme et cela lui pose problème lorsqu'il souhaite les compter car les lapins et les poules refusent de se ranger par famille… Mais Raymond est malin : en regardant attentivement sa basse-cour, il compte 60 têtes et 184 pattes.

1. Aider Raymond à retrouver le nombre de poules et le nombre de lapins.

Coup de pouce

*Plusieurs méthodes utilisant le tableur sont possibles pour résoudre ce problème.
Tu peux, par exemple, construire un tableau semblable au tableau ci-dessous :*

	A	B	C	D	E
1	nombre de lapins	nombre de poules	nombre de pattes de lapins	nombre de pattes de poules	nombre total de pattes
2					
3					
4					

Avec ce tableau, tu peux « tester » des nombres de lapins dans la colonne A, programmer les autres colonnes avec une formule et essayer d'obtenir le bon nombre de pattes…

2. Nina élève des dromadaires, des chameaux et des babababoums.
Le babababoum est un animal étrange qui possède six pattes et trois bosses !
Dans sa cour de ferme, Nina compte 71 têtes, 330 pattes et 134 bosses.
Combien y a-t-il d'animaux de chaque espèce dans la ferme de Nina ?

TP9 LES NOMBRES MYRIADIENS

Le tableur facilite la manipulation des nombres. Il permet d'organiser des calculs et des recherches pour résoudre des problèmes arithmétiques complexes.

Un nombre myriadien est un nombre entier qui possède trois propriétés :
– il est constitué de chiffres tous distincts ;
– son double a le même nombre de chiffres que lui ;
– son double est constitué de chiffres également tous distincts tout en étant différents des siens.

Exemples

- 23 est un nombre myriadien car :
  – il possède deux chiffres distincts : 2 et 3 ;
  – il a pour double 46 (deux chiffres distincts également et 4 et 6 sont différents de 2 et 3).
- 24 n'est pas un nombre myriadien car 24 a pour double 48 et le chiffre **4** est utilisé dans les deux nombres 2**4** et **4**8.

1. Nombres myriadiens à deux chiffres

Prendre une feuille de calcul tableur vierge.

a) Dans la colonne A, écrire tous les nombres entiers à deux chiffres.

b) Dans la colonne B, calculer leur double à l'aide d'une formule.

c) Quel est le plus petit nombre myradien à deux chiffres ? Quel est le plus grand ?

2. Nombres myriadiens à trois, quatre ou cinq chiffres

a) Quel est le plus petit nombre myriadien à trois chiffres ? Quel est le plus grand ?

b) Quel est le plus petit nombre myriadien à quatre chiffres ? Quel est le plus grand ?

c) Quel est le plus petit nombre myriadien à cinq chiffres ? Quel est le plus grand ?

d) Quel est le plus grand nombre myriadien possible ?

TP10 LES MÉDAILLES FRANÇAISES AUX JEUX OLYMPIQUES D'ÉTÉ

Le tableur est un bon outil pour construire des tableaux. Il permet ainsi d'organiser des données et de les présenter de façon visuellement plus parlante.

On se propose, dans ce TP, de comparer les résultats français aux jeux Olympiques d'été depuis 1984.

Avant de commencer : les jeux Olympiques ont-ils lieu tous les ans ? Combien y a-t-il eu d'olympiades d'été depuis 1984 (inclus) ?

Coup de pouce
Tu peux utiliser un moteur de recherche Internet pour obtenir ces renseignements.

1. Rechercher sur Internet le nombre de médailles olympiques obtenues par la France depuis 1984 et rassembler les renseignements trouvés dans un tableau à cinq colonnes avec :
– l'année des jeux Olympiques dans la colonne A ;
– le lieu des jeux Olympiques dans la colonne B ;
– le nombre de médailles d'or dans la colonne C ;
– le nombre de médailles d'argent dans la colonne D ;
– le nombre de médailles de bronze dans la colonne E.

	A	B	C	D	E
1	année	lieu	médailles d'or	médailles d'argent	médailles de bronze
2					
3					
4					
5					
6					
7					
8					

2. Calculer dans la colonne F, à l'aide d'une formule, le nombre total de médailles obtenues à chaque olympiade.

3. Quelle année fut la meilleure pour l'équipe de France ?

4. Illustrer ces résultats en construisant, à l'aide du tableur, un diagramme ou un graphique permettant de comparer visuellement les performances françaises.

Avant de commencer le Chapitre 8

Pour revoir les acquis du primaire

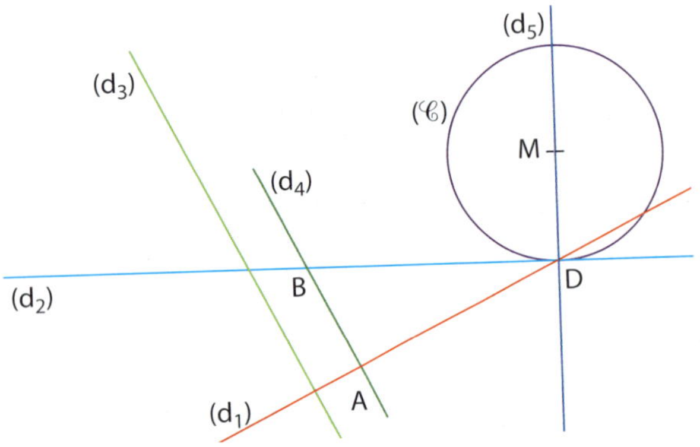

Cette figure est à utiliser pour les exercices 1, 2, 5, 6, 8, 9 et 10.

Droites parallèles et perpendiculaires

1 Dans la figure ci-dessus, quelles droites semblent perpendiculaires ?
a. (d_1) et (d_2) **b.** (d_1) et (d_3) **c.** (d_2) et (d_4)

2 Dans la figure ci-dessus, quelles droites semblent parallèles ?
a. (d_2) et (d_5) **b.** (d_3) et (d_4) **c.** (d_3) et (d_5)

3 Sur une feuille non quadrillée, tracer deux droites parallèles.

4 Sur une feuille non quadrillée, tracer deux droites perpendiculaires.

Longueurs

5 Dans la figure ci-dessus, la mesure du segment [AB] est :
a. supérieure à celle du segment [MD] **b.** inférieure à celle du segment [MD]
c. égale à celle du segment [MD]

6 Dans la figure ci-dessus, quelle est la longueur du segment [BD] ?

7 Tracer sur une feuille un segment [KH] de longueur 6,7 cm.

8 Dans la figure ci-dessus, le triangle ABD semble être :
a. équilatéral **b.** isocèle **c.** rectangle

Cercles

9 Dans la figure ci-dessus, un rayon du cercle $(\mathscr{C})$ de centre M est :
a. le segment [MD] **b.** la droite (d_1) **c.** la droite (d_5)

10 Dans la figure ci-dessus, quel est le diamètre du cercle $(\mathscr{C})$?

11 Tracer sur une feuille un cercle de rayon 3,6 cm.

Tu peux continuer tes révisions sur le **site compagnon**

Chapitre 8

Règle • Équerre Compas

Les rues de New York sont vraiment bizarres, elles sont toutes perpendiculaires ou parallèles…

Tu as raison, New York compte 16 avenues parallèles qui la traversent du nord au sud et 155 rues perpendiculaires à ces grands axes.

New York a été bâtie selon un plan « hippodamien »* de 1811. Quelques grands projets comme Central Park ont modifié la structure de la ville depuis, mais ses rues et avenues sont toujours aussi régulières.

**hippodamien : ce mot fait référence à l'architecte grec Hippodamos. Dans un plan hippodamien, les rues sont soit parallèles, soit perpendiculaires.*

Je vais apprendre à…

- Tracer, par un point donné, la perpendiculaire ou la parallèle à une droite donnée SOCLE 6e ► *Exercices 25 à 36*
- Définir la médiatrice d'un segment ► *Exercices 37 à 39*
- Définir un cercle et utiliser ses propriétés SOCLE 6e ► *Exercices 40 à 49*
- Reporter une longueur SOCLE 6e ► *Exercices 50 à 53*
- Construire un triangle dont les côtés sont donnés SOCLE 6e ► *Exercices 54 à 62*

Activités

1 Droites perpendiculaires, droites parallèles

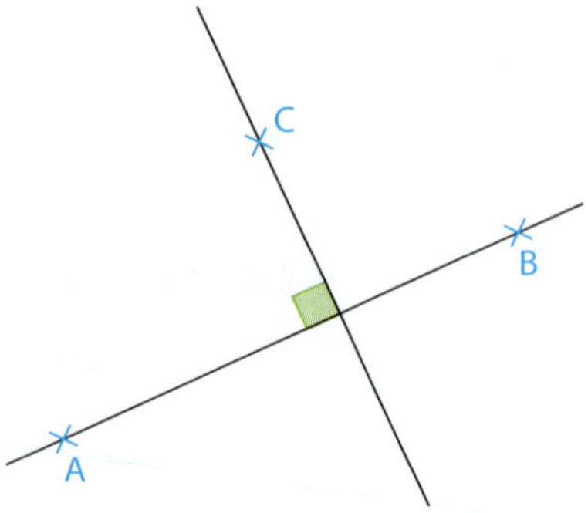

1. **a.** Placer sur une feuille deux points A et B.
b. Tracer la droite passant par le point A et le point B.
On note cette droite **(AB)**.
c. Placer un point C qui n'appartient pas à la droite (AB).
On note **$C \notin (AB)$** pour dire que **le point C n'appartient pas à** la droite (AB).
d. Tracer la droite (d), perpendiculaire à la droite (AB) passant par le point C.
On note **$C \in (d)$** pour dire que **le point C appartient à** la droite (d).
e. Tracer la droite (h), perpendiculaire à la droite (d) passant par le point C.
f. Que peut-on dire des droites (AB) et (h) ?

2. **a.** Sur une nouvelle feuille, tracer une droite (KT).
b. Placer deux points H et P tels que $H \in (KT)$ et $P \notin (KT)$.
c. Tracer la droite (d_1), parallèle à (KT) qui passe par P.
d. Tracer la droite (d_2), perpendiculaire à (KT) passant par H.
e. Que peut-on dire des droites (d_1) et (d_2) ?

2 Reporter une longueur

1. **a.** Reproduire la ligne brisée AZUR ci-dessous en respectant ses dimensions :

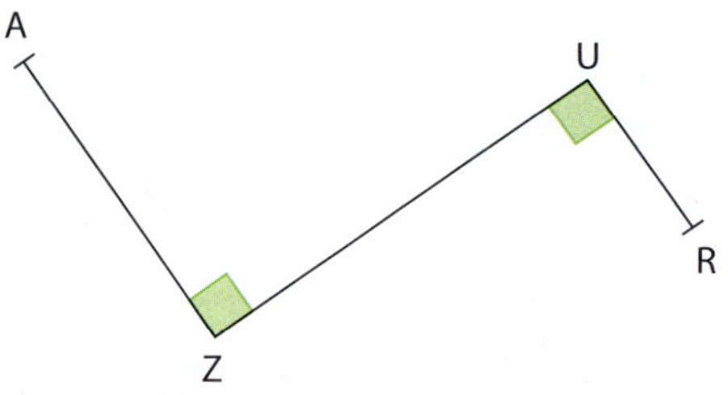

b. Tracer le cercle $(\mathscr{C}_1)$ de centre Z et de rayon ZA.
On note **ZA** la distance entre les points Z et A.
Ce cercle coupe la droite (ZU) en dehors du segment [ZU] en un point E.
On note **[ZU]** le segment qui a pour extrémités les points Z et U.
c. Tracer le cercle $(\mathscr{C}_2)$ de centre U et de rayon UR.
Ce cercle coupe la droite (ZU) en dehors du segment [ZU] en un point K.
d. Que peut-on dire des longueurs des lignes brisées AZUR et EZUK ? Pourquoi ?

2. Arthur a placé sur son dessin un point M tel que la ligne brisée MZUR ait la même longueur que la ligne brisée AZUR.
Où peut se trouver ce point M ? Pourquoi ?

*Un **programme de construction d'une figure** est une suite d'instructions permettant de construire cette figure.*

3. Donner un programme de construction d'un segment [BC] qui aurait la même longueur que la ligne brisée AZUR ; ce programme ne doit pas faire appel à une règle graduée.

3 Médiatrice d'un segment

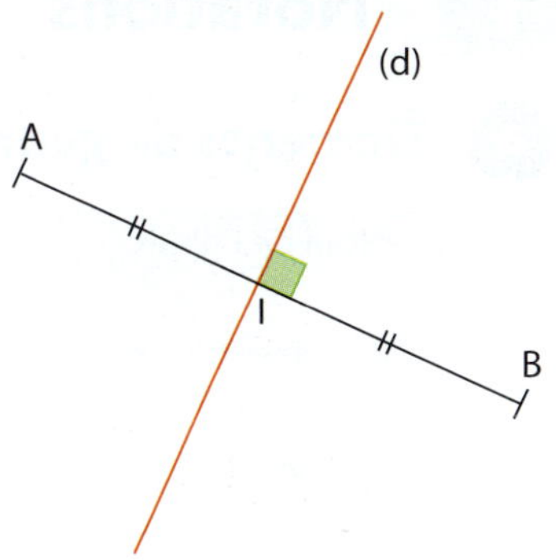

1. **a.** Tracer un segment [AB] de longueur 8 cm.
b. Placer le point I milieu du segment [AB].
c. Tracer la droite perpendiculaire au segment [AB] qui passe par I et coder le dessin réalisé.
d. Cette droite s'appelle la **médiatrice** du segment [AB].
Proposer une définition pour la médiatrice d'un segment :
« La **médiatrice** d'un segment est .... »

2. **a.** Tracer un segment [CD] quelconque.
b. Tracer la médiatrice du segment [CD].

3. **a.** Tracer une droite (d) quelconque.
b. Tracer un segment [EF] tel que la droite (d) soit la médiatrice du segment [EF].
c. Écrire le programme de construction qui a permis de tracer ce segment [EF].

4 Un programme de construction

1. À partir de trois points P, L et M donnés, écrire un programme de construction de la figure ci-dessous :

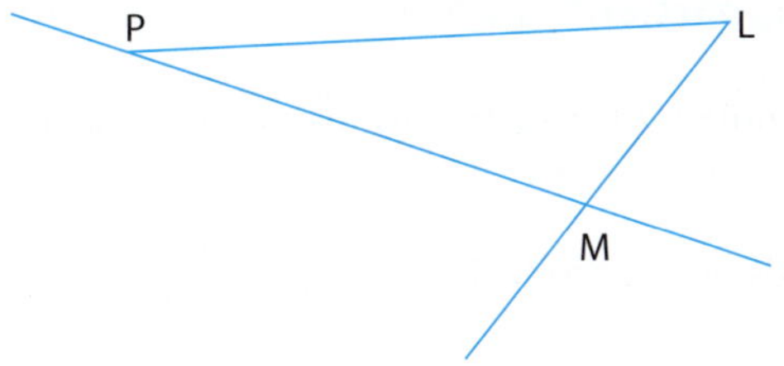

2. **a.** Y a-t-il une droite et un segment dans cette figure ?
Si oui, les nommer.
b. Comment se nomme l'objet dessiné qui passe par les points L et M ?
Comment peut-on le noter ?

3. Écrire un nouveau programme de construction commençant par « Placer trois points A, B et C » qui permet de construire un segment, une droite et une demi-droite.

5 Construire un triangle

On veut construire le triangle TGV dont on connaît la longueur des trois côtés :
TG = 6 cm, TV = 3,8 cm et GV = 5,1 cm.

1. Tracer le segment [TG].

2. **a.** On sait que TV = 3,8 cm. Placer tous les points qui se trouvent à 3,8 cm de T.
b. On sait que GV = 5,1 cm. Placer tous les points qui se trouvent à 5,1 cm de G.
c. Combien de possibilités a-t-on pour placer le point V ? Tracer le triangle TGV.

3. Tracer le triangle DEF tel que DE = 7,4 cm ; DF = 5,8 cm et EF = 4,2 cm.

Le cours

1 Notations

a Éléments de géométrie

Nom de l'objet	Point	Segment	Demi-droite	Droite
Représentation	A ×	A, B	A, B	A, B
Notation	A	[AB] ou [BA]	[BA)	(AB) ou (BA)
Description	Le point A	Le segment d'extrémités A et B	La demi-droite d'origine B qui passe par A	La droite qui passe par A et B

- Un segment est limité par ses deux extrémités, on peut donc le mesurer.

Exemple : La longueur du segment [AB] se note sans crochets **AB**.
On peut écrire AB = 2 cm.

- En revanche, on ne peut pas mesurer une droite ou une demi-droite car elles sont illimitées.

b Notion d'appartenance

En géométrie, l'expression « le point A **appartient à** la droite (d) » se note : A ∈ (d).
L'expression « le point B **n'appartient pas** à la droite (d) » se note : B ∉ (d) .

DÉFINITION Dire que des points sont alignés signifie qu'ils appartiennent à une même droite.

Exemples

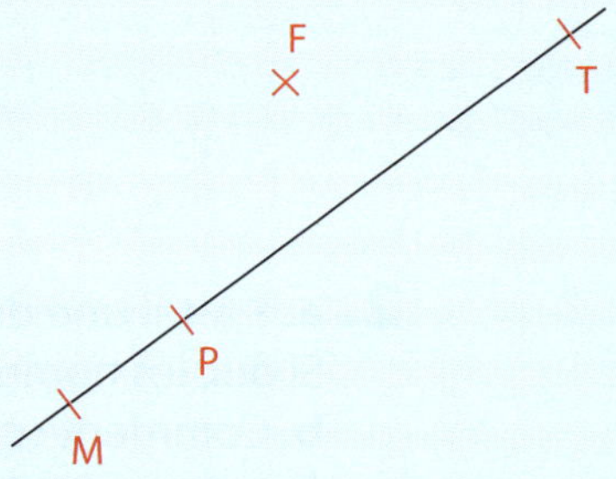

Ci-contre, le point M **appartient à** la droite (PT).
On note alors : M ∈ (PT).
Le point F **n'appartient pas à** la droite (PT).
On note alors : F ∉ (PT) .
On peut aussi écrire : M ∉ [PT], M ∈ [TP) et M ∉ [PT).
Les points M, P et T sont alignés mais les points P, F et T ne le sont pas.

2 Droites sécantes, perpendiculaires et parallèles

DÉFINITION Deux **droites sécantes** sont deux droites qui se coupent en un point.

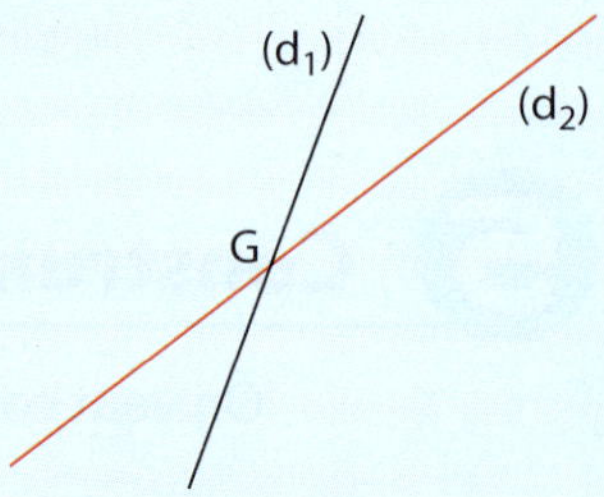

Exemple : Les droites (d_1) et (d_2) se coupent en un point G, on dit qu'elles sont sécantes en G.
G est le point d'intersection des droites (d_1) et (d_2).

DÉFINITION Deux droites **perpendiculaires** sont deux droites sécantes qui forment quatre angles droits.

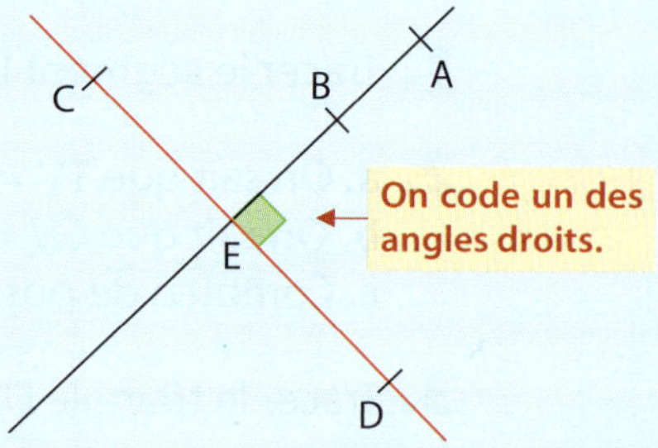

Exemple : Les droites (AB) et (CD) sont sécantes en un point E et forment quatre angles droits.
Les droites (AB) et (CD) sont perpendiculaires, ce que l'on note : **(AB) ⊥ (CD)**.

DÉFINITION Deux **droites parallèles** sont deux droites qui ne sont pas sécantes.

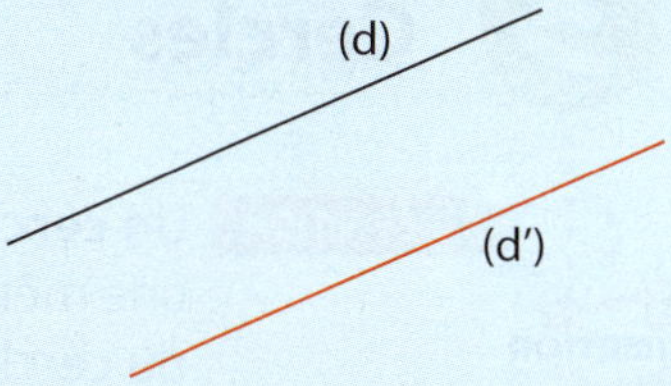

■ **Exemple :** Les droites (d) et (d') ne se coupent pas, elles ne sont pas sécantes.

Les droites (d) et (d') sont parallèles, ce que l'on note : **(d) // (d')**.

DÉFINITION La **médiatrice** d'un segment est la droite perpendiculaire à ce segment en son milieu.

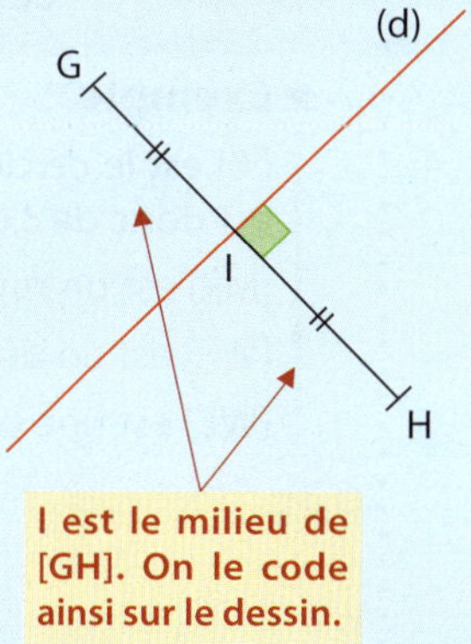

■ **Exemple**

La droite (d) coupe le segment [GH] perpendiculairement en son milieu.

La droite (d) est la médiatrice de [GH].

PROPRIÉTÉ SI deux droites sont perpendiculaires à une même droite ALORS elles sont parallèles.

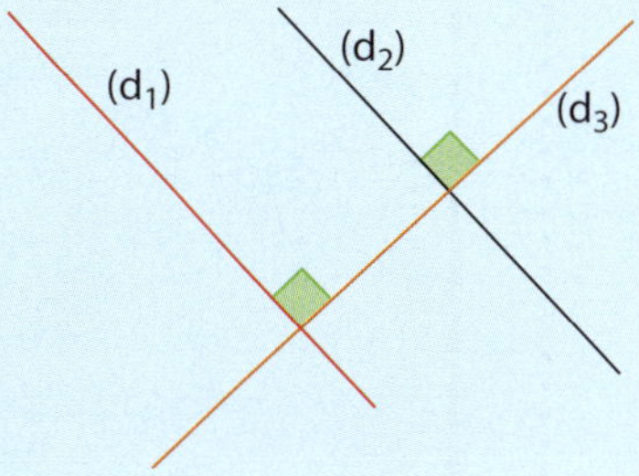

■ **Exemple**

Les droites (d_1) et (d_2) sont perpendiculaires à la droite (d_3).

La propriété ci-dessus permet alors d'affirmer que les droites (d_1) et (d_2) sont parallèles.

PROPRIÉTÉ SI deux droites sont parallèles et qu'une troisième droite est perpendiculaire à l'une d'entre elles ALORS cette droite est aussi perpendiculaire à l'autre.

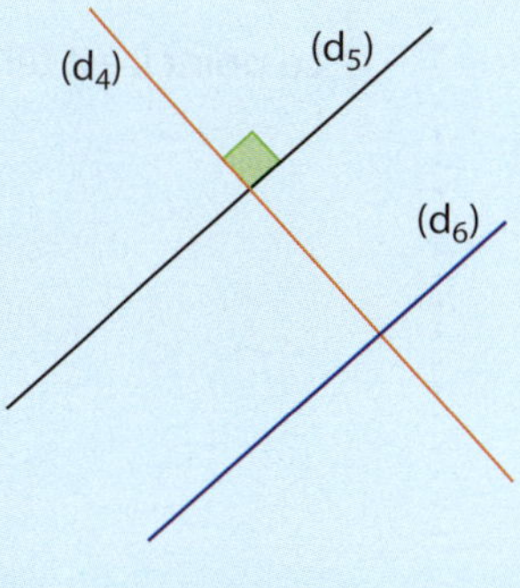

■ **Exemple**

Les droites (d_5) et (d_6) sont parallèles.

Les droites (d_4) et (d_5) sont perpendiculaires.

La propriété ci-dessus permet alors d'affirmer que les droites (d_4) et (d_6) sont aussi perpendiculaires.

3 Cercles

DÉFINITION Un **cercle** est l'ensemble des points situés à une même distance d'un point appelé centre du cercle.
Cette distance est appelée le **rayon** du cercle.

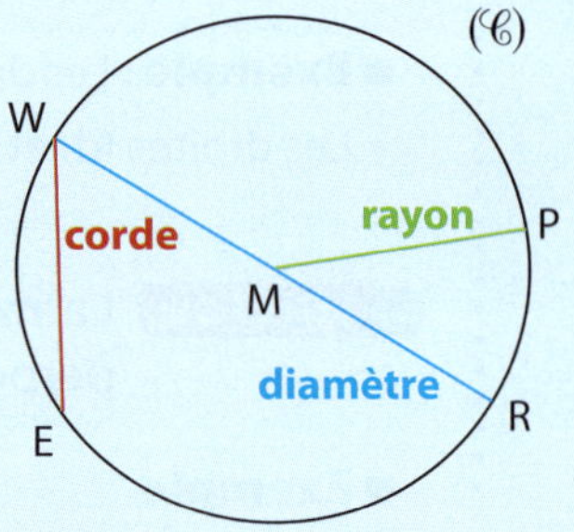

Exemple

(𝒞) est le cercle de centre M. Le rayon de ce cercle est 1,8 cm et son diamètre est donc de 3,6 cm (le double du rayon).

[MP] est un **rayon** de ce cercle.

[WR] est un **diamètre** de ce cercle.

[WE] est une **corde** de ce cercle.

PROPRIÉTÉ Soit un cercle donné :
- tout point qui appartient à ce cercle est à une même distance de son centre ;
- tous les points situés à cette distance du centre appartiennent au cercle.

Exemple : Le segment [AB] mesure 3 cm.

On a tracé le cercle (𝒞) de centre A passant par B. Ce cercle a donc pour rayon 3 cm.

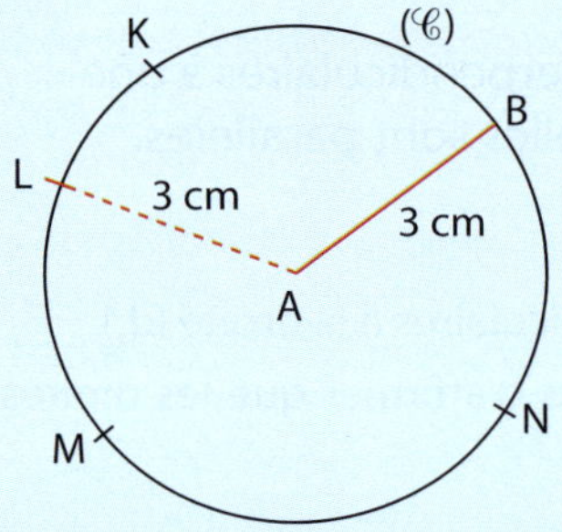

Les points K, M et N sont sur le cercle (𝒞) donc :

AK = AM = AN = 3 cm.

Le point L est tel que AL = 3 cm donc L appartient au cercle (𝒞).

Le dico des Maths

- Cercle
- Corde
- Demi-droite
- Diamètre
- Droite
- Droites parallèles
- Droites perpendiculaires
- Droites sécantes
- Médiatrice
- Rayon
- Segment

Voir p. 254

1 Tracer la droite perpendiculaire à une autre passant par un point donné

Animation

Énoncé

Tracer la droite perpendiculaire à la droite (d) passant par le point M.

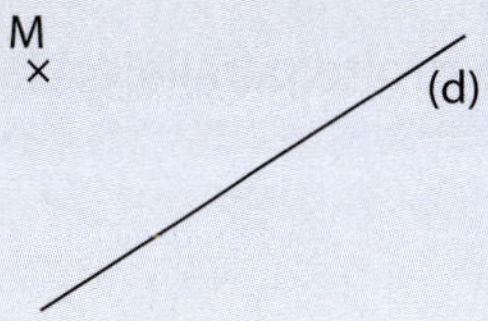

Solution commentée

① Je place un des côtés de l'angle droit de l'équerre le long de la droite (d).

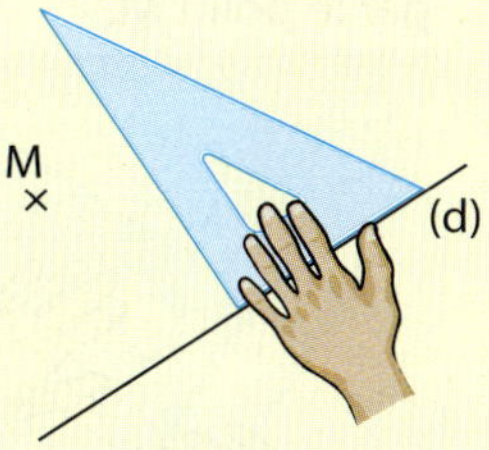

② J'amène l'équerre de sorte que l'autre côté de l'angle droit passe par le point M.

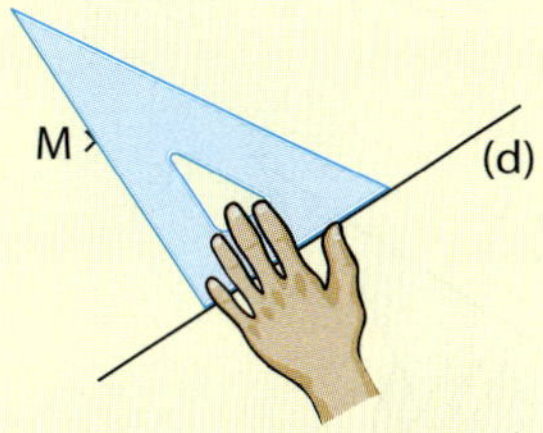

③ Je trace la droite passant par M le long de ce côté de l'angle droit.

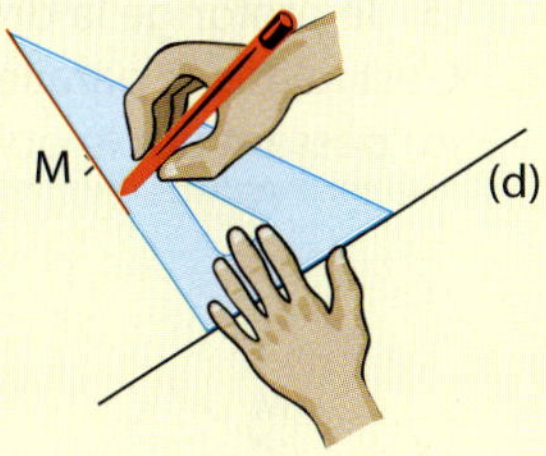

④ Je prolonge la droite tracée et je code l'angle droit. La droite obtenue est la droite perpendiculaire à la droite (d) passant par le point M.

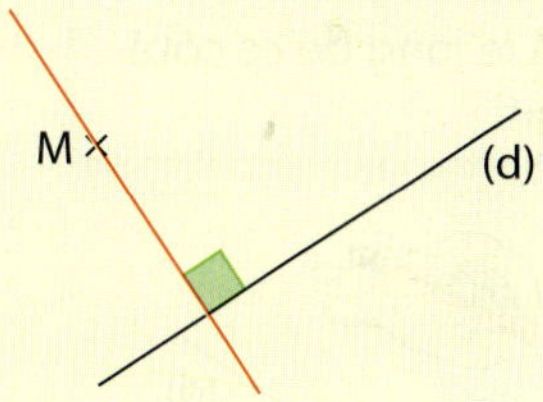

Exercices d'application

1 **1.** Tracer une droite (d) et placer un point K n'appartenant pas à cette droite.
2. Tracer la droite perpendiculaire à (d) passant par K.

2 **1.** Tracer une droite (d) et placer un point B sur cette droite.
2. Tracer la droite perpendiculaire à (d) passant par B.

3 **1.** Tracer un triangle BFG.
2. Tracer la droite perpendiculaire à la droite (FG) passant par le point B.

4 **1.** Placer trois points non alignés D, H et F.
2. Tracer la droite perpendiculaire à (DH) passant par F.

5 **1.** Tracer un segment [GP] et placer son milieu T.
2. Tracer la droite perpendiculaire à (GP) passant par T.
3. Comment se nomme cette droite ?

6 **1.** Tracer un quadrilatère CVBN.
2. Tracer la droite perpendiculaire à la droite (CB) passant par le point V.
3. Tracer la droite perpendiculaire à la droite (CB) passant par le point N.
4. Les droites (CB) et (VN) sont-elles perpendiculaires ?

Voir aussi les Exercices 25 à 36

Savoir faire

2 Tracer la droite parallèle à une autre passant par un point donné

Animation

Énoncé

Tracer la droite parallèle à la droite (d) passant par le point M.

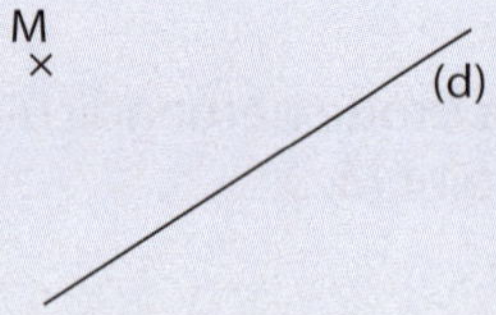

Solution commentée

① Je place un des côtés de l'angle droit de l'équerre le long de la droite (d).

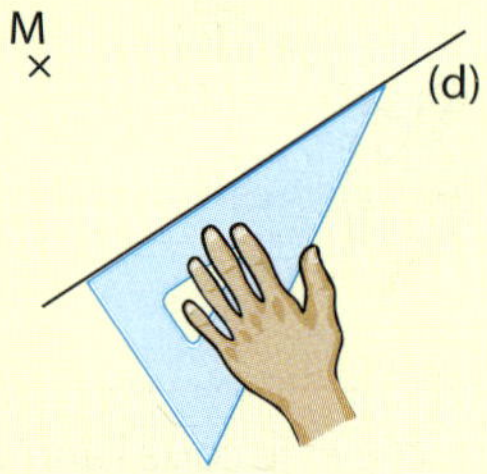

② Je plaque une règle le long de l'autre côté de l'angle droit de l'équerre.

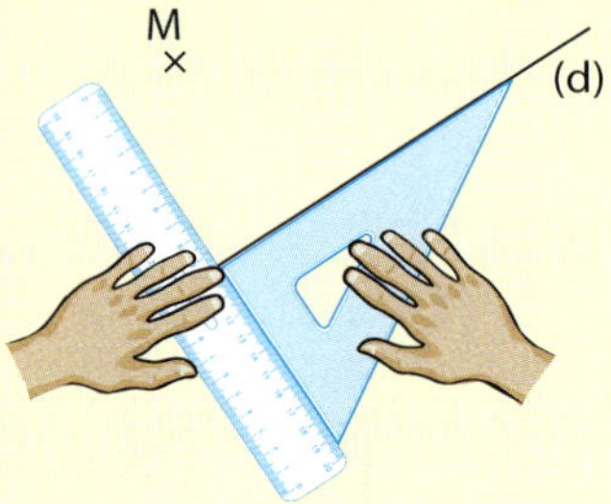

③ Je fais glisser l'équerre le long de la règle jusqu'à ce que l'un des côtés de l'angle droit passe par le point M.

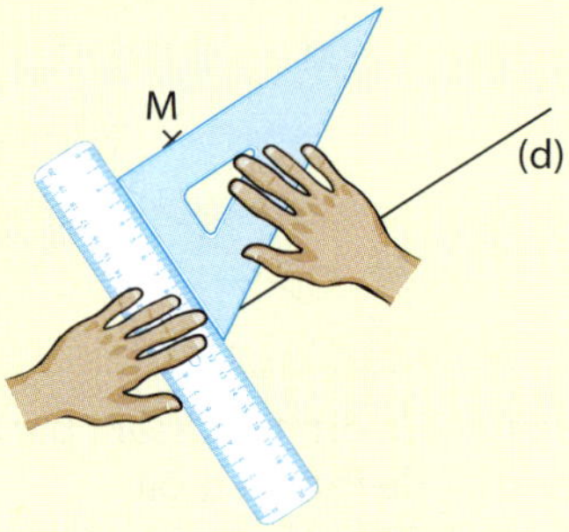

④ Je trace la droite passant par le point M le long de ce côté de l'angle droit.

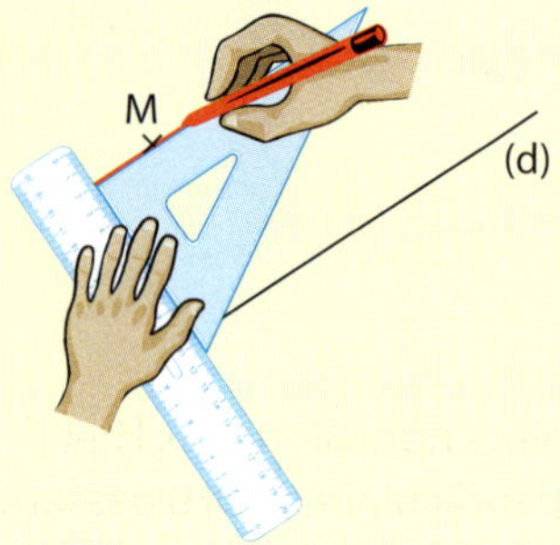

On obtient deux droites perpendiculaires à une même troisième (la règle). Elles sont donc parallèles.

⑤ Je prolonge la droite tracée. C'est la droite parallèle à la droite (d) passant par le point M.

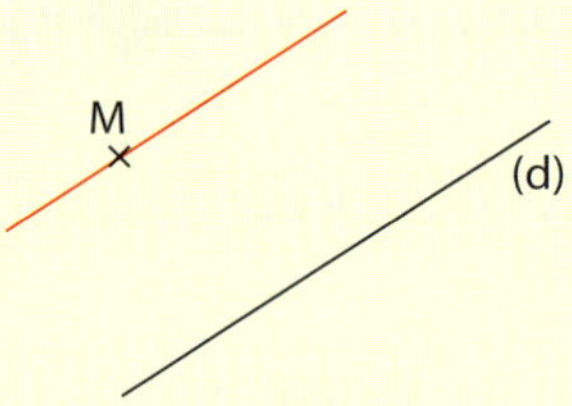

Exercices d'application

7 **1.** Tracer une droite (d) et placer un point P n'appartenant pas à cette droite.
2. Tracer la droite parallèle à (d) passant par P.

8 **1.** Tracer un triangle GTR.
2. Tracer la droite parallèle à (GR) passant par T.

9 **1.** Tracer une droite (h) et placer deux points A et B n'appartenant pas à cette droite.
2. Tracer la droite parallèle à (h) passant par A et la droite parallèle à (h) passant par B.
3. Que peut-on dire de ces trois droites ?

10 **1.** Tracer un quadrilatère ABCD.
2. Tracer la droite parallèle à la droite (AC) passant par B.

Voir aussi les Exercices 25 à 36

3 Construire un triangle connaissant les longueurs de ses côtés

ANIMATION

Énoncé

Construire un triangle ABC tel que AB = 6,4 cm ; AC = 4,2 cm et BC = 3,5 cm.

Solution commentée

① Je trace un des trois côtés du triangle.
Par exemple, le côté [AB] qui mesure 6,4 cm.

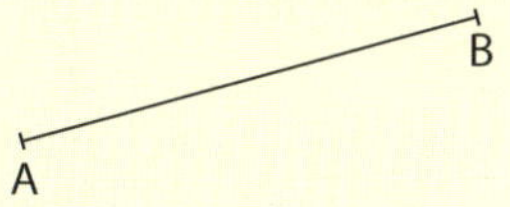

② Je trace le cercle de centre A et de rayon 4,2 cm.

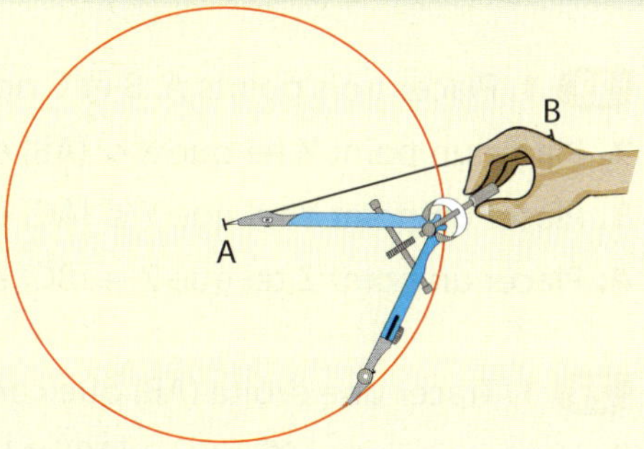

③ Je trace le cercle de centre B et de rayon 3,5 cm.

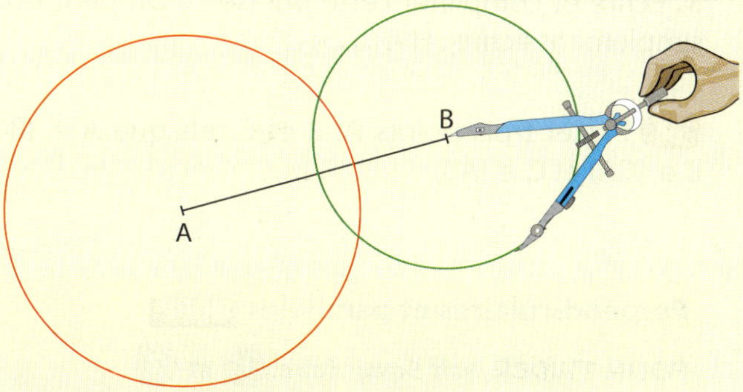

④ Le point C est l'un des deux points à l'intersection des deux cercles.
J'en choisis un et je trace le triangle ABC.

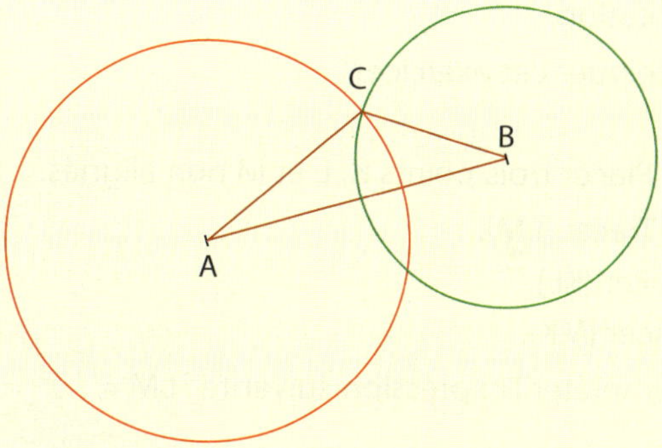

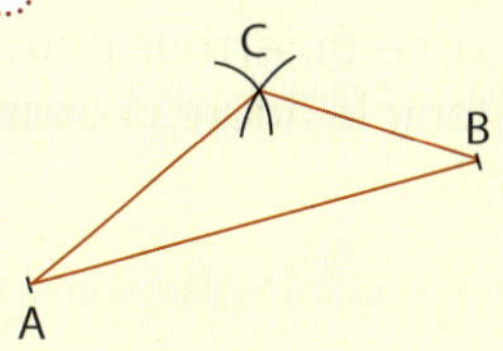

Exercices d'application

11 Tracer un triangle PRK tel que :
PR = 5,3 cm ; PK = 7 cm et RK = 3,5 cm.

12 Tracer un triangle MGT tel que :
MG = 7,5 cm ; MT = 6 cm et GT = 4,5 cm.

13 Tracer un triangle FDT tel que :
FD = 6,3 cm ; DT = 5 cm et FD = FT.

14 Tracer un triangle TSA dont les côtés sont tous égaux à 6,7 cm.

15 Reproduire, en vraie grandeur, le triangle ci-dessous en utilisant les longueurs données :

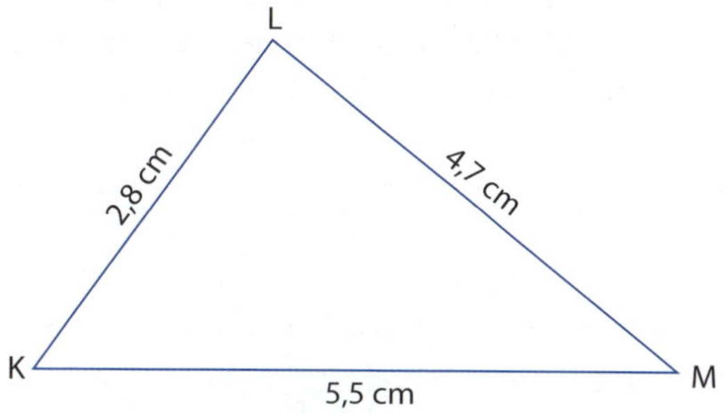

Voir aussi les Exercices 54 à 62

Pour s'entraîner

Notations

16 **1.** Placer trois points A, B et C non alignés.

2. Tracer la droite (AB).

3. Tracer le segment [AC].

4. Tracer la demi-droite [CB).

17 Léa a noté la consigne d'un exercice qu'une camarade lui a dictée. Voici ce qu'elle a écrit :

« Tracer une droite MH, puis tracer un segment HP et enfin tracer la demi-droite PM. Quelle est la longueur MH ? »

1. Recopier ce texte en corrigeant les éventuelles erreurs de notation.

2. Effectuer cet exercice.

18 Placer trois points K, L et M non alignés.

1. **a.** Tracer [LM].

b. Tracer (KL).

c. Tracer [MK).

2. Compléter l'expression suivante : LM = **…**

19 Robin et Arthur discutent par SMS.

Robin demande à Arthur de l'aider à compléter le dessin fait en classe car il n'a pas eu le temps de le reproduire totalement. Il n'a placé que les trois points G, N et W.

Qu'est-ce qu'Arthur peut écrire à Robin pour l'aider à obtenir la figure ci-dessous à partir des points G, N et W ?

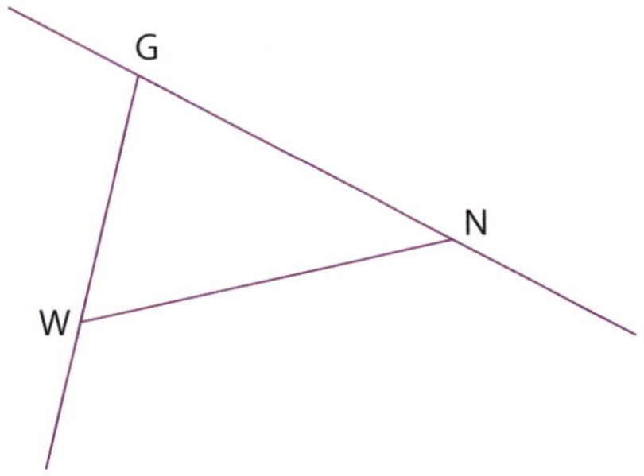

20 Dans chaque cas, dire si les affirmations concernant la figure ci-dessous sont vraies ou fausses :

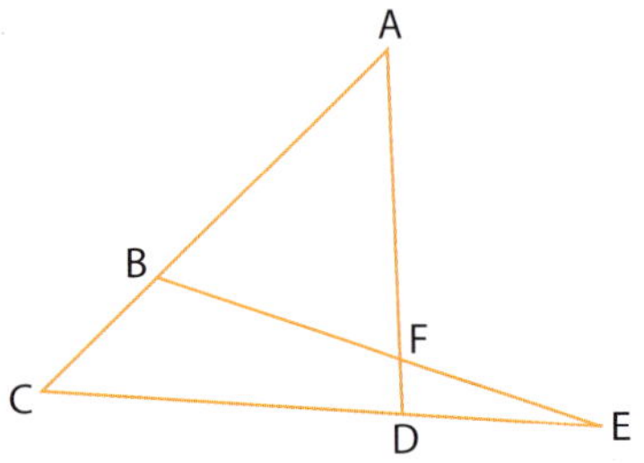

a. F ∈ [BE] **b.** A ∉ (BC) **c.** B ∈ [FE) **d.** E ∉ [CD)

21 À l'aide de la figure ci-dessous, compléter les expressions suivantes en utilisant les symboles ∈ ou ∉.

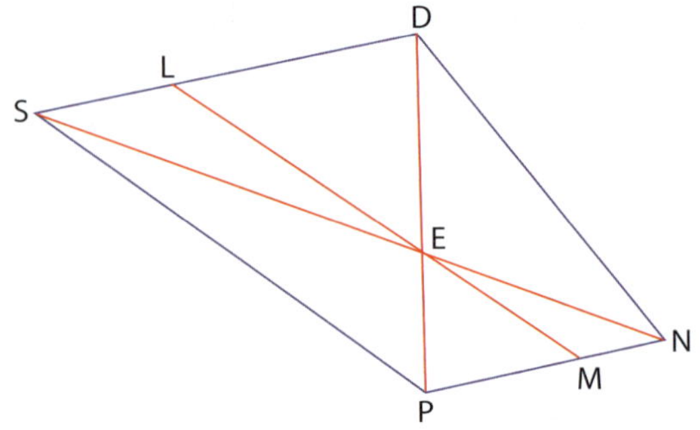

a. L **…** [SD]

b. N **…** [MP]

c. N **…** (MP)

d. N **…** [MP)

e. M **…** [LE)

f. P **…** [ED]

g. S **…** [EN]

h. N **…** (ML)

i. P **…** (ED)

j. S **…** [NE)

22 **1.** Placer trois points A, B et C non alignés.

2. Placer un point X tel que X ∈ (AB) et X ∉ [AB].

3. Placer un point Y tel que Y ∈ [AC) et Y ∉ [AC].

4. Placer un point Z tel que Z ∈ [BC) et Z ∉ [CB).

23 **1.** Tracer une droite (AB) quelconque.

2. H est un point vérifiant H ∈ [AB) et H ∈ [BA). Colorier en rouge toutes les positions possibles de ce point H.

3. Écrire et compléter cette phrase : « On peut donc simplement écrire : H ∈ **…** ».

24 Placer trois points A, B et C tels que A ∈ (BC), B ∈ [CA) et C ∉ [AB).

Perpendiculaires et parallèles SOCLE 6e

POUR T'AIDER, voir Savoir faire 1 et 2

25 **1.** Tracer deux droites sécantes (d_1) et (d_2).

2. Placer un point A tel que A ∈ (d_1) et A ∉ (d_2).

3. **a.** Tracer la droite perpendiculaire à (d_2) passant par A.

b. Tracer la droite parallèle à (d_2) passant par A.

26 **1.** Placer trois points non alignés A, B et C.

2. Tracer la droite (BC).

3. Tracer la droite perpendiculaire à (BC) passant par le point A.

4. Tracer la droite parallèle à (BC) passant par le point A.

27 **1.** Reproduire la figure ci-dessous :

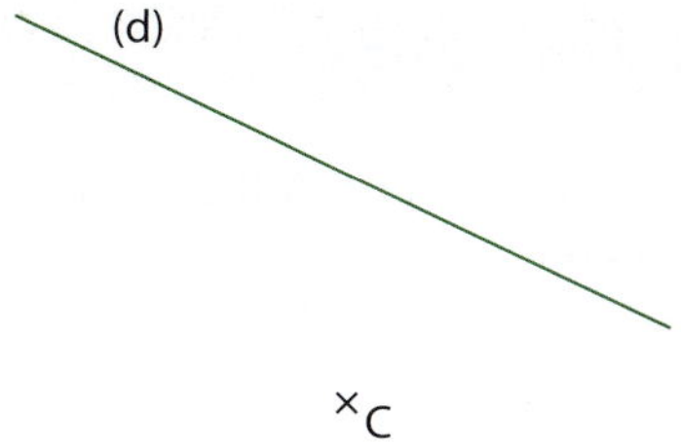

2. a. Tracer en rouge la droite perpendiculaire à la droite (d) passant par le point C.

b. Tracer en bleu la droite parallèle à la droite (d) passant par le point C.

3. Que peut-on dire de la droite rouge et de la droite bleue ? Pourquoi ?

28 **1.** Reproduire la figure ci-dessous :

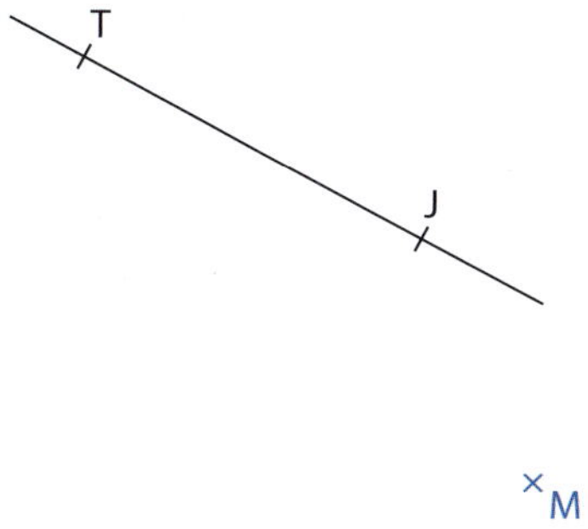

2. Tracer en rouge la droite perpendiculaire à la droite (TJ) passant par le point M, la nommer (d_1).

3. Tracer en bleu la droite perpendiculaire à la droite (d_1) passant par le point M, la nommer (d_2).

4. Que peut-on dire des droites (d_2) et (TJ) ? Pourquoi ?

29 **1.** En utilisant le quadrillage du cahier, placer trois points A, B et C comme ci-dessous :

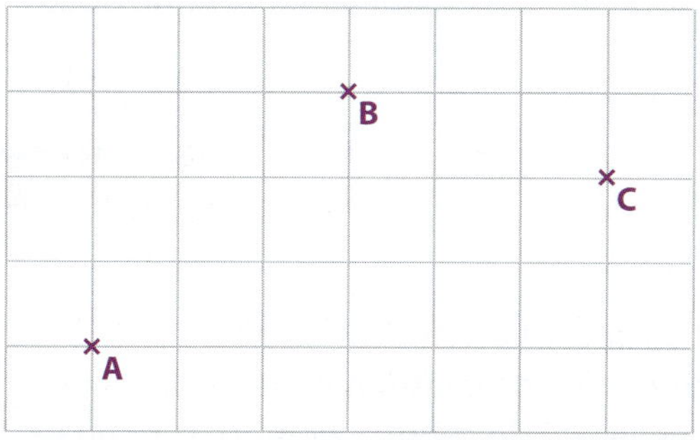

2. a. Tracer en rouge la droite perpendiculaire à (BC) passant par C.

b. Tracer en rouge la droite perpendiculaire à (BC) passant par A.

c. Que peut-on dire de ces droites rouges ? Pourquoi ?

3. a. Tracer en vert la droite parallèle à (BC) passant par le point A.

b. Que peut-on dire de cette droite verte et des droites rouges tracées à la question **2.** ? Pourquoi ?

30 Les droites rouges sont-elles parallèles ?

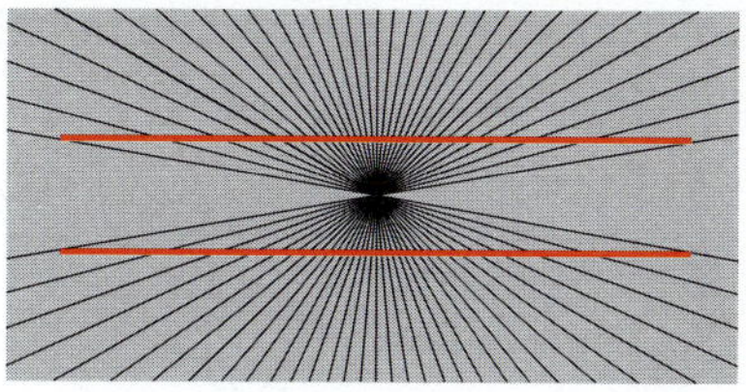

31 **1.** Dans la figure ci-dessous, citer deux droites perpendiculaires et deux droites parallèles :

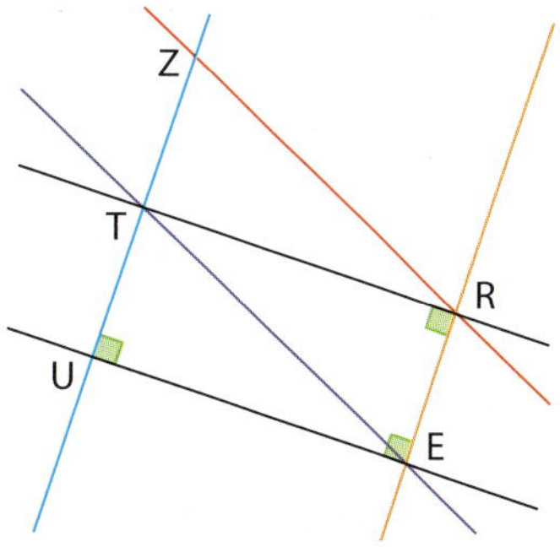

2. Que peut-on dire des droites (TR) et (UE) ? Pourquoi ?

3. Que peut-on dire des droites (ZR) et (TE) ? Pourquoi ?

4. Recopier et compléter les expressions ci-dessous lorsque c'est possible avec les symboles ⊥ ou // :

a. (ZU) **...** (UE)

b. (ZR) **...** (TE)

c. (RT) **...** (UE)

d. (RE) **...** (UE)

e. (TE) **...** (ER)

f. (RE) **...** (TU)

32 Un professeur donne aux élèves de sa classe l'exercice suivant :

« Tracer un triangle ABC. Tracer la droite perpendiculaire à (AC) passant par le point B, elle coupe (AC) en un point D. Tracer la droite parallèle à (AB) passant par le point D. »

Voici les travaux de quatre élèves de cette classe :

a.

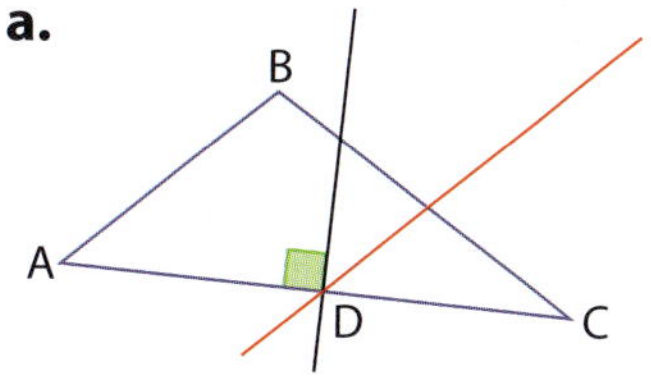

Jules

b.

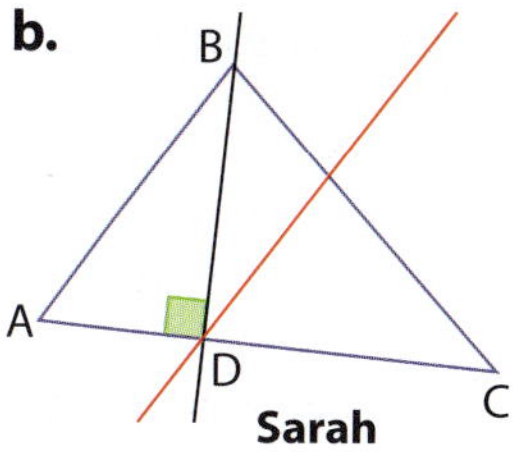

Sarah

c.

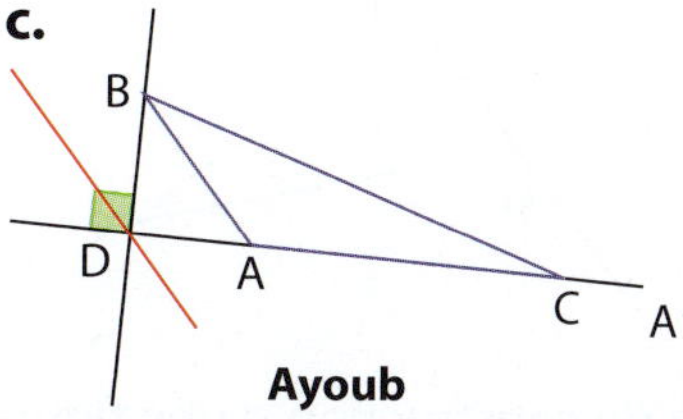

Ayoub

d.

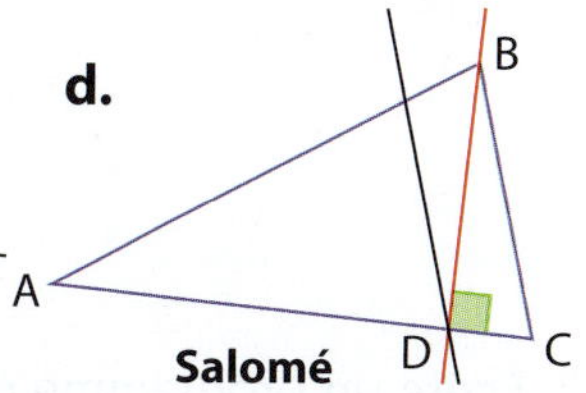

Salomé

Pour chaque élève, dire si sa construction correspond à l'énoncé donné et dans le cas contraire, préciser ce qui n'est pas correct.

Pour s'entraîner

33 Écrire un programme de construction de chacune des figures ci-dessous :

a.

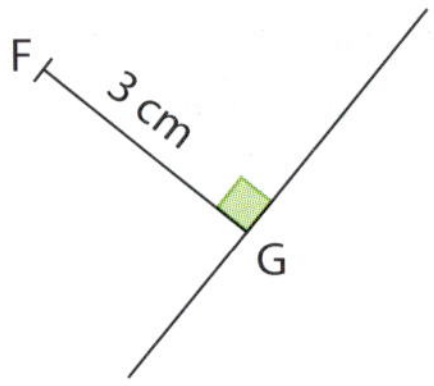

b.

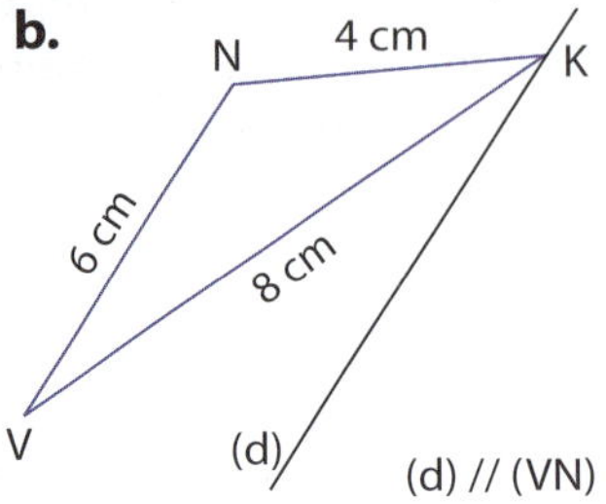

34 Écrire un programme de construction de la figure ci-dessous :

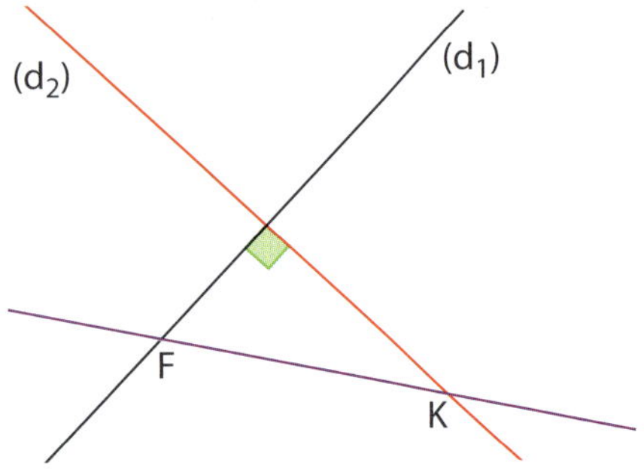

35 **1.** Tracer une droite (d_1) et placer un point A sur cette droite.

2. Tracer la droite perpendiculaire à (d_1) qui passe par A et placer un point B sur cette droite.

3. Tracer la droite perpendiculaire à (AB) qui passe par B et nommer (d_2) cette droite.

4. Écrire un autre programme de construction de cette figure qui utilise le mot « parallèle ».

36 **1.** Écrire un programme de construction d'une figure semblable à la figure ci-dessous commençant par « Construire un triangle MJK quelconque et placer un point G sur [MK] … ».

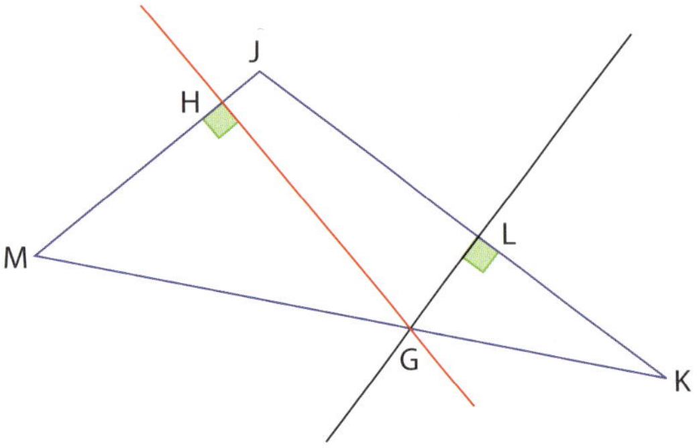

2. Écrire un programme de construction d'une figure semblable à la figure ci-dessus commençant par « Construire un triangle MJK quelconque et placer un point H sur [MJ] … »

Médiatrice d'un segment

37 **1.** Tracer un segment [AB] de longueur 11 cm et placer son milieu I.

2. Tracer la médiatrice de [AB].

38 **1.** Tracer un segment [CD] de longueur 8 cm.

2. Tracer la médiatrice (m) du segment [CD] et placer un point E sur cette droite différent du milieu de [CD].

3. Tracer la droite (d) perpendiculaire à (m) passant par le point E.

4. Que peut-on dire des droites (d) et (CD) ? Expliquer.

39 Écrire un programme de construction commençant par « Tracer un triangle KML quelconque… » qui permet de construire une figure semblable à la figure ci-dessous :

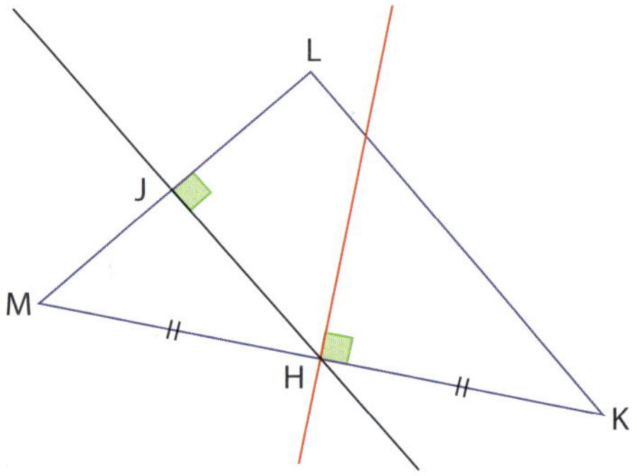

Utiliser des cercles SOCLE 6e

40 **1.** Sur une feuille de papier au format A4, reproduire approximativement la figure ci-dessous :

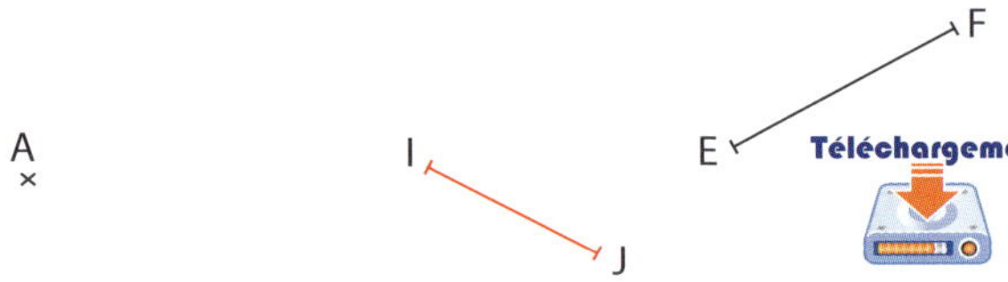

Téléchargement

2. Construire les cercles suivants :

a. le cercle $(\mathscr{C}_1)$ de centre A et de rayon 4 cm ;

b. le cercle $(\mathscr{C}_2)$ de centre J dont [IJ] est un rayon ;

c. le cercle $(\mathscr{C}_3)$ de centre E et de rayon [IJ] ;

d. le cercle $(\mathscr{C}_4)$ dont [EF] est un diamètre ;

e. le cercle $(\mathscr{C}_5)$ de centre A et de diamètre [EF] ;

f. le cercle $(\mathscr{C}_6)$ de centre I passant par E.

41 **1.** Tracer un segment [AB] tel que AB = 5 cm.

2. Tracer le cercle de centre A passant par B.

3. **a.** Quel est le rayon de ce cercle ?

b. Quel est le diamètre de ce cercle ?

42 **1.** Tracer un segment [CD] tel que CD = 6 cm.
2. Tracer le cercle dont [CD] est un diamètre.
3. a. Quel est le rayon de ce cercle ?
b. Quel est le diamètre de ce cercle ?

43 **1.** Tracer un cercle ($\mathscr{C}_1$) de centre P et de rayon 5 cm.
2. Placer un point B sur ce cercle.
3. Tracer un cercle ($\mathscr{C}_2$) de centre B et de rayon 3 cm.
4. Comment placer un point A sur ($\mathscr{C}_1$) et un point Z sur ($\mathscr{C}_2$) pour que la longueur AZ soit la plus grande possible ? Expliquer.

44 **1.** Placer trois points A, B et C non alignés.
2. Tracer le cercle de centre A et de rayon BC.

45 Dans la figure ci-dessous, quatre points appartiennent à un même cercle qui a pour centre un des points de la figure :

Téléchargement

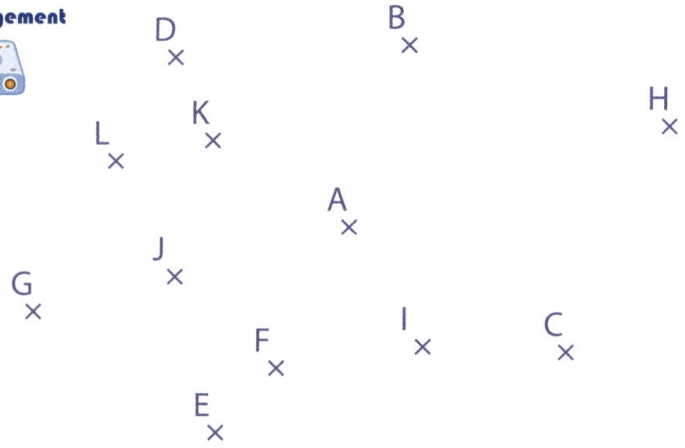

1. a. Quels sont ces quatre points ?
b. Quel est le centre de ce cercle ?
2. Quel est le rayon de ce cercle ?

46 **1.** Placer un point A et colorier en vert tous les points qui se trouvent à moins de 5 cm de A.
2. Placer un point B et colorier en rouge tous les points qui se trouvent à plus de 2 cm de B et à moins de 5 cm de B.

47 **1.** Tracer un segment [ML] de longueur 8 cm.
2. Colorier en bleu tous les points qui se trouvent à moins de 6 cm de M et à moins de 4 cm de L.

48 Clara a tracé dans la cour de récréation un cercle de centre O et de rayon 170 cm.
Elle a ensuite tracé un diamètre [AB] de ce cercle, puis la médiatrice de [AB] qui recoupe le cercle en C et D. Elle a tracé pour finir la médiatrice de [OC] qui recoupe le cercle en E et F.
Donner la longueur OE.

49 ($\mathscr{C}$) est un cercle dont le diamètre est le rayon d'un cercle de 12 cm de diamètre.
Quel est le rayon de ($\mathscr{C}$) ?

Reporter une longueur SOCLE 6e

50 **1.** Tracer un segment [AB] pas trop grand.
2. En utilisant seulement un compas et une règle non graduée, tracer un segment [CD] deux fois plus grand que [AB] et un autre segment [EF] trois fois plus grand que [AB].

51 **1.** Placer trois points A, B et C non alignés.
2. En utilisant uniquement un compas et une règle non graduée :
a. construire un segment [DE] de longueur AB + BC ;
b. construire un segment [FG] de longueur égale au périmètre de ABC.

52 Voici deux lignes brisées ABCDE et FGHIJ :

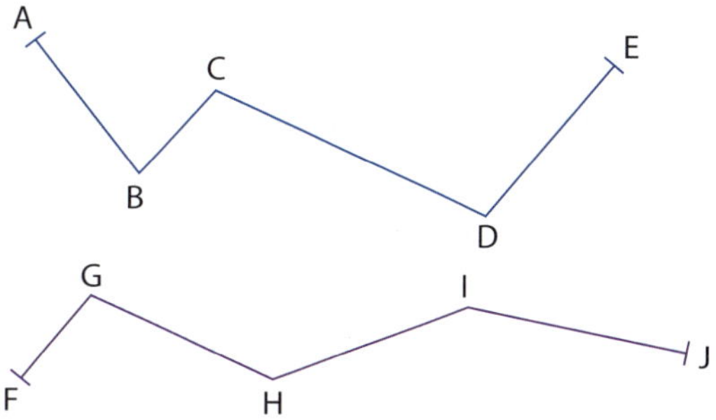

En utilisant uniquement un compas et une règle non graduée, répondre aux questions suivantes.
1. Quelle est la ligne brisée la plus longue ? Expliquer la démarche.
2. Deux segments ont la même longueur. Lesquels ?
3. Classer les longueurs de ces segments par ordre croissant.

Coup de pouce
Classer par ordre croissant, c'est classer du plus petit au plus grand.

4. Tracer un triangle dont les côtés ont pour longueurs respectives les longueurs des trois plus grands segments de ces lignes brisées.

53 **1.** Sur une feuille de cahier, tracer un segment [AB] sans que le point A ou le point B ne soient sur des nœuds du quadrillage comme montré ci-contre.

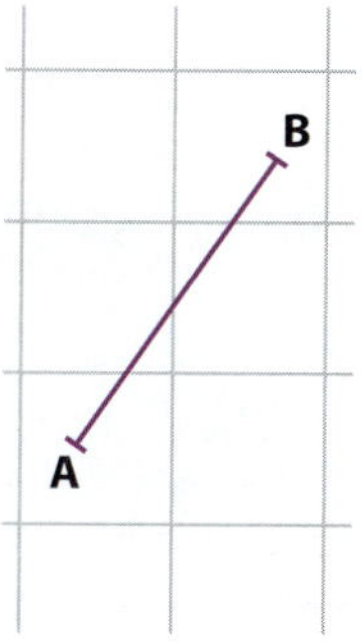

2. En utilisant uniquement un compas et une règle non graduée, tracer un triangle PML tel que :
PM = 3 × AB ;
ML = 2 × AB ;
PL = 4 × AB.

Pour s'entraîner

Construire un triangle SOCLE 6e

POUR T'AIDER, voir Savoir faire 3

54 **1.** Tracer un segment [TH] tel que TH = 7 cm.
2. Trouver les deux points situés à 5 cm du point T et à 3 cm du point H.
3. a. Nommer S l'un de ces points.
b. Quelles sont les dimensions du triangle THS ?

55 Tracer un triangle ABC tel que :
AB = 6 cm, BC = 9 cm et AC = 7 cm.

56 Tracer un triangle DEF isocèle en D tel que :
DE = 5 cm et EF = 7 cm

57 Tracer un triangle GHI équilatéral de côté 5 cm.

58 Reproduire la figure ci-dessous en vraie grandeur :

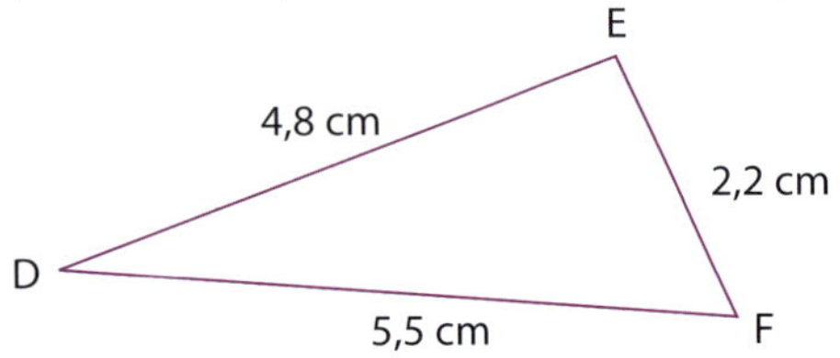

59 **1.** Tracer un triangle ABC tel que :
AB = 5 cm, BC = 6 cm et AC = 7 cm.
2. a. Placer un point D en dehors du triangle ABC tel que :
BD = 4 cm et CD = 3 cm.
b. Mesurer précisément la longueur AD.
3. a. Placer le point E en dehors du triangle ABC tel que ABE soit un triangle équilatéral.
b. Mesurer précisément les longueurs CE et DE.

60 Reproduire chacune des figures ci-dessous en vraie grandeur.

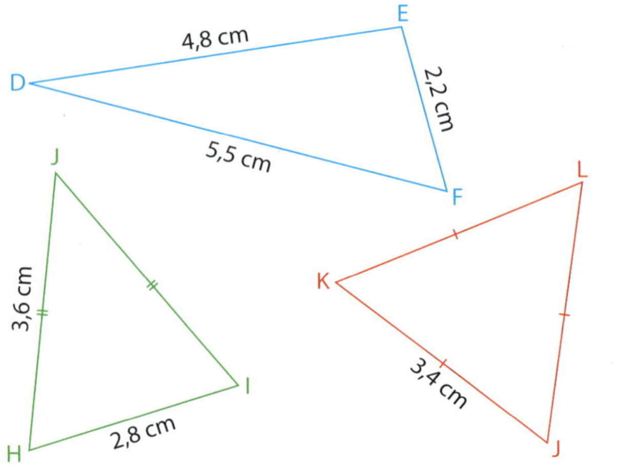

61 **1.** Reproduire la figure ci-dessous.
2. Écrire un programme de construction de cette figure.

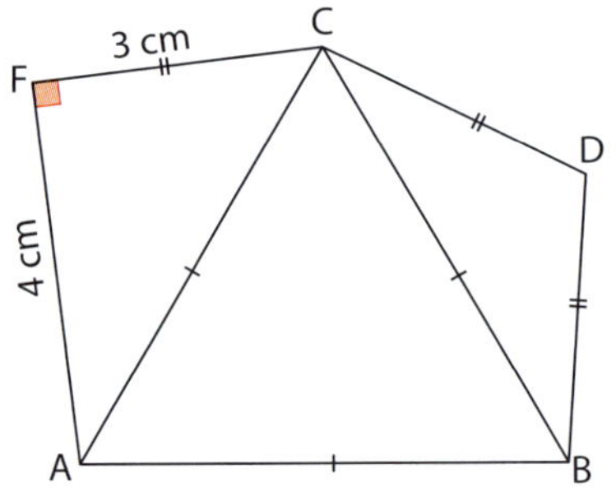

62 On a tracé un triangle équilatéral dont le périmètre est égal au diamètre d'un cercle de 6 cm de rayon.
Quelle est la longueur d'un des côtés de ce triangle ?

À l'oral

Les exercices qui suivent sont à faire mentalement.

63 Donner le périmètre des triangles suivants :

a.

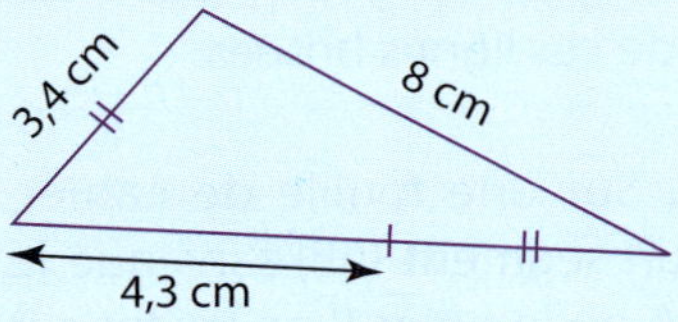

b.

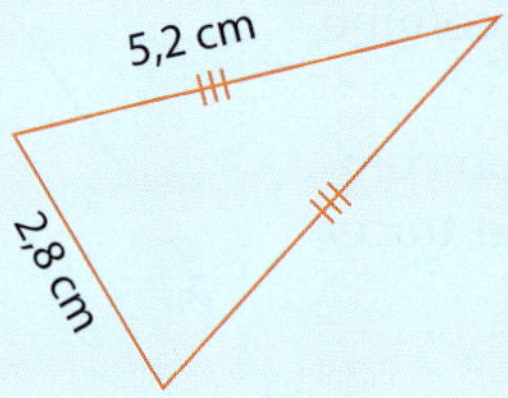

c

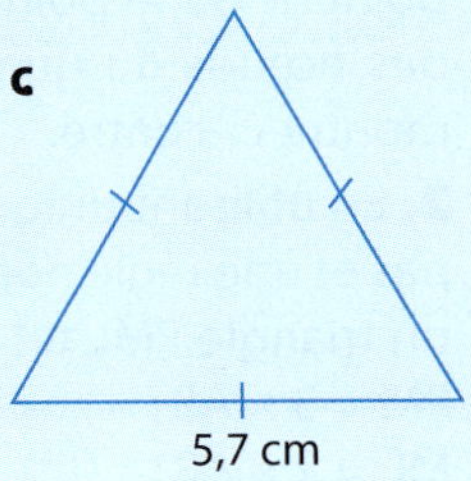

64 Étant donné un segment [AB] de longueur 4,3 cm, on a tracé le cercle de centre A passant par B et le cercle de centre B passant par A.
Quel est le périmètre du triangle ABC ?

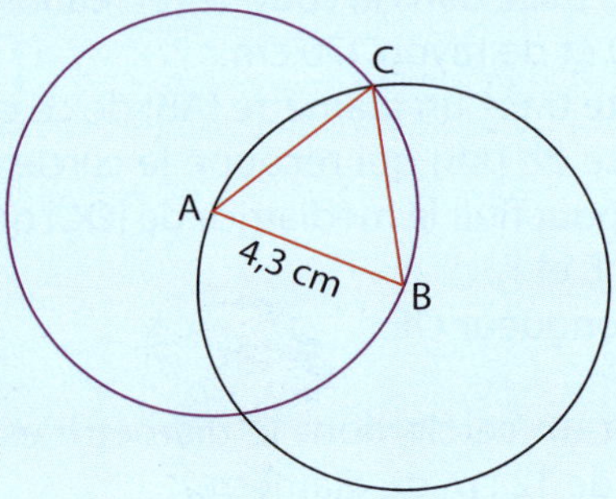

Je m'évalue

Pour chaque exercice 65 à 74, trouve la ou les bonnes réponses.

Énoncés	Réponse A	Réponse B	Réponse C	Réponse D
65 Comment note-t-on la partie de cette droite coloriée en rouge ? 	(TM)	[TM]	[TM)	[MT)
66 Dans quel(s) cas a-t-on : A ∈ [BC] et A ∉ [BC) ?				
67 Dans la figure ci-dessous, on peut affirmer que : 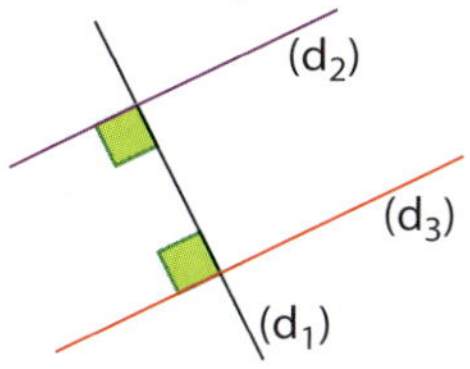	$(d_1) \perp (d_2)$	$(d_2) \perp (d_3)$	$(d_1) \perp (d_3)$	$(d_2) // (d_3)$
68 Si deux droites sont perpendiculaires à une même droite alors elles sont :	perpendiculaires	parallèles	sécantes	On ne peut rien affirmer
69 Si deux droites sont parallèles à une même droite alors elles sont :	perpendiculaires	parallèles	sécantes	On ne peut rien affirmer
70 Dans quel cas a-t-on tracé la médiatrice du segment [PF] ?	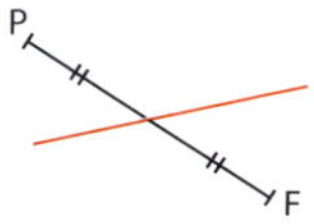	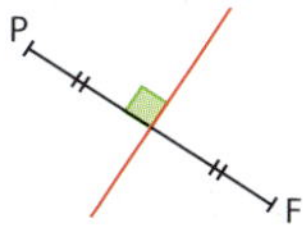	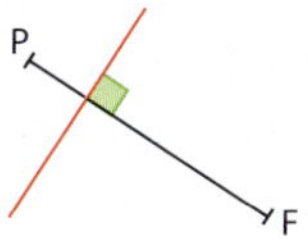	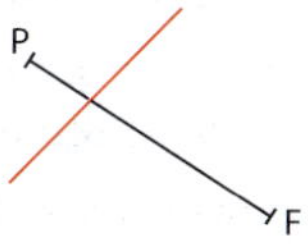
71 Si (AB) // (CD) et (AB) ⊥ (EF), on peut dire que :	(CD) // (EF)	(CD) ⊥ (EF)	(AB) et (EF) sont sécantes	(CD) et (EF) sont sécantes
72 P est un point d'un cercle de centre O et de rayon 4 cm. On peut dire que :	PO = 2 cm	PO = 4 cm	PO = 8 cm	[PO] est un diamètre de ce cercle
73 A et B sont deux points d'un cercle de centre K et de rayon 3 cm. On peut dire que :	AB = 3 cm	AK = BK	AB = 6 cm	AB = AK
74 R et Y sont deux points d'un cercle de centre T. On peut dire que :	RY = RT	RT = TY	YR = TY	RY = RT = TY

Tu peux vérifier tes réponses p. 255 et si tu veux continuer ton entraînement rendez-vous sur le **site compagnon**

Pour approfondir

75 Un pavé dans la mare SVT

Lorsque l'on jette une pierre dans un plan d'eau, on observe parfois la formation de cercles à la surface de l'eau. On peut construire une image semblable.

1. Placer un point A.

2. Tracer dix cercles de centre A et de rayons :

1 cm, 2 cm, 3 cm, …, 10 cm.

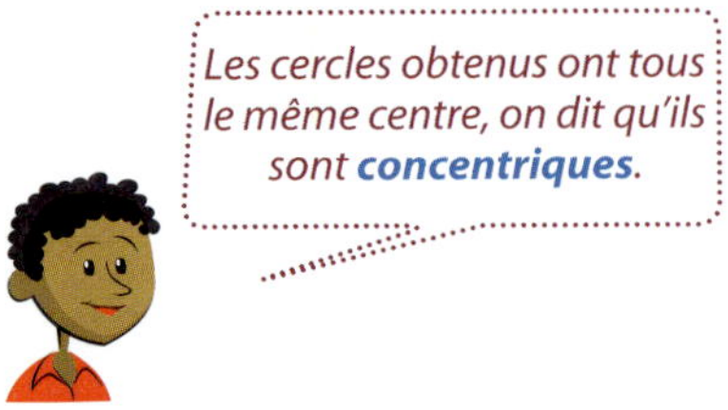

76 Un terrain de handball

Une partie d'un terrain de handball est schématisé ci-dessous :

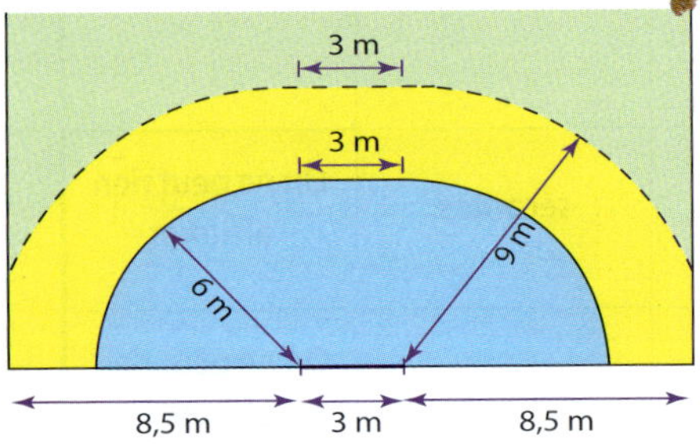

Le terrain est rectangulaire. Chaque zone est composée de deux quarts de cercle de rayon 6 m et de centre chacun des poteaux de but ; et d'un segment parallèle à la ligne de but de longueur 3 m.

En prenant 1 cm pour représenter 1 m, reproduire cette partie d'un terrain de handball.

77 Où sont-ils ?

1. Construire un triangle ABC tel que :

AB = 9 cm, BC = 5 cm et AC = 6 cm.

2. a. Placer le point D, milieu du segment [CA].

b. Placer le point E, milieu du segment [BD].

3. Colorier en vert tous les points à l'intérieur du triangle situés entre 2 cm et 4 cm du point E.

78 À la bonne place

Placer les points A, B, C, D, E et F sur la figure ci-dessous sachant que :

D ∈ (AC), C ∈ (EB), B ∈ (AF) et F ∈ (DE).

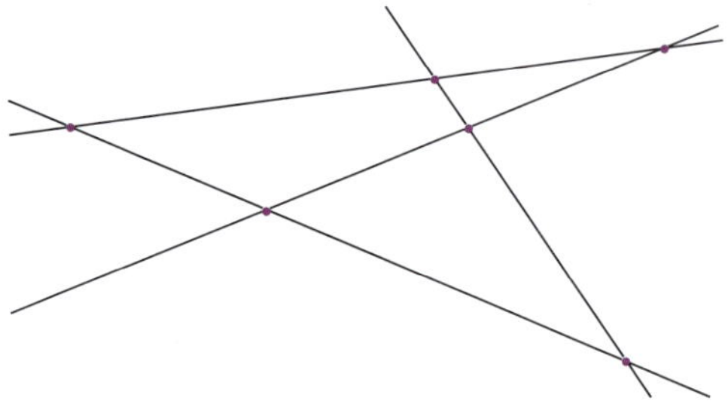

79 Un éternel recommencement

1. Tracer un triangle quelconque.

2. a. Placer un point D_1 sur un des côtés mais pas au milieu de celui-ci.

b. Tracer la droite parallèle à un second côté passant par le point D_1. Cette droite coupe le troisième côté en un point nommé le point D_2.

3. Reprendre la question **2. b.** en commençant par le point D_2 pour obtenir le point D_3, et ainsi de suite pour obtenir les points D_4, D_5, etc.

4. Que remarque-t-on ?

80 VRAI ou FAUX ?

Dire si chacune des phrases suivantes est vraie ou fausse en expliquant la réponse.

1. Deux droites perpendiculaires sont sécantes.

2. Deux droites sécantes sont perpendiculaires.

3. Deux cercles concentriques (de même centre) n'ont aucun point d'intersection.

4. Il existe des cercles qui n'ont que trois points d'intersection.

5. Deux cordes d'un cercle ne sont jamais perpendiculaires.

6. Deux cordes d'un cercle ne sont jamais parallèles.

81 À quoi servent les cercles ?

Reproduire une figure semblable à la figure ci-dessous et écrire un programme de construction correspondant sachant que GH = 5 cm et HK = 2 cm.

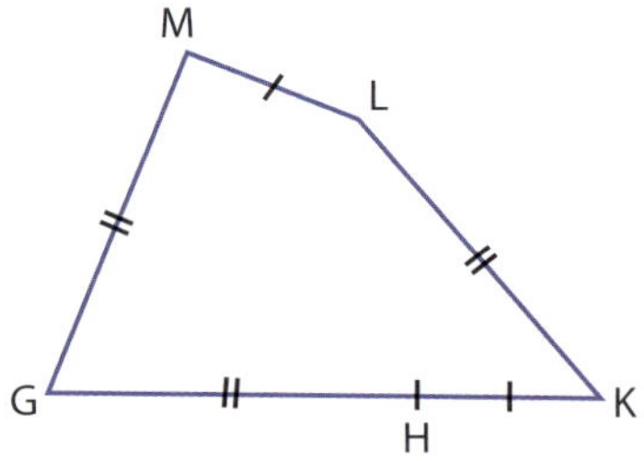

82 Un mandala

1. Tracer un cercle de rayon 7 cm.

2. Placer un point M_1 sur ce cercle et placer le point M_2 tel que $M_1M_2 = 7$ cm.

3. a. Placer de même les points M_3, M_4, M_5 et M_6.

b. Vérifier que $M_6M_1 = 7$ cm.

4. a. Tracer l'arc de cercle centré en M_1 d'extrémités M_2 et M_6.

b. Tracer de même les autres arcs de cercles (voir figure).

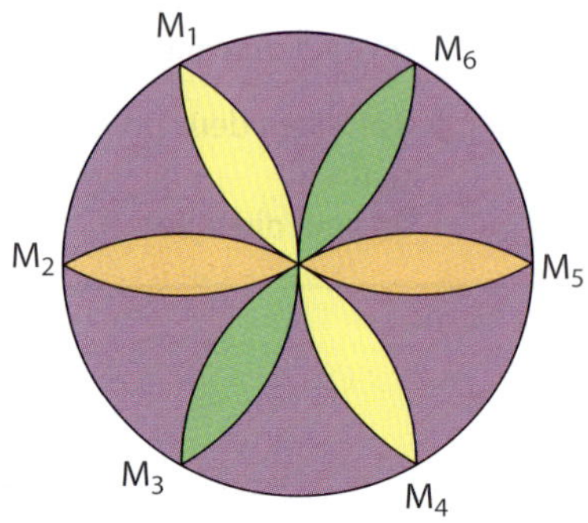

5. Colorier à loisir le dessin obtenu et en inventer d'autres du même type.

83 **Médiatrice tu seras !**

1. Sur une feuille, placer un point C et tracer une droite (d) ne passant pas par C.

2. Placer un point D tel que la droite (d) soit la médiatrice du segment [CD].

84 **À égale distance**

1. Tracer deux droites sécantes (d_1) et (d_2).

2. Placer un point M qui n'appartient ni à (d_1), ni à (d_2).

3. Placer un point A sur (d_1) et un point B sur (d_2) tels que MA = MB.

85 **Sous contrainte**

1. Placer quatre points A, B, C et D vérifiant en même temps les trois conditions ci-dessous :

① C appartient à la médiatrice de [AB] ;

② (AC) ⊥ (BD) ; ③ (AB) // (CD).

2. Écrire un programme de construction de cette figure.

86 **Une équerre en papier**

1. Prendre une feuille de papier et la plier en deux sans pour autant que ses bords se superposent.

2. Replier encore une fois cette feuille sur elle-même de façon à ce que les deux parties du premier trait de pliage se superposent.

3. Déplier la feuille. Que remarque-t-on ?

4. Replier cette feuille pour obtenir deux traits de pliages parallèles.

87 ***Problème ouvert***

Reproduire le polygone ci-contre en utilisant uniquement une règle non graduée et un compas.

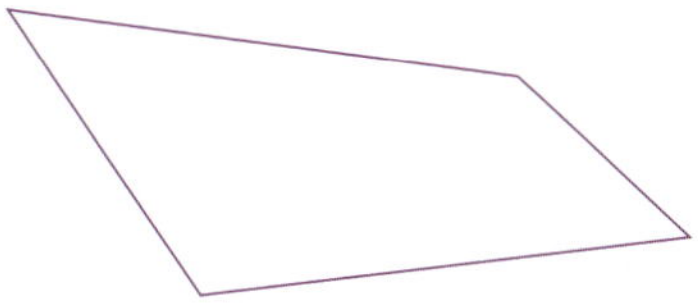

88 ***Le défi***

Es-tu capable de réaliser quatre carrés identiques en ne déplaçant que deux allumettes ?

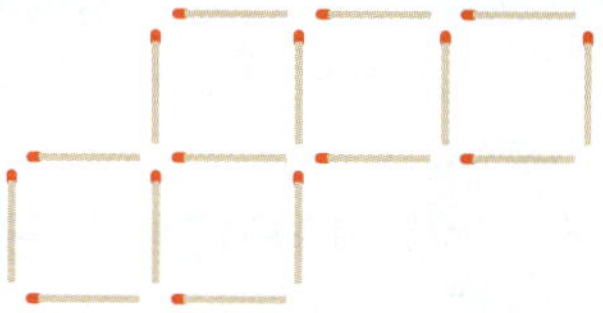

89 ***L'énigme***

Sur le plan ci-dessous, A, B, C et D représentent quatre arbres qui sont plantés dans un verger :

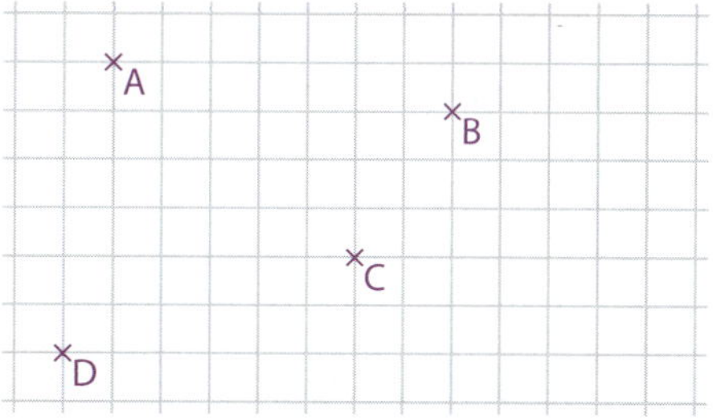

Le propriétaire de ce verger ne dispose que d'un tuyau d'arrosage de 50 m de long.

Où peut-il creuser un puits pour que chaque arbre se trouve à moins de 50 m de ce puits ?

La grille du plan est formée de carrés de 10 m de côtés.

90 **Tâche complexe**

Pour résoudre ce problème, tu devras prendre des initiatives et chercher des informations.

Le jardin de M. Laurent a la forme d'un rectangle de côtés 30 m et 17 m.

M. Laurent veut installer un arrosage automatique. Pour cela, il dispose d'arroseurs qui envoient de l'eau dans un rayon de 4 m autour d'eux. Combien lui faudra-t-il d'arroseurs pour arroser tout son jardin ?

Devoir à la maison

1 À partir d'un rectangle de 20 carreaux sur 10 carreaux, réaliser le dessin suivant uniquement à l'aide de segments et de deux cercles :

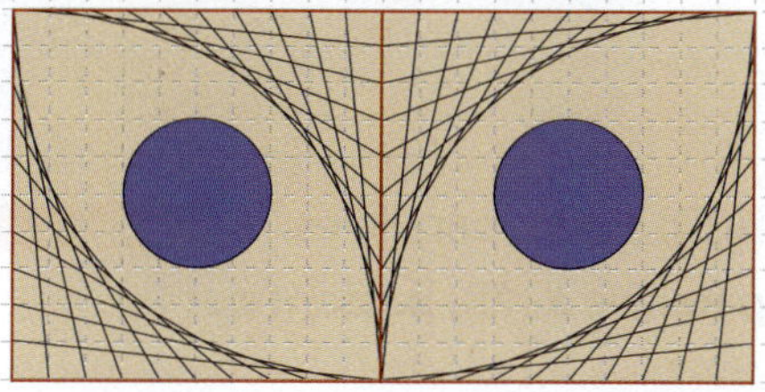

2 Reproduire la figure ci-dessous en vraie grandeur sachant que le cercle a un rayon de 4 cm.

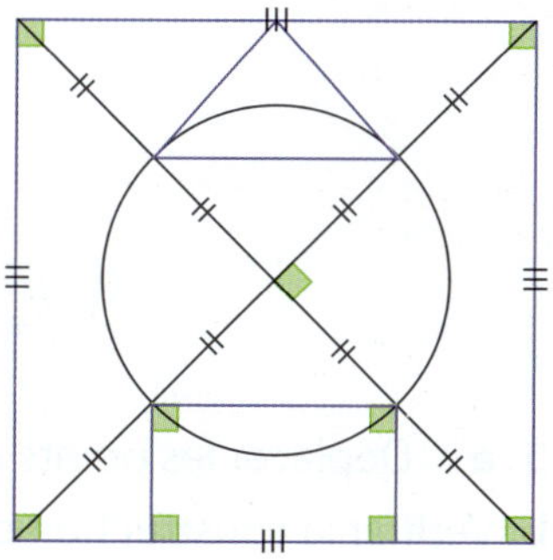

AVEC UN ORDINATEUR

À la fin du manuel, retrouve tes fiches **Tableur** et **Géométrie**

Vidéo

1 DROITES PERPENDICULAIRES

15 min

OBJECTIF : *Utiliser la géométrie dynamique pour renforcer la notion de droites perpendiculaires et les images mentales associées.*

1. Tracer une droite (AB).

→ Géométrie 5, p. 245

2. Tracer une droite (BC).

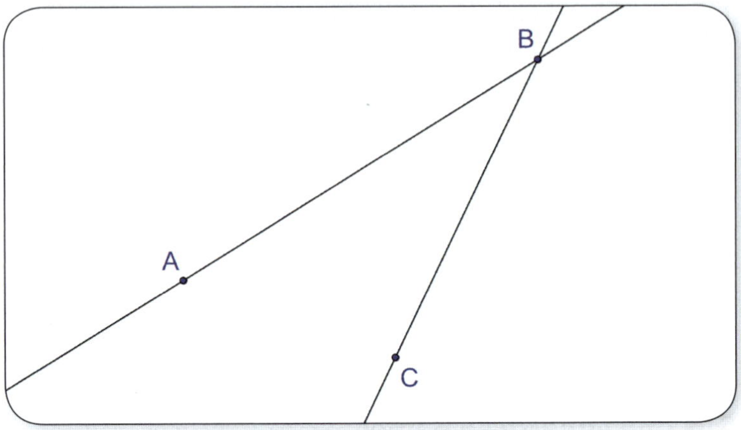

3. a. Déplacer les points A, B ou C pour que (AB) et (BC) soient perpendiculaires.

→ Géométrie 1, p. 243

b. Vérifier la construction obtenue en traçant la droite perpendiculaire à (AB) passant par C.

→ Géométrie 8, p. 246

4. a. En se mettant en binôme, refaire les questions **1.** à **3.**.
Un élève propose une figure et l'autre déplace les points pour que les droites soient perpendiculaires.

b. Pour aller plus loin
Rajouter à la question précédente les contraintes suivantes :
« Ne déplacer que le point A », « Ne déplacer que le point B » ou « Ne déplacer que le point C ».

2 DROITES PARALLÈLES

10 min

OBJECTIF : *Utiliser la géométrie dynamique pour renforcer la notion de droites parallèles et les images mentales associées.*

1. Tracer une droite (AB).

→ Géométrie 5, p. 245

2. Tracer une droite (CD).

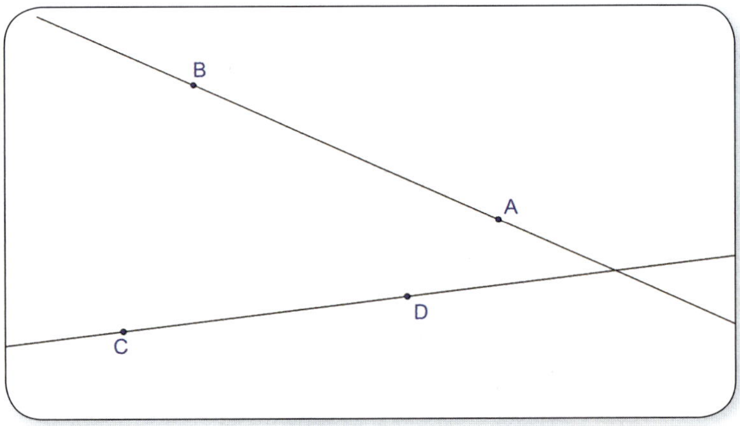

3. a. Déplacer les points A, B, C ou D pour que (AB) et (CD) soient parallèles. → Géométrie 1, p. 243

b. Vérifier la construction obtenue en traçant la droite parallèle à (AB) passant par C.

→ Géométrie 9, p. 247

3 DU CERCLE AU QUADRILATÈRE 10 min

OBJECTIFS : *Utiliser la géométrie dynamique pour découvrir une construction et faire vivre les notions d'équidistance associées au cercle.*

1. Placer deux points A et B. → Géométrie 2, p. 243

2. a. Tracer le cercle de centre A qui passe par B. → Géométrie 12, p. 248
b. Tracer le cercle de centre B qui passe par A.
On nomme C et D les deux points d'intersection de ces deux cercles. → Géométrie 3, p. 244

3. a. Déplacer les points A et B. Que peut-on dire du quadrilatère ACBD ? → Géométrie 1, p. 243
b. Expliquer.

4 DU RECTANGLE AU CARRÉ 15 min

OBJECTIFS : *Utiliser la géométrie dynamique pour appréhender les points communs et les différences entre rectangle et carré.*

Construction d'un rectangle

1. Tracer un segment [AB]. → Géométrie 5, p. 245

2. a. Tracer la droite perpendiculaire à [AB] passant par B. → Géométrie 8, p. 246
b. Placer un point C sur cette droite. → Géométrie 2, p. 243

3. a. Tracer la droite perpendiculaire à (BC) passant par C. → Géométrie 8, p. 246
b. Tracer la droite perpendiculaire à [AB] passant par A.
c. Placer D, le point d'intersection des droites tracées aux questions **a.** et **b.**. → Géométrie 3, p. 244

4. a. Que peut-on dire du quadrilatère ABCD ?
b. Déplacer les points A, B ou C pour que ABCD soit un carré. → Géométrie 1, p. 243

Construction d'un carré

1. En s'inspirant du travail fait dans la première partie, écrire une suite d'instructions permettant d'obtenir un carré ABCD.

2. Vérifier, en effectuant cette construction et en bougeant les points, que ABCD est toujours un carré. → Géométrie 1, p. 243

5 LE PROGRAMME MYSTÉRIEUX

Une « boîte noire » est un nouvel outil du logiciel permettant de construire une figure selon un mystérieux programme ! Le but de l'activité est de percer ce mystère… Pour cela, on peut déplacer les objets mais aussi faire toute nouvelle construction qui aide dans la recherche.

chargement

1. Télécharger sur le site compagnon le fichier « boite_noire_08 » et l'ouvrir.

2. Placer deux points A et B et appliquer l'outil nommé « boite_noire_08 » à ces deux points.

3. Écrire sur le cahier le programme de construction du point apparu.

4. Tester ce programme de construction sur les points A et B.
Vérifier que l'on retrouve la même construction qu'en utilisant la boîte noire.
Est-ce vrai quelles que soient les positions des points A et B ?

Avant de commencer le Chapitre 9

Pour revoir les acquis du primaire

Comparer les angles

Les figures ci-dessous sont à utiliser pour les exercices **1** à **5**.

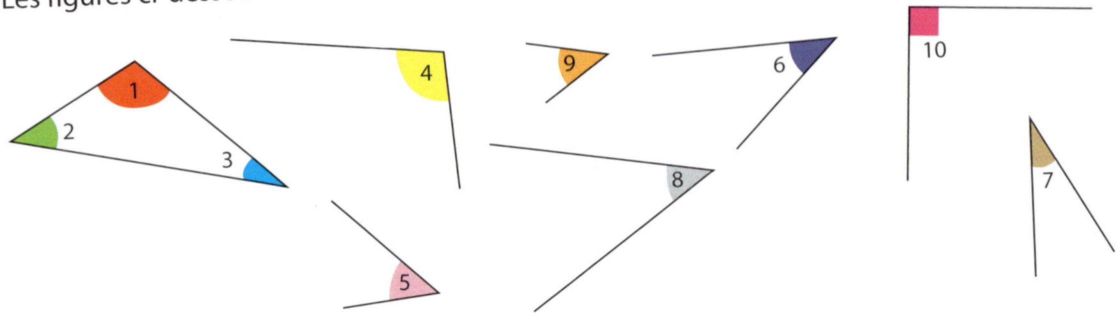

1 Quels angles semblent superposables ?
a. 4 et 5 **b.** 8 et 9 **c.** 2 et 6

2 Quels sont les angles rangés dans l'ordre croissant de leur mesure ?
a. 9, 10, 1 **b.** 3, 8, 10 **c.** 7, 4, 6

3 Quels angles sont aigus ?
a. 1, 2 et 3 **b.** 1 et 4 **c.** 2, 5 et 9

4 Quel est l'angle droit ?
a. 4 **b.** 10 **c.** Il n'y en a pas !

5 Quels sont les angles obtus ?
a. 1 et 4 **b.** 2, 5 et 9 **c.** 1, 4 et 10

Tracer les angles

6 À l'aide de l'équerre, construire plusieurs angles droits.

7 Tracer deux angles obtus et deux angles aigus.

8 **1.** Tracer un triangle et marquer un de ses angles.
2. Découper ce triangle pour obtenir un gabarit de l'angle marqué.
3. À l'aide du gabarit, reproduire l'angle marqué.

9 Fabriquer des gabarits pour reproduire les angles 4, 5 et 8 représentés en haut de page.

Tu peux continuer tes révisions sur le **site compagnon**

Rapporteur • Angles

Chapitre 9

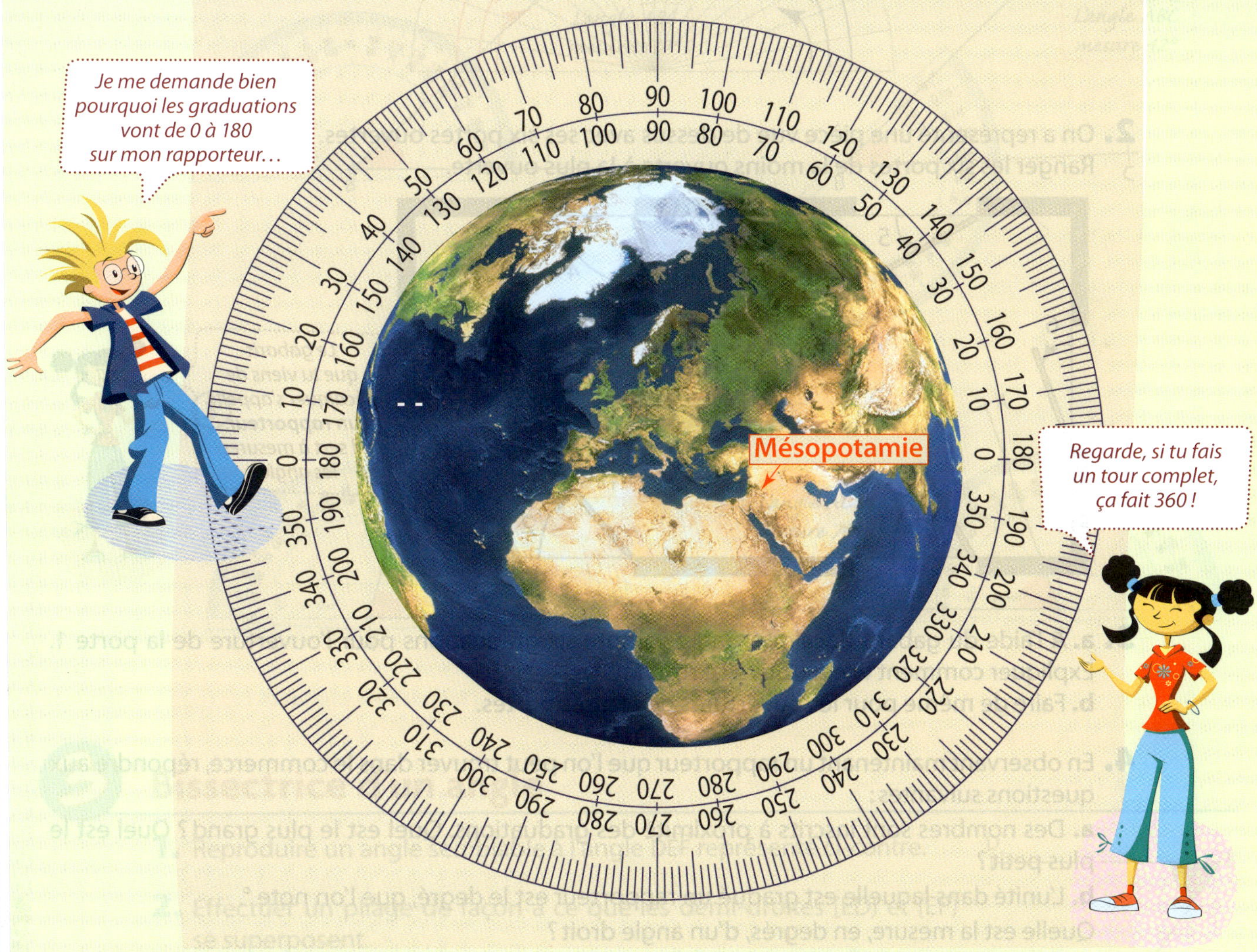

Certains disent que l'origine de ces graduations remonte à 6 000 ans, quand le peuple Sumer, en Mésopotamie, comptait 360 jours pour une année. En une année, les étoiles font un tour complet dans le ciel pour se retrouver à la même place ce qui explique les 360 degrés du rapporteur !

Je vais apprendre à…

- Comparer des angles ► *Exercices 19 à 23*
- Utiliser le rapporteur pour :
  – mesurer un angle ► *Exercices 24 à 29*
  – construire un angle de mesure donnée ► *Exercices 30 à 34*
- Définir la bissectrice d'un angle ► *Exercice 37*
- Construire la bissectrice d'un angle ► *Exercices 38 à 40*

Pour s'entraîner

33 **1.** Construire un triangle MNP tel que :
MN = 5,9 cm ; $\widehat{PMN}$ = 89° et $\widehat{MNP}$ = 26° ;
2. Construire un triangle TSU tel que :
SU = 6,5 cm ; $\widehat{TSU}$ = 136° et $\widehat{SUT}$ = 21°.

34 **1.** Construire deux droites (d_1) et (d_2) sécantes en A et formant un angle de 37°.
2. Construire la droite (d_3) passant par A et perpendiculaire à (d_1).
3. Mesurer les angles aigus formés par les droites (d_2) et (d_3). Que constate-t-on ?

Calculer la mesure d'un angle

35 Calculer les mesures des angles $\widehat{JMI}$ et $\widehat{JLM}$, sachant que les points I, M et L sont alignés.

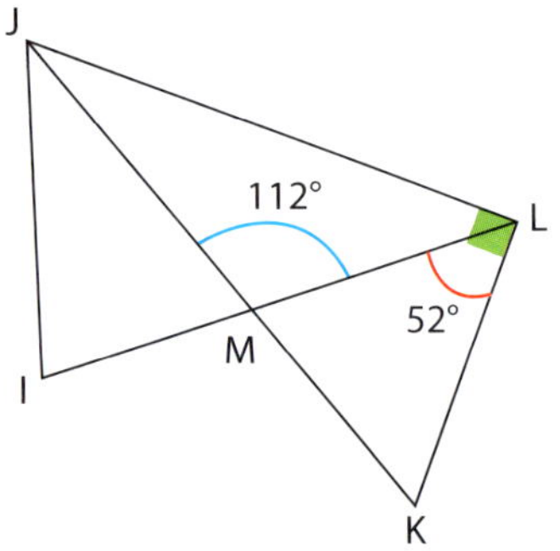

36 On considère le triangle ABC ci-dessous tel que $\widehat{ABC}$ = 64°. M est un point du côté [AC].

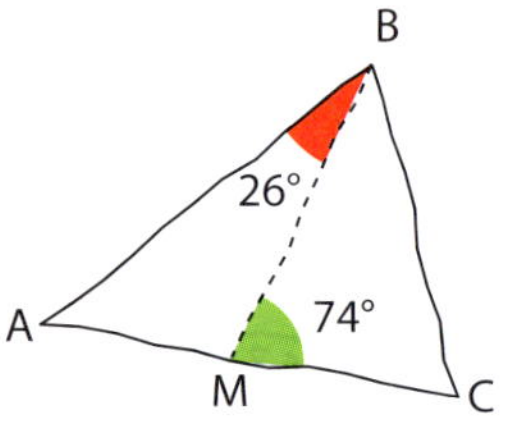

1. Calculer la mesure de l'angle $\widehat{MBC}$.
2. Calculer la mesure de l'angle $\widehat{AMB}$.

Construire une bissectrice

37 Dire, dans chaque cas, si la demi-droite [OM) est la bissectrice de l'angle $\widehat{AOB}$. Dans le cas contraire, expliquer pourquoi elle ne l'est pas.

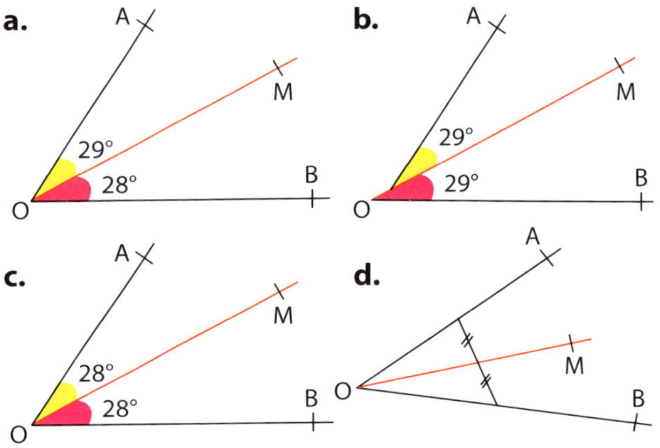

38 **1.** Construire trois angles qui mesurent 40°, 56° et 73°.
2. Construire la bissectrice de chacun de ces angles.

39 **1.** Construire un triangle MNP tel que :
MN = 6 cm, MP = 7 cm et $\widehat{NMP}$ = 55°.
2. Construire la bissectrice de l'angle $\widehat{MPN}$. Elle coupe le segment [MN] en A.
3. Construire la bissectrice de l'angle $\widehat{MAP}$.

40 **1.** Reproduire la figure ci-dessous :

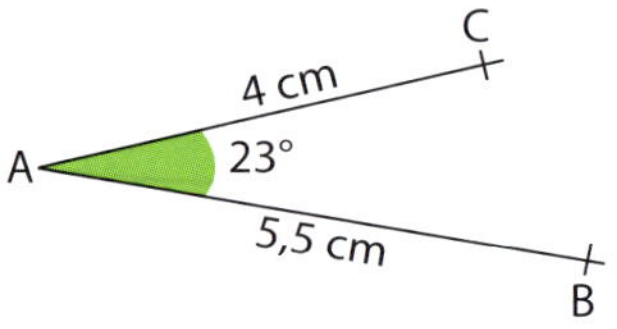

2. Construire une demi-droite [AD) telle que la demi-droite [AB) soit la bissectrice de l'angle $\widehat{CAD}$.

À l'oral

Les exercices qui suivent sont à faire mentalement.

Dans chaque exercice 41 à 44, les angles marqués en rouge sont-ils plats ?
Les angles marqués en vert sont-ils droits ?

41

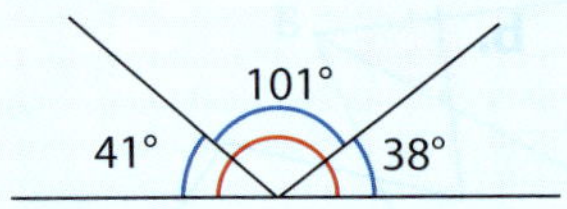

42

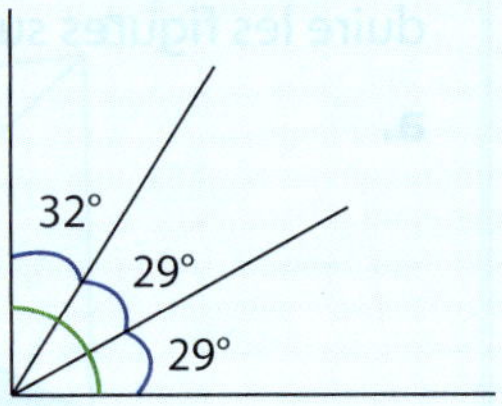

43

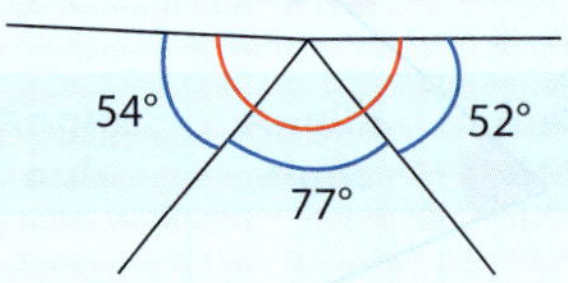

44

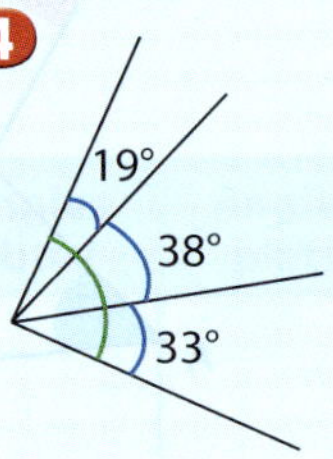

Je m'évalue

Pour chaque exercice 45 à 54, trouve la ou les bonnes réponses.

Les points B, P et C sont alignés.

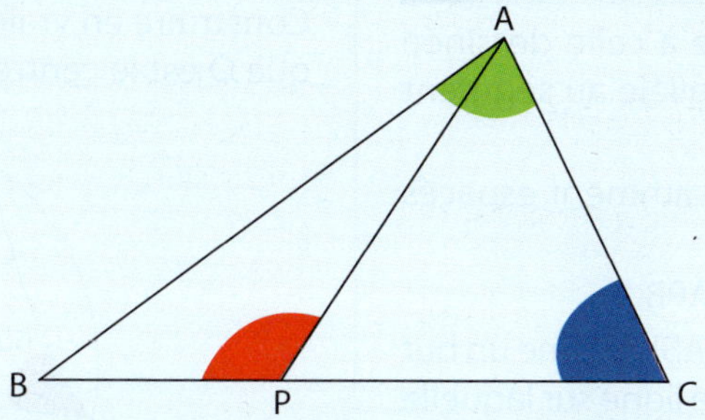

Énoncés	Réponse A	Réponse B	Réponse C	Réponse D
45 L'angle marqué en bleu se nomme :	$\widehat{CPA}$	$\widehat{ACP}$	$\widehat{ACB}$	$\widehat{CAB}$
46 L'angle marqué en rouge est :	aigu	obtus	plat	droit
47 L'angle marqué en vert est :	aigu	obtus	droit	plat
48 L'angle marqué en vert mesure approximativement :	42°	112°	78°	102°
49 Si l'angle $\widehat{APC}$ mesure 58°, l'angle marqué en rouge mesure :	32°	122°	132°	on ne peut pas savoir

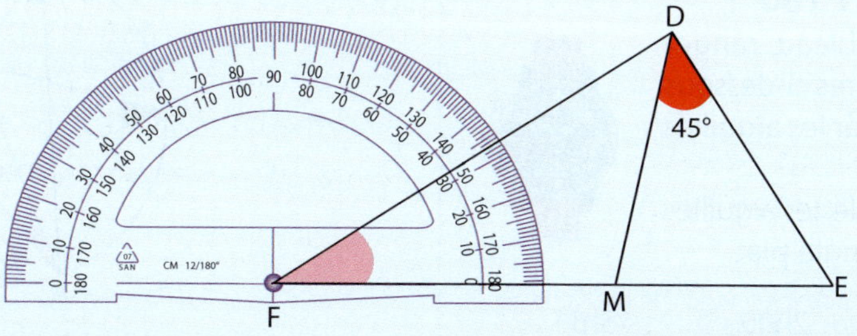

Énoncés	Réponse A	Réponse B	Réponse C	Réponse D
50 On lit sur le rapporteur que l'angle marqué en rose mesure :	153°	147°	33°	47°
51 Pour mesurer l'angle $\widehat{DMF}$, il faut placer le centre du rapporteur en :	D	M	F	E
52 [DM) est la bissectrice de l'angle $\widehat{EDF}$. Donc :	le triangle DEM est isocèle	$\widehat{FDM}$ = 45°	l'angle $\widehat{EDF}$ est droit	M est le milieu de [EF]
53 La bissectrice de l'angle $\widehat{EDM}$:	coupe [EM] en son milieu	partage $\widehat{EDM}$ en deux angles de même mesure	ne peut pas se construire car 45 n'est pas divisible par 2	a pour origine le point D
54 L'angle $\widehat{FMD}$ mesure :	78°	102°	100°	90°

Tu peux vérifier tes réponses p. 255 et si tu veux continuer ton entraînement rendez-vous sur le site compagnon

Pour approfondir

55 Tir au but

EPS

1. Reproduire une figure semblable à celle dessinée ci-dessous où (d) est une droite parallèle au segment [AB].

2. Placer trois points M, N et P suffisamment espacés sur la droite (d).

3. Mesurer les angles $\widehat{AMB}$, $\widehat{ANB}$ et $\widehat{APB}$.

4. On considère le rectangle de côté [AB] comme un but de football et la droite (d) comme une ligne sur laquelle un joueur peut se placer pour tirer dans le but.
Dans quel cas parle-t-on de « tir à angle fermé » ?

56 Quelle heure est-il ? 180° ?

1. Après avoir recopié le tableau, ranger dans chaque colonne les heures ci-dessous suivant l'angle représenté par les aiguilles d'une montre.
Lorsqu'il est 6h00 par exemple, les aiguilles d'une montre forment un angle plat.

3h00 | 4h00 | 2h00 | 5h15
6h55 | 2h35 | 12h00

Angle nul	Angle aigu	Angle droit	Angle obtus	Angle plat
				6h00

2. a. Quelle heure pourrait-il être lorsque les aiguilles forment un angle de 30° ?

b. Même question avec un angle de 150°.

57 Constructions

Construire en vraie grandeur les figures ci-dessous.
Les points A, C et E sont alignés.

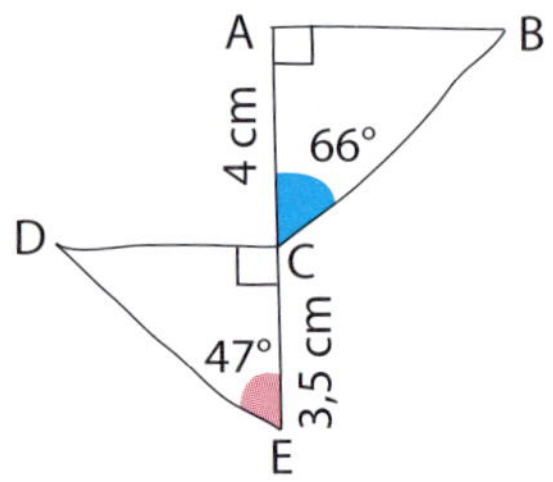

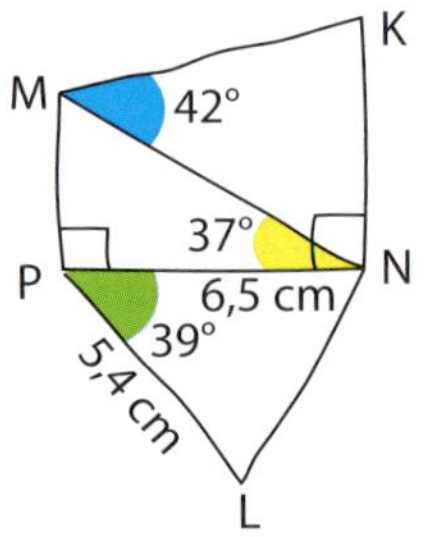

58 Monstre glouton

Construire en vraie grandeur la figure ci-dessous telle que O est le centre du cercle.

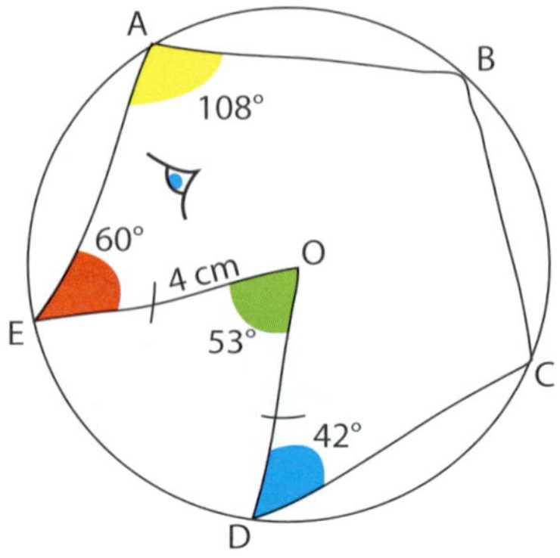

59 Étoile à cinq branches

Pour réaliser une étoile à cinq branches, commencer par tracer un cercle de centre O et de rayon 6 cm.

Après avoir placé un point A sur le cercle, construire, dans cet ordre, les points B, C, D et E en respectant les mesures et les codages indiqués sur la figure ci-dessous :

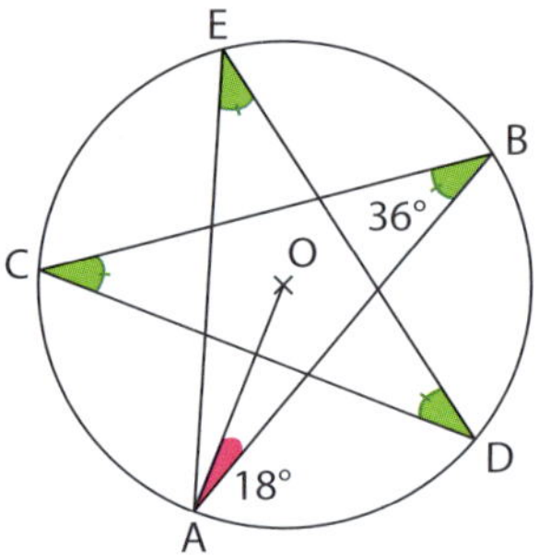

60 Programme de construction

Reproduire en vraie grandeur la figure ci-dessous et écrire un programme de construction correspondant :

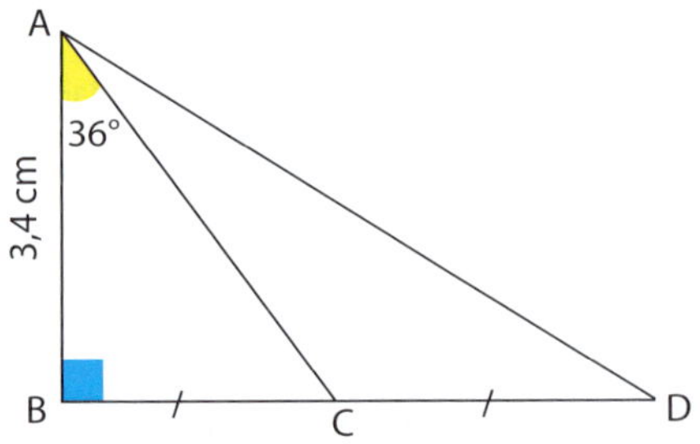

61 Bissectrice et alignement

1. Construire un angle $\widehat{ABC}$ de mesure 60°.

2. Construire un point M tel que [BA) soit la bissectrice de l'angle $\widehat{MBC}$.

3. Construire un point N tel que [BC) soit la bissectrice de l'angle $\widehat{ABN}$.

4. Calculer la mesure de l'angle $\widehat{MBN}$. Que peut-on dire des points M, B et N ?

62 La cathédrale de Strasbourg HISTOIRE

Au pied de la cathédrale de Strasbourg, Cécile interroge son oncle géomètre sur la hauteur du bâtiment. Celui-ci lui propose de la calculer.
Il lui demande pour cela de se reculer de 60 m. Il trouve ensuite grâce à un instrument de mesure que la cathédrale se trouve sous un angle de 67° par rapport à elle, comme représenté sur le dessin.

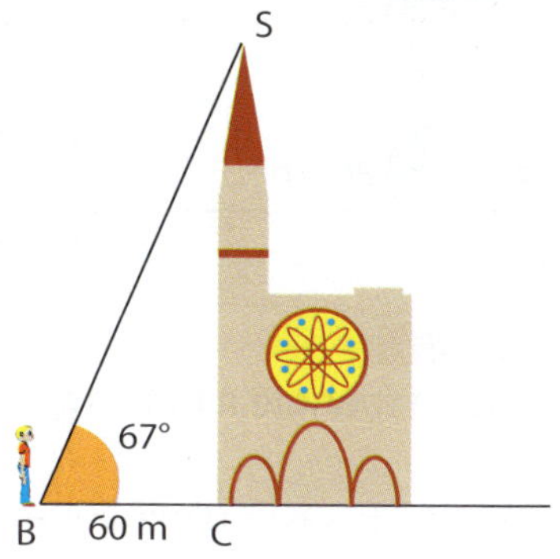

Cécile reproduit le triangle rectangle BCS en prenant 1 cm pour représenter 10 m. En mesurant sur son dessin, elle en déduit un ordre de grandeur de la hauteur de la cathédrale.
Comment a-t-elle fait ? Quelle est cette hauteur ?

63 Problème ouvert

Le diagramme circulaire ci-contre représente la répartition des *ménages** en France en 2005 en fonction de leur taille. Il nous apprend par exemple qu'en 2005, la France comptait 7 171 000 ménages de 3 ou 4 personnes.

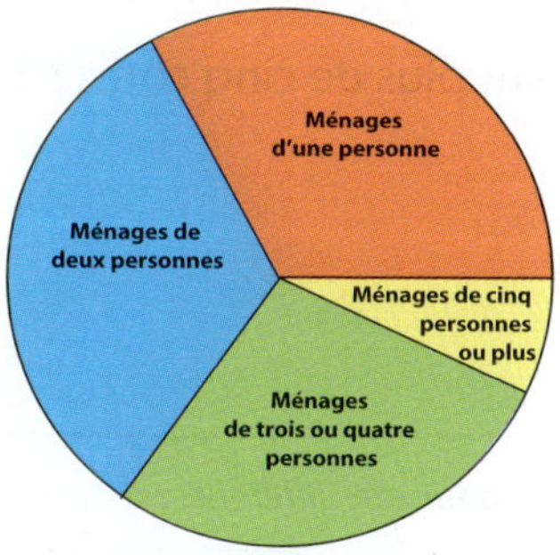

Calculer le nombre de ménages correspondant aux autres parts du diagramme.

64 Le défi

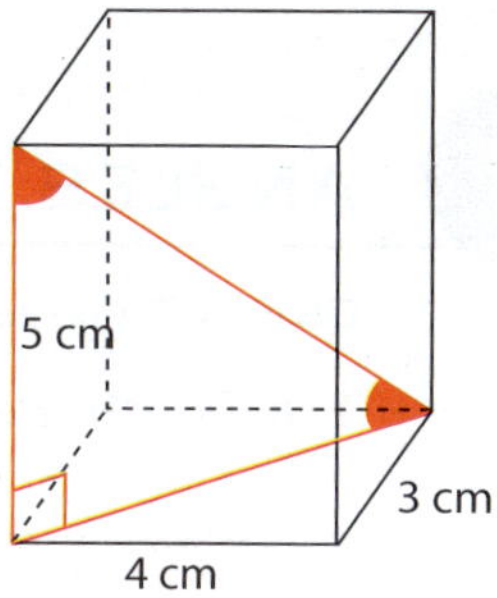

65 L'énigme

Je suis un rectangle dont les diagonales forment deux angles de 100°.
Quelle est la mesure des deux autres angles formés par mes diagonales ?

66 Tâche complexe

Pour résoudre ce problème, tu devras prendre des initiatives et chercher des informations.

Une constellation est un ensemble d'étoiles reliées entre elles par une figure géométrique imaginaire. La plus connue d'entre elles est certainement la Grande Ourse. Son nom vient des Anciens qui voyaient en ce regroupement d'étoiles… une ourse !

Aujourd'hui, les Européens n'en considèrent qu'une partie composée de sept étoiles.
Rechercher un modèle de la Grande Ourse composée de ces 7 étoiles et le reproduire sur une feuille blanche.

Devoir à la maison

1. Construire un triangle AIB tel que :

AB = 6 cm, $\widehat{BAI} = 40°$ et $\widehat{ABI} = 50°$.

2. Les bissectrices de $\widehat{BAI}$ et de $\widehat{ABI}$ se coupent en M.
Construire le point C tel que :
– la demi-droite [AI) soit la bissectrice de l'angle $\widehat{MAC}$;
– la demi-droite [BI) soit la bissectrice de l'angle $\widehat{MBC}$.
Les angles $\widehat{BAC}$ et $\widehat{ABC}$ sont ainsi partagés en trois angles de même mesure.

3. Partager de même l'angle $\widehat{ACB}$ en construisant deux demi-droites ; l'une coupe [AI] en N et l'autre coupe [BI] en P.

4. En 1898, Franck Morley a prouvé que dans tout triangle, les demi-droites qui partagent ses angles en trois angles de même mesure se coupent pour former un triangle équilatéral.
Cette propriété porte aujourd'hui le nom de théorème de Morley.
Le théorème de Morley semble-t-il être vérifié dans le triangle ABC ? Justifier la réponse.

AVEC UN ORDINATEUR

À la fin du manuel, retrouve tes fiches **Tableur** et **Géométrie**

Vidéo

1 ANGLES DANS UN POLYGONE

20 min

OBJECTIF : *Conjecturer une propriété de certains polygones.*

1. a. Construire un triangle quelconque. → Géométrie 7, p. 246

b. Déplacer les sommets de ce triangle pour que ce triangle ait un angle obtus.

→ Géométrie 1, p. 243

c. Peut-on avoir deux angles obtus dans ce triangle ? Essayer d'expliquer pourquoi par écrit.

2. a. Construire un quadrilatère quelconque. → Géométrie 7, p. 246

b. Combien d'angles obtus un quadrilatère semble-t-il pouvoir posséder au maximum ?

3. Recopier et compléter le tableau suivant :

	Triangle (3 côtés)	Quadrilatère (4 côtés)	Pentagone (5 côtés)	Hexagone (6 côtés)
Nombre maximal d'angles obtus observés				

4. Que peut-on supposer pour les polygones ayant plus de cinq côtés ? Expliquer.

2 BISSECTRICES

30 min

OBJECTIF : *Faire vivre les notions d'angle et de bissectrice en produisant différents schémas à l'aide d'un logiciel de géométrie dynamique.*

1. a. Construire un angle droit $\widehat{ABC}$. → Géométrie 19, p. 250

b. Construire deux demi-droites [BE) et [BD).

→ Géométrie 5, p. 245

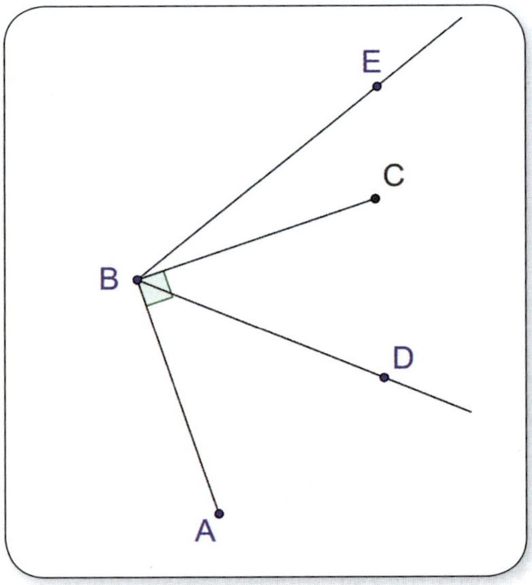

2. Voici plusieurs situations possibles :

Situation 1 : – [BD) est la bissectrice de $\widehat{ABC}$.
– [BE) est la bissectrice de $\widehat{ABD}$.

Situation 2 : – [BE) est la bissectrice de $\widehat{ABC}$.
– [BC) est la bissectrice de $\widehat{EBD}$.

Situation 3 : – $\widehat{EBC}$ est un angle plat.
– [BD) est la bissectrice de $\widehat{EBA}$.

Situation 4 : – [BA) est bissectrice de $\widehat{EBD}$.
– $\widehat{ABD} = 30°$ et $\widehat{EBC} = 60°$.

Réaliser avec le logiciel chacune des quatre situations de façon approximative et compléter ce tableau après l'avoir recopié :

	Situation 1	Situation 2	Situation 3	Situation 4
$\widehat{EBA} = ...°$				
$\widehat{DBC} = ...°$				

3 LA ROUTE INFINIE

40 min

OBJECTIF : *Réaliser sur ordinateur une construction originale.*

A. La route

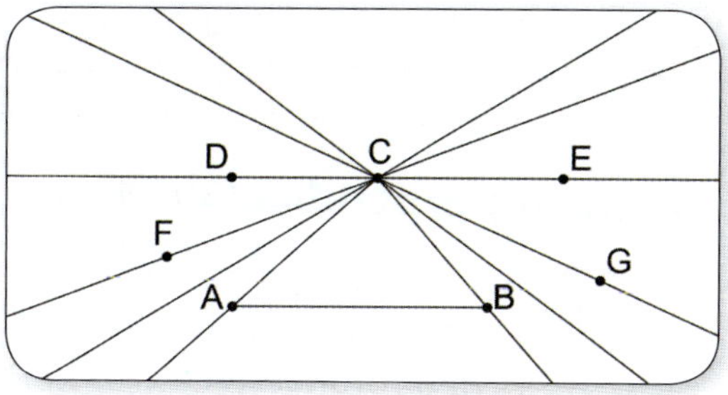

1. Tracer un segment [AB] « horizontal » de longueur 4 et placer un point C « au-dessus » de ce segment. → Géométrie 5, p. 245

2. Tracer les demi-droites [CA) et [CB). → Géométrie 5, p. 245

3. Tracer la parallèle à [AB] passant par C sur laquelle on place un point D « à gauche » de C et un point E « à droite » de C. → Géométrie 9, p. 247

4. Tracer les bissectrices des angles $\widehat{DCA}$ et $\widehat{BCE}$.
Sur la première, placer un point F et sur la deuxième, placer un point G. → Géométrie 11, p. 248

5. Tracer les bissectrices des angles $\widehat{FCA}$ et $\widehat{BCG}$. → Géométrie 11, p. 248

B. Les arbres

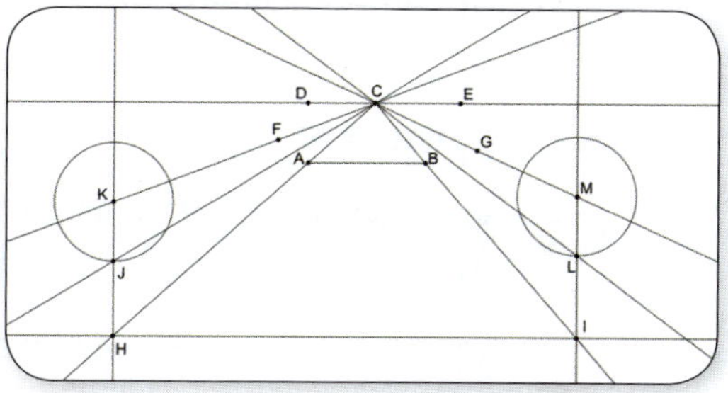

1. Placer un point H sur [CA).

2. Tracer la parallèle à [AB] passant par H.
Elle coupe [CB) en I. → Géométrie 9, p. 247

3. Tracer la perpendiculaire à (HI) passant par H. Elle coupe en K la droite (CF) et en J la bissectrice de l'angle $\widehat{FCA}$. → Géométrie 3 et 8, p. 244 et 246

4. Tracer le cercle de centre K passant par J. → Géométrie 12, p. 248

5. Tracer le segment [HJ]. → Géométrie 6, p. 245

6. De la même manière, tracer un cercle et un segment en partant de I.

C. La perspective finale

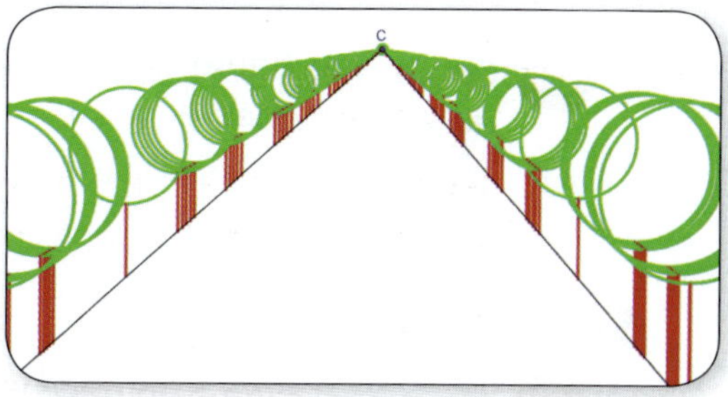

1. Cacher tous les segments, droites et demi-droites sauf [CA), [CB), [HJ] et [IL]. Cacher également tous les points sauf H et C. → Géométrie 21, p. 253

2. Mettre en vert les deux disques et en brun les deux segments.

3. Activer la trace des disques et des segments. → Géométrie 20, p. 252

4. Déplacer très rapidement le point H et… bonne route ! → Géométrie 1, p. 243

4 LE PROGRAMME MYSTÉRIEUX

Une « boîte noire » est un nouvel outil du logiciel permettant de construire une figure selon un mystérieux programme ! Le but de l'activité est de percer ce mystère…
Pour cela, on peut déplacer les objets mais aussi faire toute nouvelle construction qui aide dans la recherche.

chargement

1. Télécharger sur le site compagnon le fichier « boite_noire_09 » et l'ouvrir.

2. Placer deux points A et B et appliquer l'outil nommé « boite noire 09 » à ces deux points.

3. Écrire sur le cahier le programme de construction de l'objet apparu.

4. Tester ce programme de construction sur les points A et B.
Vérifier que l'on retrouve la même construction qu'en utilisant la boîte noire.
Est-ce vrai quelles que soient les positions des points A et B ?

Avant de commencer le Chapitre 10

Pour revoir les acquis du primaire

Droites perpendiculaires

1 Deux droites perpendiculaires sont :
a. deux droites qui se coupent en un point ;
b. deux droites qui ne se coupent jamais ;
c. deux droites qui se coupent en formant un angle droit.

2 Tracer trois droites différentes puis, pour chacune d'entre elles, tracer une droite qui lui soit perpendiculaire.

Axe de symétrie

3 Quelle lettre admet un axe de symétrie ?
a. P **b.** A **c.** L

4 Quelle lettre admet exactement deux axes de symétrie ?
a. M **b.** O **c.** H

5 Quel prénom admet un axe de symétrie ?
a. HANNAH **b.** FANFAN **c.** OTTO

6 Combien la figure ci-contre possède-t-elle d'axes de symétrie ?

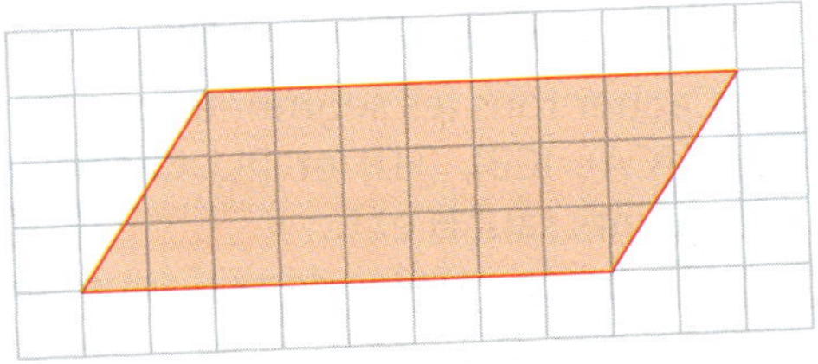

Symétrique

7 Dans quel cas a-t-on tracé le symétrique de la lettre F par rapport à la droite en rouge ?
a. F | ꟻ **b.** F | F **c.** F | Ⅎ

8 Reproduire la figure suivante sur une feuille quadrillée à petits carreaux puis construire son symétrique par rapport à la droite en bleu.

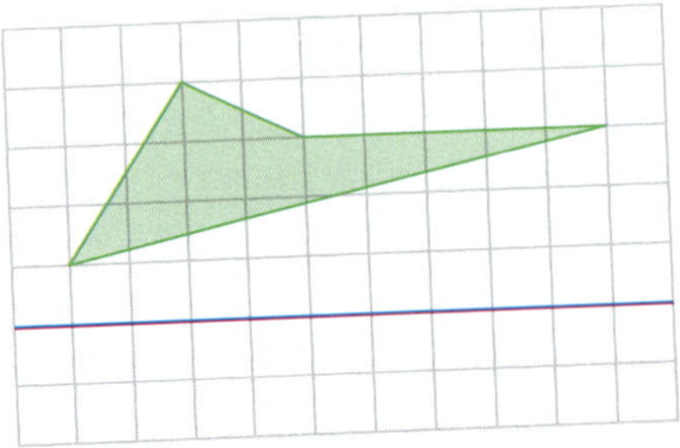

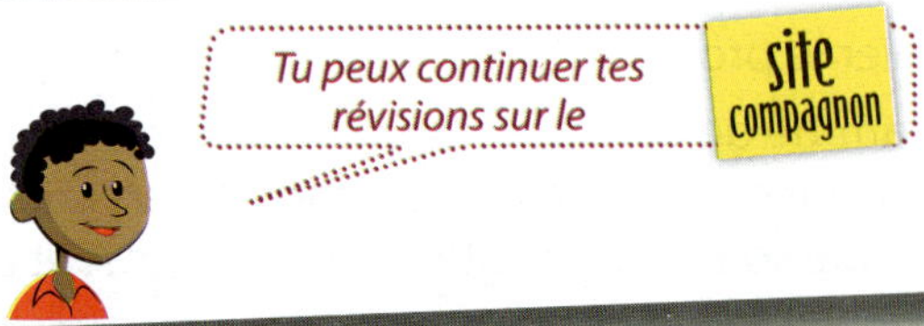

Chapitre 10

Symétrie axiale

La symétrie est très présente dans la nature.
Par exemple ici, sur les ailes d'un papillon.

Je vais apprendre à…

- Construire le symétrique d'un point et d'une figure par rapport à une droite **SOCLE 6e** ► *Exercices 11 à 27*
- Compléter le symétrique d'une figure ou compléter une figure possédant un axe de symétrie **SOCLE 6e** ► *Exercices 28 à 33*
- Connaître les propriétés de la symétrie axiale **SOCLE 6e** ► *Exercices 34 à 36*
- Connaître et utiliser les définitions et les propriétés de la médiatrice d'un segment ou de la bissectrice d'un angle ► *Exercices 37 à 41*

Activités

1 Approche visuelle

Figure 1

Figure 2

Figure 3

Figure 4

Figure 5

Figure 6

1. Dans chaque cas, dire par quelles actions on obtient le poisson vert à partir du poisson orange.

2. Dans quels cas dit-on que les deux figures sont symétriques par rapport à une droite ?
Où se trouve alors cette droite ?

2 Approche expérimentale

1. a. Décalquer le dessin ci-contre puis plier le calque selon la droite (d).
Décalquer ensuite par transparence la fleur dessinée sur le calque.
b. Que peut-on dire du dessin ainsi obtenu ?
c. Quel rôle joue la droite (d) dans ce dessin ?

2. a. Construire un quadrilatère quelconque ABCD et tracer à l'extérieur de celui-ci une droite (d) qui passe par le point D. Décalquer cette figure.
b. Plier le calque le long de la droite (d) et tracer le symétrique de ABCD par rapport à la droite (d).
c. On appelle A′ le symétrique du point A ; on nomme de la même manière B′, C′ et D′ les symétriques des points B, C et D.
d. Que peut-on dire du point D′ ?

*On dit que le point A′ est le **symétrique** du point A par rapport à la droite (d).*

3. a. Que peut-on dire des segments [AA′], [BB′] et [CC′] ?
b. Que peut-on dire des droites (AA′), (BB′) et (CC′) par rapport à la droite (d) ?
c. On nomme I le point d'intersection du segment [AA′] et de la droite (d).
Quelle semble être la position du point I sur le segment [AA′] ?

4. Sur une feuille, placer deux points M et N puis tracer une droite (d) passant par N mais pas par M. Tracer les symétriques des points M et N par rapport à la droite (d).

3 Propriétés de la symétrie axiale

A. Construction d'une figure

Avec un logiciel de géométrie dynamique, faire la construction ci-contre.

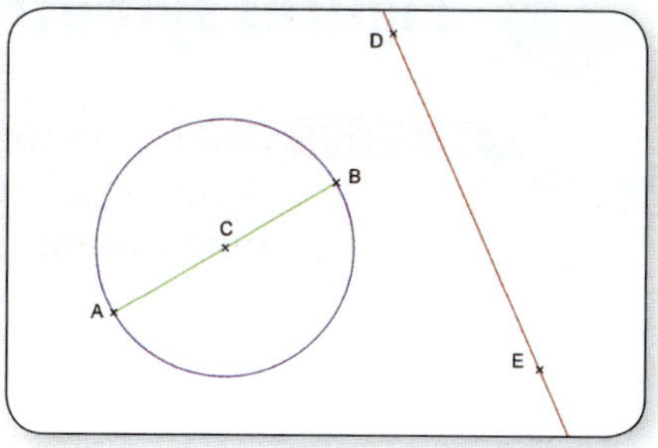

1. Construire un segment [AB]. → Géométrie 5, p. 245

2. Placer le milieu C du segment [AB]. → Géométrie 4, p. 244

3. Construire le cercle de diamètre [AB]. → Géométrie 12, p. 248

4. À l'extérieur du cercle, construire une droite (DE). → Géométrie 5, p. 245

B. Étude de son symétrique

1. **a.** Construire le symétrique du segment [AB] par la symétrie d'axe (DE). → Géométrie 18, p. 251
b. Que peut-on penser du segment [AB] et de son symétrique ? Faire afficher les longueurs de ces deux segments et déplacer les points A et B. → Géométrie 16 et 1, p. 250 et 243
c. Construire le symétrique du point C par la symétrie d'axe (DE).
d. Que peut-on penser des symétriques de trois points alignés ?

2. **a.** Construire le symétrique du cercle de diamètre [AB] par la symétrie d'axe (DE).
b. Que peut-on penser du cercle et de son symétrique ?
c. Déplacer le point C pour qu'il appartienne à la droite (DE). → Géométrie 1, p. 243
Que peut-on dire du cercle et de son symétrique dans ce cas ?

3. **a.** Placer un point F sur le cercle de diamètre [AB] et construire la demi-droite [AF).
→ Géométrie 2 et 5, p. 243 et 245
b. Construire le symétrique de l'angle $\widehat{BAF}$ par la symétrie d'axe (DE).
c. Que peut-on penser d'un angle et de son symétrique ?
Faire afficher les mesures de ces deux angles et déplacer les points A, B, F. → Géométrie 14 et 1, p. 249 et 243

4. Déplacer les points A, B, D et E qui composent cette figure, en particulier les points D et E afin d'observer les résultats obtenus pour différentes positions de la droite (DE). → Géométrie 1, p. 243

4 À la même distance...

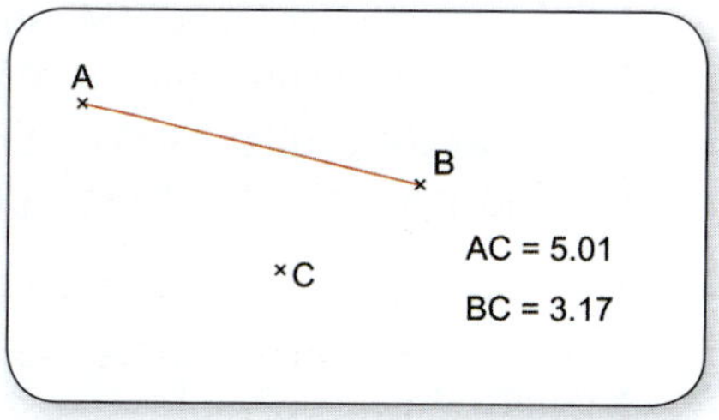

1. **a.** Avec un logiciel de géométrie dynamique, construire un segment [AB]. → Géométrie 5, p. 245
b. Placer un point C en dehors du segment [AB].
→ Géométrie 2, p. 243
c. Faire afficher les longueurs AC et BC. → Géométrie 16, p. 250

2. **a.** En déplaçant le point C, trouver plusieurs positions de ce point pour lesquelles AC = BC. → Géométrie 1, p. 243
b. Activer la trace du point C et déplacer ce point en essayant de conserver l'égalité des longueurs AC et BC. → Géométrie 20 et 1, p. 252 et 243
c. Sur quelle droite semblent se trouver les points situés à égale distance de A et de B ?

3. **a.** Sur une feuille non quadrillée, tracer un segment [AB] de longueur 9,5 cm.
b. En utilisant les questions précédentes, comment peut-on tracer avec un compas et une règle non graduée la médiatrice du segment [AB] ?
c. Effectuer cette construction.

Le cours

1 Figures symétriques

Animation

DÉFINITION Dire que deux figures sont **symétriques** par rapport à une droite signifie qu'en pliant suivant cette droite, les figures se superposent.

PROPRIÉTÉ La **symétrie axiale** conserve l'alignement, les distances, les angles et les aires.

Exemple : Dans le dessin ci-contre, les points T et T' sont symétriques par rapport à la droite (d).

Il en est de même pour les points G et G', V et V', M et M'.

Les deux figures TGV et T'G'V' sont symétriques par rapport à la droite (d) donc :

– les points T, M et V étant alignés, les points T', M' et V' le sont aussi ;

– les longueurs GV et G'V' sont égales ;

– les angles $\widehat{GVT}$ et $\widehat{G'V'T'}$ sont de même mesure ;

– les aires des triangles TGV et T'G'V' sont égales.

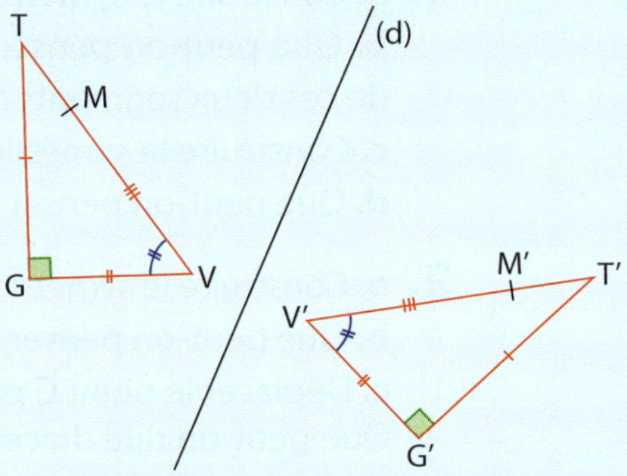

2 Symétrique d'un point

Animation

PROPRIÉTÉ SI deux points distincts sont symétriques par rapport à une droite ALORS cette droite est la médiatrice du segment d'extrémités ces deux points.

Exemple : Les points M et M' sont symétriques par rapport à la droite (d), donc la droite (d) est la médiatrice du segment [MM'].

– Les droites (d) et (MM') sont perpendiculaires.

– Le milieu du segment [MM'] appartient à la droite (d).

Cas particulier : Si M est un point de la droite (d), alors son symétrique M' par rapport à (d) est le point M lui-même.

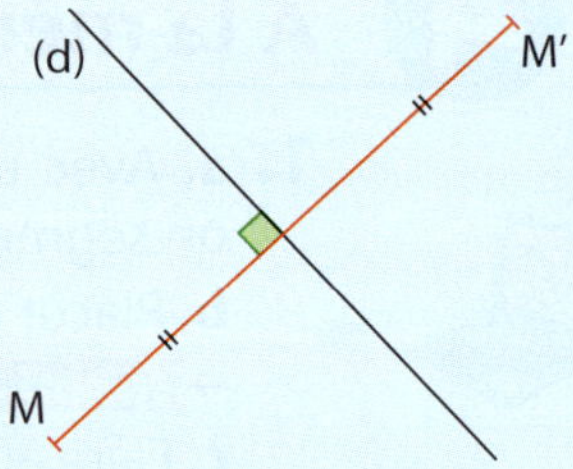

3 Axes de symétrie

DÉFINITION Dire qu'une droite est un **axe de symétrie** d'une figure signifie que le symétrique de cette figure par rapport à cette droite est la figure elle-même.

Exemple : Le tableau ci-dessous présente les axes de symétrie, quand ils existent, de quelques figures usuelles.

Un triangle quelconque	Un triangle isocèle	Un rectangle	Un cercle
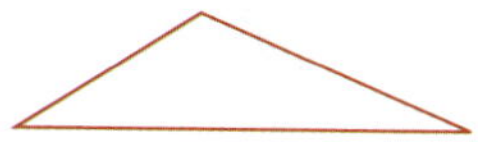 Un triangle quelconque n'a **aucun axe de symétrie**.	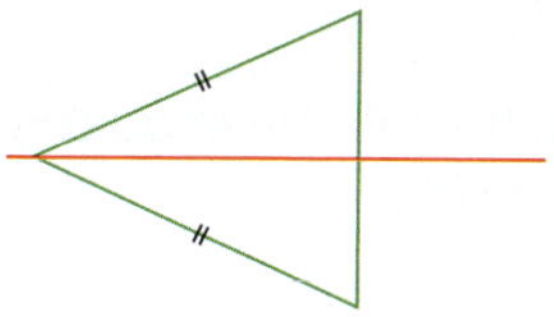 Un triangle isocèle a **un axe de symétrie**.	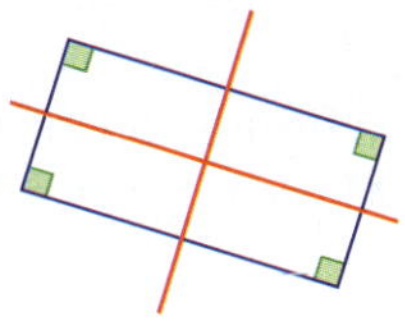 Un rectangle a **deux axes de symétrie**.	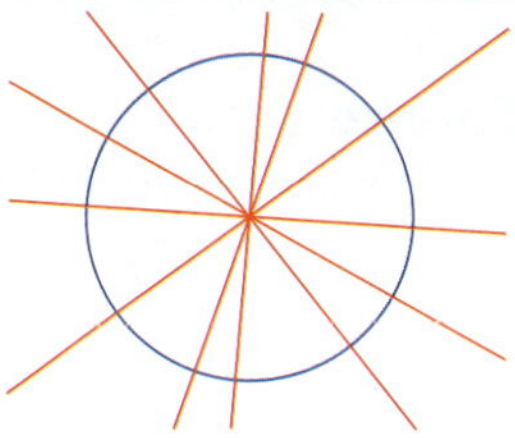 Un cercle a une **infinité d'axes de symétrie**.

4 Axes de symétrie et médiatrice

PROPRIÉTÉ La **médiatrice** d'un segment est un axe de symétrie de ce segment.

PROPRIÉTÉ SI un point appartient à la médiatrice d'un segment ALORS il est à égale distance des extrémités de ce segment.

Exemple : Le point L appartient à la médiatrice du segment [JK] donc LJ = LK.

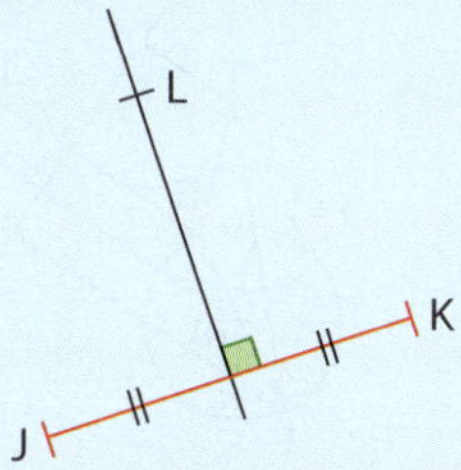

Le point L est **équidistant** des points J et K.

PROPRIÉTÉ SI un point est à égale distance des extrémités d'un segment ALORS il appartient à la médiatrice de ce segment.

Exemple : Dans ce triangle, PM = PN donc P appartient à la médiatrice du segment [MN].

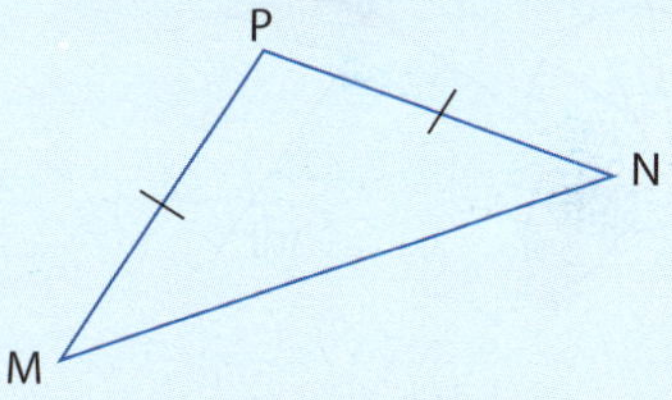

5 Axes de symétrie et bissectrice

PROPRIÉTÉ La **bissectrice** d'un angle est l'axe de symétrie de cet angle.

Exemple : Dans la figure ci-dessous, la demi-droite [OC) est la bissectrice de l'angle $\widehat{AOB}$.

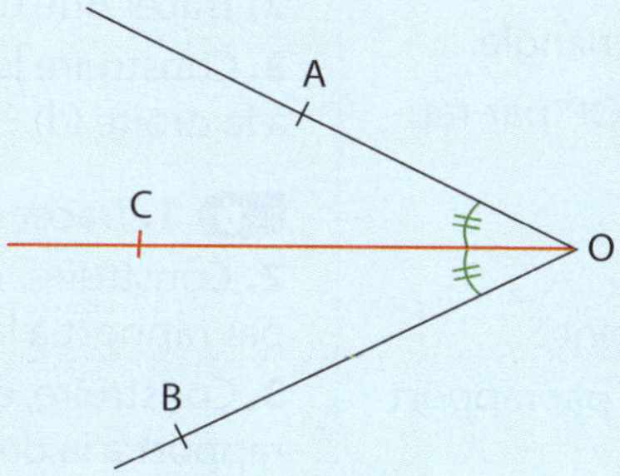

La droite (OC) est l'**axe de symétrie** de l'angle $\widehat{AOB}$.

Le dico des Maths
- Axe de symétrie
- Bissectrice
- Équidistant
- Médiatrice
- Symétrie axiale
- Symétrique

Voir p. 254

1 Construire le symétrique d'une figure par rapport à une droite

Animation

Enoncé

Construire le symétrique de la figure constituée du triangle TRI et du cercle ($\mathscr{C}$) de centre M et de rayon IM par rapport à la droite (d).

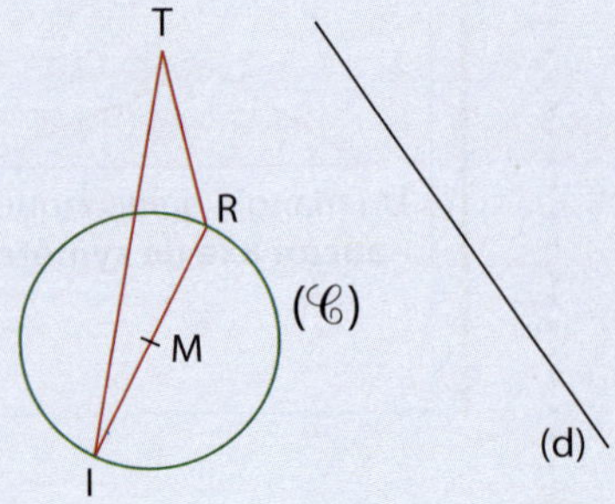

Solution commentée

① Je cherche d'abord à construire les symétriques des points définissant la figure. Ici, ce sont les points T, R, M et I. Pour cela, je trace les demi-droites perpendiculaires à (d) d'origines les points T, R, M et I.

② Sur chaque demi-droite, je reporte au compas la distance entre la droite (d) et le point dont je veux tracer le symétrique. J'obtiens les points T', R', M' et I'.

③ Je trace le triangle T'R'I' et le cercle ($\mathscr{C}$') de centre M' et de rayon I'M'. J'obtiens ainsi la figure symétrique de la figure constituée du triangle TRI et du cercle ($\mathscr{C}$).

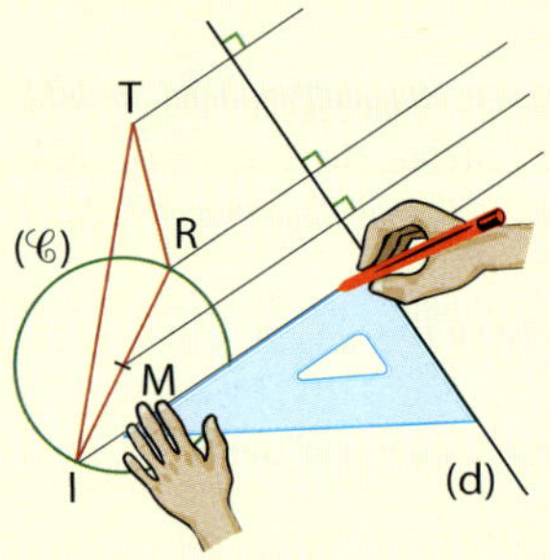

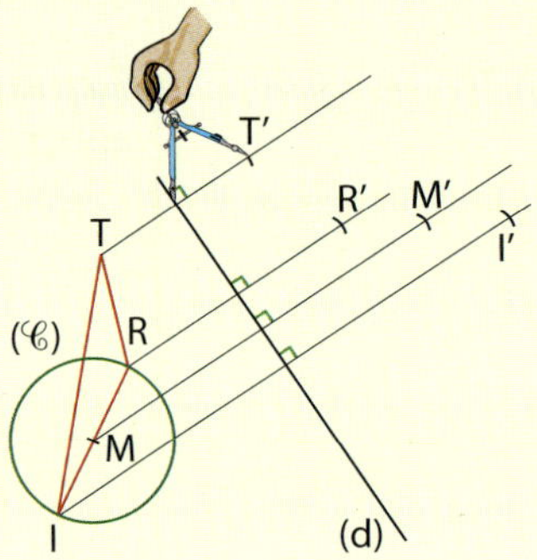

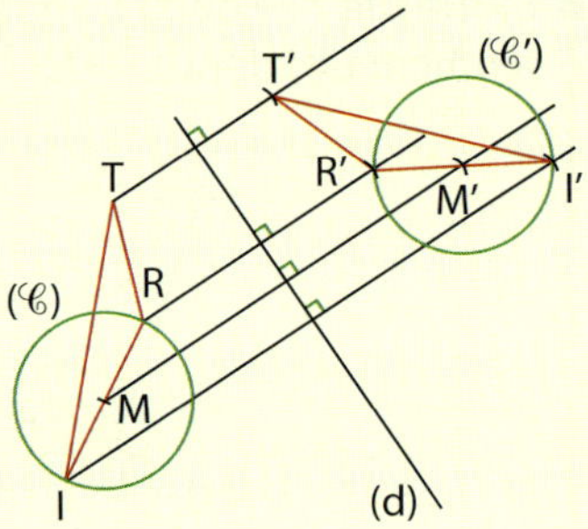

Exercices d'application

1 **1.** Tracer un segment [AB].

2. Tracer une droite (d) qui ne coupe pas ce segment.

3. Construire le symétrique [A'B'] du segment [AB] par rapport à la droite (d).

2 **1.** Tracer un triangle TOP quelconque.

2. Tracer une droite (d) à l'extérieur de ce triangle.

3. Construire le symétrique du triangle TOP par rapport à la droite (d).

3 **1.** Tracer un carré STOP de côté 4 cm.

2. Tracer une droite (d) qui passe par le point S.

3. Construire le symétrique du carré STOP par rapport à la droite (d).

4 **1.** Tracer un triangle AIN tel que :

AN = 6 cm ; AI = 3,5 cm ; IN = 4,5 cm.

2. Tracer la médiatrice (d) du segment [AN].

3. Construire le symétrique du triangle AIN par rapport à la droite (d).

5 **1.** Tracer un triangle LAI tel que :

LI = 6,8 cm ; $\widehat{ILA} = 30°$; LA = 5 cm.

2. Tracer une droite (d) à l'extérieur de ce triangle.

3. Construire le symétrique de ce triangle par rapport à la droite (d).

6 **1.** Tracer un triangle MIR quelconque.

2. Construire, en rouge, le symétrique de ce triangle par rapport à la droite (MR).

3. Construire, en bleu, le symétrique de ce triangle par rapport à la droite (IR).

Voir aussi les Exercices 11 à 27

2 Construire une médiatrice à la règle et au compas

Enoncé : Tracer la médiatrice du segment [AB] en utilisant une règle et un compas.

Solution commentée

① Je trace deux arcs de cercle centrés en A et B de même rayon (ce rayon doit être plus grand que la moitié de la longueur du segment [AB]).

② Je trace deux autres arcs de cercle centrés en A et B de même rayon (ce rayon peut être différent de celui de l'étape ①).

③ J'obtiens ainsi deux points équidistants de A et B, qui appartiennent donc à la médiatrice de [AB]. En traçant la droite passant par ces deux points, je trace donc la médiatrice du segment [AB].

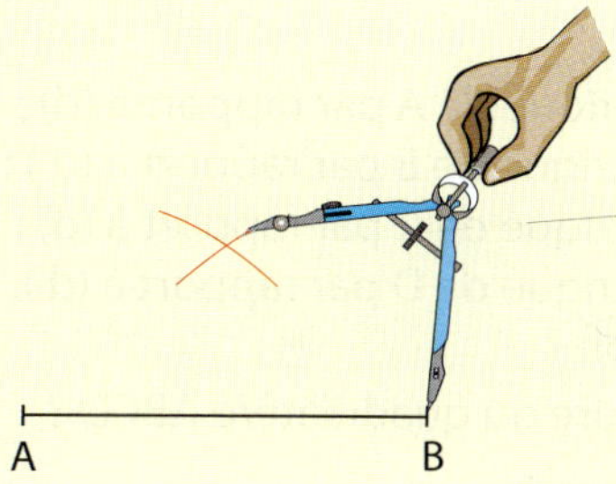

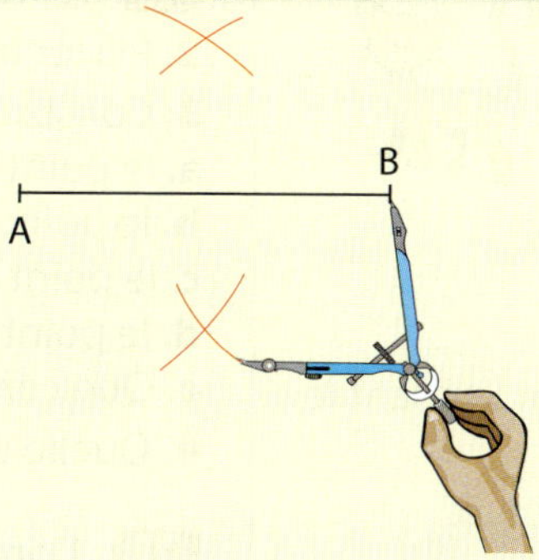

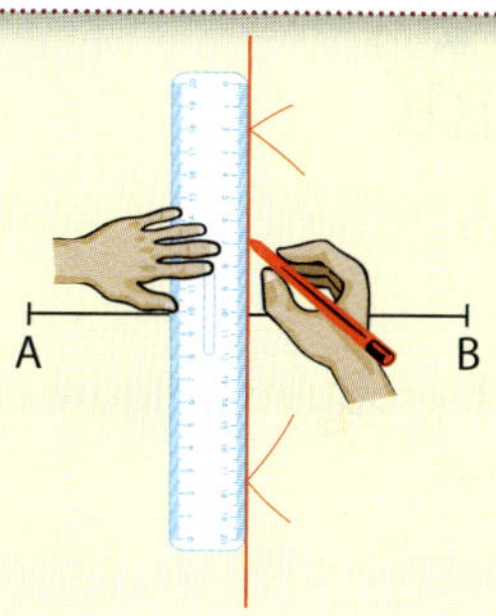

3 Construire une bissectrice à la règle et au compas

Enoncé : Construire la bissectrice de l'angle $\widehat{BAC}$ à l'aide d'une règle et d'un compas.

Solution commentée

① Je place sur les côtés de l'angle $\widehat{BAC}$ deux points à égale distance de A.

② Je place un point à égale distance des deux points précédents.

③ Je trace la demi-droite d'origine A passant par le dernier point construit. C'est l'axe de symétrie de l'angle $\widehat{BAC}$, donc sa bissectrice.

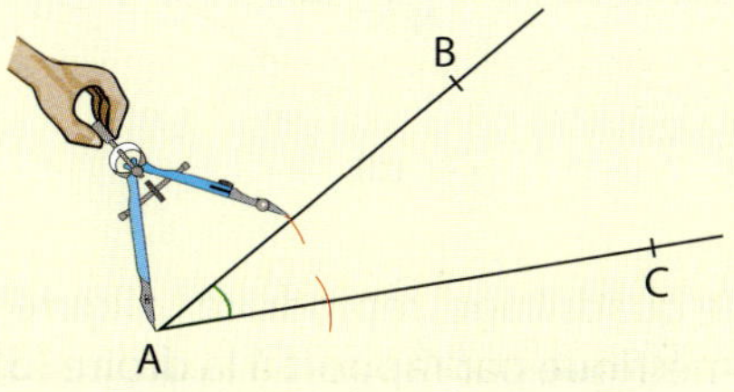

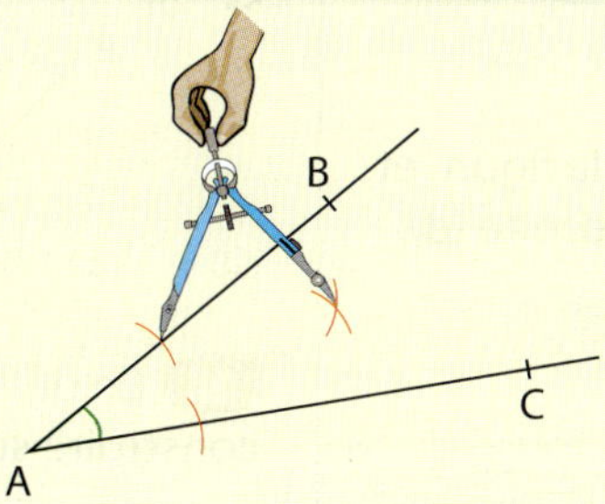

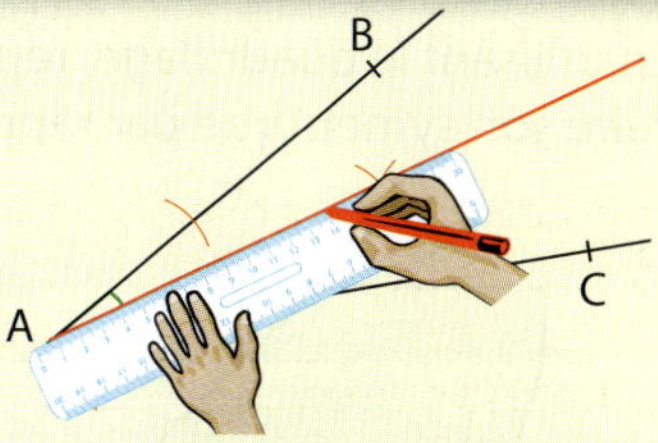

Exercices d'application

(SAVOIR-FAIRE 2 ET SAVOIR-FAIRE 3)

7 Tracer un segment [RS] de 8,2 cm et sa médiatrice, sans équerre et sans quadrillage.

8 Tracer un segment [XL] de 5,8 cm et sa médiatrice, sans équerre et sans quadrillage.

9 **1.** Tracer un angle $\widehat{TRE}$ de 64°.

2. Tracer sans rapporteur la bissectrice de l'angle $\widehat{TRE}$.

10 **1.** Tracer un angle $\widehat{BVC}$ de 107°.

2. Tracer sans rapporteur la bissectrice de l'angle $\widehat{BVC}$.

3. Placer un point A sur cette bissectrice et tracer la bissectrice de l'angle $\widehat{BVA}$.

Voir aussi les Exercices 37 à 41

Pour s'entraîner

Construire des symétriques SOCLE 6e

POUR T'AIDER, voir Savoir faire 1

11 Dans chacun des cas ci-dessous, reproduire le dessin à main levée et tracer, toujours à main levée, son symétrique par rapport à la droite (d) :

a.

b.

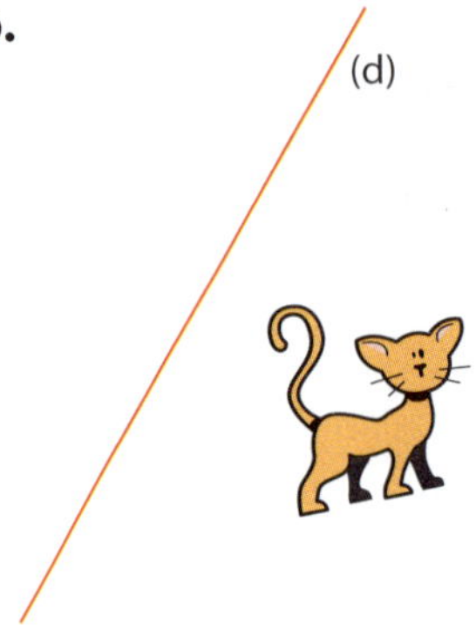

12 **1.** Reproduire la figure ci-dessous en utilisant le quadrillage :

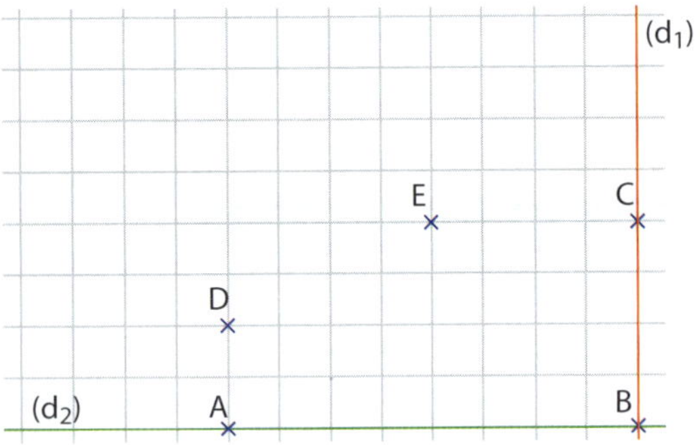

2. Construire les symétriques des points A, B, C, D et E par rapport à la droite (d_1).

3. Construire les symétriques des points A, B, C, D et E par rapport à la droite (d_2).

13 En utilisant le quadrillage, reproduire la figure et construire son symétrique par rapport à la droite (d).

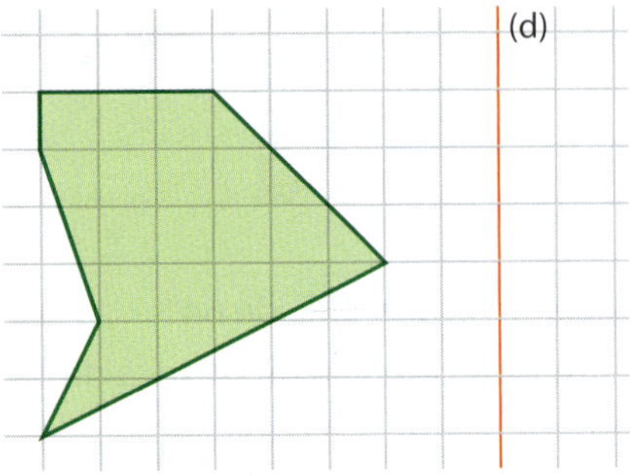

14 **1.** Sur une feuille, placer deux points A et A'.

2. Tracer la droite (d) telle que les points A et A' soient symétriques par rapport à (d).

15 **1.** Reproduire la figure ci-dessous :

Téléchargement

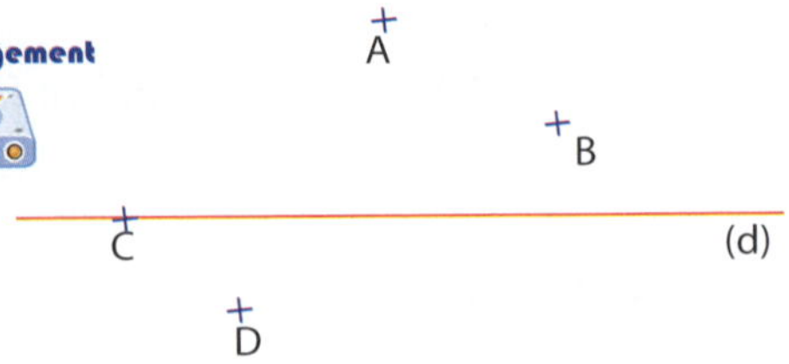

2. Construire les symétriques des points A, B, C et D par rapport à la droite (d).

16 **1.** Tracer deux droites (d) et (d') perpendiculaires.

2. Placer un point A n'appartenant ni à (d) ni à (d').

3. Construire :

a. le point B, symétrique de A par rapport à (d) ;

b. le point C, symétrique de B par rapport à (d') ;

c. le point D, symétrique de C par rapport à (d) ;

d. le point E, symétrique de D par rapport à (d').

e. Que constate-t-on ?

4. Quelle est la nature du quadrilatère ABCD ?

17 Dans chacun des cas ci-dessous, reproduire la figure sur papier uni et construire le symétrique de la figure tracée en noir par rapport à la droite (d) tracée en rouge :

a.

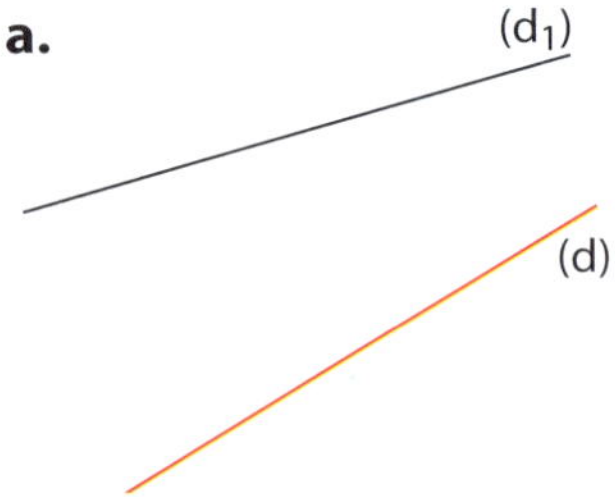

b.

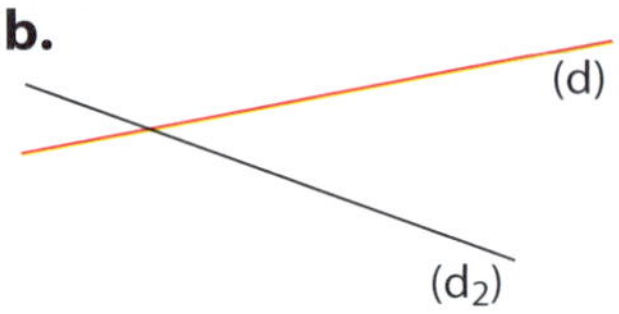

Animation

c.

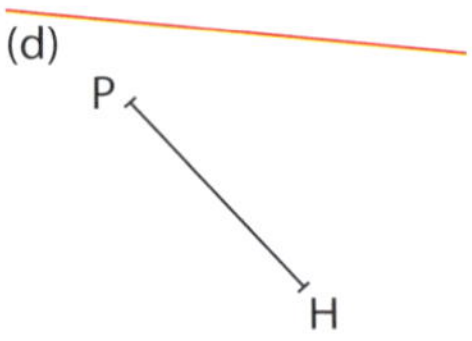

d.

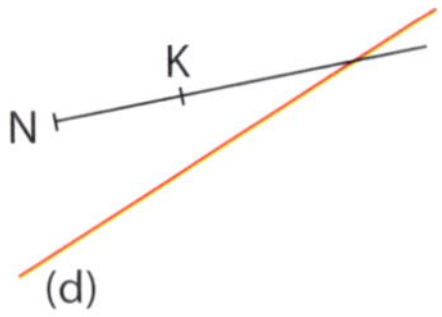

18 En utilisant le quadrillage, reproduire la figure et construire son symétrique par rapport à la droite (d).

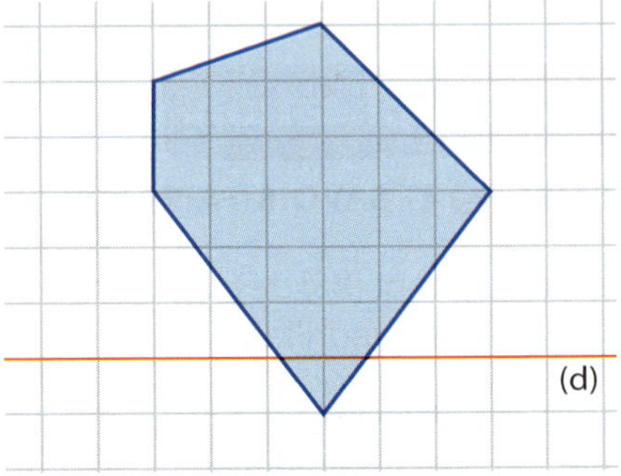

19 À l'aide du quadrillage, construire la figure puis le symétrique du carré par rapport à la droite (d).

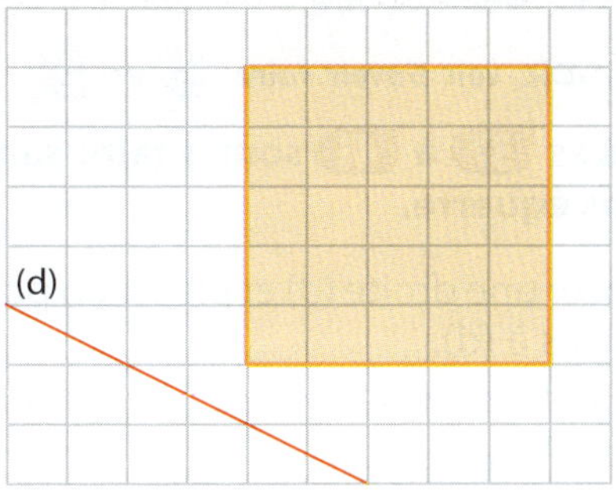

20 **1.** Construire un rectangle PARC tel que :
PA = 5 cm et PC = 2,5 cm.
2. Construire le symétrique du rectangle PARC par rapport à la droite (PR).

21 **1.** Tracer un quadrilatère ABCD et une droite (d_1) à l'extérieur de ce quadrilatère ABCD.
2. Construire le symétrique du quadrilatère ABCD par rapport à la droite (d_1).

22 **1.** Tracer un quadrilatère EFGH et une droite (d_2) qui passe à l'intérieur de ce quadrilatère EFGH.
2. Construire le symétrique du quadrilatère EFGH par rapport à la droite (d_2).

23 **1.** Tracer un cercle de centre O et une droite (d) à l'extérieur de celui-ci.
2. Construire le symétrique de ce cercle par rapport à la droite (d).

24 **1. a.** Tracer deux droites sécantes (d_1) et (d_2).
b. Tracer une droite (d) perpendiculaire à la droite (d_1).
2. a. Tracer le symétrique de (d_1) par rapport à (d).
b. Tracer le symétrique de (d_2) par rapport à (d).

25 **1.** Tracer un triangle ABC tel que :
AB = 6 cm ; BC = 7 cm et AC = 4 cm.
2. Tracer la droite (d) parallèle à (AC) passant par B.
3. Construire le symétrique du triangle ABC par rapport à la droite (d).

26 **1.** Construire un triangle équilatéral de 6 cm de côté.
2. Tracer une droite passant par un de ses côtés.
3. Construire le symétrique du triangle par rapport à cette droite. Comment s'appelle le quadrilatère obtenu ?

27 **1.** Construire un triangle rectangle.
2. Construire le symétrique de ce triangle par rapport à un des côtés de l'angle droit. Quelle est la nature du grand triangle obtenu ?

Axes de symétrie SOCLE 6e

28 Décalquer les figures ci-dessous et tracer leur(s) axe(s) de symétrie lorsqu'elles en ont.

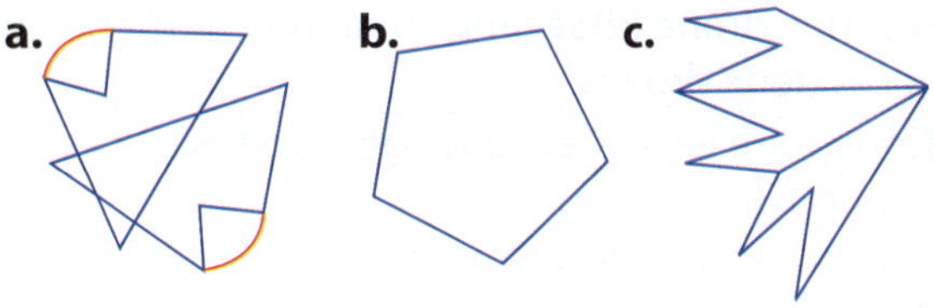

Téléchargement

29 Reproduire et compléter la figure ci-dessous afin que la droite (d) en soit un axe de symétrie.

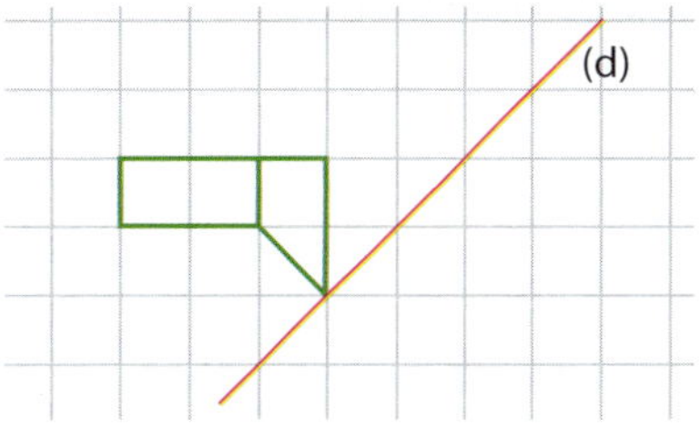

30 Reproduire et compléter la figure ci-dessous afin que la droite (d) en soit un axe de symétrie.

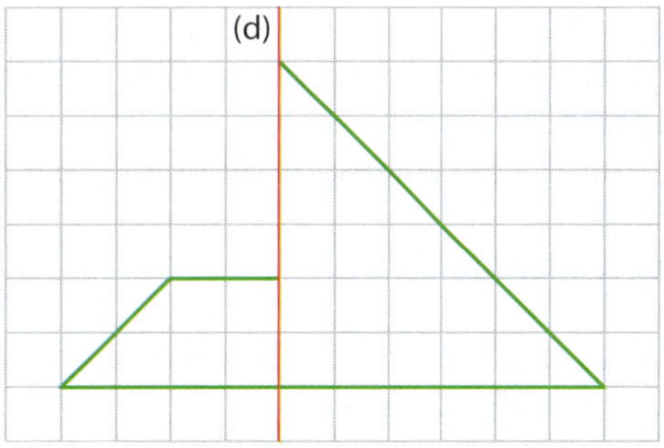

31 **1.** Tracer un triangle équilatéral.
2. Placer les milieux de deux côtés du triangle et tracer la droite (d) passant par ces deux points.
3. Compléter la figure afin qu'elle admette la droite (d) comme axe de symétrie.

32 **1.** Tracer un rectangle ABCD.
2. Tracer la droite (BD).
3. Compléter la figure pour qu'elle admette la droite (BD) comme axe de symétrie.

33 Reproduire la figure ci-dessous et la compléter pour qu'elle admette (d) et (d') comme axes de symétrie :

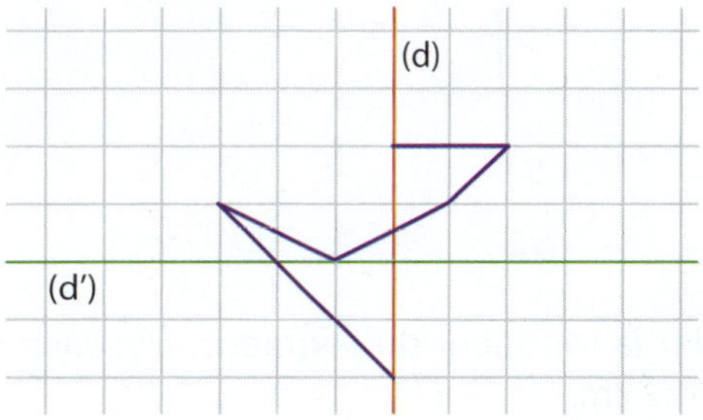

Pour s'entraîner

Propriétés de la symétrie axiale SOCLE 6e

34 **1.** Tracer deux droites parallèles (d_1) et (d_2).
2. Tracer une droite (d) sécante, mais non perpendiculaire, à ces deux droites.
3. a. Construire les symétriques des droites (d_1) et (d_2) par rapport à la droite (d).
b. Que peut-on dire de ces symétriques ? Comment l'expliquer ?

35 **1.** Que peut-on dire du triangle LAC ci-dessous ? Le reproduire en vraie grandeur.

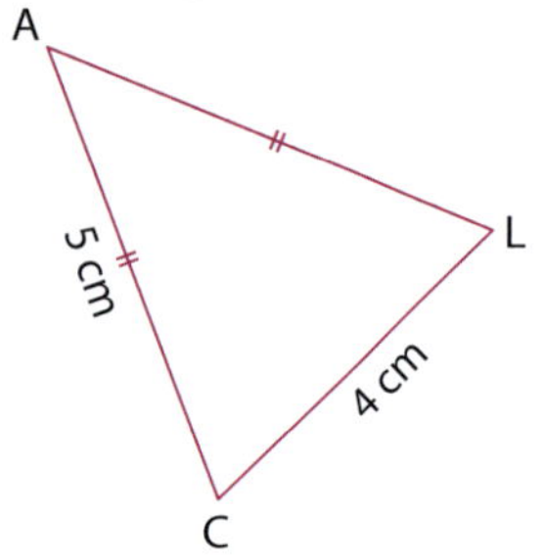

2. Construire L', le symétrique du point L par rapport à la droite (AC).
3. Construire A', le symétrique du point A par rapport à la droite (LC).
4. Construire C', le symétrique du point C par rapport à la droite (AL).
5. Tracer le triangle L'A'C'.

36 **1.** Tracer un triangle PKF, rectangle en P, tel que PK = 3,7 cm et PF = 2,3 cm.
2. Construire le point H, symétrique du point P par rapport à la droite (KF).
3. Quelle est l'aire du triangle HKF ? Expliquer.

Médiatrice - Bissectrice

POUR T'AIDER, voir Savoir faire **2** *et* **3**

Les exercices 37 à 41 sont à faire sans rapporteur et sans équerre.

37 **1.** Tracer une droite (d) et placer un point A n'appartenant pas à (d).
2. Construire le point A' tel que (d) soit la médiatrice du segment [AA'].

38 **1.** Tracer un triangle PMK isocèle en P.
2. Peut-on tracer la médiatrice du segment [MK] en utilisant uniquement une règle graduée ? Expliquer.

39 **1.** Tracer un segment [FG] de longueur 7 cm.
2. Tracer la médiatrice de [FG].
3. Placer un point T sur cette médiatrice tel que FT = FG.
4. Quel est le périmètre du triangle FTG ? Expliquer.

40 **1.** Tracer un angle quelconque.
2. Sans utiliser le rapporteur, partager cet angle en quatre angles de même mesure. Expliquer la construction.

41 **1.** Reproduire le triangle SOL ci-dessous en vraie grandeur :

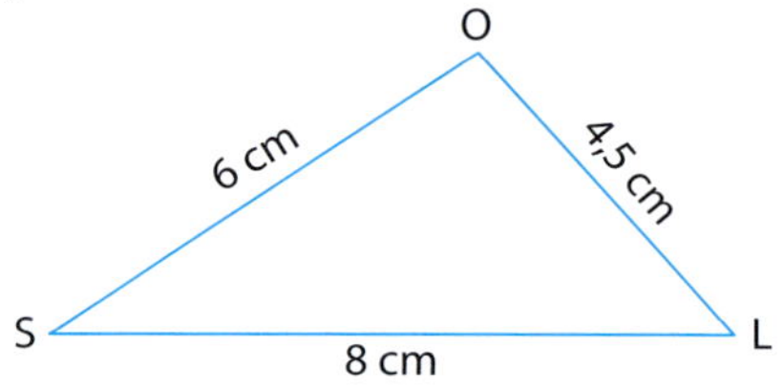

2. a. Construire, en rouge, la bissectrice de l'angle $\widehat{LSO}$.
b. Construire, en vert, la médiatrice du segment [SO].

À l'oral

Les exercices qui suivent sont à faire mentalement.

42 La droite (d) est un axe de symétrie de la figure ci-dessous :

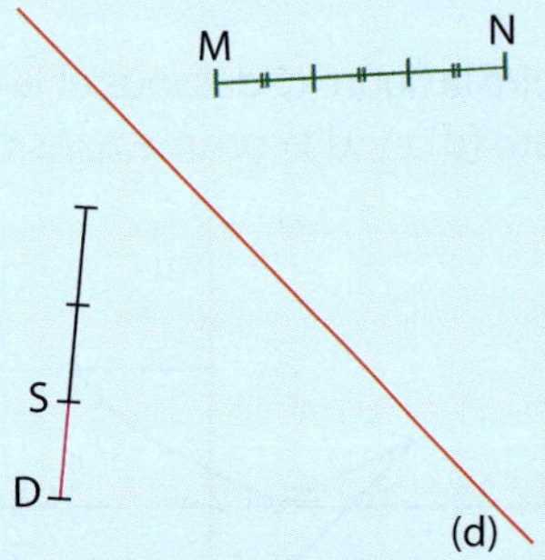

Calculer la longueur du segment [DS] sachant que MN = 4,2 cm.

43 La droite (d) est un axe de symétrie de la figure ci-contre.
Le polygone rouge a pour aire 12 cm² et la partie commune aux deux quadrilatères (partie hachurée) a pour aire 2,5 cm².

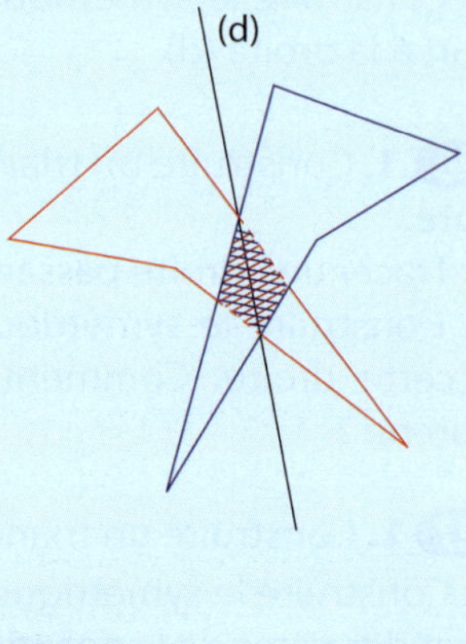

Quelle est l'aire totale de la figure ?

Je m'évalue

Pour chaque exercice 44 à 48, trouve la ou les bonnes réponses.

Énoncés	Réponse A	Réponse B	Réponse C	Réponse D
44 Dans quel(s) cas les points A et B sont-ils symétriques par rapport à la droite tracée ?	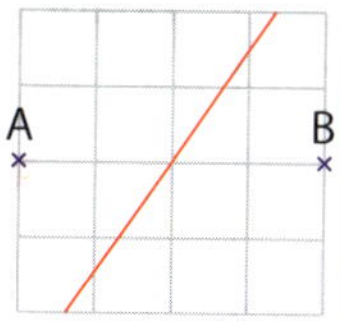	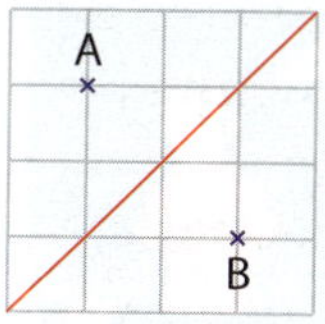	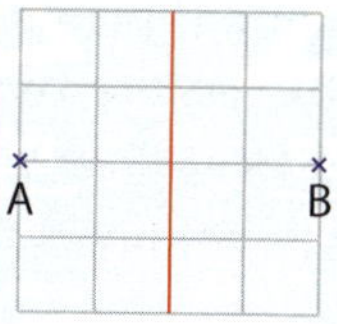	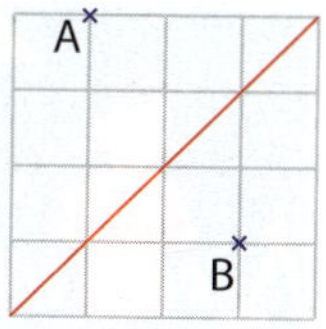
45 Dans quel(s) cas les figures sont-elles symétriques par rapport à la droite tracée ?	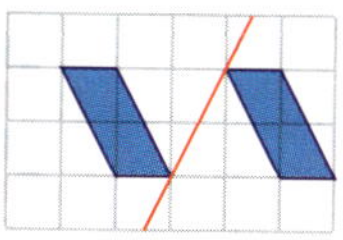	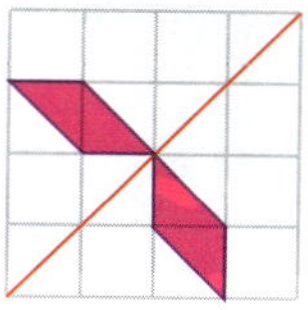	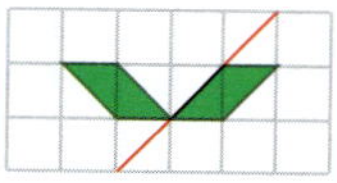	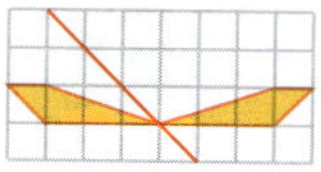
46 Dans quel(s) cas est-on sûr que la droite tracée en rouge est la médiatrice du segment [AB] ?	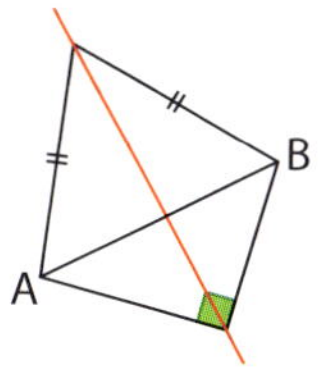	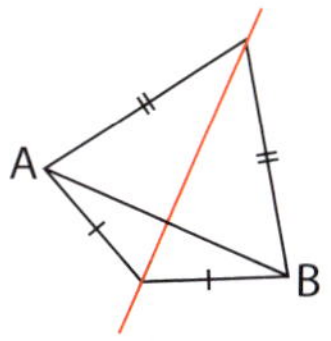	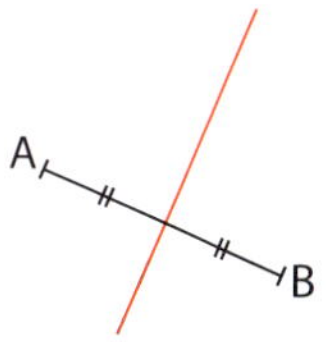	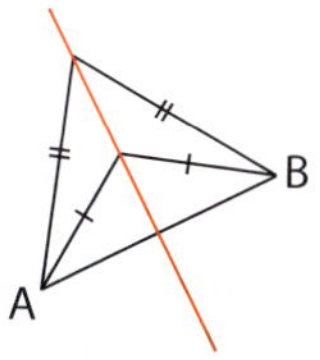
47 Quelle figure admet exactement quatre axes de symétrie ?			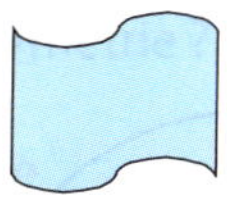	
48 Quelle figure admet une infinité d'axes de symétrie ?	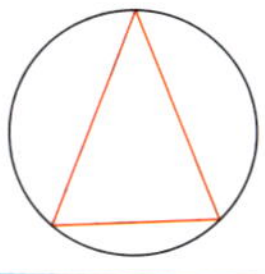	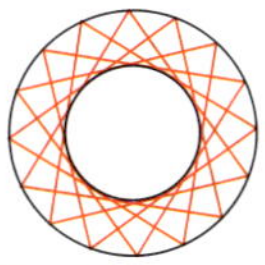	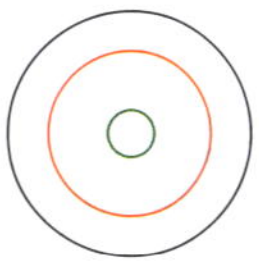	

Pour les exercices 49 à 53, trouve la ou les bonnes réponses en utilisant la figure ci-dessous.

Les droites (d) et (d') sont les axes de symétrie de la figure.

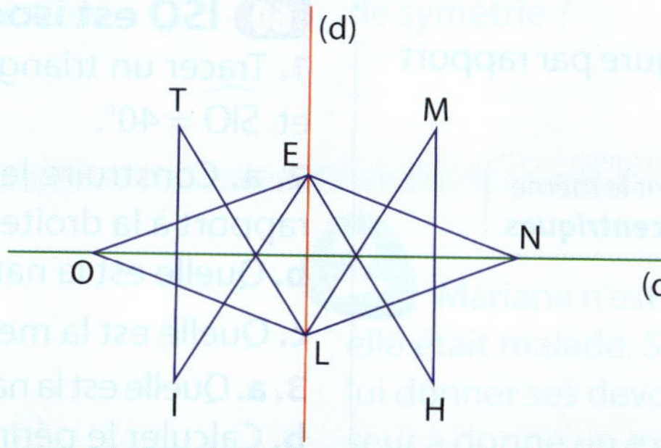

Énoncés	Réponse A	Réponse B	Réponse C	Réponse D
49 Le symétrique du point E par rapport à la droite (d) est le point :	L	M	E	T
50 La droite (d) est la médiatrice du segment :	[TM]	[LM]	[IT]	[ON]
51 Le symétrique du triangle TIL par rapport à la droite (d) est le triangle :	MHE	MHL	MLN	LEN
52 Le symétrique de l'angle $\widehat{EOL}$ par rapport à la droite (d) est l'angle :	$\widehat{NEL}$	$\widehat{LMH}$	$\widehat{ENL}$	$\widehat{MHE}$
53 Le quadrilatère NEOL a :	un axe de symétrie	deux axes de symétrie	trois axes de symétrie	quatre axes de symétrie

Tu peux vérifier tes réponses p. 255 et si tu veux continuer ton entraînement rendez-vous sur le site compagnon

Avant de commencer le Chapitre 11

Pour revoir les acquis du primaire

Triangles particuliers

1 Quelle semble être la nature des triangles 1, 2, 3 et 4 ci-contre ?
On pourra s'aider des instruments de géométrie.

a. **1** : Équilatéral
2 : Quelconque
3 : Rectangle
4 : Isocèle

b. **1** : Isocèle
2 : Rectangle
3 : Équilatéral
4 : Quelconque

c. **1** : Équilatéral
2 : Rectangle
3 : Isocèle
4 : Quelconque

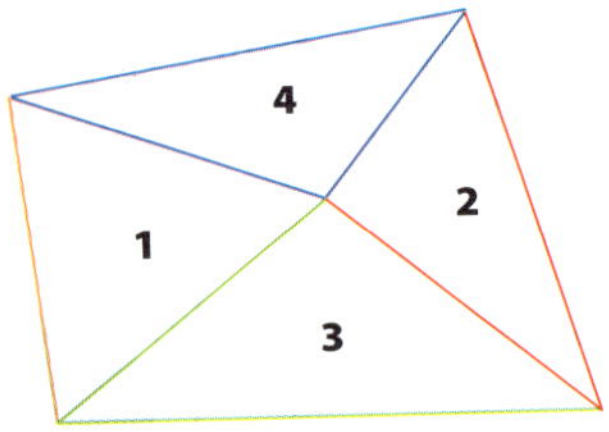

2 **VRAI ou FAUX ?**
1. Un triangle équilatéral possède un angle droit.
2. Un triangle isocèle possède deux côtés de la même longueur.
3. Un triangle rectangle possède deux angles droits.

3
1. Construire un rectangle ABCD.
2. Partager ce rectangle en deux triangles rectangles.
3. Comment se nomment ces triangles rectangles ?

Quadrilatères particuliers

Utiliser la figure ci-dessous pour les exercices **4** à **6**.

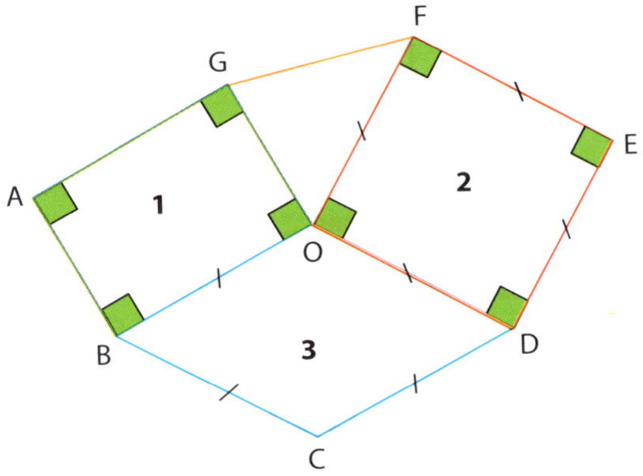

4 Quelle sont les natures des figures 1, 2 et 3 ?

a. **1** : Losange
2 : Carré
3 : Rectangle

b. **1** : Rectangle
2 : Carré
3 : Losange

c. **1** : Rectangle
2 : Losange
3 : Carré

5 Quels sommets appartiennent à la fois à un losange et un carré ?

a. O et F **b.** B et O **c.** O et D

6 À quel quadrilatère peut correspondre le texte suivant : « Ce quadrilatère possède quatre côtés de même longueur et deux de ses côtés forment un angle droit » ?

a. Figure **1** **b.** Figure **2** **c.** Figure **3**

7 Sur une feuille blanche :
a. construire un carré dont les côtés ont pour longueur 4 cm ;
b. construire un rectangle dont les côtés ont pour longueurs 3 cm et 5 cm.

Tu peux continuer tes révisions sur le site compagnon

Chapitre 11

Figures usuelles

Le chanteur belge Stromae se montre régulièrement en public vêtu de vêtements dont les motifs sont composés de formes géométriques.

Je vais apprendre à…

- Construire des triangles et des quadrilatères particuliers **SOCLE 6e** ► ***Exercices 1 à 10***
- Reproduire et construire des figures complexes. **SOCLE 6e** ► ***Exercices 17, 20 à 23, 54***
- Appliquer les propriétés relatives aux triangles et aux quadrilatères particuliers **SOCLE 6e** ► ***Exercices 30 à 36***

Activités

1 Propriétés de triangles particuliers

1. Recopier et compléter le tableau ci-dessous à l'aide des figures ci-dessous.

Triangle	1	2	3	4	5	6	7	8
Nature								
Longueur des côtés								
Mesure des angles								

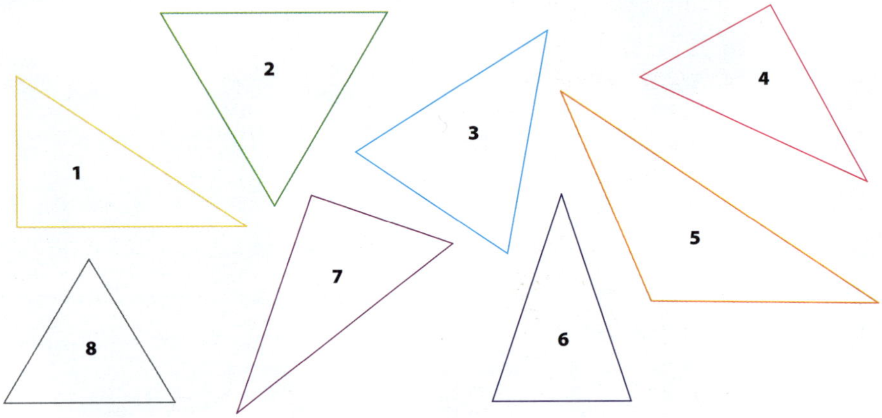

2. a. Quels sont les triangles isocèles ? Les triangles rectangles ? Les triangles équilatéraux ?
b. Pour chaque type de triangle, énoncer une propriété concernant les côtés.
c. Pour chaque type de triangle, énoncer une propriété concernant les angles.

2 Propriétés de quadrilatères particuliers

Téléchargement

Préparation du matériel

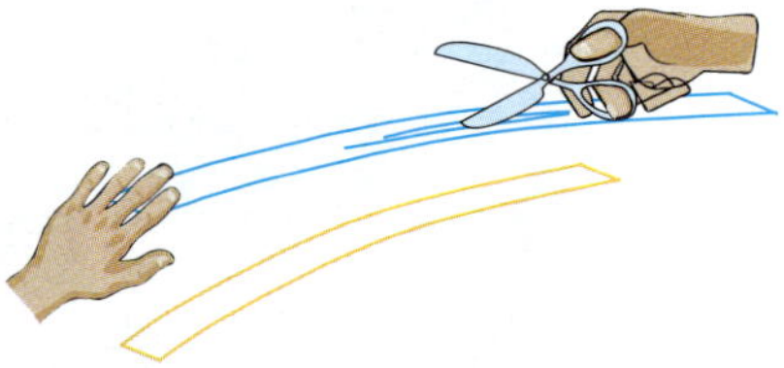

- Découper deux bandes de papier de largeur 1 cm :
  – la première de longueur 15 cm ;
  – la deuxième de longueur 20 cm.
- Couper aux alentours du centre de la deuxième bande une fente de 7 cm environ.
- Enfiler la petite bande de papier dans la fente de la grande.

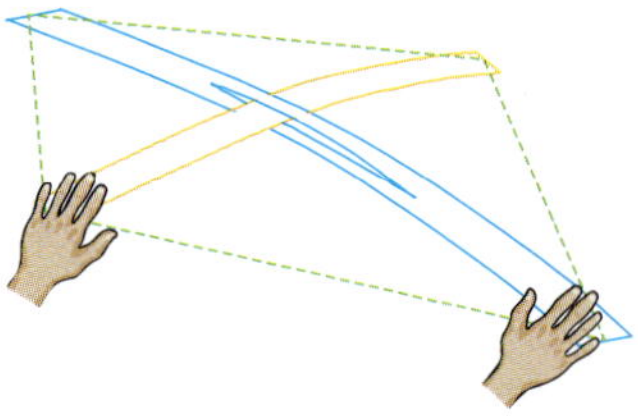

1. a. En faisant glisser les deux bandes de papier, former un losange dont les sommets sont les extrémités des bandes.
b. Comment sont placées les deux bandes l'une par rapport à l'autre ? En déduire une propriété des diagonales d'un losange.

2. a. Manipuler à nouveau les deux bandes de façon à former un rectangle. Pour cela, on pourra raccourcir l'une des bandes si besoin.
b. Énoncer une propriété des diagonales d'un rectangle.

3. a. À l'aide des deux bandes de papier, former un carré de sommets les extrémités des bandes et en déduire une propriété du carré relative à ses diagonales.
b. Parmi les propriétés énoncées précédemment, laquelle permet d'affirmer qu'un carré est un rectangle et qu'un carré est un losange ? Expliquer.

3 À chaque programme sa figure

Associer la bonne figure à chaque programme de construction.
Dans chaque cas, donner la nature des quadrilatères ABCD et OCEB en justifiant la réponse.

Programme de construction n° 1

- Tracer un segment [AC] de longueur 6 cm et placer son milieu O.
- Tracer une droite (d) passant par O.
- Placer sur (d) deux points B et D situés à la même distance de O que le point A.
- Tracer le quadrilatère ABCD.
- Construire le point E tel que BE = CE = OB.
- Tracer le quadrilatère OCEB.

Programme de construction n° 2

- Tracer un segment [AC] de longueur 6 cm et placer son milieu O.
- Tracer la droite (d) passant par O et perpendiculaire à [AC].
- Placer sur (d) deux points B et D situés à la même distance de O que le point A.
- Tracer le quadrilatère ABCD.
- Construire la droite passant par C et perpendiculaire à [OC].
- Construire la droite passant par B et perpendiculaire à [OB].
- Ces deux droites se coupent en E.
- Tracer le quadrilatère OCEB.

Programme de construction n° 3

- Tracer un segment [AC] de longueur 6 cm et placer son milieu O.
- Tracer la droite (d) passant par O et perpendiculaire à [AC].
- Placer sur (d) deux points B et D situés à la même distance de O.
- Tracer le quadrilatère ABCD.
- Construire la droite passant par C et perpendiculaire à [OC].
- Construire la droite passant par B et perpendiculaire à [OB].
- Ces deux droites se coupent en E.
- Tracer le quadrilatère OCEB.

Figure 1

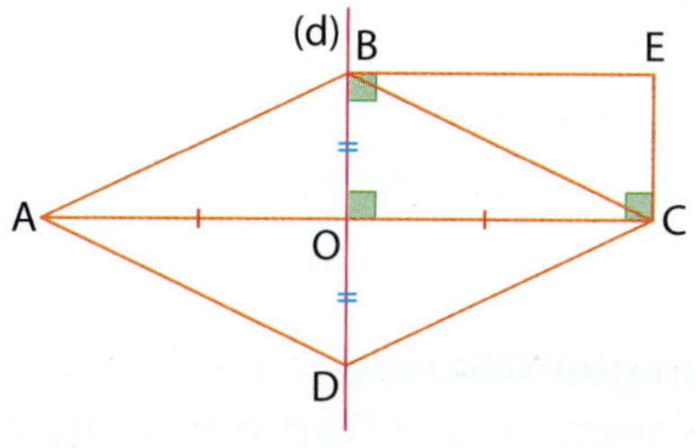

Figure 2

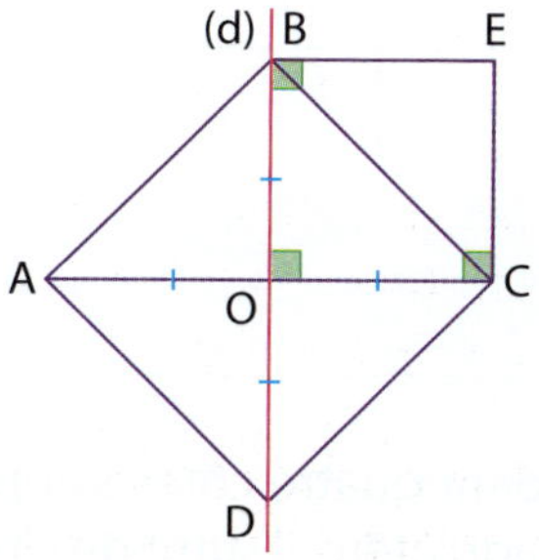

Figure 3

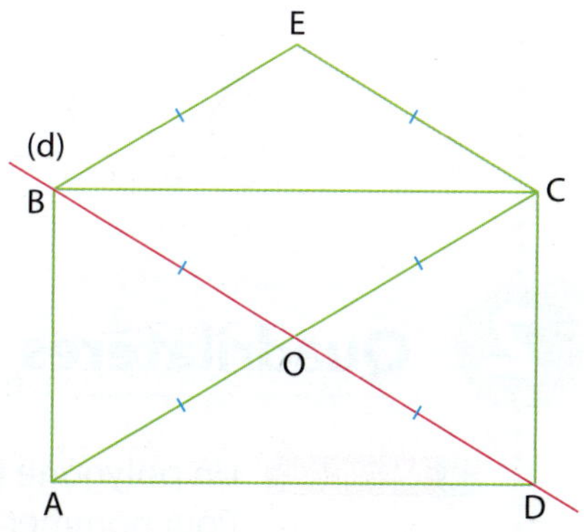

Le cours

1 Triangles particuliers

DÉFINITIONS

Un **triangle isocèle** est un triangle qui a deux côtés de même longueur.

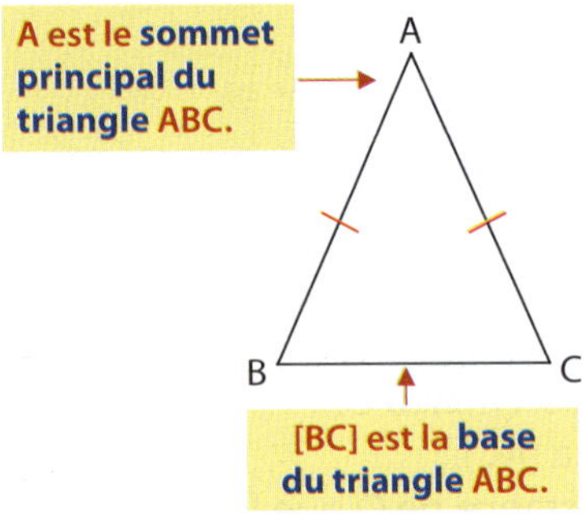

Le triangle ABC est **isocèle en A**.

Un **triangle équilatéral** est un triangle qui a trois côtés de même longueur.

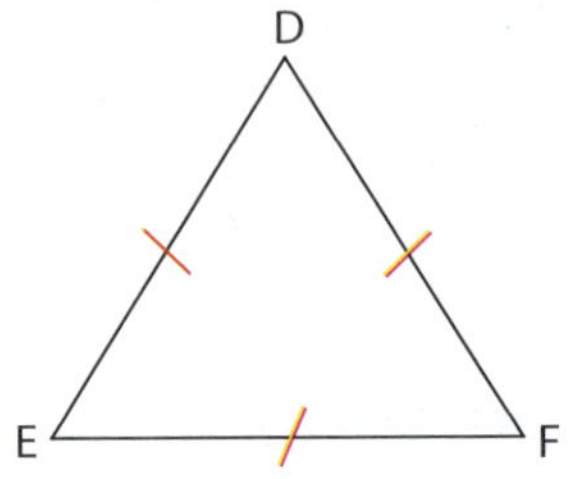

Le triangle DEF est **équilatéral**.

Un **triangle rectangle** est un triangle qui a deux côtés perpendiculaires.

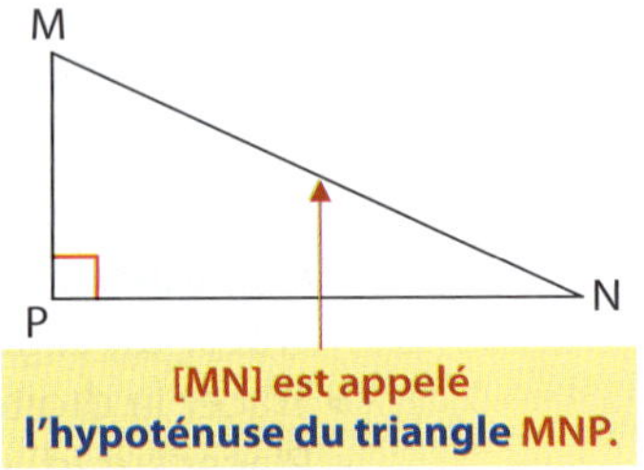

Le triangle MNP est **rectangle en P**.

Remarques

- Donner la nature d'un triangle, c'est dire s'il est isocèle, équilatéral ou rectangle.
- Un triangle peut être à la fois isocèle et rectangle.

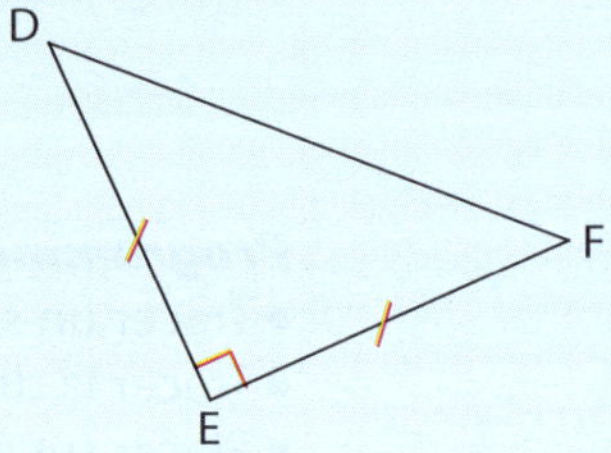

Exemple : Dans le triangle DEF ci-contre, les longueurs DE et EF sont égales et l'angle $\widehat{DEF}$ est droit. Le triangle DEF est rectangle et isocèle en E.

PROPRIÉTÉS

Dans un **triangle isocèle**, les angles à la base ont la même mesure.

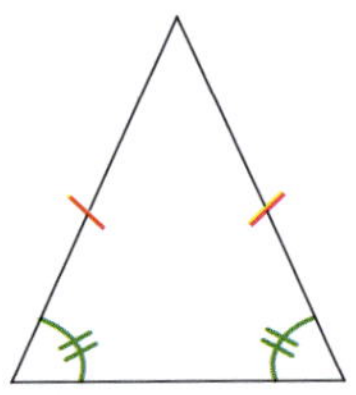

Dans un **triangle équilatéral**, tous les angles ont la même mesure.

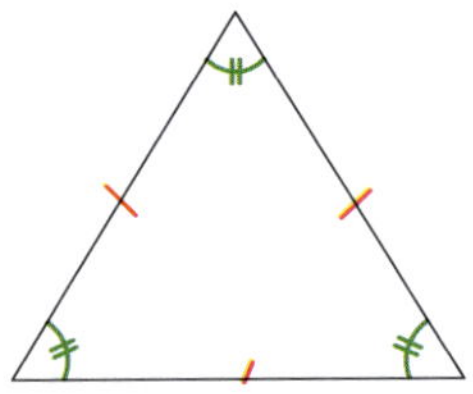

Un **triangle rectangle** possède un angle droit.

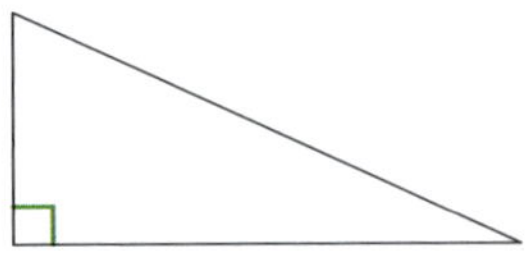

2 Quadrilatères

DÉFINITION Un polygone possédant quatre côtés s'appelle un **quadrilatère**.
Pour nommer un quadrilatère, il suffit de citer les sommets dans l'ordre où ils apparaissent en parcourant le quadrilatère.

■ **Exemple :** Le quadrilatère ci-dessous peut se nommer ABCD, BCDA, CDAB, DABC, DCBA, CBAD, BADC ou ADCB :

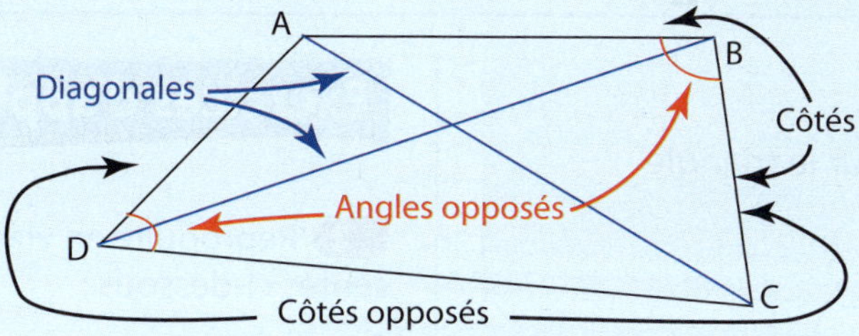

Animation

DÉFINITIONS

Un **rectangle** est un quadrilatère qui a quatre angles droits.	Un **losange** est un quadrilatère qui a quatre côtés de la même longueur.	Un **carré** est un quadrilatère qui a quatre angles droits et quatre côtés de la même longueur.
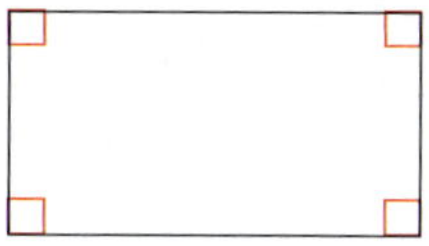	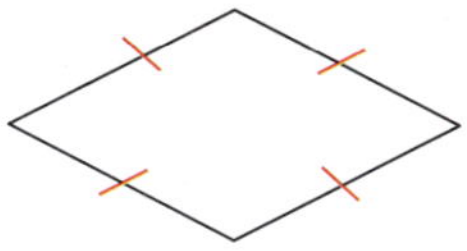	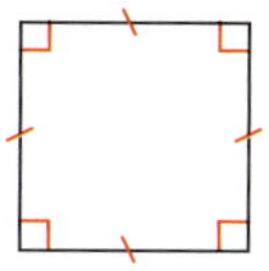

PROPRIÉTÉS

Rectangle • Les côtés opposés sont parallèles.	**Losange** • Les côtés opposés sont parallèles.	**Carré** C'est à la fois un rectangle et un losange.
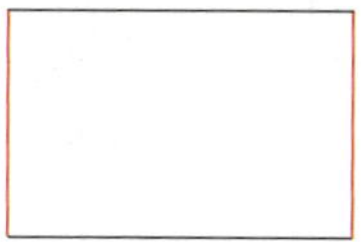	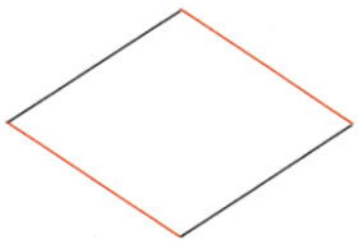	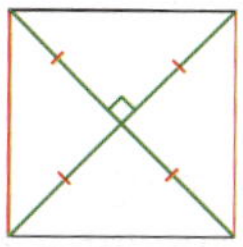
• Les diagonales se coupent en leur milieu et ont la même longueur.	• Les diagonales se coupent en leur milieu et sont perpendiculaires.	Le carré possède donc toutes les propriétés du rectangle et du losange.
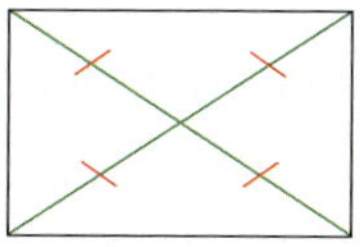	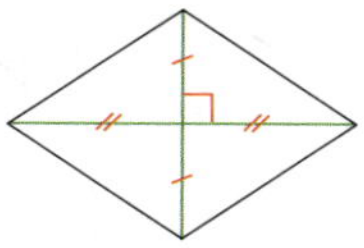	
• Les côtés opposés sont de même longueur.	• Les angles opposés sont de même mesure.	
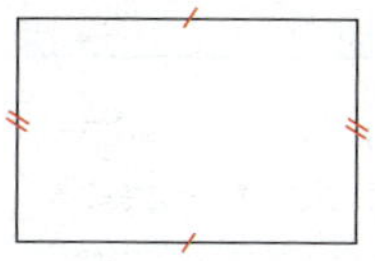	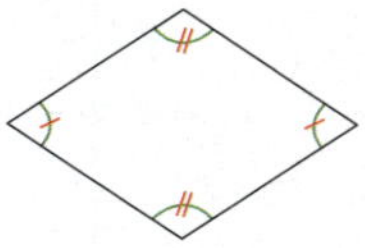	

Le dico des Maths

- Base d'un triangle isocèle
- Hypoténuse d'un triangle rectangle
- Sommet principal d'un triangle isocèle

Voir p. 254

1 Reproduire une figure

Énoncé

Reproduire en vraie grandeur le triangle représenté ci-dessous :

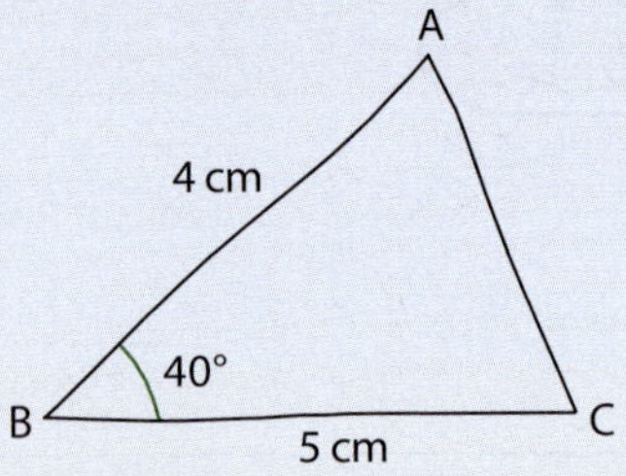

Solution commentée

① Je trace un segment [BC] de longueur 5 cm.

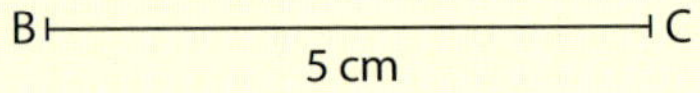

② Je construis un angle de mesure 40° dont un côté est le segment [BC].

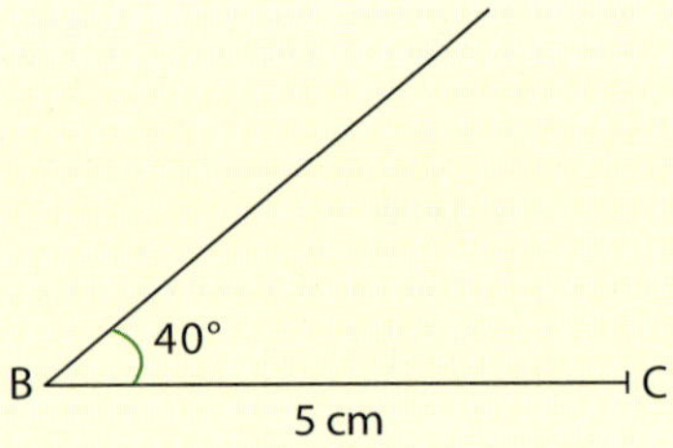

③ Sur la demi-droite ainsi construite, je place un point A tel que AB = 4 cm.

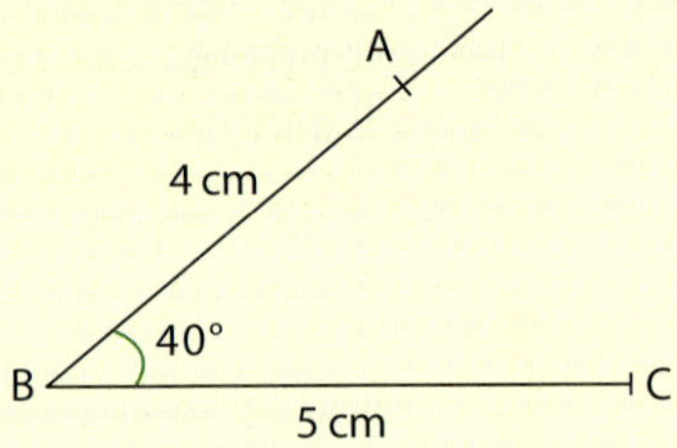

④ Je trace le segment [AC].

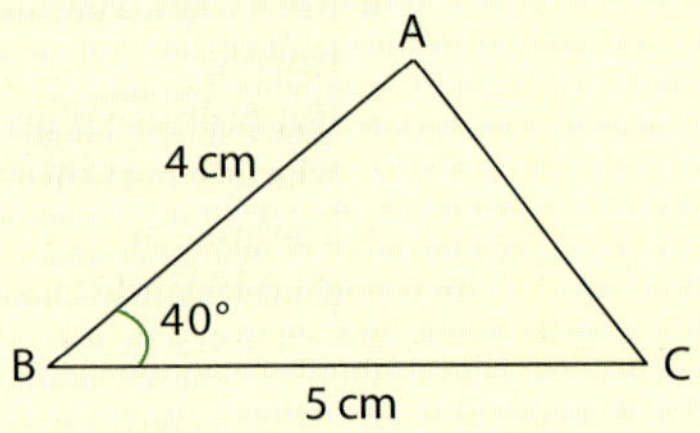

Exercices d'application

1 Reproduire en vraie grandeur les triangles représentés ci-dessous :

a.

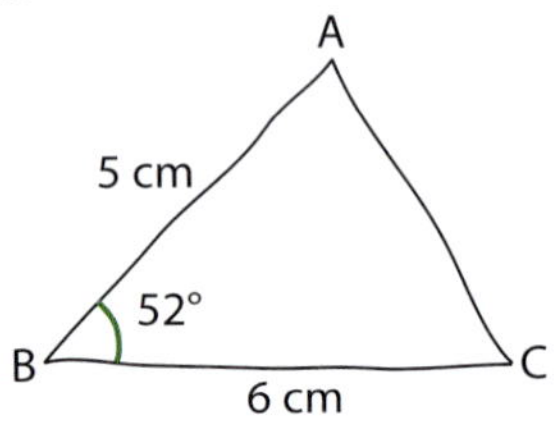

b.

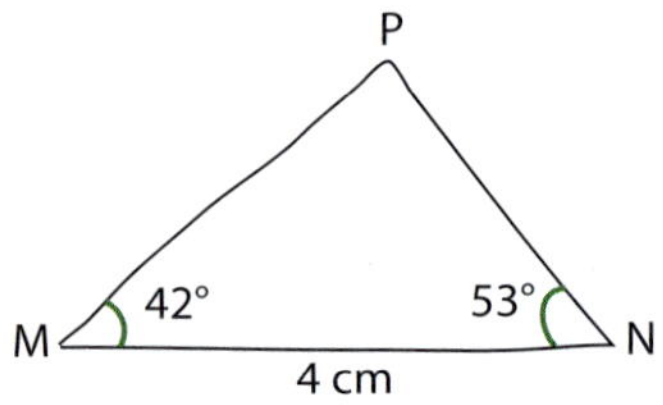

2 Reproduire en vraie grandeur les triangles représentés ci-dessous :

a.

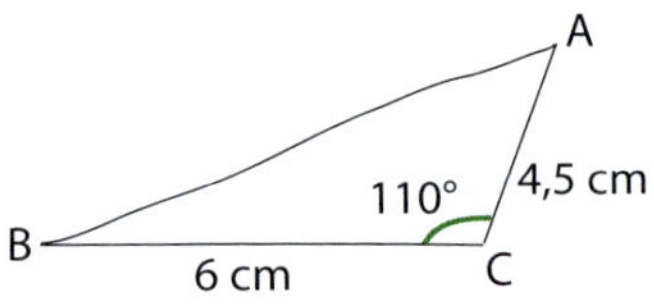

b.

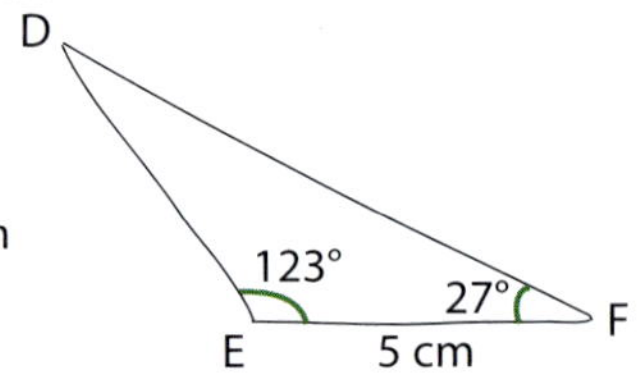

3 Reproduire en vraie grandeur les quadrilatères représentés ci-dessous.
Dans chaque cas, on précisera leur nature en justifiant.

a.

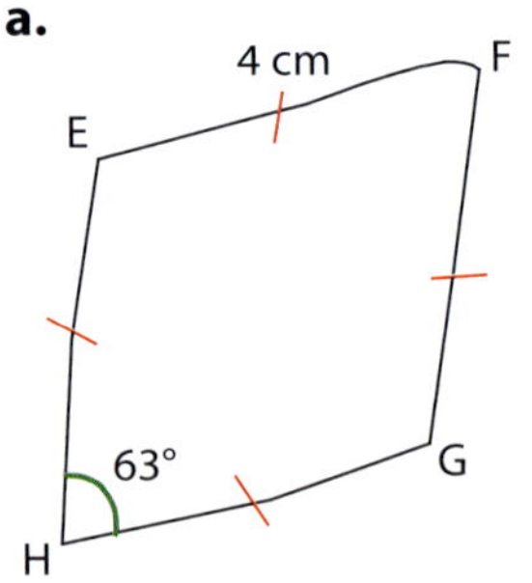

b.

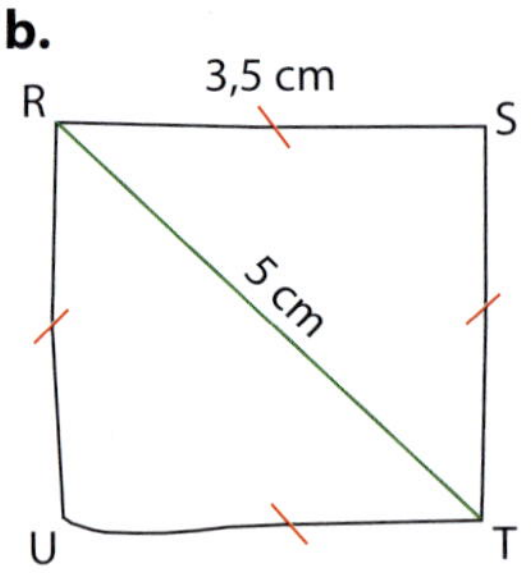

4 Reproduire en vraie grandeur la figure représentée ci-dessous telle que AB = 5 cm :

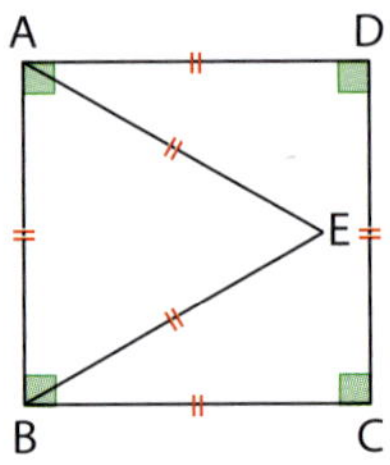

Voir aussi les Exercices 16 à 23

2 Construire une figure à partir d'un texte

Énoncé
Construire le triangle ABC isocèle, en A, tel que AC = 4 cm et BC = 6 cm.

Solution commentée

① Lorsqu'une construction est dictée par un texte, je commence par réaliser une figure à main levée en notant les informations données par le texte (mesures, codages, etc.).

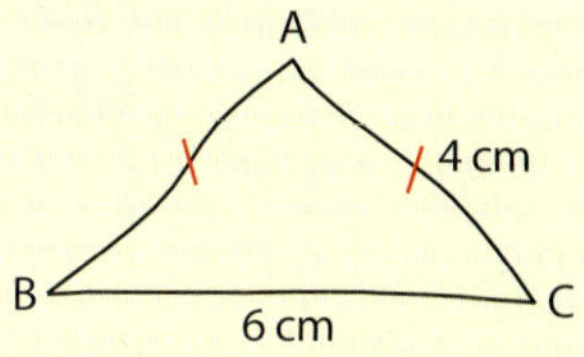

② Quand toutes les informations sont correctement reportées, l'exercice revient à reproduire en vraie grandeur une figure dessinée à main levée.
Je trace un segment [BC] de longueur 6 cm.

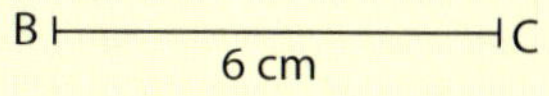

③ Je trace deux arcs de cercle de centres B et C et de rayon 4 cm.
Le point A se trouve à l'intersection des deux arcs.

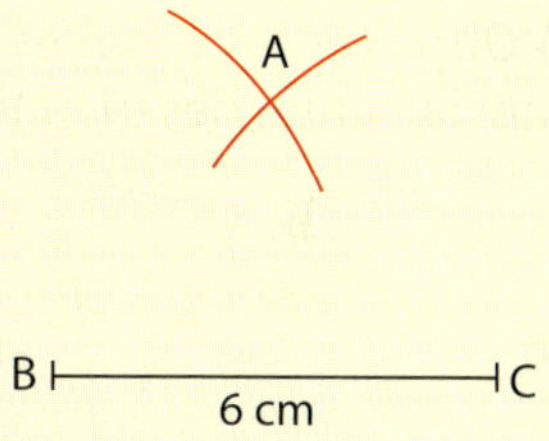

④ Je trace les segments [AB] et [AC].

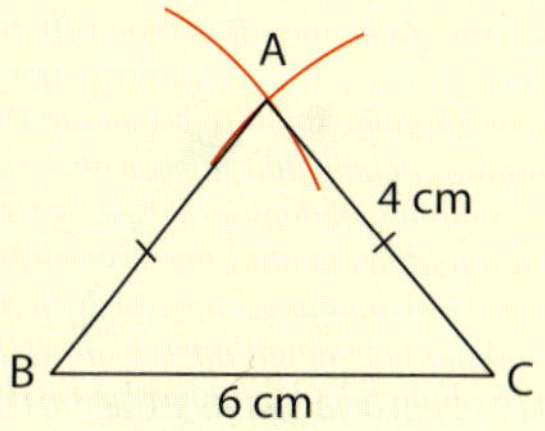

Exercices d'application

5 **1.** Construire le triangle ABC isocèle en B tel que :
BC = 3 cm et AC = 4,6 cm.

2. Construire le triangle DEF isocèle en E tel que :
EF = 4 cm et $\widehat{DEF}$ = 45°.

6 **1.** Construire un triangle équilatéral MNP tel que MN = 5,4 cm.
2. Construire un triangle REC rectangle en R tel que :
RE = 6,1 cm et $\widehat{REC}$ = 35°.
3. Construire un triangle ISO isocèle en O tel que :
OI = 5 cm et IS = 7 cm.

7 **1.** Construire un triangle ABC rectangle en A tel que AB = 5,5 cm et AC = 2,6 cm.
2. Construire un triangle DEF rectangle en D tel que :
DE = 6 cm et EF = 8,4 cm.

8 **1.** Construire un rectangle MNPQ tel que :
MN = 5 cm et MQ = 7 cm.
2. Construire un rectangle DEFG tel que :
EF = 6 cm et DF = 7,3 cm.

9 **1.** Construire un carré KLMN tel que MN = 5,1 cm.
2. Construire un losange BCDE tel que :
BC = 4,5 cm et CE = 6 cm.
3. Construire un rectangle RSTU tel que :
TU = 4,8 cm et RT = 6,3 cm.

10 **1.** Construire un losange non carré ABCD de côté de longueur 4 cm.
2. À l'extérieur de ce losange, construire un carré CDEF et un rectangle BCMN tel que CM = 6 cm.

Voir aussi les Exercices 24 à 29

Pour s'entraîner

Reconnaître des figures SOCLE 6e

11 À l'aide des instruments de géométrie, reconnaître les triangles qui semblent quelconques, rectangles, isocèles ou équilatéraux.

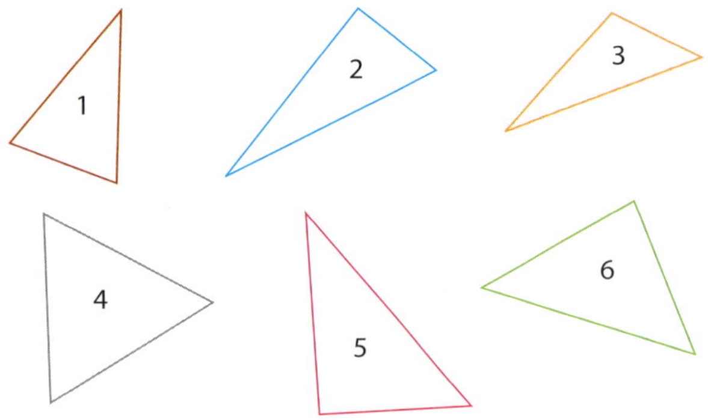

12 Observer les codages des figures ci-dessous et donner la nature des triangles :

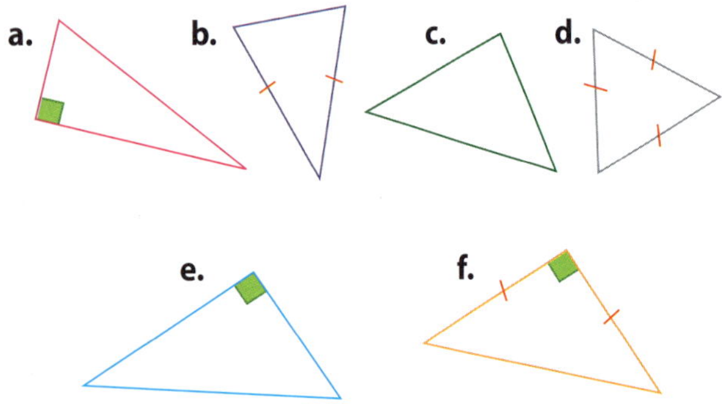

On précisera la base et le sommet principal des triangles isocèles ainsi que l'hypoténuse des triangles rectangles.

13 Quelle est la nature des triangles ABC, ABN, ACM et BCM ?

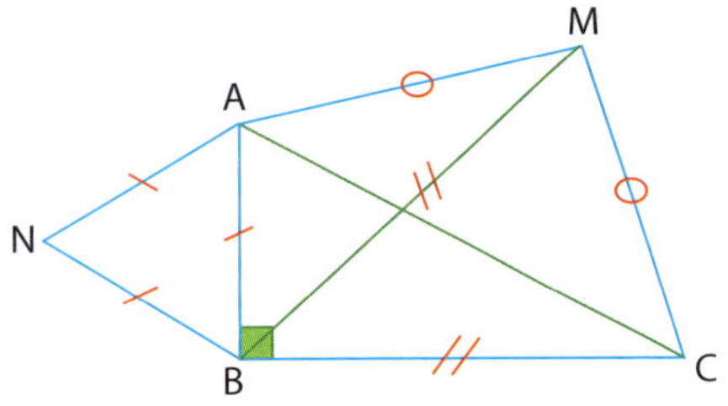

14 Retrouver tous les quadrilatères particuliers de cette figure et les nommer :

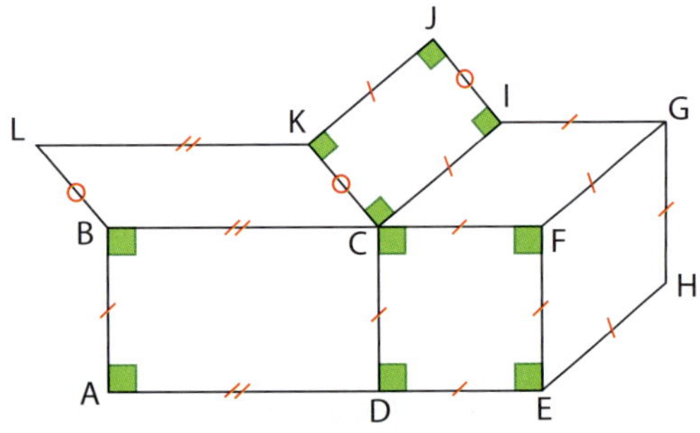

15

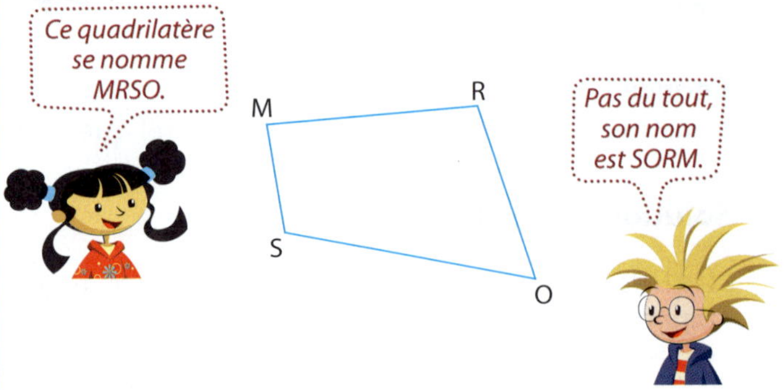

1. Quel enfant a raison ?
2. Donner tous les noms possibles du quadrilatère.
3. Nommer les sommets du quadrilatère.
4. Nommer les diagonales du quadrilatère et donner deux côtés consécutifs.
5. Donner deux côtés opposés du quadrilatère.
6. Donner deux angles opposés du quadrilatère.

Reproduire des figures SOCLE 6e

POUR T'AIDER, voir Savoir faire 1

16 Reproduire en vraie grandeur les figures ci-dessous :

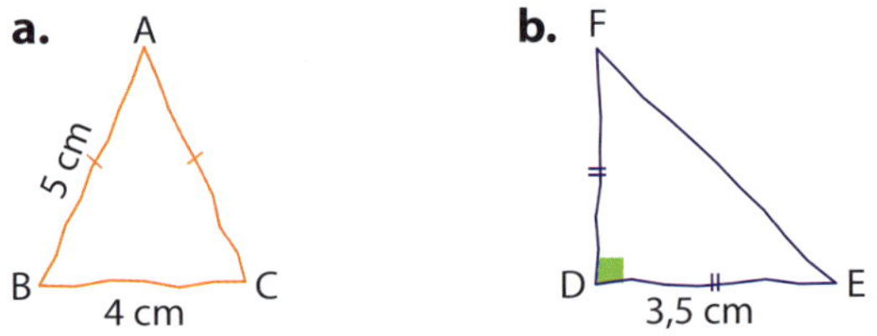

17 Reproduire en vraie grandeur les figures ci-dessous :

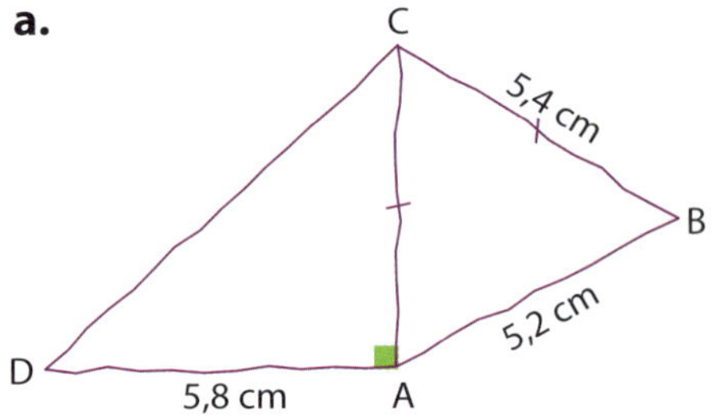

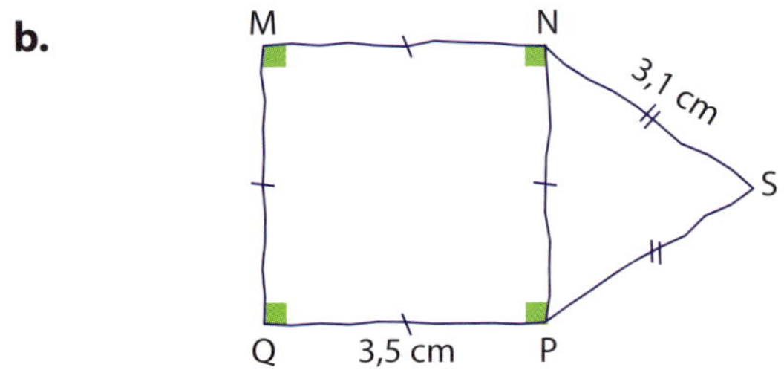

18 Reproduire sur papier quadrillé la figure ci-dessous et placer deux points P et S de façon à obtenir un carré ABCP et un losange ABSD.

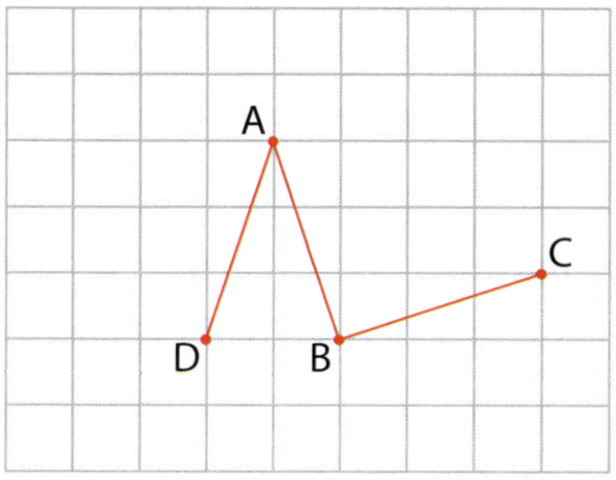

19 Reproduire sur papier quadrillé la figure ci-dessous et la compléter pour obtenir un rectangle ABCD de centre O :

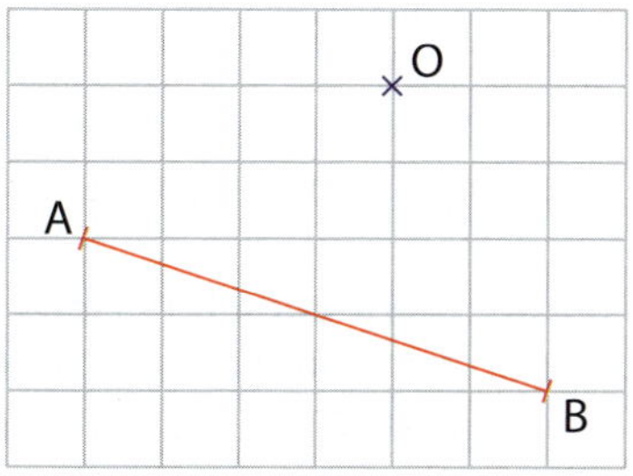

20 Reproduire en vraie grandeur la figure ci-dessous telle que ABCD est un rectangle et BDEF est un carré.

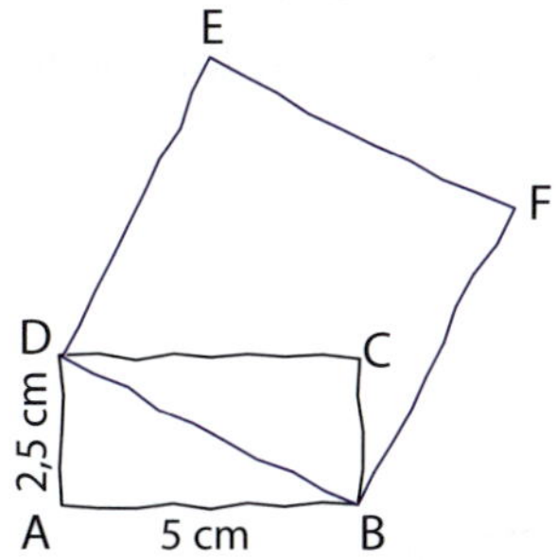

21 Reproduire en vraie grandeur la figure réalisée ci-dessous :

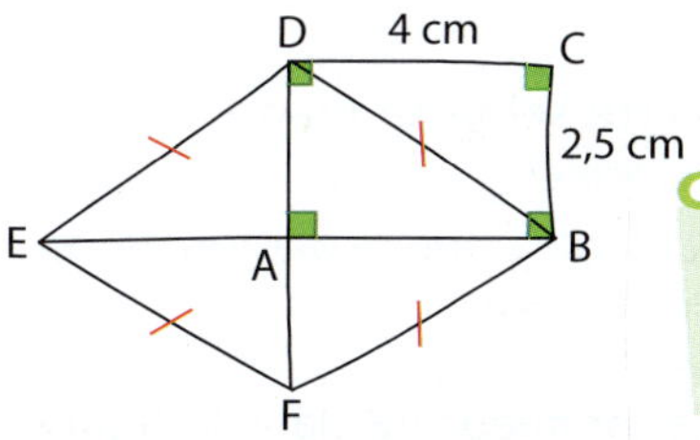

Coup de pouce
Trouve tout d'abord quelle partie de la figure est à construire en premier.

22 Reproduire la figure ci-dessous et écrire un programme de construction permettant de la réaliser :

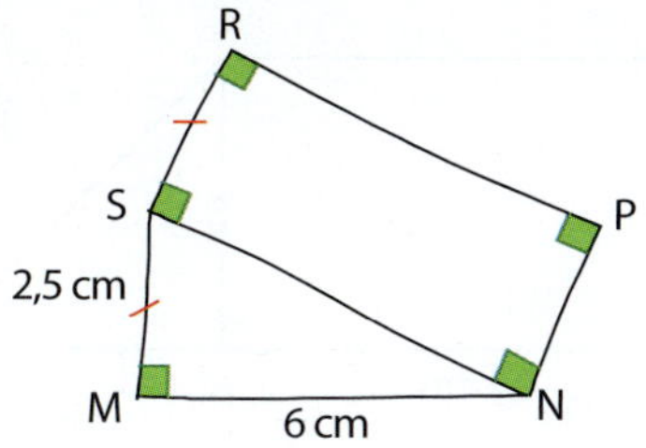

23 Reproduire la figure ci-dessous et écrire un programme de construction permettant de la réaliser :

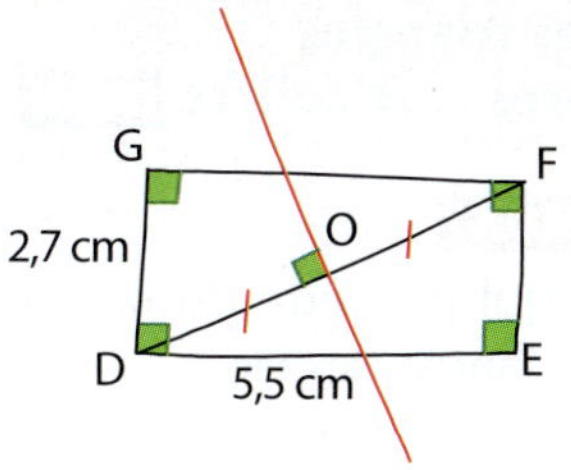

Construire une figure SOCLE 6e

POUR T'AIDER, voir Savoir faire 2

24 **1.** **a.** Construire un triangle ABC isocèle en B.
b. Construire le cercle de centre B passant par A.
c. Que constate-t-on ?
2. Avec une règle non graduée, construire deux nouveaux triangles isocèles.

25 **1.** Soit un point A et une droite (d) qui ne passe pas par A.
Construire le point A', symétrique du point A par rapport à la droite (d).
2. Placer trois points B, C et D sur la droite (d).
3. Quelle est la nature des triangles BAA', CAA' et DAA' ? Expliquer.

26 **1.** Tracer un segment [AB] de longueur 6 cm.
2. Construire une demi-droite [AM) telle que $\widehat{BAM} = 35°$.
3. Placer un point C sur la demi-droite [AM) tel que le triangle ABC soit isocèle.
Combien existe-t-il de solutions ?

27 **1.** Construire un triangle OEF rectangle et isocèle en O.
2. Construire le carré dont une diagonale est [EF].
3. Construire le carré de centre O dont un côté est [EF].

28 **1.** Construire un cercle de centre O à l'aide d'un logiciel de géométrie dynamique.
2. Soit [AB] et [CD] deux diamètres de ce cercle. Construire le quadrilatère ADBC.
3. Déplacer des points de la figure. Quelle semble être la nature du quadrilatère ADBC ? Expliquer.

29 **1.** À l'aide d'un logiciel de géométrie dynamique, construire un quadrilatère dont les diagonales sont perpendiculaires.
2. **a.** Est-ce que ce quadrilatère est un losange ? Si ce n'est pas le cas, déplacer des points pour qu'il le soit.
b. Quand le quadrilatère est un losange, que peut-on dire de ses diagonales ?
3. À quelle condition sur les diagonales ce quadrilatère est-il un carré ?

Pour s'entraîner

Propriétés des triangles et quadrilatères particuliers SOCLE 6e

30 **VRAI ou FAUX ?**

1. Un triangle qui possède deux angles de même mesure est un triangle isocèle.

2. Un triangle qui possède trois côtés de même longueur possède également trois angles de même mesure.

3. Un quadrilatère qui possède quatre côtés de même longueur est un carré.

4. Un quadrilatère qui possède deux côtés opposés de même mesure est un losange.

5. Dans un losange, les diagonales possèdent le même milieu et sont de même longueur.

31 **1.** Dans le triangle ci-dessous, Romane prétend que MP = 5 cm. A-t-elle raison ? Justifier.

2. Julien, son père, lui dit que le segment [NP] mesure également 5 cm. A-t-il raison ? Expliquer.

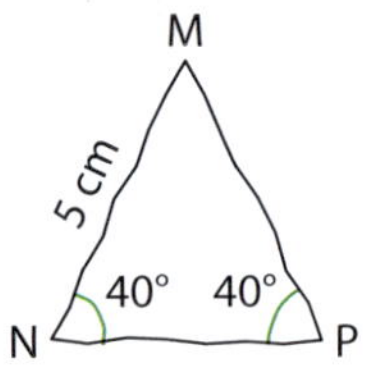

32 **1.** Dans le triangle ci-contre, quelle est la mesure de l'angle $\widehat{MNP}$? Justifier.

2. Reproduire ce triangle en vraie grandeur.

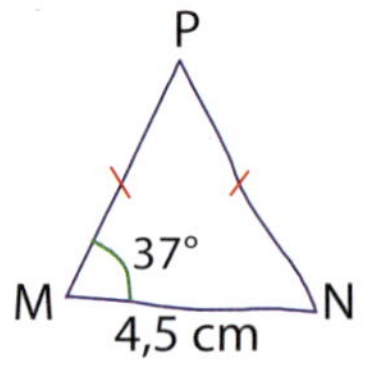

33 Est-il possible de construire le triangle DEF isocèle en D tel que $\widehat{DEF} = 101°$? Expliquer.

34 Dans chacun des cas ci-dessous, donner la nature des triangles OAB et ABC en expliquant à l'aide d'une propriété des quadrilatères particuliers :

a. ABCD est un rectangle de centre O ;

b. ABCD est un losange de centre O ;

c. ABCD est un carré de centre O.

35 **1.** Soit ABC un triangle isocèle en A.
Le point D est le symétrique du point A par rapport à la droite (BC).
Quelle est la nature du quadrilatère ABDC ? Expliquer.

2. Quelle condition faudrait-il ajouter au triangle ABC pour que le quadrilatère ABDC soit un carré ?

36 **VRAI ou FAUX ?**

Si ABC est un triangle isocèle, alors :

a. AB = AC **b.** BC = CA

c. deux côtés sont de même longueur.

À l'oral

Les exercices qui suivent sont à faire mentalement.

37 Dans chacun des cas ci-dessous, donner la longueur de tous les côtés du triangle.

1. Le triangle est équilatéral. Son périmètre est égal à 18,6 cm.

2. Le triangle est rectangle. Les côtés de l'angle droit mesurent 1,2 cm et 1,6 cm. Son périmètre est égal à 4,8 cm.

38 Recopier et compléter le tableau suivant :

	Rectangle 1	Rectangle 2	Rectangle 3
Longueur		45 dm	78 mm
Largeur	7,4 cm	3,5 m	
Périmètre	44 cm		19,2 cm

39 Le père Lapaille a posé autour de son champ de forme carrée une clôture de longueur 1,256 hm.
Donner, en dam, la longueur d'un côté de son champ.

40 **VRAI ou FAUX ?**

1. Deux triangles équilatéraux ayant un côté en commun forment un losange.

2. Deux rectangles ayant un côté en commun forment un carré.

3. En partageant un carré selon sa diagonale, on obtient deux triangles isocèles.

4. En partageant un rectangle selon sa diagonale, on obtient deux triangles rectangles.

41 Quelle doit être la longueur AB dans la figure suivante pour que le périmètre du rectangle MNCA soit égal à 13,2 cm ?

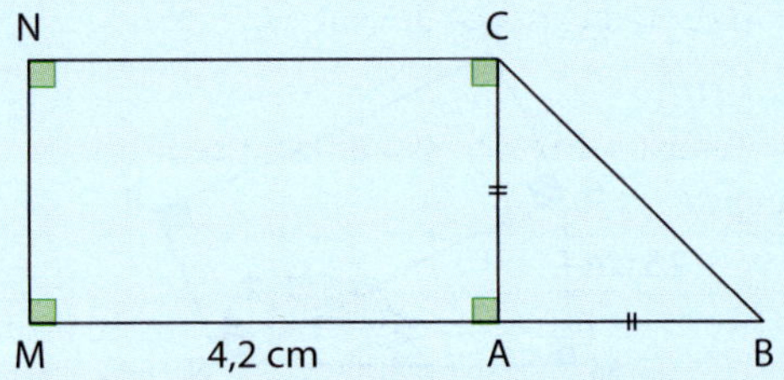

Je m'évalue

Pour chaque exercice 42 à 51, trouve la ou les bonnes réponses.

Énoncés	Réponse A	Réponse B	Réponse C	Réponse D
42 Dans la figure ci-dessous, quel triangle n'est pas isocèle ? 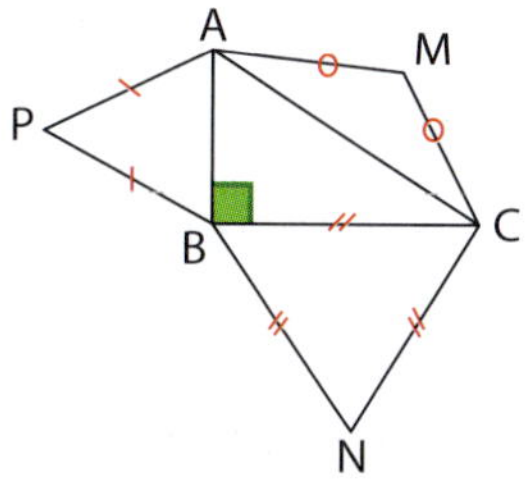	PAB	ABC	MAC	NBC
43 ABC est un triangle isocèle en B tel que AB = 5 cm et AC = 7 cm. Le segment [BC] mesure :	5 cm	7 cm	3 cm	On ne peut pas savoir
44 DEF est un triangle tel que $\widehat{DEF}$ = 75°, $\widehat{DFE}$ = 75° et DE = 6 cm. Alors :	DF = 6 cm	DEF est isocèle en E	DEF est isocèle en D	DEF est un triangle quelconque
45 MNP est un triangle tel que $\widehat{PMN}$ = 90° et PM = MN = 3 cm. Alors :	MNP est un triangle rectangle	MNP est un triangle isocèle	MNP est un triangle équilatéral	$\widehat{MPN}$ = $\widehat{MNP}$
46 La figure ci-dessous permet d'affirmer que : 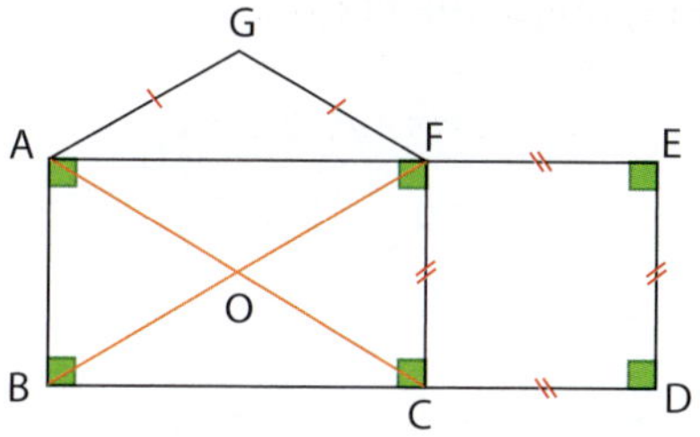	AOFG est un losange	ABCF et ABDE sont des rectangles	CDEF est un carré	CDEF est un losange
47 La figure dessinée à main levée ci-dessous permet d'affirmer que : 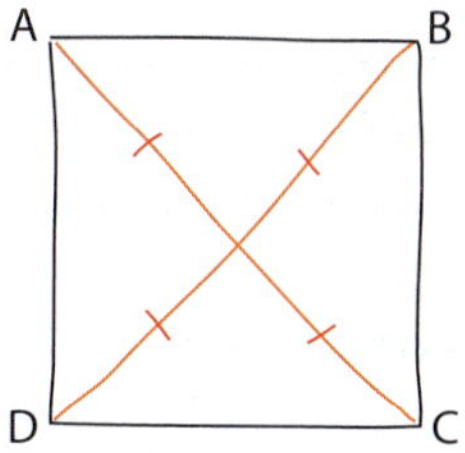	AB = DC	AB = AD	ABCD est un rectangle	ABCD est un carré
48 ABCD est un carré. Alors [AC] et [BD] :	sont parallèles	sont perpendiculaires	sont de même longueur	ont le même milieu
49 EFGH est un rectangle. Alors [EF] et [GH] :	sont parallèles	sont perpendiculaires	sont de même longueur	ont le même milieu
50 IJKL est un losange de centre O. Alors :	IJK est un triangle isocèle	JKL est un triangle équilatéral	OJK est un triangle isocèle	OIJ est un triangle rectangle
51 Combien d'axes de symétrie possède un rectangle ?	1	2	4	0

Tu peux vérifier tes réponses p. 255 et si tu veux continuer ton entraînement rendez-vous sur le site compagnon

Pour approfondir

52 Cercle et rectangle

1. Construire un rectangle ABCD de centre O.

2. Construire le symétrique du rectangle ABCD par rapport à la droite (BD).
Par cette symétrie, nommer E le symétrique du point A et F le symétrique du point C.

3. Construire le cercle de centre O passant par A.
Que remarque-t-on ? Expliquer.

53 Losange et symétrie

1. Soit ABC un triangle isocèle en A.
Les bissectrices des angles $\widehat{ABC}$ et $\widehat{ACB}$ se coupent en P.
Construire le symétrique Q du point P par rapport à la droite (BC).

2. Quelle semble être la nature du quadrilatère BQCP ?

54 Programme de construction

1. Reproduire en vraie grandeur la figure ci-dessous où ABCD est un rectangle de dimensions 6 cm et 3,5 cm :

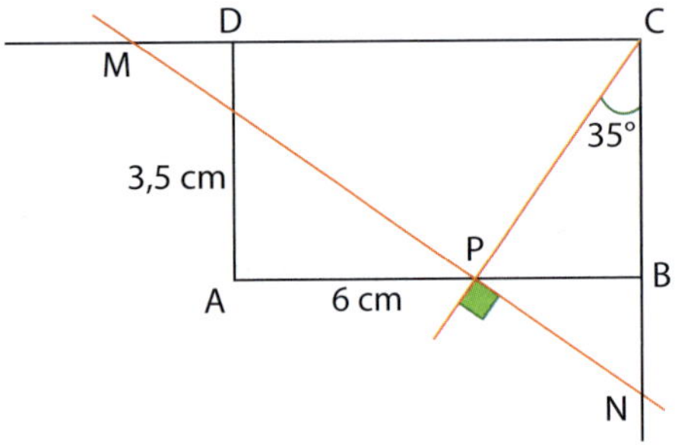

2. Rédiger un programme de construction de cette figure.

55 Memogéométrie (1)

1. Durant une minute, observer attentivement la figure suivante (propriétés, codages, etc.) :

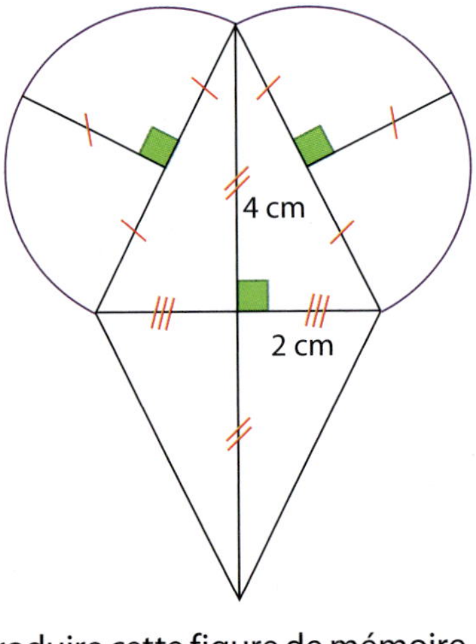

2. Fermer le livre et reproduire cette figure de mémoire.

3. Vérifier ensuite l'exactitude de la construction.

56 Memogéométrie (2)

1. Durant une minute, observer attentivement la figure suivante (propriétés, codages, etc.) :

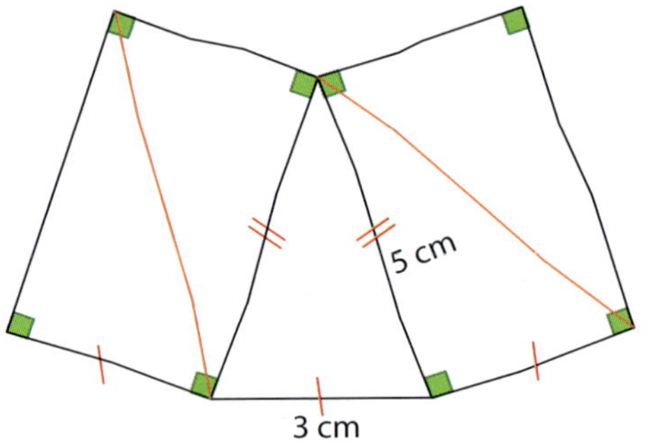

2. Fermer le livre et reproduire cette figure de mémoire.

3. Vérifier ensuite l'exactitude de la construction.

57 Un beau dessin

ARTS PLASTIQUES

1. Sur une feuille blanche, construire un losange ABCD de centre O dont les diagonales mesurent 15 cm et 7,5 cm.

2. Comme sur le modèle ci-dessous, construire quatre demi-cercles dont les diamètres sont les côtés du losange. Ces demi-cercles coupent les côtés du losange pour former un rectangle EFGH.

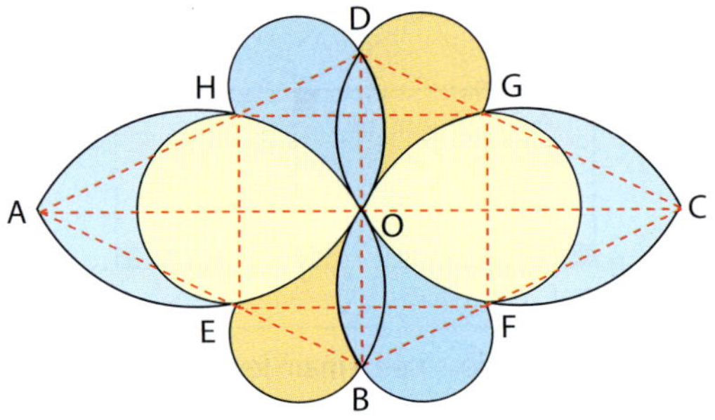

3. À l'extérieur du rectangle, construire deux demi-cercles dont les diamètres sont [EH] et [FG].

4. À l'extérieur du losange, construire quatre demi-cercles dont les diamètres sont [EB], [BF], [HD] et [DG].

5. Colorier la figure obtenue.

58 Développement durable

THÈME DE CONVERGENCE

1. Reproduire la figure ci-contre en respectant les codages.

2. Que représente cette figure ?

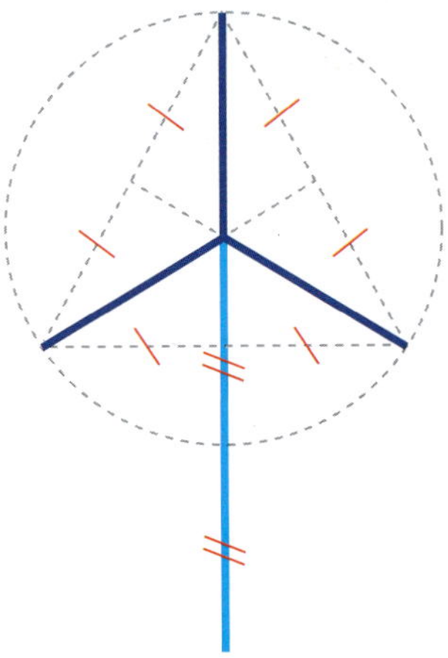

59 Le théorème de Von Aubel

Soit un quadrilatère quelconque ABCD. À l'extérieur de celui-ci, construire quatre carrés ABMN, BCOP, CDQR et DAST de centres respectifs les points I, J, K et L.

Si ton dessin est précis, les segments [IK] et [JL] sont perpendiculaires et de même longueur.
Ce résultat porte le nom de ***théorème de Von Aubel****.*

60 La pyramide de Khéops

HISTOIRE

La pyramide de Khéops a été construite par les Égyptiens il y a plus de 4 500 ans. On va en réaliser une maquette à l'échelle en divisant dimensions par 5 000.

1. Construire un carré ABCD de côtés de longueur 4,6 cm. À l'extérieur du carré, construire un triangle IAB isocèle en I tel que IA = 4,3 cm.

2. Construire de même sur les trois autres côtés du carré des triangles de mêmes dimensions que le précédent.

3. Découper, plier et coller éventuellement la maquette.

61 *Problème ouvert*

Existe-t-il un quadrilatère possédant trois côtés de même longueur et des diagonales perpendiculaires qui ne soit pas un losange ?

62 *Le défi*

Saurais-tu construire un flocon de neige (voir modèle ci-contre) en superposant deux grands triangles et six petits triangles ?

Voici les modèles des triangles à utiliser :

Téléchargement

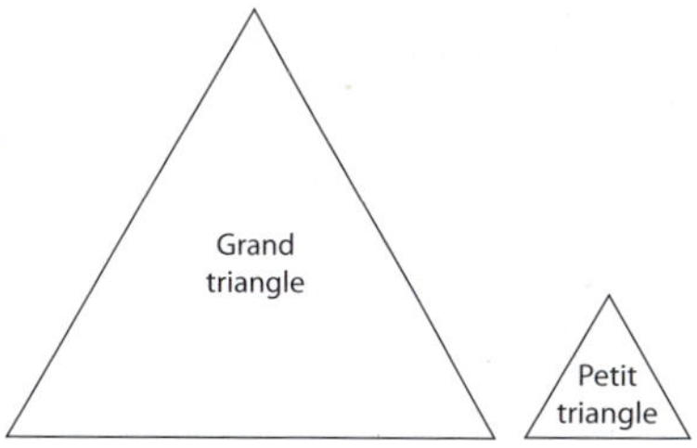

D'après l'épreuve de Mathématiques sans frontières junior, 2008.

63 *L'énigme*

Mes diagonales sont perpendiculaires et de même longueur et pourtant je ne suis pas un carré.

Trouver une représentation d'un tel quadrilatère.

64 Tâche complexe

Pour résoudre ce problème, tu devras prendre des initiatives et chercher des informations.

1. a. Trouver trois villes françaises qui forment un triangle équilatéral.

b. Reproduire les positions de ces villes à l'aide d'une feuille de papier calque.

2. Mêmes questions pour un carré.

Devoir à la maison

Sur une copie de classeur (grand format/grands carreaux), placer comme ci-dessous les points C, M, A, E, I et D en utilisant le quadrillage pour se repérer :

1. Le Sage du village S se trouve à 12 cm du Vieux Chêne C et à 8 cm du Dragon D.
Marquer le point S et tracer en vert le triangle CDS.

2. La Grande Tour G se trouve à 13 cm du Village Indien I et à 15 cm du Dragon D.
Marquer le point G et tracer en rouge le triangle DGI.

3. Le Baobab B se trouve à 14 cm du Moulin M tel que le triangle MAB soit isocèle en B.
Marquer le point B et tracer en bleu le triangle MAB.

4. Trouver l'emplacement d'Octave l'ours O tel que le triangle OAE soit équilatéral.
Marquer le point O et tracer en noir le triangle OAE.

5. Le Trésor T se trouve à l'intersection des « chemins » [BG] et [SO]. Marquer le point T.

AVEC UN ORDINATEUR

À la fin du manuel, retrouve tes fiches **Tableur** et **Géométrie**

Vidéo

1 COMMENCER PAR UN CÔTÉ ! 20 min

OBJECTIF : *Appliquer les propriétés des quadrilatères pour les construire.*

1. Construire un segment [AB] de longueur 6 cm. → Géométrie 6, p. 245

2. En partant de ce segment, compléter la construction pour obtenir un quadrilatère à choisir parmi les trois quadrilatères ci-dessous :

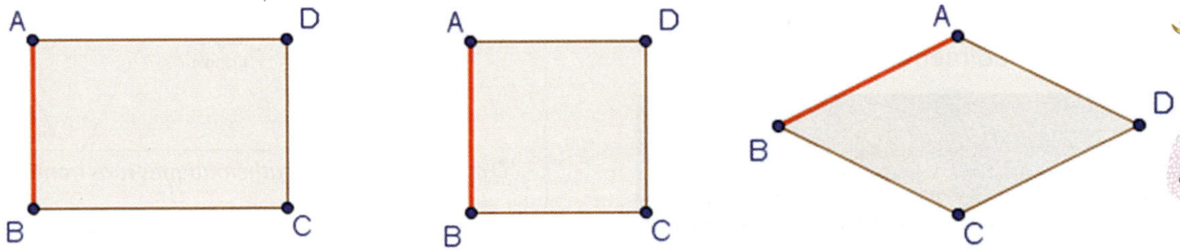

3. Déplacer les points du quadrilatère construit pour voir s'il conserve ses propriétés quelles que soient les positions des points A et B. → Géométrie 1, p. 243

2 COMMENCER PAR UNE DIAGONALE ! 20 min

OBJECTIF : *Appliquer les propriétés des quadrilatères pour les construire.*

Sur une nouvelle feuille, reprendre les questions de l'activité précédente pour réaliser un nouveau quadrilatère à choisir parmi les trois quadrilatères suivants :

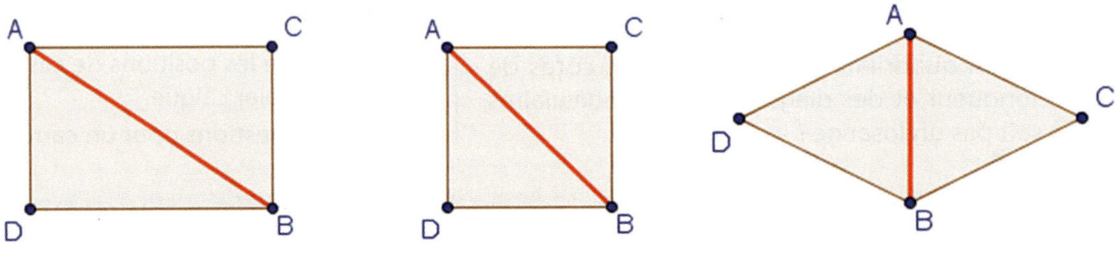

3 REPRODUIRE DES TRIANGLES 30 min

OBJECTIF : *Appliquer les propriétés des triangles pour les construire.*

Reproduire les figures ci-dessous en respectant les codages.
En déplaçant les points, les figures doivent conserver leurs propriétés (voir codage).

1.

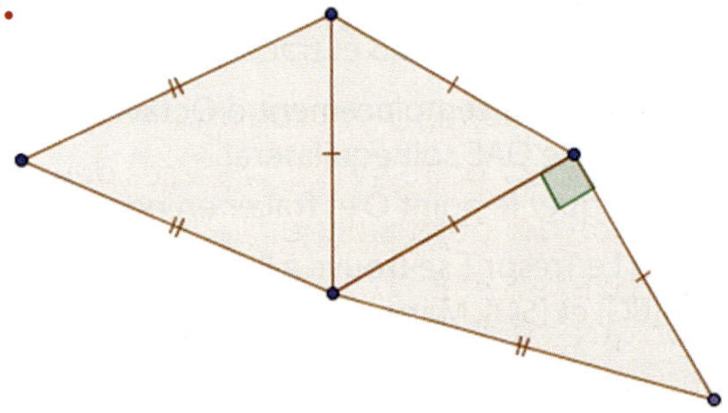

2.

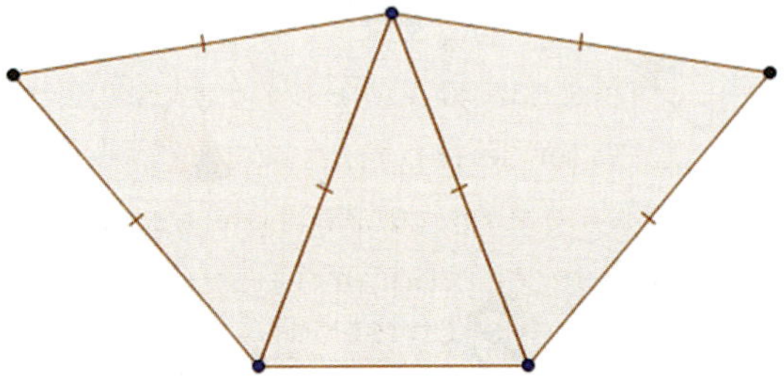

4 UN PEU DE SYMÉTRIE 20 min

OBJECTIF : *Utiliser la géométrie dynamique pour conjecturer un résultat et aider à le justifier.*

1. a. Construire un rectangle ABCD.

b. Tracer les diagonales du rectangle. Elles se coupent en O. → Géométrie 5 et 3, p. 244 et 245

c. Construire le symétrique P du point O par rapport à la droite (AB). → Géométrie 18, p. 251

2. Quelle semble être la nature du quadrilatère AOBP ?
Déplacer des points pour tester si c'est toujours le cas. Expliquer. → Géométrie 1, p. 243

3. Quelle semble être la nature du quadrilatère AOBP lorsque le quadrilatère ABCD est un carré ? Expliquer.

5 LE THÉORÈME DE NAPOLÉON 20 min

OBJECTIFS : *Utiliser la géométrie dynamique pour mettre en place une méthode géométrique pour construire des triangles équilatéraux et pour conjecturer une propriété originale.*

1. Construire un triangle quelconque ABC. → Géométrie 7, p. 246

2. À l'extérieur de celui-ci, construire trois triangles équilatéraux ABM, BCN et ACP.
Cacher les éléments de la figure qui ont permis de construire les trois triangles. → Géométrie 21, p. 253

3. Dans chacun de ces trois triangles, construire deux segments reliant un sommet au milieu du côté opposé à ce sommet. → Géométrie 4, p. 244

4. Nommer I, J et K les points d'intersections de ces deux segments dans chacun des trois triangles.
→ Géométrie 3, p. 244

5. Tracer le triangle IJK.

On raconte que Napoléon Bonaparte aimait se plonger dans des problèmes de géométrie la veille de grandes batailles.
Cette découverte, qui n'est sans doute pas de lui, s'appelle « théorème de Napoléon » en hommage à sa passion pour les mathématiques.

6. Déplacer les points A, B ou C. Quelle semble être la nature du triangle IJK ? → Géométrie 1, p. 243
On pourra afficher les longueurs IJ, JK et IK. → Géométrie 16, p. 250

6 LE PROGRAMME MYSTÉRIEUX

Une « boîte noire » est un nouvel outil du logiciel permettant de construire une figure selon un mystérieux programme ! Le but de l'activité est de percer ce mystère…
Pour cela, on peut déplacer les objets mais aussi faire toute nouvelle construction qui aide dans la recherche.

1. Télécharger sur le site compagnon le fichier « boite_noire_11 » et l'ouvrir.

2. Placer deux points A et B et appliquer l'outil nommé « boite_noire_11 » à ces deux points.

3. Écrire sur le cahier le programme de construction de l'objet apparu.

4. Tester ce programme de construction sur les points A et B.
Vérifier que l'on retrouve la même construction qu'en utilisant la boîte noire.
Est-ce vrai quelles que soient les positions des points A et B ?

Pour revoir les acquis du primaire

Périmètre

1 Quelle est la figure qui a le plus grand périmètre ?

a.
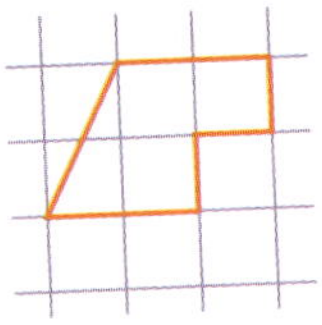

b.
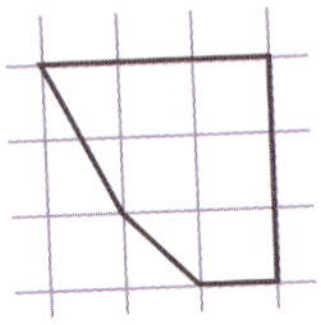

c.
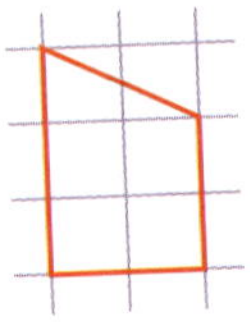

2 Le périmètre d'un carré de 5 dm de côté est égal à :
a. 25 dm b. 10 dm c. 20 dm

3 Quel est le périmètre d'un rectangle dont les côtés ont pour longueurs 4 m et 9 m ?

4 Donner une valeur approchée de la longueur d'un cercle de rayon 3 cm.

5 Un polygone a un périmètre de 1 562 cm. Exprimer ce périmètre en mètres.

Aire

6 Quelle est la figure qui a la plus grande aire ?

a.
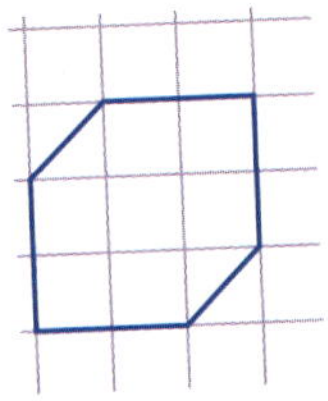

b.
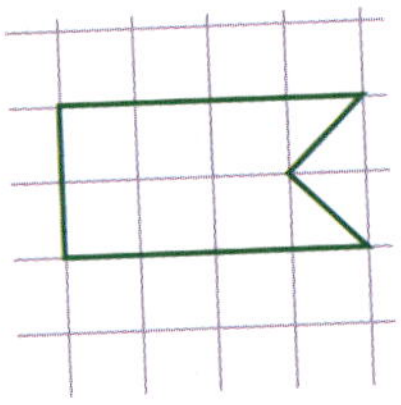

c.
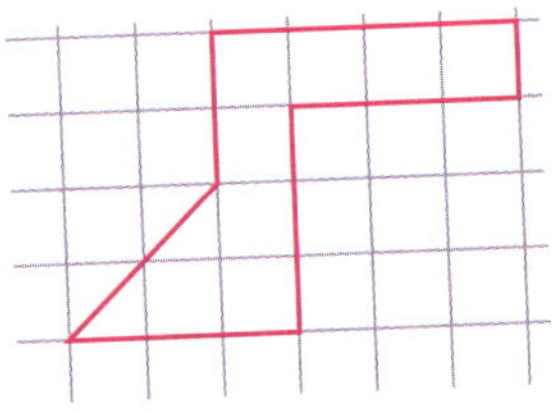

7 L'aire d'un rectangle de dimensions 7 cm et 3 cm est égale à :
a. 20 cm^2 b. 21 cm^2 c. 100 cm^2

8 Calculer l'aire d'un carré de côté 6 cm.

9 L'aire d'un triangle rectangle dont les côtés de l'angle droit mesurent 5 m et 8 m est égale à :
a. 40 m^2 b. 20 m^2 c. 13 m^2

10 Un polygone a une aire de 0,002 m^2. Exprimer cette aire en cm^2.

Tu peux continuer tes révisions sur le site compagnon

Chapitre 12

Périmètre et aire

Le périmètre du champ correspond à la longueur de la clôture tandis que l'aire du champ correspond à sa surface.

Je vais apprendre à...

- Comparer géométriquement des périmètres et des aires et les différencier SOCLE 6e ► *Exercices 23 à 28*
- Calculer le périmètre de polygones et la longueur de cercles dans différentes unités SOCLE 6e ► *Exercices 29 à 46*
- Calculer l'aire d'un rectangle, d'un triangle rectangle, d'un disque dans différentes unités SOCLE 6e
  Calculer l'aire d'un triangle quelconque dans différentes unités ► *Exercices 47 à 65*

1 Effectuer des changements d'unité de mesure

Animation

Énoncé

1. Convertir 765 mm en m.
2. Convertir 64 m² en cm².
3. Convertir 0,654 hm en m.
4. Convertir 34 500 dam² en ha.

Solution commentée

1. Dans 1 m, il y a 1 000 mm.
Pour convertir des mm en m, il faut donc diviser par 1 000.

765 : 1 000 = 0,765.
765 mm est donc égal à **0,765 m**.

2. Dans 1 m², il y a 10 000 cm².
Pour convertir des m² en cm², il faut donc multiplier par 10 000.

64 × 10 000 = 640 000.
64 m² est donc égal à **640 000 cm²**.

3. Dans 1 hm, il y a 100 m.
Pour convertir des hm en m, il faut donc multiplier par 100.

0,654 × 100 = 65,4.
0,654 hm est donc égal à **65,4 m**.

4. 1 ha = 1 hm². Dans 1 hm², il y a 100 dam².
Pour convertir des dam² en hm², donc en ha, il faut diviser par 100.

34 500 : 100 = 345.
34 500 dam² est donc égal à 345 hm² et donc égal à **345 ha**.

Exercices d'application

1 Convertir les longueurs suivantes en m (mètres) :
a. 15 mm **b.** 3 hm **c.** 12 cm
d. 8 dm **e.** 13 km **f.** 11 dam

2 Convertir les longueurs suivantes en m (mètres) :
a. 45,3 dm **b.** 0,76 dam **c.** 612 cm
d. 79,43 hm **e.** 95,3 mm **f.** 9,06 km

3 Recopier et compléter :
a. 60 dm = 600 **...** **b.** 15 m = 1 500 **...**
c. 20 m = 0,02 **...** **d.** 17 dam = 0,17 **...**

4 Recopier et compléter :
a. 8,5 km = **...** dam **b.** 56,3 cm = **...** m
c. 0,02 hm = **...** dm **d.** 9 600 mm = **...** m
e. 870 dm = **...** dam **f.** 7 600 m = **...** hm

5 Comparer les longueurs suivantes :
a. 345 mm et 3,15 dm **b.** 7,5 m et 678 cm
c. 0,049 km et 5,4 hm **d.** 3 500 m et 37 hm

6 Ranger ces longueurs dans l'ordre croissant :
36 dm 0,03 hm 3,5 m 4 025 mm 532 cm

7 Qui est l'intrus ?
317 m 3,17 hm 31 700 mm 31,7 dam

8 Convertir ces aires en m² (mètres carrés) :
a. 500 mm² **b.** 8 hm² **c.** 7 000 cm²
d. 20 dm² **e.** 7 km² **f.** 300 dam²

9 Convertir ces aires en m² (mètres carrés) :
a. 0,5763 km² **b.** 543,2 cm² **c.** 256 dam²
d. 0,007 ha **e.** 8 a **f.** 900 000 mm²

10 Recopier et compléter :
a. 60 m² = 6 000 **...** **b.** 24 dm² = 240 000 **...**
c. 20 m² = 0,2 **...** **d.** 10 hm² = 0,001 **...**

11 Recopier et compléter :
a. 3,8 km² = **...** dam² **b.** 75 548 cm² = **...** m²
c. 0,005 hm² = **...** dm² **d.** 9 600 mm² = **...** dm²
e. 87 000 dm² = **...** dam² **f.** 87 000 m² = **...** hm²

12 Comparer les aires suivantes :
a. 542 cm² et 5,35 dm² **b.** 8,3 m² et 67 800 cm²
c. 0,067 km² et 7,6 hm² **d.** 3 500 m² et 37 dam²

13 Ranger ces aires dans l'ordre croissant :
0,0025 dam² 380 000 mm² 465 cm² 0,57 m²

14 Qui est l'intrus ?
548 m² 0,0548 hm² 54 800 dm² 548 000 mm²

Voir aussi les Exercices 29 à 65

2 Calculer la longueur d'un cercle

Énoncé : Calculer la longueur d'un cercle de rayon 3 cm. On donnera le résultat arrondi au dixième près.

Solution commentée

① J'utilise la formule : $L = 2 \times \pi \times r$ où L est la longueur du cercle, π le nombre pi et r le rayon du cercle.

On a donc pour ce cercle : $L = 2 \times \pi \times 3$.

② Je peux ensuite obtenir une valeur approchée de cette longueur.

- **Mentalement :** le nombre π est à peu près égal à 3,14.
La longueur du cercle est donc à peu près égale à $2 \times 3{,}14 \times 3$, c'est-à-dire 18,84 cm.
Une valeur approchée au dixième près de la longueur du cercle est donc **18,8 cm**.
- **Avec une calculatrice :** on tape $2 \times \pi \times 3$ et on obtient le résultat ci-contre.
Une valeur approchée au dixième près de la longueur du cercle est donc **18,8 cm**.

```
2×π×3
                18.84955592
```

Exercices d'application

15 Calculer, au dixième près, la longueur d'un cercle de 5 cm de rayon.

16 Calculer, au centième près, la longueur d'un cercle de 12 cm de diamètre.

17 Calculer, au millième près, la longueur d'un cercle de 7 m de rayon.

18 Calculer, au dixième près, la longueur d'un cercle de 9 dm de diamètre.

Voir aussi les Exercices 35 à 46

3 Calculer l'aire d'un disque

Énoncé : Calculer l'aire d'un disque de diamètre 4 cm. On donnera le résultat arrondi au centième près.

Solution commentée

① J'utilise la formule : $A = \pi \times r \times r$ où A est l'aire du disque, π le nombre pi et r le rayon du disque.

Il faut donc d'abord trouver le rayon du disque de diamètre 4 cm.
C'est la moitié du diamètre donc le rayon de ce disque est égal à 2 cm. On a donc $A = \pi \times 2 \times 2$.

② Je peux ensuite obtenir une valeur approchée de cette aire.

- **Mentalement :** le nombre π est à peu près égal à 3,14.
L'aire du disque est donc à peu près égale à $3{,}14 \times 2 \times 2$, c'est-à-dire 12,56 cm^2.
Une valeur approchée au centième près de l'aire de ce disque est donc **12,56 cm^2**.
- **Avec une calculatrice :** on tape $\pi \times 2 \times 2$ et on obtient le résultat ci-contre.
Une valeur approchée au centième près de l'aire du disque est donc **12,57 cm^2**.

```
π×2×2
                12.56637061
```

Exercices d'application

19 Calculer, au millième près, l'aire d'un disque de 7 cm de rayon.

20 Calculer, au dixième près, l'aire d'un disque de 12 cm de diamètre.

21 Calculer, au centième près, l'aire d'un disque de 7 m de rayon.

22 Calculer, au centième près, l'aire d'un disque de 5 dm de diamètre.

Voir aussi les Exercices 47 à 59

Pour s'entraîner

Comparer et différencier aire et périmètre SOCLE 6e

23 Calculer l'aire du polygone vert :
a. en choisissant le carré rouge comme unité d'aire ;
b. en choisissant le triangle bleu comme unité d'aire.

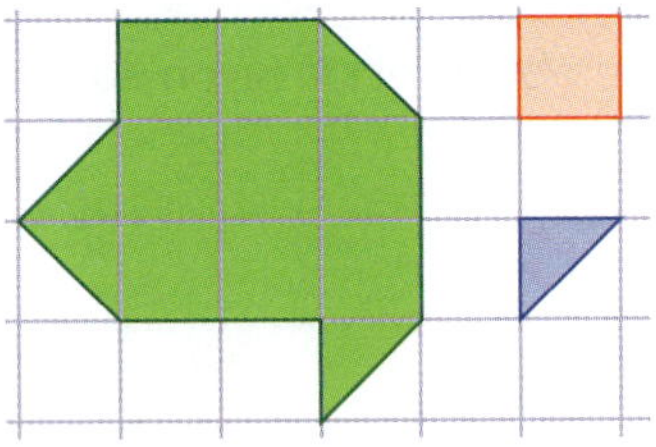

24 **1.** Sans utiliser la règle graduée, tracer trois segments ayant chacun pour longueur le périmètre d'un des trois polygones ci-dessous :

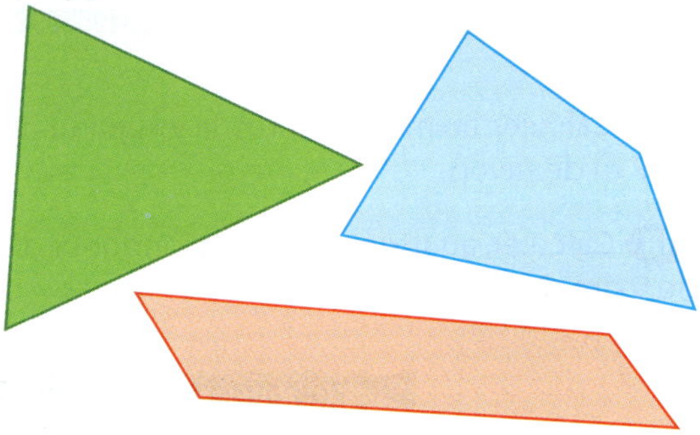

2. a. Quel polygone a le plus petit périmètre ?
b. Quel polygone a le plus grand périmètre ?

25 **1.** Reproduire sur un quadrillage le polygone ci-contre.
2. Tracer un autre polygone qui a :
a. le même périmètre mais une aire plus petite ;
b. le même périmètre mais une aire plus grande ;
c. la même aire mais un périmètre plus petit ;
d. la même aire mais un périmètre plus grand.

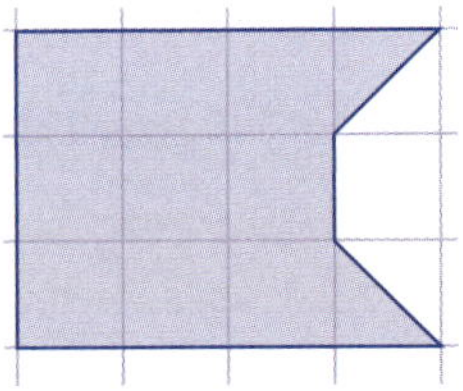

26 Comparer l'aire et le périmètre des deux figures représentées.

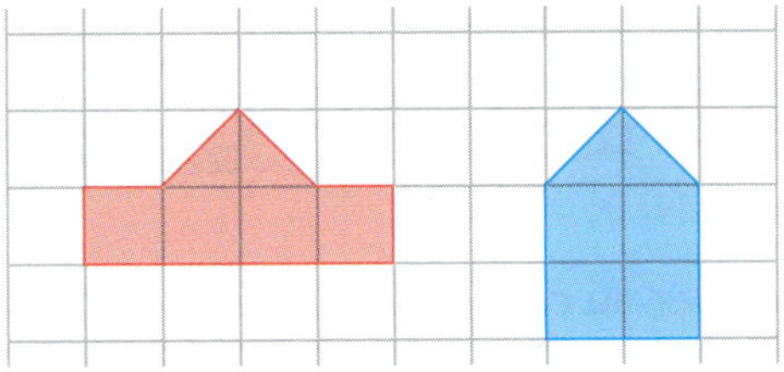

27 Tracer trois polygones de même aire mais de périmètres différents.

28 Tracer trois polygones de même périmètre mais d'aires différentes.

Calculer des périmètres et des longueurs SOCLE 6e

POUR T'AIDER, voir Savoir faire 1 et 2

29 Calculer le périmètre d'un carré de 5 cm de côté.

30 Calculer le périmètre d'un rectangle de dimensions 6 cm et 4 cm.

31 Calculer le périmètre d'un triangle équilatéral de 1,8 cm de côté.

32 Le triangle ISO est un triangle isocèle en S tel que IS = 7,1 cm et IO = 5,9 cm.
1. Calculer son périmètre.
2. Exprimer ce périmètre en dm.

33 ABCD est un losange dont les côtés mesurent 4,6 dm.
1. Calculer son périmètre.
2. Exprimer ce périmètre en m, puis en cm.

34 Déterminer le périmètre des figures ci-dessous :

a.

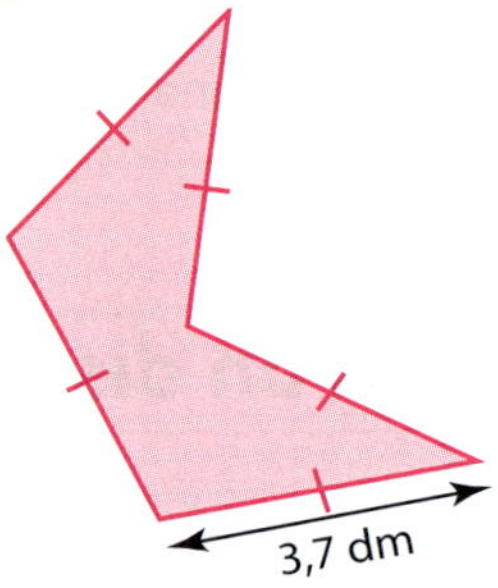

b.

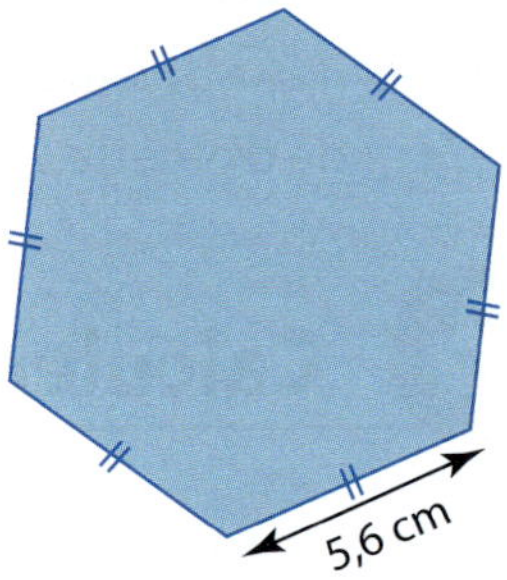

35 **1.** Calculer, au centième près, la longueur d'un cercle de 3,4 m de rayon.
2. Exprimer cette longueur en dm, puis en cm.

36 Un cercle a un diamètre de 14 cm.
1. Calculer la longueur de ce cercle.
Arrondir le résultat au dixième.
2. Exprimer cette longueur en dm puis en m.

37 Un cercle a la même longueur que le périmètre d'un carré de côté 26 m. Quel est son rayon ?
Arrondir le résultat au centième.

38 Recopier et compléter :
a. 1 857 cm = **...** m **b.** 23 km = **...** m
c. 365 mm = **...** dm **d.** 0,56 mm = **...** dm
e. 684 dam = **...** km **f.** 0,087 hm = **...** cm

39 Recopier et compléter :
a. 2 342 m = 23,42 **...** **b.** 0,748 hm = 74,8 **...**
c. 25 100 mm = 2,51 **...** **d.** 347 dm = 3,47 **...**
e. 1,027 dam = 1 027 **...** **f.** 97 500 cm = 9,75 **...**

40 Recopier et compléter :

a. 654 m = 6,54 **...** **b.** 283 **...** = 0,283 dam
c. 0,207 km = 20,7 **...** **d.** 0,54 **...** = 540 mm
e. 1 020 cm = 1,02 **...** **f.** 0,005 **...** = 500 cm

41 ABCD est un rectangle de dimensions 7 cm et 4,5 cm. On a tracé un demi-cercle de diamètre [BC] et un autre de diamètre [AD].
Quel est le périmètre de la surface bleue ?

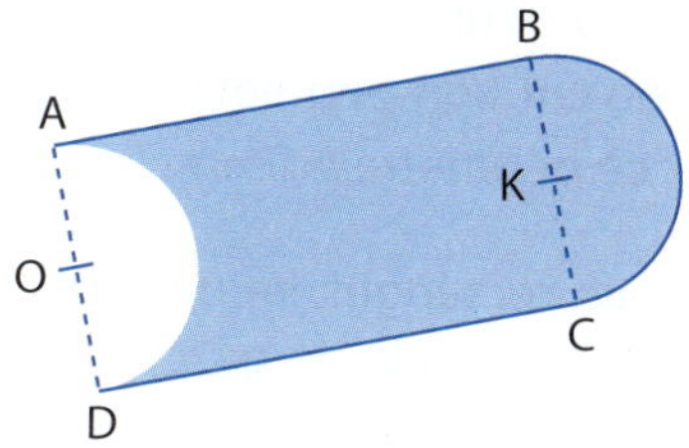

42 La maman de Fares veut coudre un ruban orangé tout autour d'une nappe rectangulaire. Les dimensions de la nappe sont 2,30 m sur 1,55 m.
Quelle longueur de ruban doit-elle prévoir ?

43 Un triangle équilatéral a le même périmètre qu'un losange de côté 3,9 m. Quel est le côté de ce triangle équilatéral ?

44 Un triangle équilatéral a le même périmètre que le pentagone ci-contre.
Trouver la longueur d'un côté du triangle équilatéral.

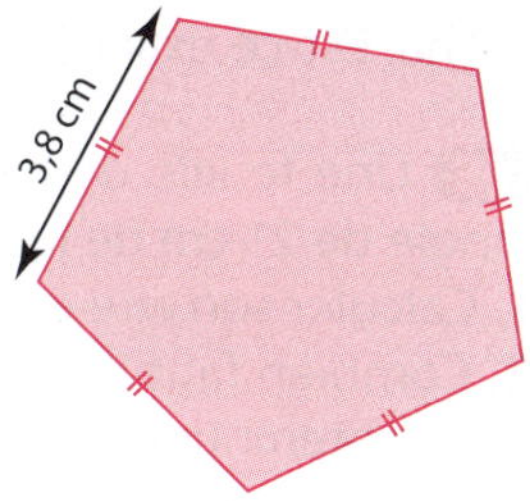

45 Un vélo de course a une roue de 70 cm de diamètre.

1. Quelle distance est parcourue lorsque l'on effectue 1 tour de roue ?

2. Quelle distance est parcourue lorsque l'on effectue 10 tours de roue ?

3. Combien de tours de roue faut-il pour parcourir 1 km ?

46 Romane fait son footing. Elle a fait quinze fois le tour d'un terrain de forme rectangulaire dont les côtés mesurent 90 m et 43 m.

1. Quelle distance a-t-elle parcouru ?

2. Combien de tours doit-elle encore faire pour avoir couru au moins 5 km ?

Calculer des aires SOCLE 6e

POUR T'AIDER, voir Savoir faire 1 et 3

47 En prenant un carreau comme unité d'aire :

a. donner une valeur approchée de l'aire de la tache ;

b. donner un encadrement de l'aire de cette tache.

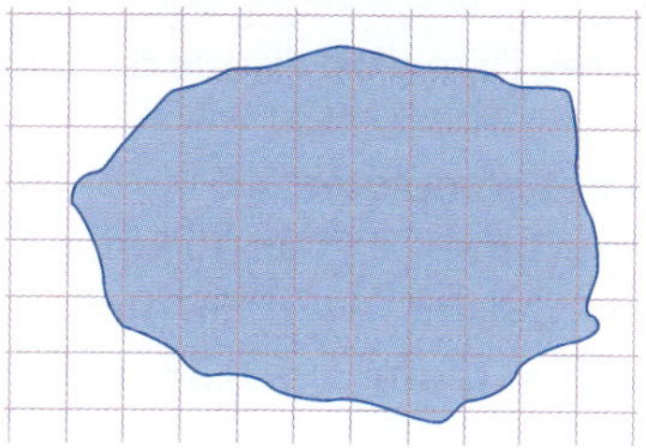

48 Comparer les aires de ces trois polygones en utilisant le carré jaune comme unité d'aire :

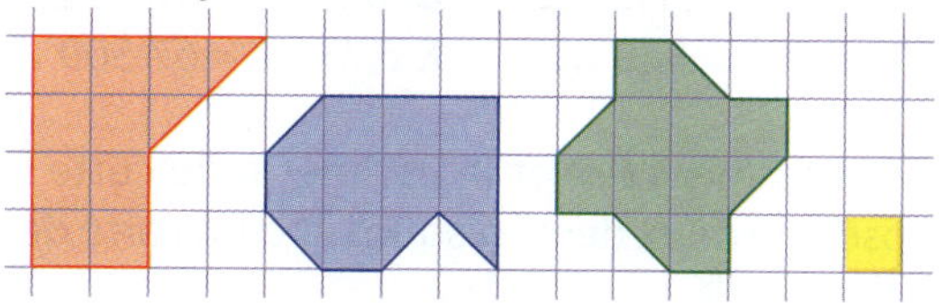

49 Associer à chaque élément de la première liste son aire dans la deuxième liste :

La France •	• 12 mm²
La salle de classe •	• 625 cm²
Un confetti •	• 549 000 km²
Une feuille de papier •	• 0,6 m²
Une table •	• 45 m²

50 Calculer l'aire d'un carré de 7 cm de côté.

51 **1.** Calculer l'aire d'une feuille de papier de format A4 (dimensions 21 cm et 29,7 cm).

2. Exprimer cette aire en dm².

52 Calculer l'aire d'un triangle rectangle dont les côtés de l'angle droit mesurent 8 cm et 5,4 cm.

53 Calculer l'aire des triangles ci-dessous :

a.

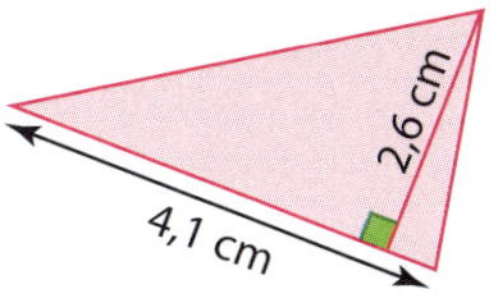

b.

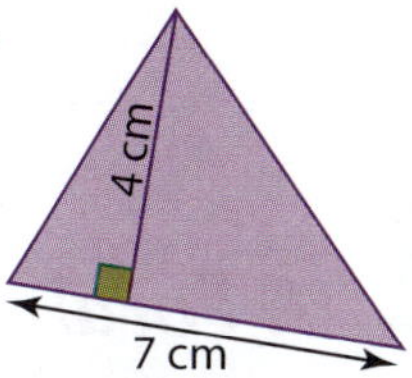

54 Calculer l'aire des figures ci-dessous :

a.

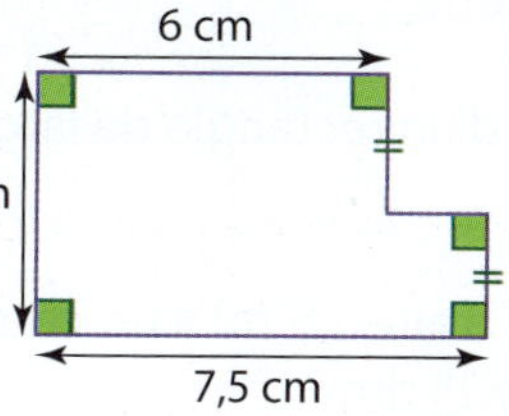

b.

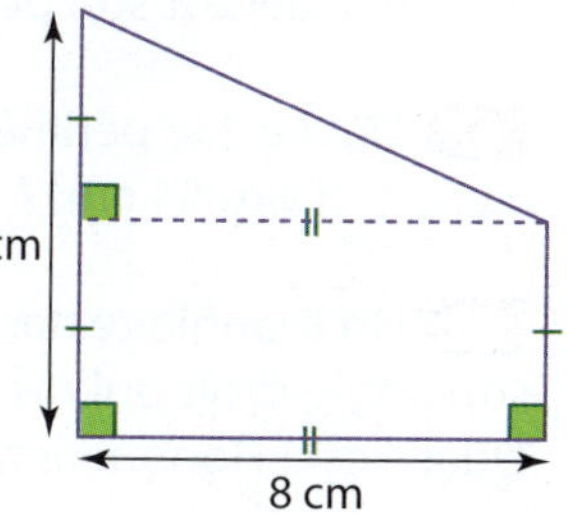

Pour s'entraîner

55 Calculer, au dixième près, l'aire d'un disque de rayon 3,7 cm.

56 Calculer, au centième près, l'aire d'un disque de diamètre 8,2 cm.

57 Recopier et compléter :

a. 1 800 cm^2 = **...** m^2 **b.** 35 km^2 = **...** m^2
c. 0,003 km^2 = **...** dam^2 **d.** 58 dm^2 = **...** hm^2
e. 274 000 mm^2 = **...** dm^2 **f.** 0,38 m^2 = **...** cm^2

58 Recopier et compléter :

a. 12 m^2 = 1 200 **...** **b.** 0,235 hm^2 = 2 350 **...**
c. 117 000 cm^2 = 11,7 **...** **d.** 0,00023 km^2 = 2,3 **...**
e. 0,054 dam^2 = 540 **...** **f.** 6,75 ha = 67 500 **...**

59 Déterminer l'aire et le périmètre de cette figure composée de deux demi-disques et d'un carré de 5 cm de côté.

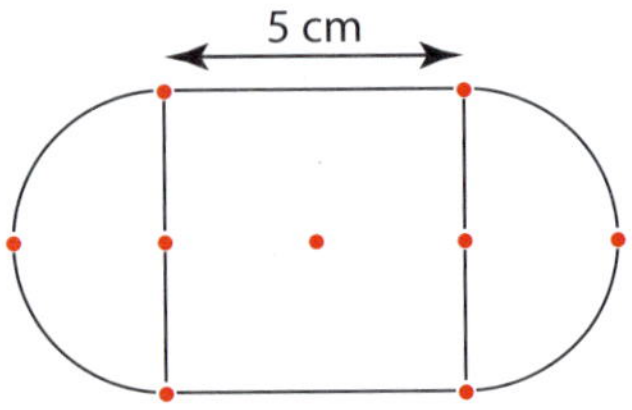

60 La figure ci-dessous est constituée d'un carré de côté 7 cm et de deux triangles rectangles :

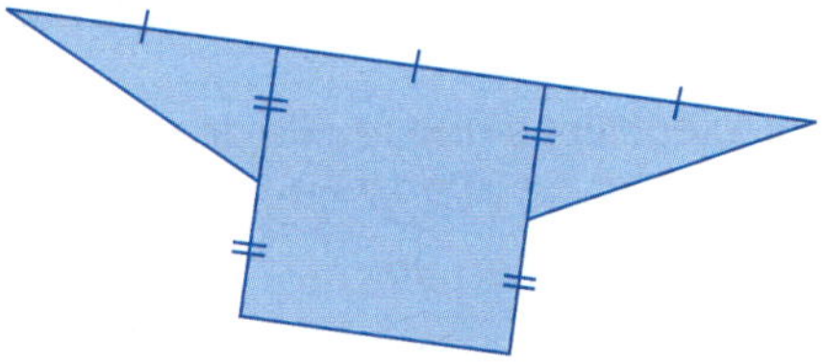

Quelle est l'aire de cette figure ?

61 Un carré a un périmètre de 14 cm.

1. Quelle est la longueur de son côté ?
2. Quelle est, en cm^2, son aire ?
3. Exprimer cette aire en m^2.

62 Un rectangle dont l'aire est 56 cm^2 a une longueur de 8 cm.

1. Calculer sa largeur.
2. Calculer, en cm, son périmètre.
3. Exprimer ce périmètre en mm.

63 Un terrain rectangulaire de 30 m sur 70 m doit être engazonné. Un sac de gazon permet de semer environ 450 m^2 de gazon.
Combien de sacs doit-on acheter pour engazonner tout le terrain ?

64 Le verger du père Lapaille est schématisé ci-dessous :

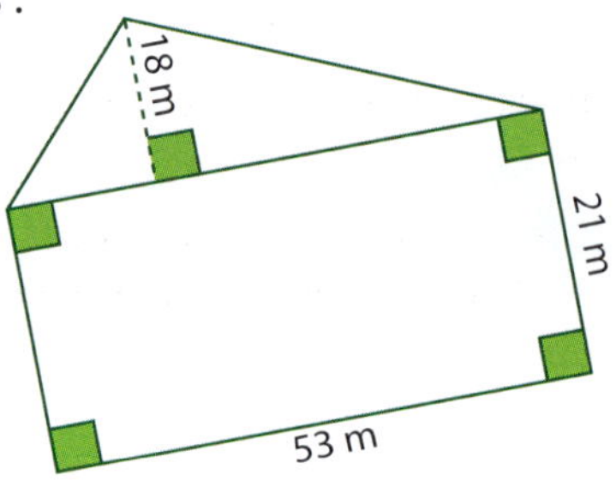

1. Quelle est la superficie du verger ?
2. Adèle prétend que cette superficie est supérieure à 0,2 ha. Est-ce exact ?

65 Une feuille de papier au format A4 est un rectangle de 21 cm de large et 29,7 cm de long.

1. Calculer son aire en cm^2, puis en m^2.
2. Combien faut-il de feuilles de papier au format A4 pour obtenir une surface d'au moins 1 m^2 ?

À l'oral

Les exercices qui suivent sont à faire mentalement.

66 Un rectangle d'aire 72 m^2 a un de ses côtés égal à 16 m. Quel est son périmètre ?

67 Quel est le périmètre d'un rectangle de largeur 6 cm et d'aire 54 cm^2 ?

68 Un triangle rectangle d'aire 1,5 m^2 a un côté de son angle droit qui mesure 15 dm.
Quelle est la longueur de l'autre côté de l'angle droit ?

69 Quelle est l'aire d'un carré de périmètre 28 cm ?

70 Un grand carré est constitué de quatre petits carrés de côtés 5 cm.
Quel est le périmètre du grand carré ?

71 Quelle est la meilleure valeur approchée de l'aire d'un disque de longueur 18 m :
9 m^2, 18 m^2, 27 m^2 ou 108 m^2 ?

Je m'évalue

Pour chaque exercice 72 à 81, trouve la ou les bonnes réponses.

Énoncés	Réponse A	Réponse B	Réponse C	Réponse D
72 136,5 dam = ………	13,65 m	13 650 cm	136 500 cm	1 365 m
73 94,51 m^2 = ………	945,1 dm^2	945 100 cm^2	9,451 dam^2	9 451 dm^2
74 Le périmètre de la figure ci-dessous est égal à : 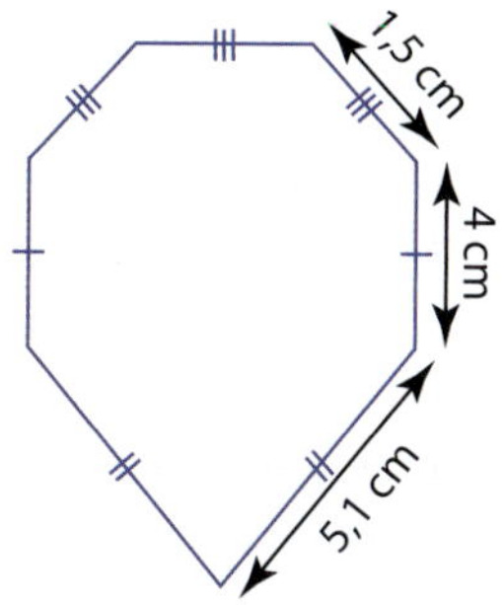	21,2 cm	22,7 cm	30,6 cm	31,85 cm
75 Le périmètre d'un rectangle de dimensions 11 cm et 6,5 cm est égal à :	17,5 cm	35 cm	35,75 cm	71,5 cm
76 La longueur d'un cercle de rayon 6 m est environ égale à :	19 m	28 m	38 m	113 m
77 L'aire d'un triangle rectangle dont les côtés de l'angle droit mesurent 3 cm et 7 cm est égale à :	10 cm^2	10,5 cm^2	20 cm^2	21 cm^2
78 L'aire du triangle ABC est égale à : 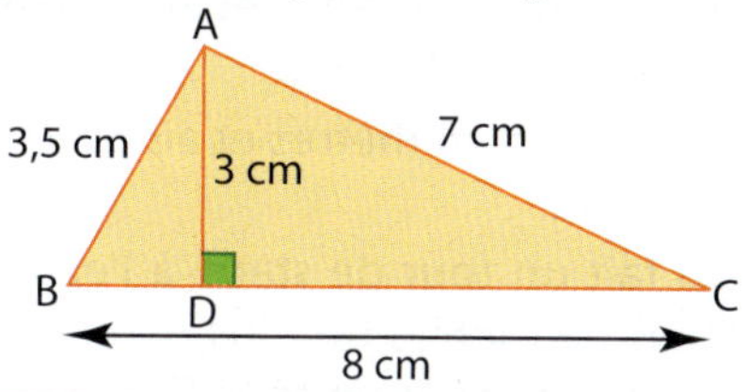	5,25 cm^2	10,5 cm^2	12 cm^2	18,5 cm^2
79 L'aire d'un disque de rayon 6 m est environ égale à :	28 cm^2	38 cm^2	113 cm^2	452 cm^2
80 Un carré de périmètre 48 cm a une aire égale à :	1,44 dm^2	14,4 dm^2	1,44 m^2	144 cm^2
81 L'aire de la figure ci-dessous est égale à : 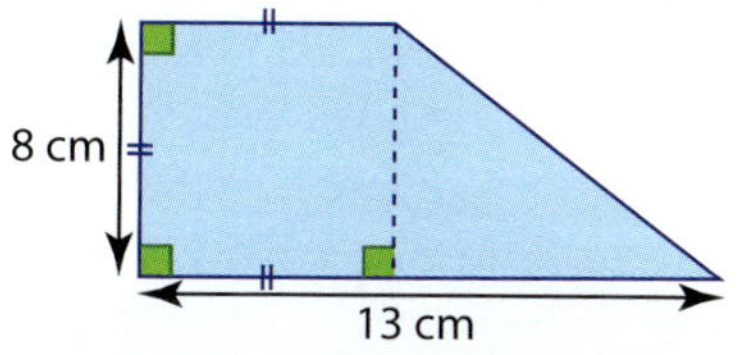	14,5 cm^2	42 cm^2	84 cm^2	104 cm^2

Tu peux vérifier tes réponses p. 255 et si tu veux continuer ton entraînement rendez-vous sur le **site compagnon**

Pour approfondir

82 Le découpage

Calculer l'aire de la surface rouge ci-dessous :

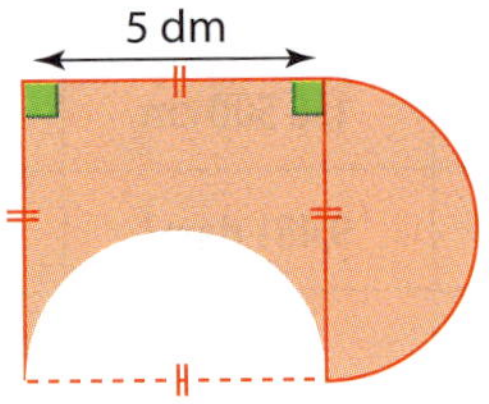

83 Quel périmètre ?

La figure ci-contre est composée d'un carré de côté 2 cm et d'un triangle.

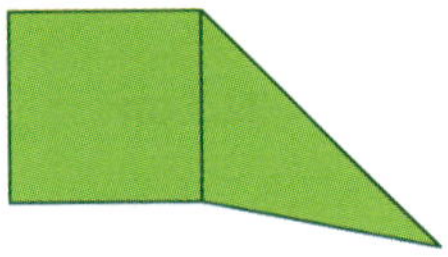

Le carré et le triangle ont le même périmètre. Quel est donc le périmètre de la figure verte ?

84 Les triangles jumeaux

1. Calculer l'aire des deux triangles ci-contre.

2. Que remarque-t-on ?
Comment expliquer ce résultat ?

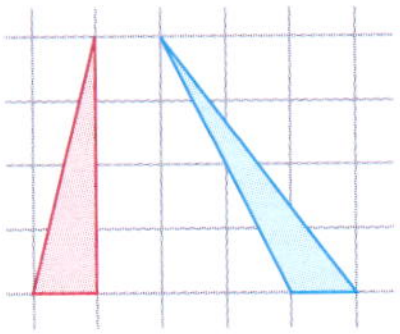

85 Des carrés

1. Tracer un carré de 15,2 cm de périmètre.

2. Tracer un carré dont l'aire est égale à 36 cm^2.

86 De jolies formes

Calculer l'aire et la longueur des deux figures tracées en rouge ci-dessous sachant qu'elles sont chacune composées de trois demi-cercles et que le segment bleu mesure 8 cm.

a.

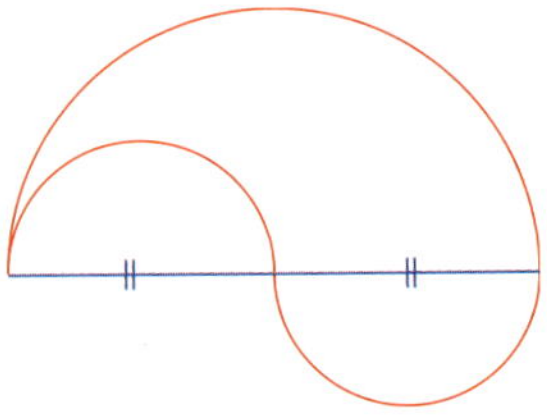

b.

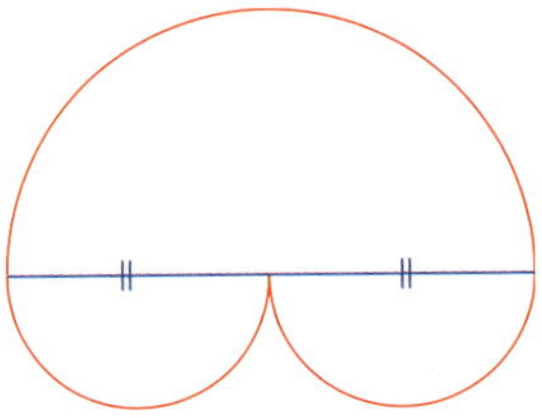

87 Quelle longueur ?

Le rectangle ABCF a une aire égale à 152 m^2 et le triangle EFD a une aire égale à 184 m^2.
Calculer la longueur AE.

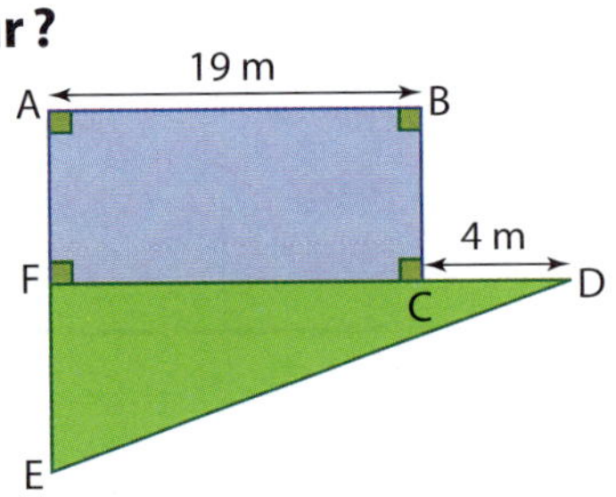

88 Des triangles

1. Tracer un triangle rectangle tel qu'un des côtés de l'angle droit mesure 5,2 cm et que son aire soit égale à 18,98 cm^2.

2. Tracer un triangle équilatéral dont le périmètre est égal à 204 mm.

89 Le jardin potager

Le plan ci-contre représente le jardin rectangulaire de la famille Prévert. Le jardin, de superficie totale 30 m^2, se divise en trois rectangles.
Le rectangle des fleurs a un côté qui mesure 2 m et sa superficie est 10 m^2.

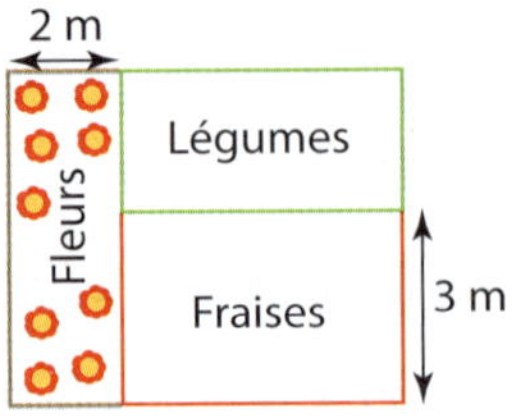

Le rectangle des fraises a un côté qui mesure 3 m.
Quelle est l'aire du rectangle des légumes ?

D'après Le Kangourou des mathématiques.

90 3,2,1... Partez EPS

Une piste d'athlétisme est schématisée ci-dessous. Elle est composée de deux rectangles auxquels on a rajouté deux demi-cercles aux extrémités.

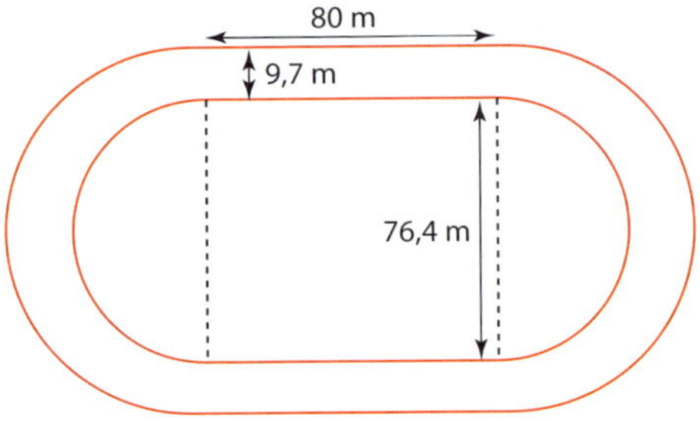

1. Calculer la longueur, en mètres et au dixième près, de la piste intérieure.

2. Calculer la longueur, en mètres et au dixième près, de la piste extérieure.

3. Lorsque l'on fait un tour de stade à l'extérieur de la piste, combien de mètres de plus parcourt-on par rapport à quelqu'un qui fait un tour de stade à l'intérieur de la piste ?

91 À vos pinceaux !

Un lotissement est composé de 10 maisons identiques. On veut peindre les portails de ces maisons qui ont tous la forme ci-dessous :

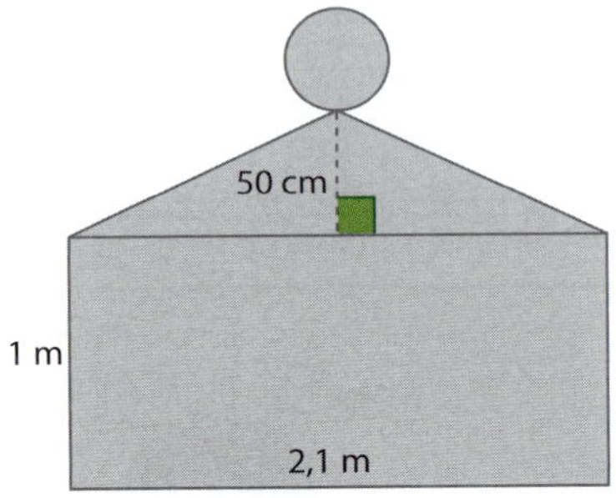

Le diamètre du disque du haut est égal à 20 cm.
La peinture est vendue en boîtes de 1 kg.
Une boîte de peinture permet de couvrir 5 m^2.
On appliquera deux couches de peinture. Combien de boîtes faut-il prévoir pour peindre tous les portails ?

92 Pose de moquette

On désire poser des dalles de moquette dans la pièce schématisée ci-dessous.

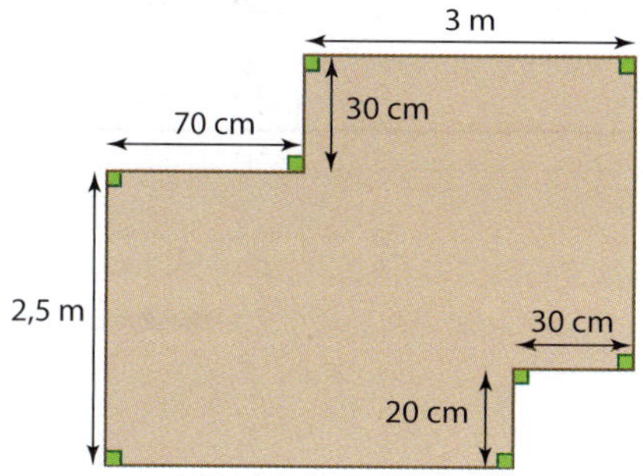

Les dalles sont carrées et leur côté mesure 30 cm.

1. Trouver le nombre de dalles nécessaires pour toute la pièce.

2. On vend les dalles par paquets de 40 et le prix d'un paquet est 27 €. De combien de paquets de dalles a-t-on besoin pour cette pièce ? Quel prix va-t-on payer ?

93 Le tour de la Terre — GÉOGRAPHIE

Le rayon de la Terre à l'Équateur est environ égal à 6 380 km.
Quelle est approximativement la longueur du tour de la Terre ?

94 Problème ouvert

Karim a une bande de papier de 27 cm de long. Il la partage en quatre rectangles de dimensions différentes et trace deux segments joignant les centres de deux rectangles voisins. Quelle est la somme des longueurs de ces deux segments ?

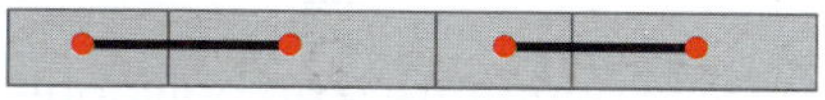

95 Le défi

Dans le carré bleu ciel, on a construit une succession de carrés en reliant à chaque fois les milieux des côtés du carré précédent.

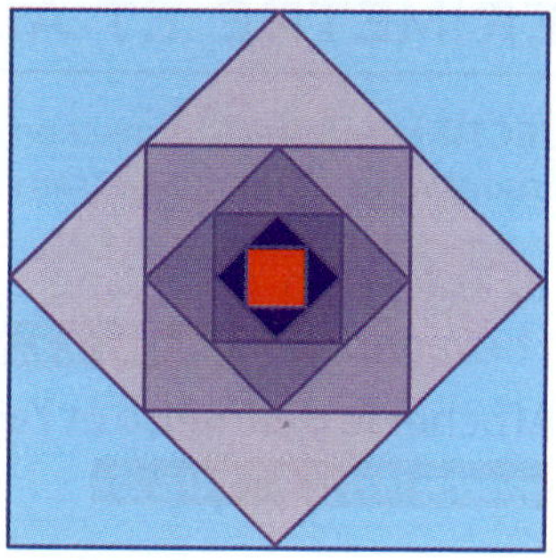

1. Quelle fraction de l'aire du carré bleu ciel représente l'aire du carré rouge ?

2. Quelle fraction du périmètre du carré bleu ciel représente le périmètre du carré rouge ?

96 L'énigme

Je suis un carré. On utilise le même nombre pour exprimer mon périmètre en cm et mon aire en dm². Quelle est la longueur de mon côté ?

97 Tâche complexe

Pour résoudre ce problème, tu devras prendre des initiatives et chercher des informations.

Combien de feuilles au format A4 faudrait-il pour recouvrir complètement la mer Méditerranée ?

Devoir à la maison

1

1. a. Prendre une feuille de papier millimétré et poser sa main à plat dessus.

b. Dessiner le contour de la main et refermer le contour au niveau du poignet.

c. À l'aide du quadrillage, donner, en cm², une valeur approchée de l'aire occupée par la main.

d. De même, donner, en cm², une valeur approchée de l'aire occupée par chacun des cinq doigts. Comparer l'aire occupée par chaque doigt.

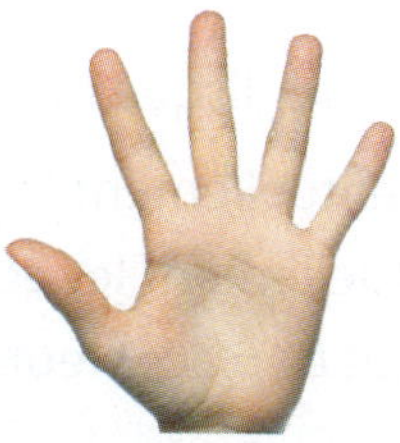

2. Recommencer l'expérience avec la main d'un adulte et comparer les résultats obtenus avec ceux obtenus à la question **1.**.

3. Trouver, en cm², une valer approchée de l'aire occupée par son pied.

2

Jacques veut repeindre la façade de sa maison. Les fenêtres sont des carrés de 1 m de côté et la porte est de forme rectangulaire. Calculer l'aire de la surface à peindre en détaillant les étapes du raisonnement.

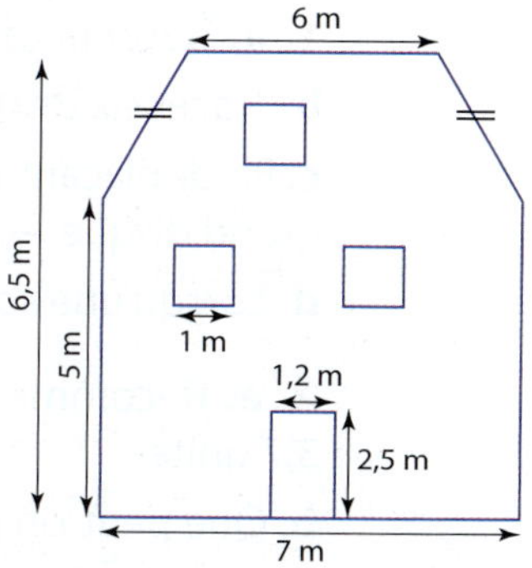

AVEC UN ORDINATEUR

À la fin du manuel, retrouve tes fiches **Tableur** et **Géométrie**

Vidéo

1 PÉRIMÈTRE ET AIRE 20 min

OBJECTIF : *Renforcer la distinction entre aire et périmètre en faisant varier ces grandeurs sous différentes contraintes.*

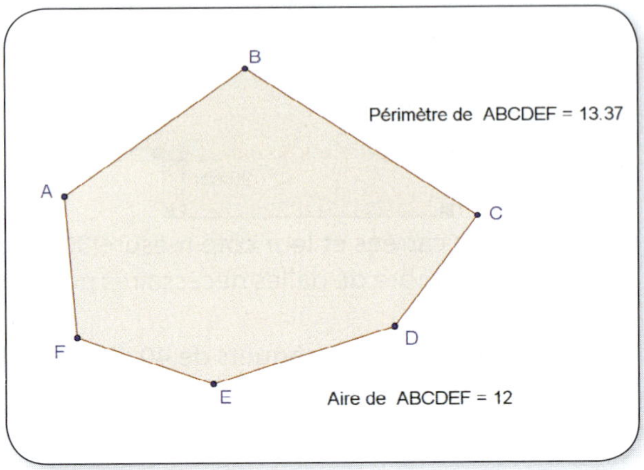

1. a. Tracer un polygone ayant six sommets (un hexagone). → Géométrie 7, p. 246

b. Afficher le périmètre et l'aire de ce polygone. → Géométrie 16 et 17, p. 250 et p. 251

2. a. Déplacer les sommets du polygone précédent pour que son aire soit égale à 12 cm^2. → Géométrie 1, p. 243

b. Noter sur le cahier les valeurs du périmètre et de l'aire de ce polygone.

3. Lorsque cela est possible, déplacer les sommets du polygone de façon que :

a. l'aire du polygone soit toujours égale à 12 cm^2 et que son périmètre soit au moins 2 fois plus grand qu'il ne l'était au départ ; au moins 3 fois plus grand → Géométrie 1, p. 243

b. l'aire du polygone soit toujours égale à 12 cm^2 et que son périmètre ait réduit de plus de la moitié → Géométrie 1, p. 243

c. le périmètre du polygone soit toujours le même et que son aire soit inférieure à 6 cm^2 ; inférieure à 3 cm^2 → Géométrie 1, p. 243

d. le périmètre du polygone soit toujours le même et que son aire soit supérieure à 18 cm^2 ; supérieure à 24 cm^2. → Géométrie 1, p. 243

Coup de pouce

Pour garder une trace de ton travail, tu peux à chaque fois copier l'écran avec la touche « Impr écran » et le coller dans une feuille de traitement de texte.

4. a. D'après les résultats de la question **3.**, peut-on dire que le périmètre d'un polygone et son aire sont liés ? Expliquer.

b. De même, peut-on dire que le périmètre d'un polygone et son aire varient ensemble, de la même manière ? Expliquer.

2 À LA FÊTE FORAINE 20 min

OBJECTIF : *Utiliser un logiciel de géométrie dynamique pour résoudre un problème.*

Un jeu de fête foraine consiste à recouvrir un grand disque avec six petits disques.

1. a. Tracer un disque de rayon 3,5 unités (et éventuellement le colorier en rouge). → Géométrie 13, p. 249

b. Tracer six disques de rayon 2 unités (et éventuellement les colorier en bleu). → Géométrie 13, p. 249

c. En déplaçant chacun des petits disques (il faut déplacer leurs centres), recouvrir entièrement le grand disque. → Géométrie 1, p. 243

d. Lorsqu'une solution est trouvée, enregistrer son travail pour le montrer au professeur.

2. a. Recommencer l'expérience précédente en traçant au départ un grand disque de rayon 3,7 unités.

b. Que peut-on penser de ce jeu ?

3 AIRE D'UN TRIANGLE

30 min

OBJECTIF : *Mieux comprendre la formule de l'aire d'un triangle quelconque.*

Triangles ayant la même aire

1. a. Tracer un segment [AB] de longueur 10 cm. → Géométrie 6, p. 245

b. Construire un triangle ABC à partir de ce segment. → Géométrie 7, p. 246

c. Afficher l'aire du triangle ABC. → Géométrie 17, p. 251

d. Trouver plusieurs positions possibles pour le point C telles que l'aire du triangle ABC soit égale à 15 cm². → Géométrie 1, p. 243

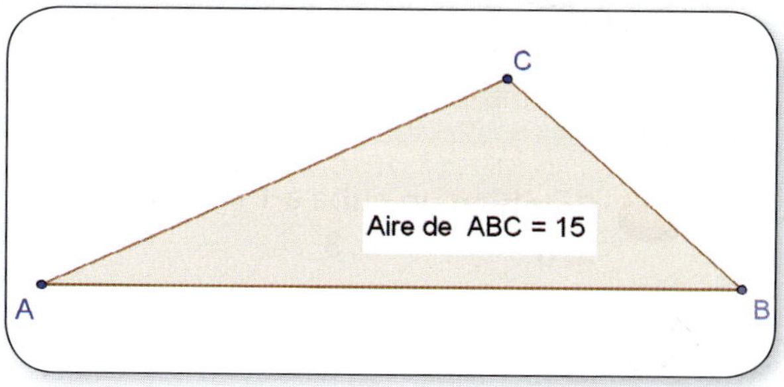

2. a. Activer la trace du point C. → Géométrie 20, p. 252

b. Déplacer le point C en gardant autant que possible l'aire du triangle ABC égale à 15 cm².
Où le point C semble-t-il devoir être pour que l'aire du triangle ABC soit égale à 15 cm² ?

3. En s'inspirant du travail fait aux questions **1.** et **2.**, préciser la position du point C pour que l'aire du triangle ABC soit égale à : **a.** 10 cm² ; **b.** 20 cm².

Consolidation de la conjecture

1. a. Dans une nouvelle feuille du logiciel, tracer un segment [AB] de longueur quelconque. → Géométrie 5, p. 245

b. Placer un point C n'appartenant pas au segment [AB]. → Géométrie 2, p. 243

c. Tracer la droite parallèle à [AB] qui passe par C. → Géométrie 9, p. 247

d. Placer un point D sur cette droite et construire le triangle ABD. → Géométrie 2 et 7, p. 243 et 246

e. Afficher l'aire du triangle ABD. → Géométrie 17, p. 251

2. a. Déplacer le point D. Que constate-t-on pour l'aire du triangle ABD ? → Géométrie 1, p. 243

b. Mettre les points A et B dans une autre position.
Que constate-t-on pour l'aire du triangle ABD lorsque l'on déplace le point D ?

3. Quelle conjecture peut-on faire ? Comment peut-on l'expliquer ?

4 LE PROGRAMME MYSTÉRIEUX

Une « boîte noire » dans un tableur est un programme de calcul mystérieux !
Le but de l'activité est de percer ce mystère…
Pour cela, on peut saisir des nombres mais aussi utiliser des formules qui aident dans la recherche.

chargement

1. Télécharger sur le site compagnon le fichier « boite_noire_12 » et l'ouvrir.

2. Placer trois points A, B et C et appliquer l'outil nommé « boite_noire_12 » à ces trois points.

3. Écrire sur le cahier le programme de construction des objets apparus.

4. Tester ce programme de construction sur les points A, B et C.
Vérifier que l'on retrouve la même construction qu'en utilisant la boîte noire.
Est-ce vrai quelles que soient les positions des points A, B et C ?

Avant de commencer le Chapitre 13

Pour revoir les acquis du primaire

Cube

1 Combien un cube a-t-il de faces ?
a. 6 **b.** 8 **c.** 12

2 Combien un cube a-t-il d'arêtes ?
a. 6 **b.** 8 **c.** 12

3 Combien un cube a-t-il de sommets ?
a. 6 **b.** 8 **c.** 12

Pavé droit

4 Combien un pavé droit a-t-il de faces ?
a. 6 **b.** 8 **c.** 12

5 Combien un pavé droit a-t-il d'arêtes ?
a. 6 **b.** 8 **c.** 12

6 Combien un pavé droit a-t-il de sommets ?
a. 6 **b.** 8 **c.** 12

Patrons

7 Lorsque l'on replie le patron ci-contre pour construire un cube, quels points seront à la même place ?
a. A et C **b.** E et B **c.** J et L

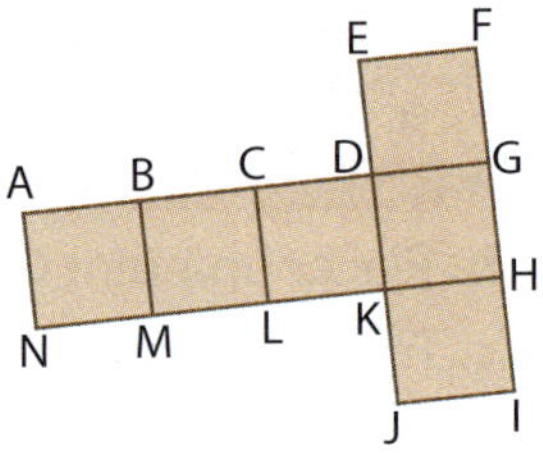

8 Lequel de ces dessins ne représente pas un patron d'un cube ?

a.

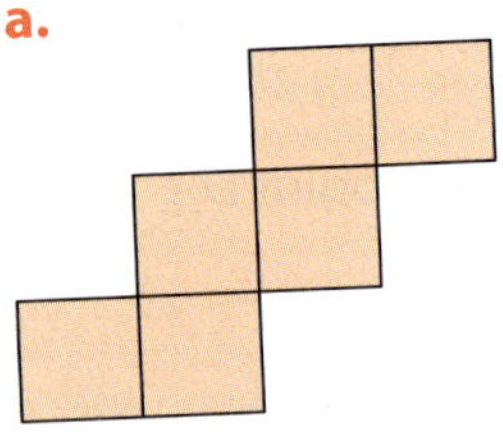

b.

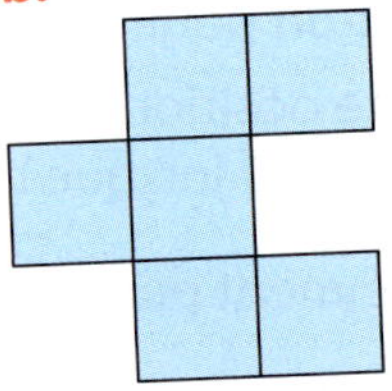

c.

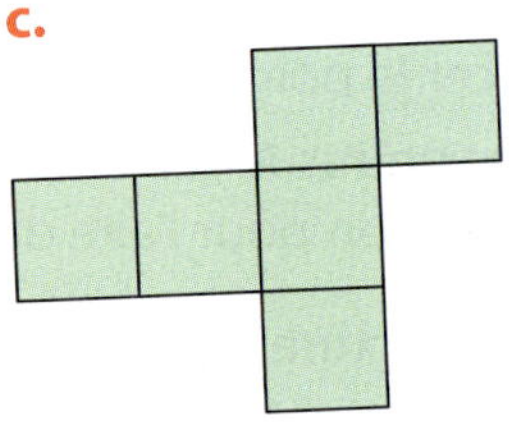

Unités de mesures

9 250 cL est égal à :
a. 0,25 L **b.** 2,5 L **c.** 25 L

10 1,7 hL est égal à :
a. 0,17 L **b.** 17 L **c.** 170 L

11 53 L est égal à :
a. 530 mL **b.** 530 cL **c.** 530 dL

Tu peux continuer tes révisions sur le **site compagnon**

Chapitre 13

Parallélépipède rectangle • Volume

Ce gratte-ciel a été pendant 20 ans le plus haut gratte-ciel d'Europe. Aujourd'hui c'est le second plus haut gratte-ciel de France. On peut visiter le 56e étage qui offre une magnifique vue panoramique sur la ville de Paris.

Je vais apprendre à…

- Reconnaître un parallélépipède rectangle et ses différents éléments SOCLE 6e ► *Exercices 21 à 24*
- Fabriquer un parallélépipède rectangle SOCLE 6e ► *Exercices 25 à 28*
- Dessiner ou compléter un patron d'un parallélépipède rectangle ► *Exercices 29 à 35*
- Calculer le volume d'un parallélépipède rectangle dans différentes unités SOCLE 6e ► *Exercices 36 à 46*

Activités

1 Parallélépipède rectangle

On a représenté ci-dessous huit solides différents :

Téléchargement

Solide 1	Solide 2	Solide 3	Solide 4
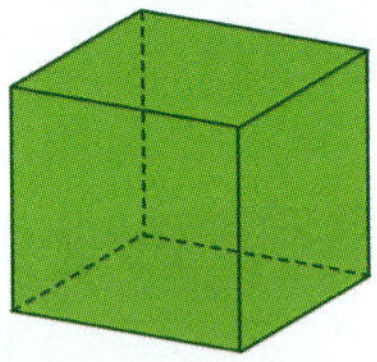	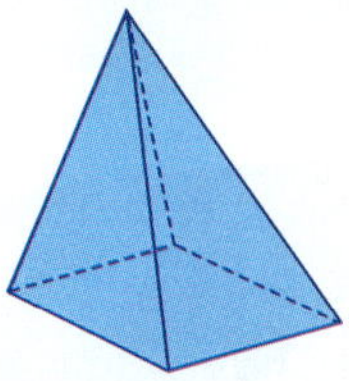	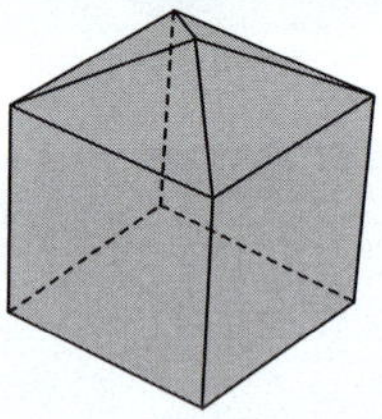	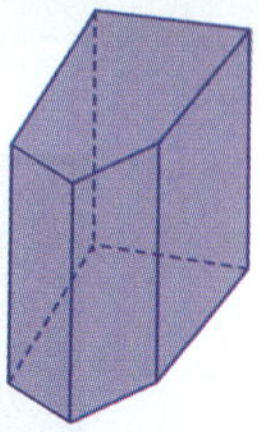
Solide 5	**Solide 6**	**Solide 7**	**Solide 8**
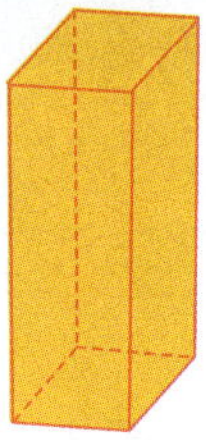	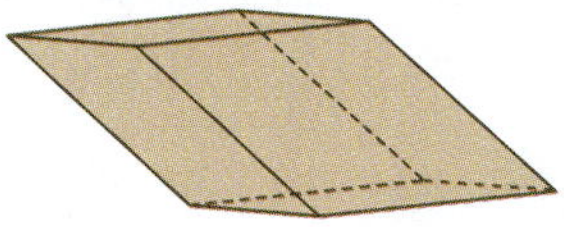	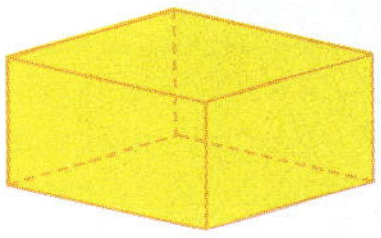	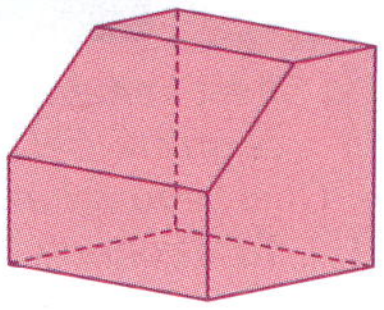

1. Recopier et compléter ce tableau en utilisant les figures ci-dessus :

Solide n° :	1	2	3	4	5	6	7	8
Nombre de faces								
Nombre d'arêtes								
Nombre de sommets								

2. **a.** Parmi ces huit solides, trois sont des parallélépipèdes rectangles, lesquels ?
b. Expliquer pourquoi les cinq autres solides ne sont pas des parallélépipèdes rectangles.
c. Comment peut-on reconnaître un parallélépipède rectangle ?

2 Construire un parallélépipède rectangle

La figure ci-contre est composée de rectangles.
Deux rectangles de même couleur ont les mêmes dimensions.

1. Expliquer pourquoi cette figure ne peut pas être le patron d'un parallélépipède rectangle.

2. Reproduire cette figure sur une feuille blanche en utilisant les dimensions données.

3. Compléter cette figure pour que celle-ci soit le patron d'un parallélépipède rectangle.

4. Découper le patron ainsi réalisé et construire le parallélépipède rectangle correspondant en utilisant du scotch pour fixer les faces entre elles.

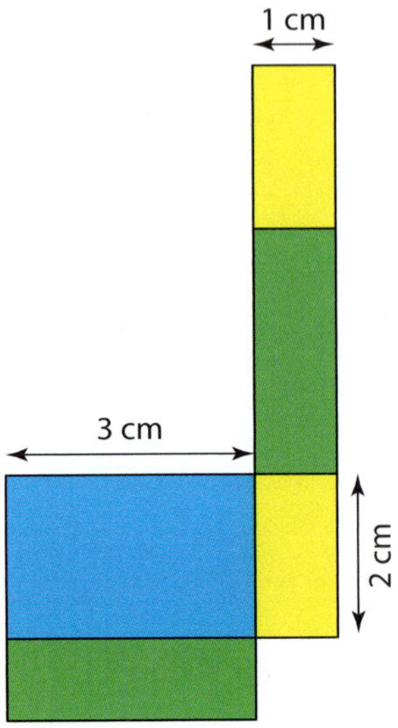

3 Perspective cavalière

Voici une représentation en perspective cavalière d'un cube de côté 4 cm.

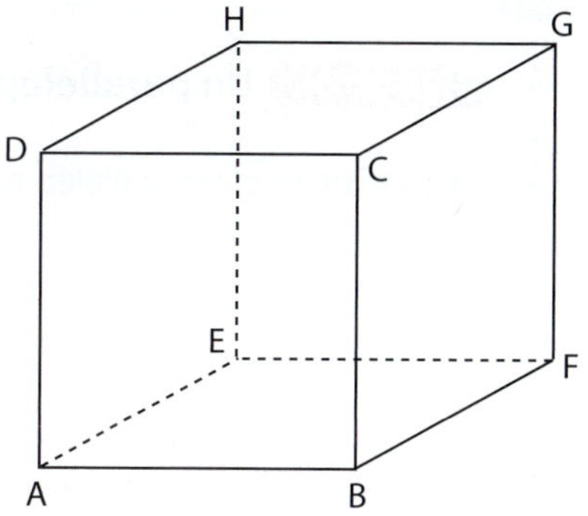

1. **a.** Les arêtes [AD] et [BC] sont-elles parallèles dans la réalité ? Le sont-elles sur le dessin ?
b. Les arêtes [DH] et [CG] sont-elles parallèles dans la réalité ? Le sont-elles sur le dessin ?

2. **a.** Les arêtes [AD] et [AB] sont-elles perpendiculaires dans la réalité ? Le sont-elles sur le dessin ?
b. Les arêtes [DH] et [DC] sont-elles perpendiculaires dans la réalité ? Le sont-elles sur le dessin ?

3. **a.** Les arêtes [AD] et [AB] ont-elles la même longueur dans la réalité ? Sont-elles de même longueur sur le dessin ?
b. Les arêtes [DH] et [DC] ont-elles la même longueur dans la réalité ? Sont-elles de même longueur sur le dessin ?

Le cube ci-dessus est représenté en perspective cavalière d'angle 30° et de rapport $\frac{1}{2}$.

4. Quel est le point commun des trois arêtes tracées en pointillés ?

5. Quelles règles semble-t-on devoir suivre pour représenter un solide en perspective cavalière ?

4 Unités de volume

Voici la représentation en perspective cavalière des boîtes d'Arthur et de Louisa :

Arthur

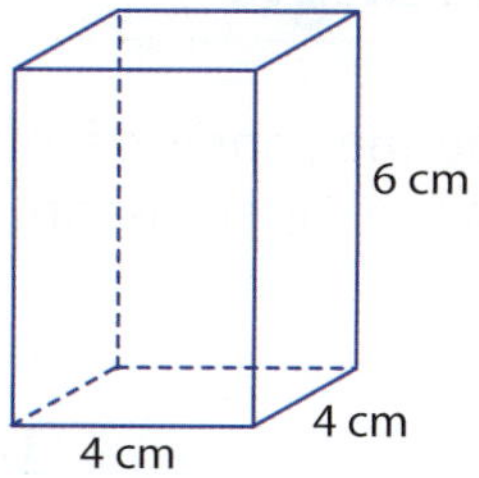

Louisa

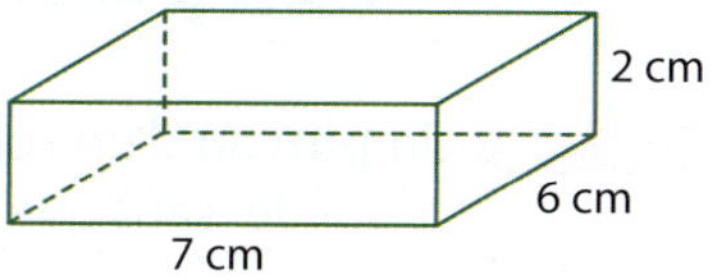

1. Pour essayer de savoir qui a la boîte la plus grande, Arthur propose de compter combien de cubes de 1 cm de côté chacun peut mettre dans sa boîte.
a. Combien de cubes peut-on mettre dans la boîte d'Arthur ? Et dans la boîte de Louisa ?
b. En déduire quelle est la boîte qui peut contenir le plus d'eau.

2. On appelle centimètre cube (noté cm^3) le volume contenu dans un cube de 1 centimètre de côté. Exprimer, en cm^3, le volume des boîtes d'Arthur et de Louisa.

3. **a.** Conjecturer une formule pour calculer le volume d'un parallélépipède rectangle.
b. Quel est, en cm^3, le volume d'un parallélépipède rectangle de dimensions, en cm, 8, 13 et 5 ?

Le cours

1 Parallélépipède rectangle et cube

DÉFINITION Un **parallélépipède rectangle** est un solide formé de six faces rectangulaires.

■ **Exemple :** Le parallélépipède rectangle ABCDEFGH ci-dessous a pour dimensions 6 cm, 4 cm et 2 cm.

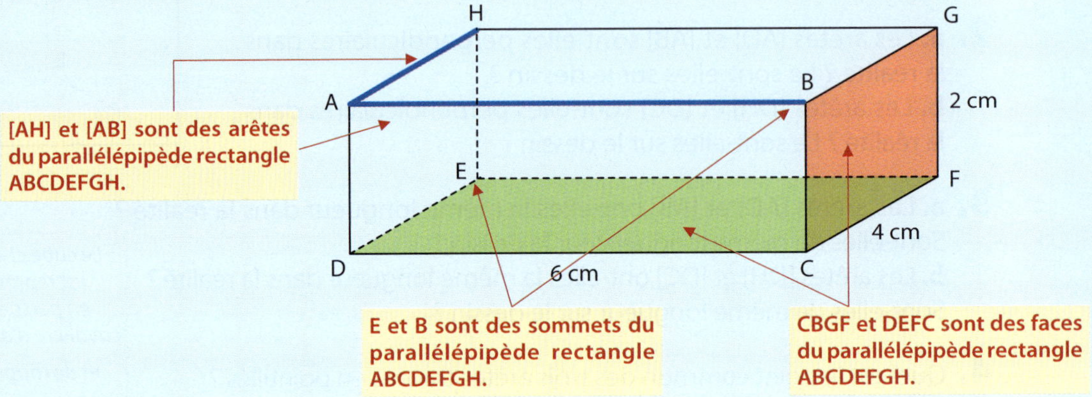

Ce parallélépipède rectangle possède :
- huit sommets : A, B, C, D, E, F, G et H ;
- six faces rectangulaires : ABCD, BGFC, GHEF, HADE, ABGH et DCFE ;
- douze arêtes : [AB], [BG], [GH], [HA], [DC], [CF], [FE], [ED], [AD], [BC], [GF] et [HE].

DÉFINITION Un **cube** est un parallélépipède rectangle dont toutes les faces sont des carrés.

■ **Exemple :** Dans le cube ABCDEFGH ci-dessous, toutes les arêtes sont de même longueur.

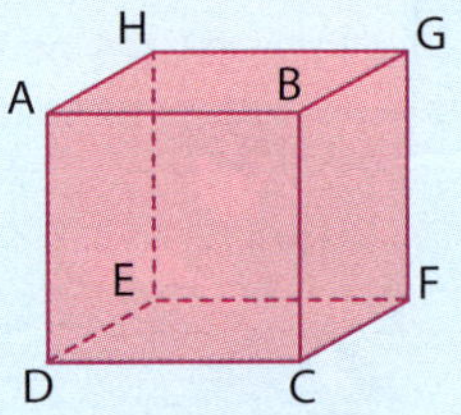

2 Patron d'un parallélépipède rectangle

DÉFINITION Un **patron** d'un solide est un dessin qui permet, après découpage et pliage, de réaliser ce solide (sans que des parties du dessin ne se superposent).

■ **Exemple**

Il existe plusieurs patrons pour un même solide.

3 Perspective cavalière

Dans la représentation en perspective cavalière d'un parallélépipède rectangle :
– les arêtes parallèles sont représentées par des segments parallèles ;
– les arêtes qui relient les faces avant et arrière sont les « arêtes fuyantes ».
Leur longueur sur le dessin est réduite et les angles droits qu'elles forment sont représentés par des angles plus grands ou plus petits que l'angle droit pour donner l'illusion de perspective.

Exemple

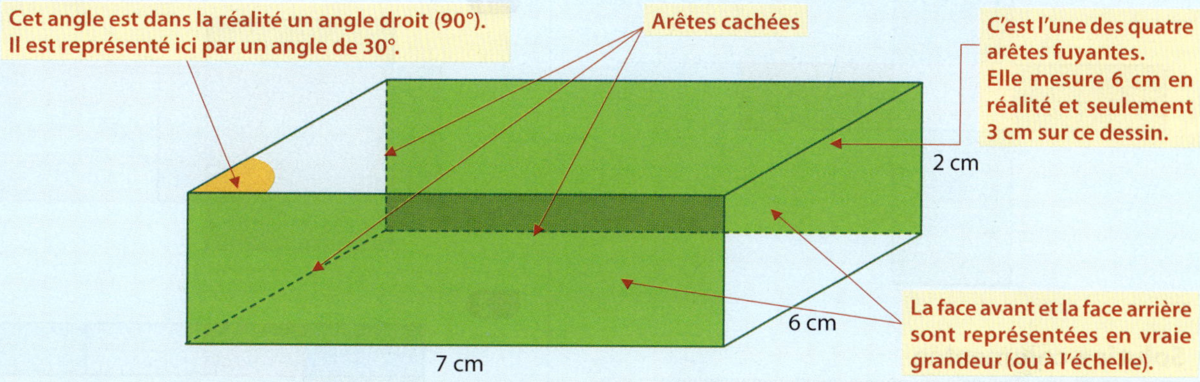

4 Volumes

DÉFINITION Le **mètre cube**, noté **m³**, est l'unité de mesure de volume du système international.
Un mètre cube est le volume occupé par un cube d'arête 1 mètre.

– Les multiples du m^3 (dam^3, hm^3 et km^3) sont utilisés pour exprimer des volumes plus grands qu'un mètre cube ;
– les sous-multiples du m^3 (dm^3, cm^3 ou mm^3) sont utilisés pour exprimer des volumes plus petits qu'un mètre cube.

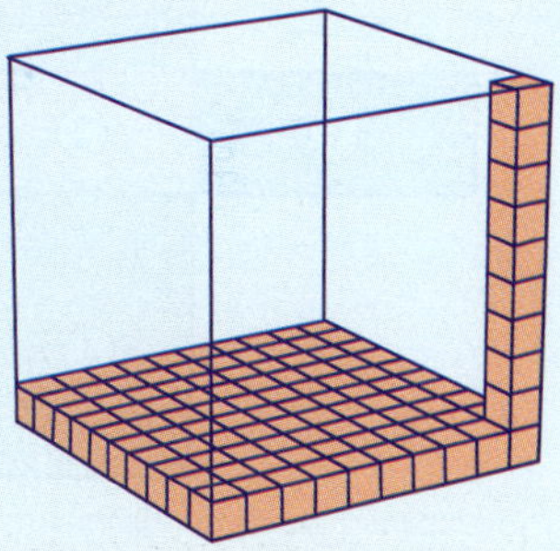

On peut faire des conversions à l'aide du dessin ci-contre.
Si le grand cube a pour arête 1 m, on peut le remplir avec 10 couches de 100 cubes d'arête 1 dm.
Il y a donc 1 000 dm^3 dans 1 m^3. On écrit : 1 m^3 = 1 000 dm^3.

PROPRIÉTÉ On peut exprimer des unités de volume à l'aide d'unités de contenance comme le litre, le décilitre, etc. 1 L = 1 dm^3.

Exemple : Une piscine contient environ 140,4 m^3 d'eau.
140,4 m^3 = 140,4 × 1 000 dm^3, il y a donc 140 400 dm^3 d'eau dans cette piscine.
Comme 1 L = 1 dm^3, il y a 140 400 L d'eau dans la piscine.

PROPRIÉTÉ Le volume d'un parallélépipède rectangle est obtenu en multipliant entre elles ses trois dimensions exprimées dans la même unité.
En notant V le volume et *a*, *b* et *c* ses dimensions on a : $V = a \times b \times c$

Exemple : Le volume de ce parallélépipède rectangle est égal à :
$7 \times 6 \times 2 = 84$ cm^3.

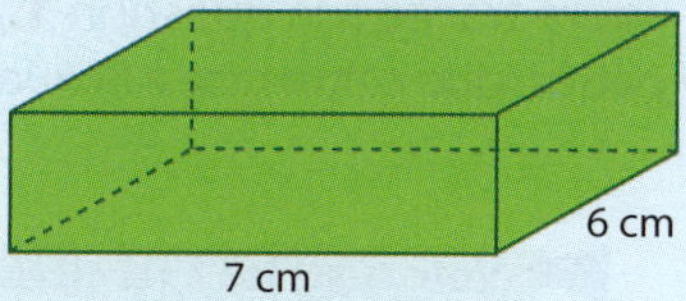

Le dico des Maths
- Cube
- Mètre cube
- Patron
- Perspective cavalière
- Parallélépipède rectangle

Voir p. 254

1 Reconnaître le patron d'un parallélépipède rectangle

Énoncé

Le dessin ci-dessous est-il le patron d'un parallélépipède rectangle ?

Solution commentée

① Je vérifie qu'il y a bien six faces rectangulaires sur le patron.

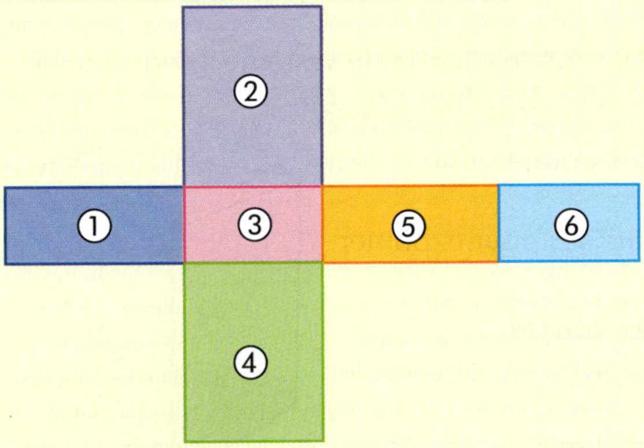

② J'imagine le pliage du patron pour vérifier que les arêtes du parallélépipède qui seront en contact sont de même longueur.

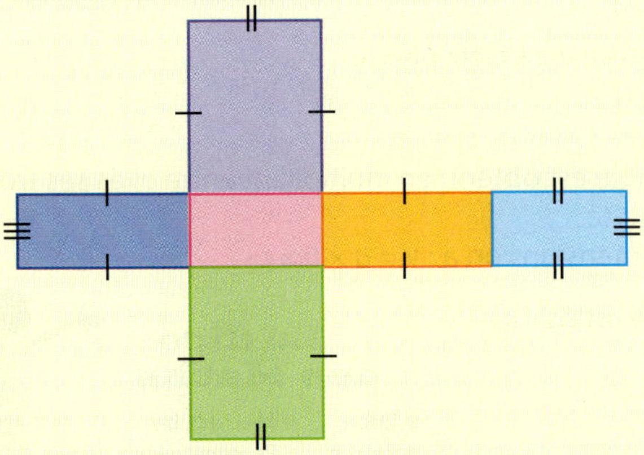

C'est le cas ici, le patron est bien celui d'un parallélépipède rectangle.

Exercices d'application

Pour les exercices 1 à 4, dire si le patron présenté semble être celui d'un parallélépipède rectangle en expliquant la réponse.

1

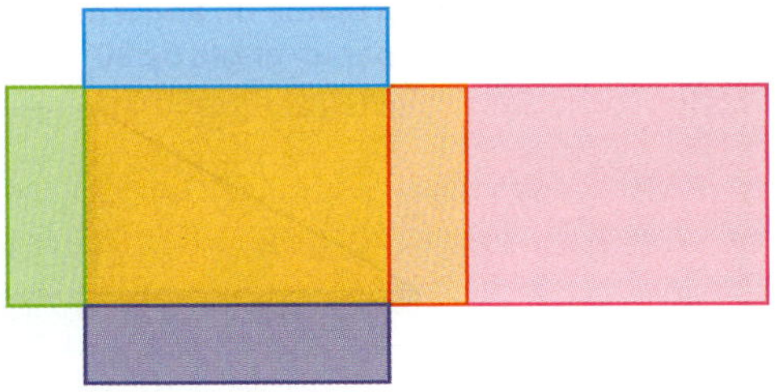

2

3

4

5 **1.** Sur un quadrillage, tracer en rouge deux rectangles ayant un côté commun.
2. Compléter en bleu ce dessin pour qu'il soit le patron d'un parallélépipède rectangle.
3. À partir de la figure tracée à la question **1.**, peut-on obtenir un autre patron que celui tracé à la question **2.** ? Si oui, le réaliser.

Voir aussi les Exercices 21 à 24

2 Effectuer des changements d'unités de volume

ANIMATION

Énoncé

1. Convertir 0,23 m³ en dm³. **2.** Convertir 12 548 cL en L. **3.** Convertir 25,47 m³ en L.

Solution commentée

	Je cherche la correspondance entre l'unité de départ et l'unité désirée.	J'effectue la conversion.	Je conclus.
1.	$1\text{ m}^3 = 1\,000\text{ dm}^3$.	$0,23 \times 1000 = 230$.	Donc $0,23\text{ m}^3 = 230\text{ dm}^3$.
2.	$1\text{ cL} = 0,01\text{ L}$.	$12\,548 \times 0,01 = 125,48$.	Donc $12\,548\text{ cL} = 125,48\text{ L}$.
3.	$1\text{ m}^3 = 1\,000\text{ dm}^3$ et $1\text{ dm}^3 = 1\text{ L}$.	$25,47 \times 1000 = 25\,470$.	Donc $25,47\text{ m}^3 = 25\,470\text{ dm}^3$. Donc $25,47\text{ m}^3 = 25\,470\text{ L}$.

Exercices d'application

6 Exprimer 1 m³ en dm³, en cm³ et en mm³.

7 Un parallélépipède rectangle de dimensions 5 cm, 10 cm et 20 cm contient exactement 1 litre (1 L).
1. Exprimer le volume de ce parallélépipède rectangle en cm³ puis en dm³. Que peut-on en conclure ?
2. Combien y a-t-il de litres dans 1 mètre cube ?

8 **1.** Convertir 12 345 décimètres cubes (dm³) en mètres cubes (m³).
2. Convertir 5 m³ en dm³.

9 **1.** Convertir 12 345 678 centimètres cubes (cm³) en mètres cubes (m³).
2. Convertir 8 m³ en cm³.

10 **1.** Convertir 250 000 millimètres cubes (mm³) en décimètres cubes (dm³).
2. Convertir 3,57 m³ en mm³.

11 **1.** Convertir 3,8 dm³ en mm³.
2. Convertir 900 000 mm³ en m³.

12 **1.** Convertir 12 centilitres (cL) en litres (L).
2. Convertir 27 décilitres (dL) en litres (L).

13 **1.** Convertir 2,6 dm³ en L.
2. Convertir 9 m³ en L.

14 **1.** Convertir 3 000 cm³ en L.
2. Convertir 840 cm³ en cL.

15 **1.** Convertir 37 L en cm³.
2. Convertir 126 850 cL en m³.

16 Une bouteille contient 1,5 L d'eau. Combien faut-il de bouteilles pour avoir 1 m³ d'eau ?

17 Une famille de quatre personnes consomme 150 m³ d'eau par an.
Combien de litres d'eau consomme cette famille chaque jour ?

18 Trois récipients contiennent respectivement 400 cm³ d'eau, 3 L de sirop et 0,02 m³ de soda.
Quel récipient contient le plus de liquide ?

19 Une piscine contient environ 150 000 L d'eau.
Combien cela représente-t-il de mètres cubes ?

20 Quel est l'intrus ?

0,02 m³	20 L	2 000 cm³	2 000 cL

Voir aussi les Exercices 38 à 46

Pour s'entraîner

Reconnaître un parallélépipède rectangle SOCLE 6e

POUR T'AIDER, voir Savoir faire 1

Pour les exercices 21 à 23, utiliser le parallélépipède rectangle ci-dessous :

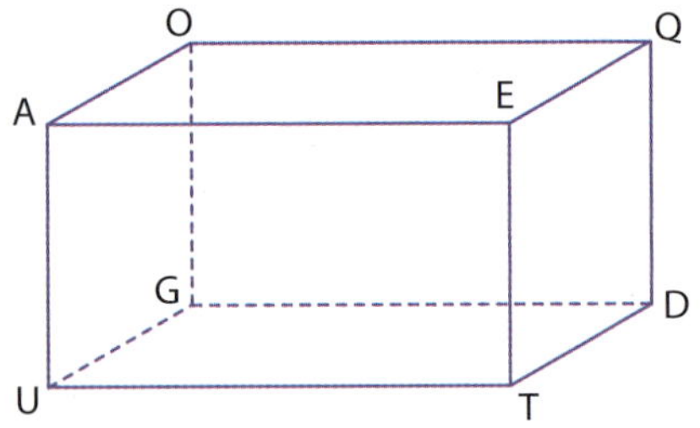

21 **1.** Nommer toutes les faces et arêtes du parallélépipède.

2. Nommer toutes les faces qui contiennent le point Q.

3. Nommer toutes les arêtes qui ont E pour extrémité.

4. Nommer toutes les faces qui contiennent l'arête [GD].

5. Quelles sont les arêtes de même longueur ?

6. Quelles sont les faces identiques ?

22 **1.** Nommer deux faces parallèles du parallélépipède.

2. Nommer deux faces perpendiculaires.

3. Nommer deux arêtes parallèles.

4. Nommer deux arêtes perpendiculaires.

5. a. Existe-t-il deux faces qui ne soient ni parallèles ni perpendiculaires ?

b. Existe-t-il deux arêtes qui ne soient ni parallèles ni perpendiculaires ?

23 Dans le parallélépipède rectangle AETUOQDG ci-dessus, on sait que UT = 5 cm, UG = 4 cm et AU = 3 cm. Représenter en vraie grandeur les faces AETU, AOQE et ETDQ.

24 Parmi ces patrons, préciser lesquels sont des patrons de parallélépipèdes rectangles en justifiant :

a.

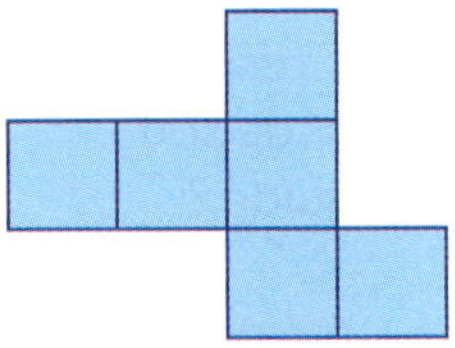

b.

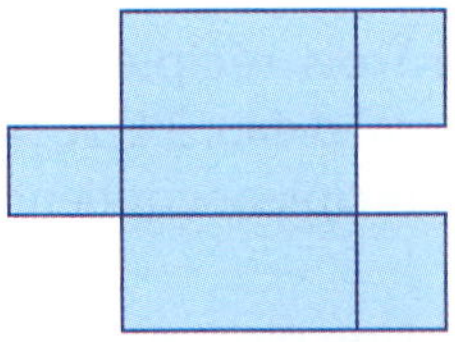

c.

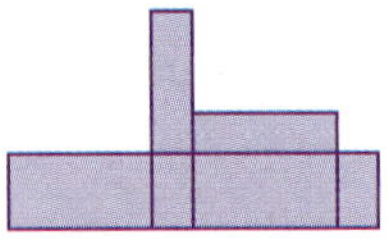

d.

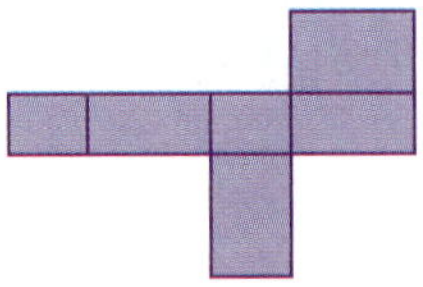

e.

f.

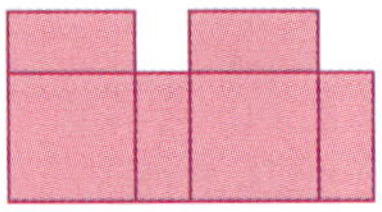

Fabriquer un parallélépipède rectangle SOCLE 6e

25 Voici un patron d'un parallélépipède rectangle dont les dimensions réelles sont données :

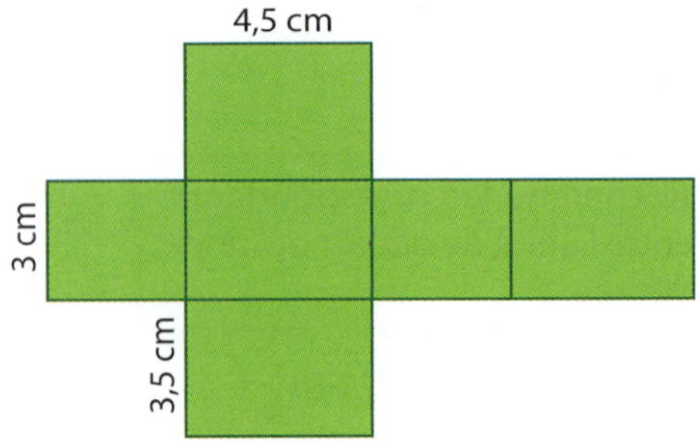

1. Reproduire ce patron en grandeur réelle.

2. Découper ce patron et fabriquer ce solide.

26 **1.** Dessiner un patron d'un parallélépipède rectangle de dimensions 4 cm, 6 cm et 8 cm.

2. Découper ce patron.

3. Colorier en rouge deux faces parallèles de ce parallélépipède rectangle.

4. Colorier en vert deux faces perpendiculaires de ce parallélépipède rectangle.

5. Colorier d'une même couleur les arêtes de même longueur.

6. Quelles est, en cm^2, l'aire totale de ce solide ?

27 **1.** Parmi les parallélépipèdes rectangles ①, ② et ③, lesquels ont pour patron celui représenté ci-dessous ? Expliquer.

Patron

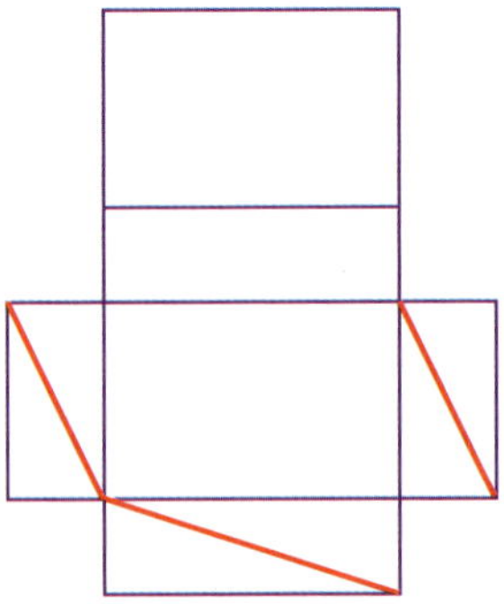

Parallélépipèdes

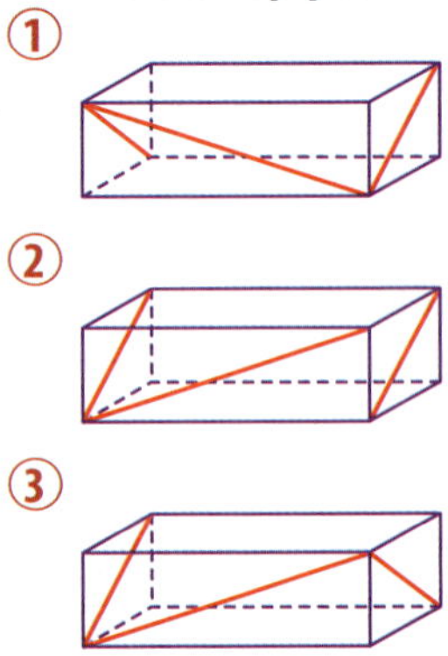

2. Reproduire le patron en multipliant ses dimensions (mesurées ci-dessus) par 3 et construire le parallélépipède rectangle correspondant.

28 **1.** Observer un dé cubique à six faces et dessiner un patron de ce solide.

2. Que peut-on dire de la somme des nombres qui se trouvent sur deux faces parallèles ?

Dessiner ou compléter un patron d'un parallélépipède rectangle

29 **1.** Dessiner le patron d'un parallélépipède rectangle de dimensions 5 cm, 6 cm et 7 cm.

2. Construire ce parallélépipède rectangle.

30 Recopier ce dessin d'un patron d'un parallélépipède rectangle et le compléter avec les arêtes manquantes :

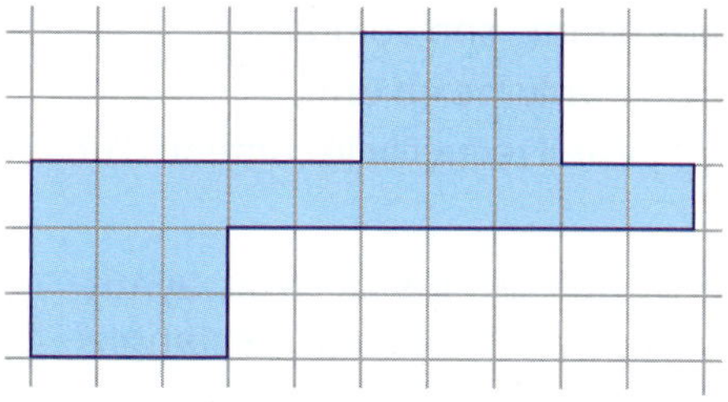

31 Recopier ce dessin d'un patron d'un parallélépipède rectangle et le compléter avec les arêtes manquantes.

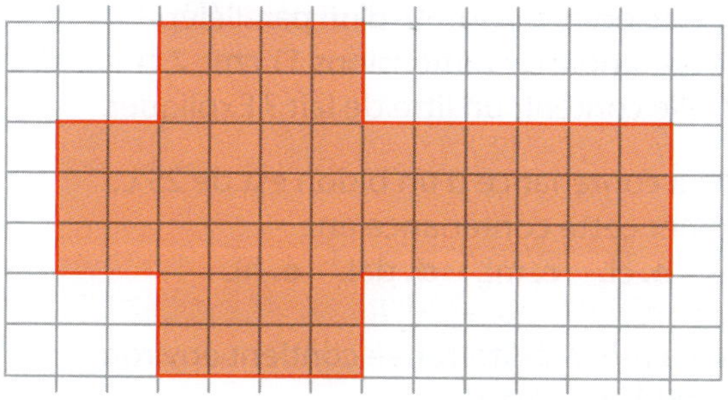

32 Recopier et compléter les patrons de parallélépipèdes rectangles suivants :

a.

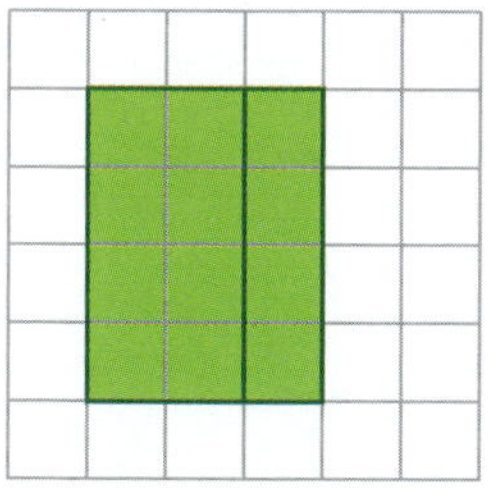

b.

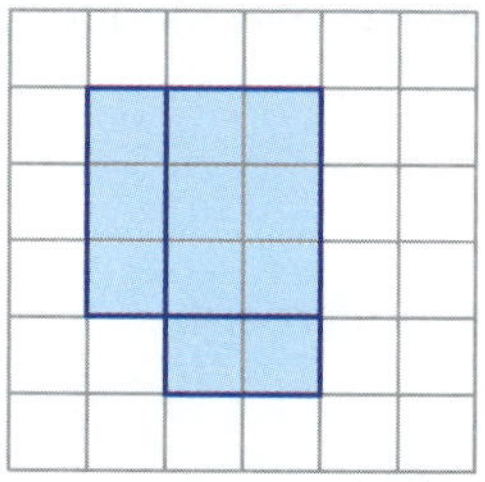

33 Recopier et compléter les patrons de parallélépipèdes rectangles suivants :

a.

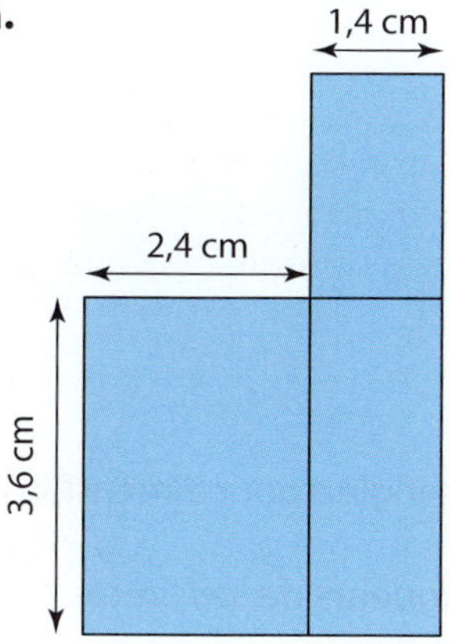

b.

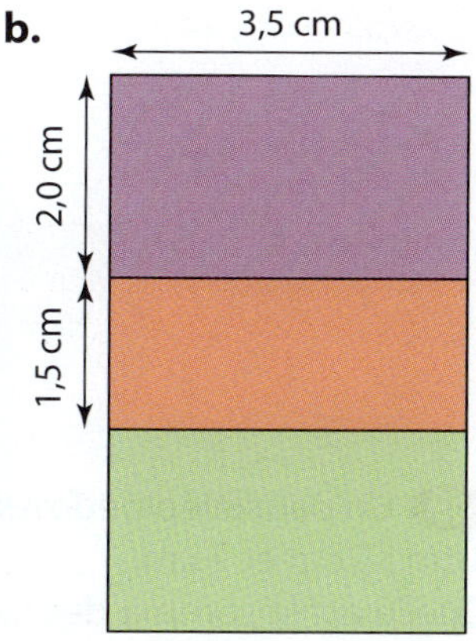

34 Dessiner deux patrons différents du parallélépipède rectangle représenté ci-dessous en perspective cavalière :

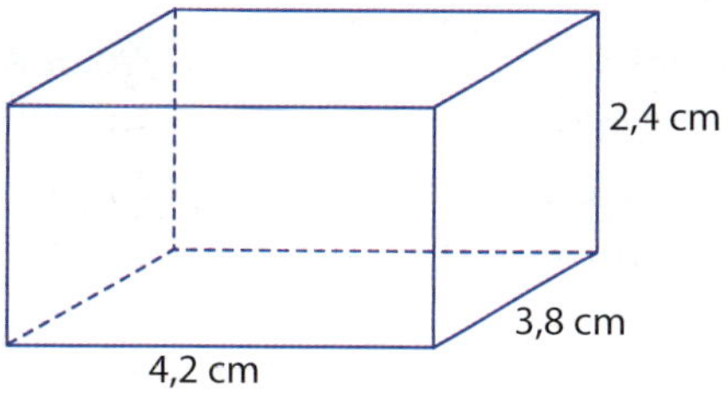

35 Dessiner deux patrons différents d'un parallélépipède rectangle de dimensions 2 cm ; 3,5 cm et 5 cm.

Calculer le volume d'un parallélépipède rectangle SOCLE 6e

POUR T'AIDER, voir Savoir faire 2

36 Les solides **A** et **B** sont « sans trou ». Ils sont formés de cubes tous identiques d'arête 1 cm.

Exprimer, en cm³, les volumes de ces solides.

Solide A

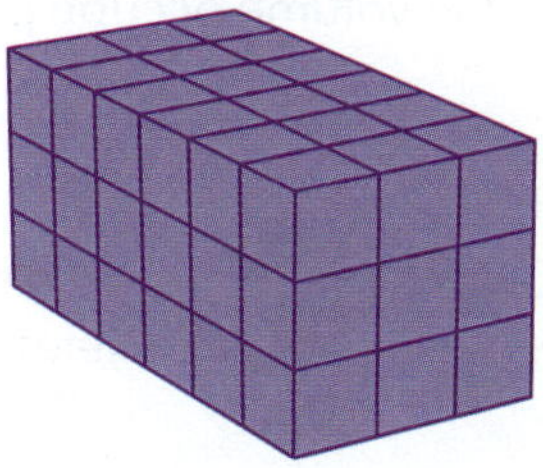

Solide B

37 Les solides ci-dessous sont « sans trou ». Ils sont formés de cubes tous identiques d'arête 2 cm.

1. Exprimer, en cm³, les volumes de ces solides.

2. Classer ces solides du moins volumineux au plus volumineux.

Solide 1

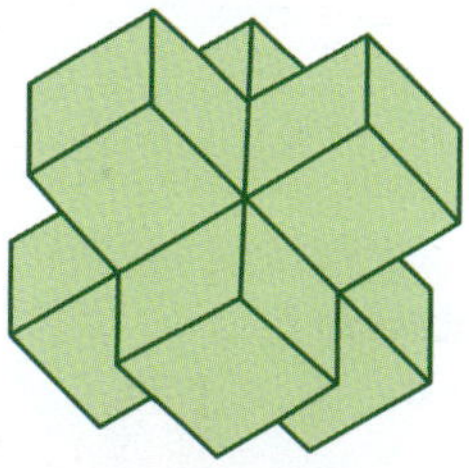

Solide 2

Solide 3

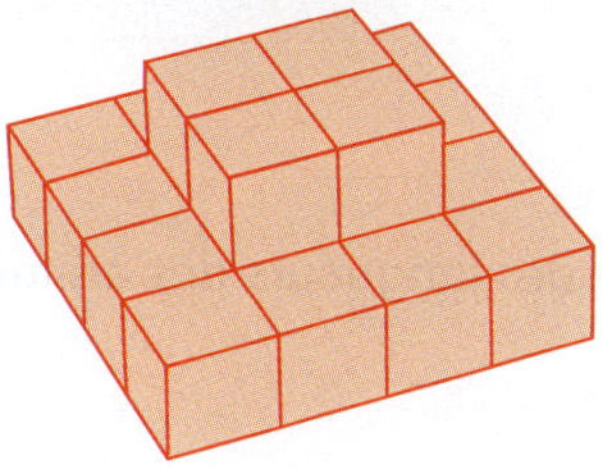

Solide 4

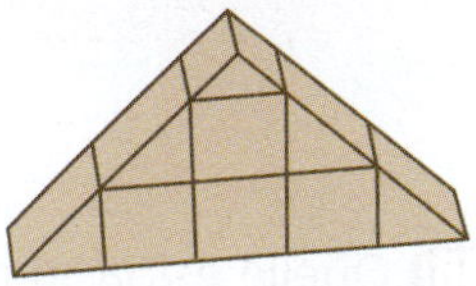

Pour s'entraîner

38 **1.** Associer chaque élément ci-dessous au volume d'eau qu'il peut contenir :

Éléments	Volume d'eau
Piscine •	• 102 000 000 m^3
Casserole •	• 0,2 m^3
Verre •	• 156 m^3
Baignoire •	• 0,0002 m^3
Lac du Salagou •	• 0,001 m^3

2. Exprimer le volume de chacun de ces éléments dans une unité plus appropriée.

39 **1.** Quel est, en m^3, le volume d'un parallélépipède rectangle de dimensions 3 m, 4 m et 9 m ?

2. a. Combien y a-t-il de cubes de 1 dm de côté dans un cube de 1 m de côté ?

b. Exprimer le volume du parallélépipède en dm^3.

c. Combien de litres peut contenir ce solide ?

40 Une boîte de 40 allumettes ayant la forme d'un parallélépipède rectangle a pour dimensions 1,5 cm, 3,5 cm et 5,3 cm.

1. Quel est son volume ?

2. Quel est approximativement le volume occupé par une de ces allumettes ?

41 Un parallélépipède rectangle a pour dimensions 2,7 m ; 4,2 m et 5,7 m.

1. Calculer, en m^3, son volume.

2. Exprimer ce volume en dm^3.
Ce solide peut-il contenir 60 000 L ?

42 Un parallélépipède rectangle a pour dimensions 27 mm, 79 mm et 96 mm.

1. Calculer, en mm^3, son volume.

2. Exprimer ce volume en dm^3.

3. Ce solide peut-il recueillir le contenu d'un verre d'eau de 20 cL ?

43 Une brique de jus de fruit ayant la forme d'un parallélépipède rectangle a une base carrée de côté 7 cm.
Quelle doit être sa hauteur pour qu'elle puisse contenir 1 L de jus de fruit ?

44 Une boîte a la forme d'un parallélépipède rectangle de dimensions 11 cm ; 7 cm et 19 cm.
Peut-elle contenir un litre de lait ? Expliquer.

45 La contenance d'un bidon est de 25 L.
Exprimer cette contenance en :
a. dL **b.** cL **c.** mL **d.** daL **e.** hL

46 La mer Méditerranée contient environ 3 700 000 km^3 d'eau.

1. Combien cela fait-il de litres ?

2. Une piscine olympique contient environ 3 000 m^3.
Combien peut-on remplir de piscines olympiques avec l'eau de la mer Méditerranée ?

À l'oral

Les exercices qui suivent sont à faire mentalement.

47 On a découpé le coin du cube ci-contre :

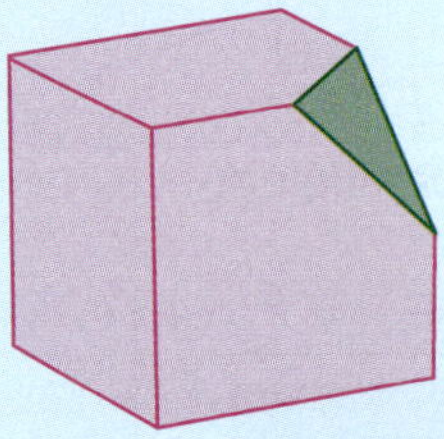

Quel est le patron du solide obtenu ?

a.

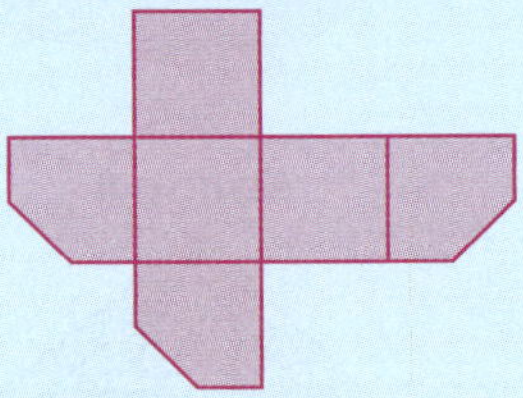

b.

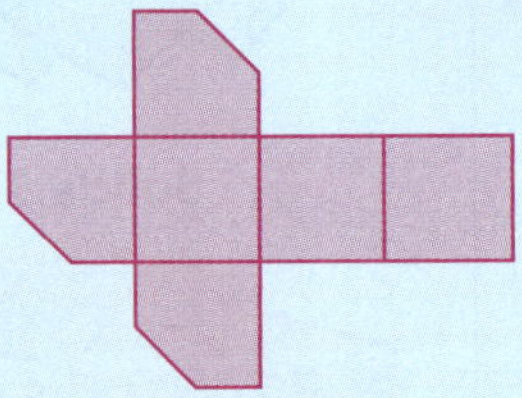

c.

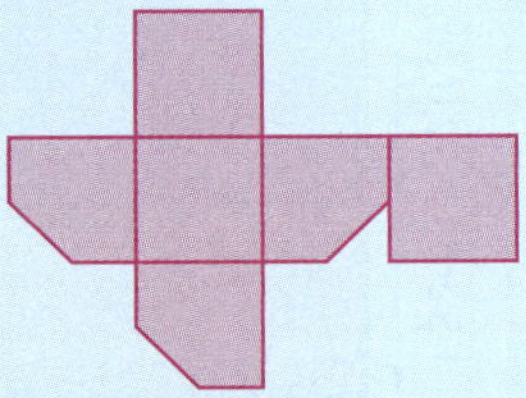

48 Quelle est la somme des longueurs des arêtes d'un cube d'arête 3 cm ?

49 Un parallélépipède rectangle a pour dimensions 3 cm ; 5 cm et 7 cm.
Quelle est la somme des longueurs de ses arêtes ?

Je m'évalue

Pour chaque exercice 50 et 51, trouve la ou les bonnes réponses en utilisant la figure ci-dessous.

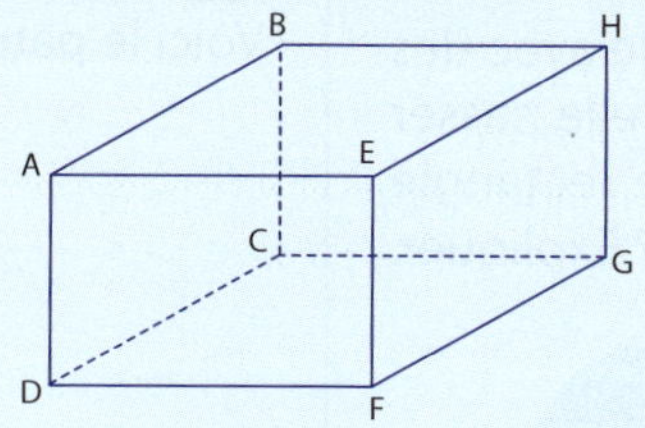

Énoncés	Réponse A	Réponse B	Réponse C	Réponse D
50 Dans ce parallélépipède rectangle :	[AB] et [BH] sont perpendiculaires	[BC] et [EH] sont parallèles	[HG] et [AD] sont parallèles	[EF] et [EH] sont perpendiculaires
51 Dans ce parallélépipède rectangle :	les faces ABCD et EFGH sont perpendiculaires	les faces ABHE et DCGF sont parallèles	les faces ABCD et BHGC sont perpendiculaires	les faces AEFD et ABHE sont parallèles

Pour chaque exercice 52 à 59, trouve la ou les bonnes réponses.

Énoncés	Réponse A	Réponse B	Réponse C	Réponse D
52 Un cube a pour arête 6 cm. La somme de ses arêtes est égale à :	36 cm	48 cm	72 cm	144 cm
53 L'aire d'un patron d'un cube d'arête 5 cm est égale à :	25 cm^2	30 cm^2	60 cm^2	150 cm^2
54 Quel dessin est un patron de cube ?	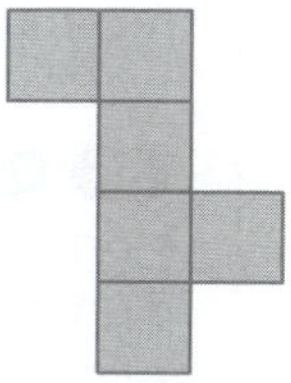		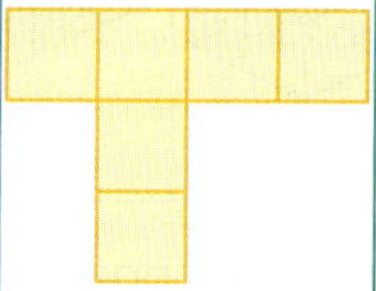	
55 Quel dessin est un patron de parallélépipède rectangle ?	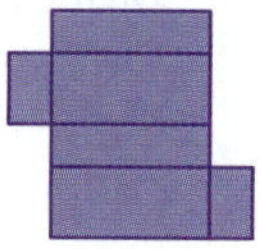		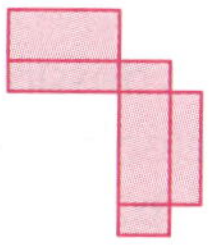	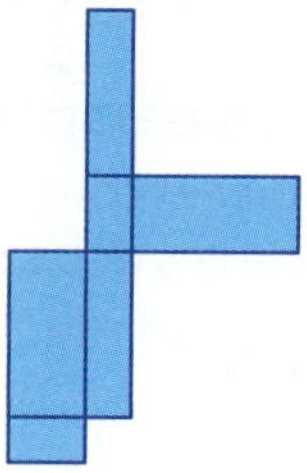
56 Ce solide, qui a la même forme devant et derrière, est constitué de cubes et demi-cubes de 1 cm d'arête. Il a pour volume : 	32 cm^3	34 cm^3	36 cm^3	38 cm^3
57 Un parallélépipède rectangle de dimensions 2,7 cm ; 3,5 cm et 2,8 cm a pour volume :	9 cm^3	18 cm^3	26,28 cm^3	26,46 cm^3
58 1,25 m^3 = …	12,5 dm^3	1 250 L	1 250 dm^3	12,5 hL
59 2 547 cL = …	25,47 L	254 700 L	25 470 cm^3	254,7 m^3

Tu peux vérifier tes réponses p. 255 et si tu veux continuer ton entraînement rendez-vous sur le site compagnon

Pour approfondir

60 La fourmi

On a construit un parallélépipède rectangle avec des morceaux de spaghettis. Une fourmi peut-elle passer sur toutes les arêtes de ce parallélépipède rectangle sans jamais repasser deux fois sur la même ? Expliquer.

61 Les escaliers

Pour construire un escalier, on empile des cubes comme dans les dessins ci-dessous. Le nombre de cubes utilisés dépend du nombre de marches que l'on veut obtenir.

1 marche : 2 cubes	2 marches : 10 cubes	3 marches : 28 cubes
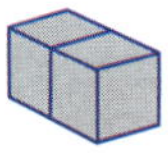	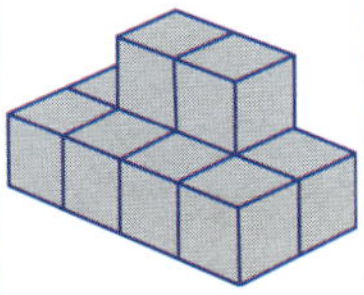	

1. Combien de cubes faut-il pour réaliser 5 marches ?

2. Combien de cubes faut-il pour réaliser 10 marches ?

62 En perspective

Recopier et compléter les dessins en perspective cavalière de ces deux parallélépipèdes rectangles :

a.

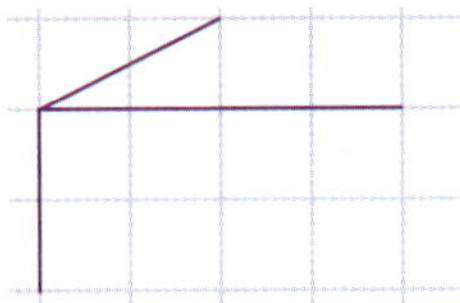

b.

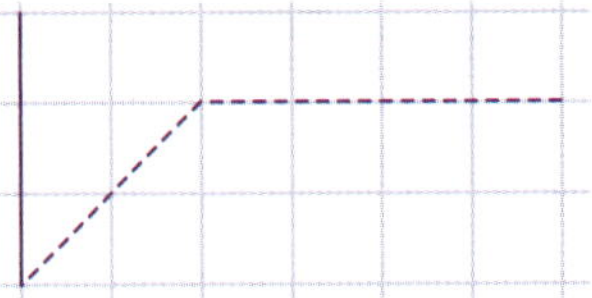

63 Jeu de constructions

Un célèbre jeu de construction est composé de morceaux de bois qui ont la forme d'un parallélépipède rectangle de dimensions 11,8 cm ; 2,3 cm et 0,8 cm.

1. Quel est le volume d'un morceau de bois ?

2. Une construction a été réalisée avec 100 morceaux. Quel volume occupe-t-elle ?

3. Combien de morceaux faut-il pour réaliser une construction occupant un volume d'un litre ?

64 Les dés sont jetés !

Voici le patron d'un dé cubique à six faces :

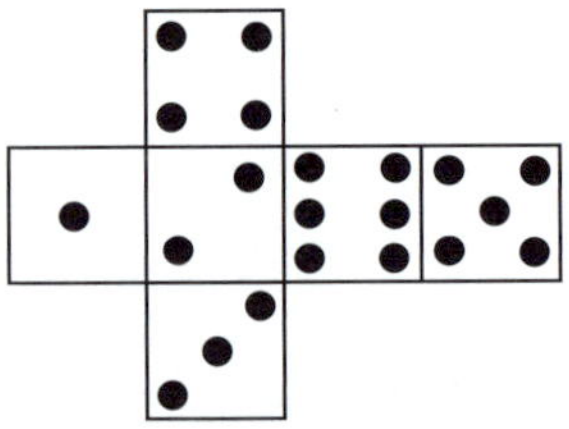

À l'aide de ce patron, reproduire à main levée les dés ci-dessous et compléter les faces manquantes :

a. **b.** **c.** **d.**

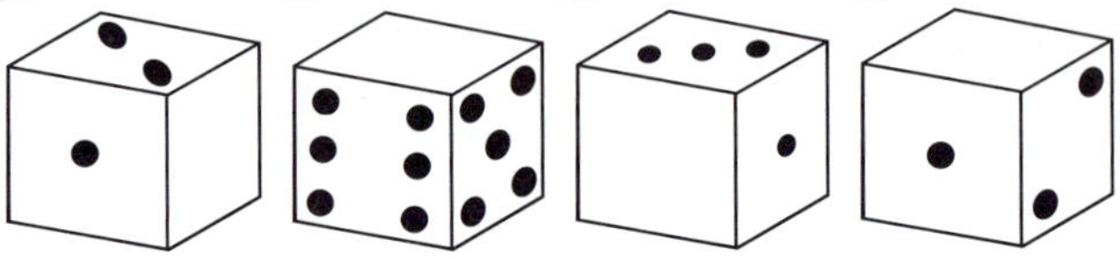

65 VRAI ou FAUX ?

1. Si l'on divise les dimensions d'un parallélépipède rectangle par 2 alors on divise son volume par 2.

2. Si l'on double les dimensions d'un parallélépipède rectangle alors on quadruple sa surface.

66 Qu'est-ce qui est le plus lourd ?

- Une boîte de 750 g de sucre en poudre a la forme d'un parallélépipède rectangle de dimensions 7 cm ; 7 cm et 18,5 cm.
- Une boîte de 1 kg de farine a la forme d'un parallélépipède rectangle de dimensions 11 cm ; 7 cm et 19 cm.

Qu'est-ce qui est plus lourd entre 1 cm^3 de farine et 1 cm^3 de sucre en poudre ?

67 Quel volume ?

Voici un assemblage de trois parallélépipèdes rectangles :

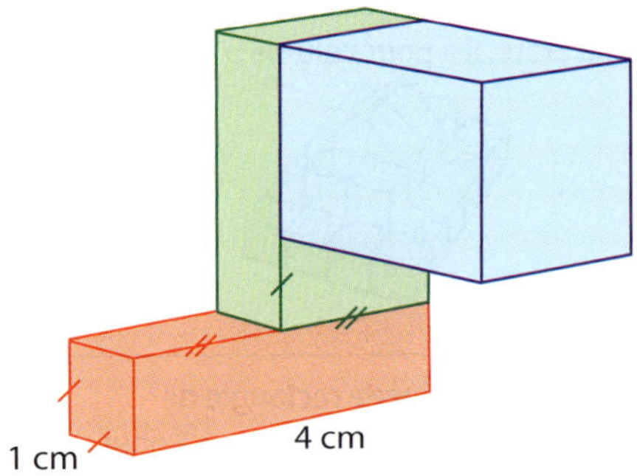

- Le solide rouge et le solide vert ont deux dimensions communes.
- Le solide vert et le solide bleu ont deux dimensions communes.

Quel est le volume de cet assemblage ?

68 Le rocher !

Samia possède un aquarium qui a la forme d'un parallélépipède rectangle de 40 cm de hauteur et dont la face du bas a pour dimensions 60 cm et 35 cm.
Il y a de l'eau dans cet aquarium et, au milieu, un énorme rocher complètement immergé qui sert de repère aux poissons. Lorsqu'elle nettoie son aquarium, Samia enlève le rocher et observe que le niveau de l'eau baisse de 3 cm.
Quel est le volume, en litres, occupé par ce rocher ?

69 Problème ouvert

Deux briques de lait de 1 L fabriquées dans la même matière ont des dimensions différentes :

- brique **A** : 20 cm, 10 cm et 5 cm ;
- brique **B** : 25 cm, 8 cm et 5 cm.

1. Quelle est la brique la moins polluante (celle qui produit le moins de déchets) ?

2. Peut-on fabriquer une brique de 1 L encore moins polluante que les briques **A** et **B** ? Expliquer.

70 Le défi

Une fourmi est enfermée dans un cube ouvert (sans la face du haut) d'arête 5 cm. Camille regarde la fourmi qui se trouve au sommet en haut à gauche de la face avant du cube. Elle affirme que cette fourmi peut aller jusqu'au sommet en haut à droite de la face arrière en parcourant moins de 16 cm. Est-ce possible ? Si oui comment ?

71 L'énigme

Un parallélépipède rectangle a pour volume 1 L.
Quelles peuvent être ses dimensions sachant que chacune de ses faces a pour dimensions des nombres entiers de centimètres et qu'elle peut être dessinée sur une feuille de format A4 ?
Trouver le plus de solutions possibles.

72 Tâche complexe

Pour résoudre ce problème, tu devras prendre des initiatives et chercher des informations.

En prenant une feuille de format A4 et en découpant quatre carrés identiques aux quatre coins, on peut former une boîte qui a la forme d'un parallélépipède rectangle (sans la face du haut). Essayer de construire la boîte qui a le plus grand volume possible.

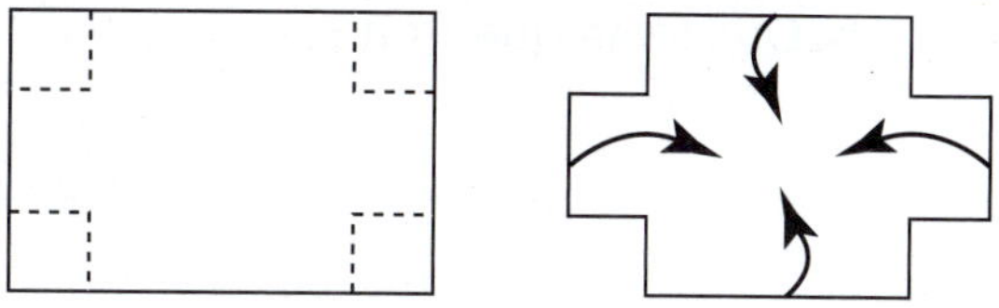

Devoir à la maison

1

1. Reproduire cette figure sur un quadrillage :

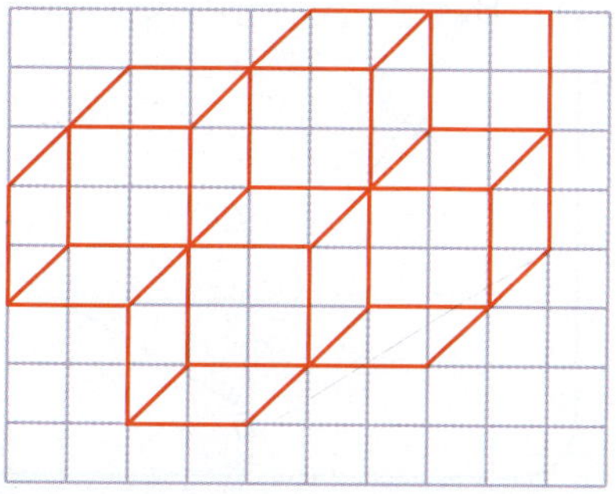

2. La figure ci-dessus est constituée des trois types de quadrilatères suivants :

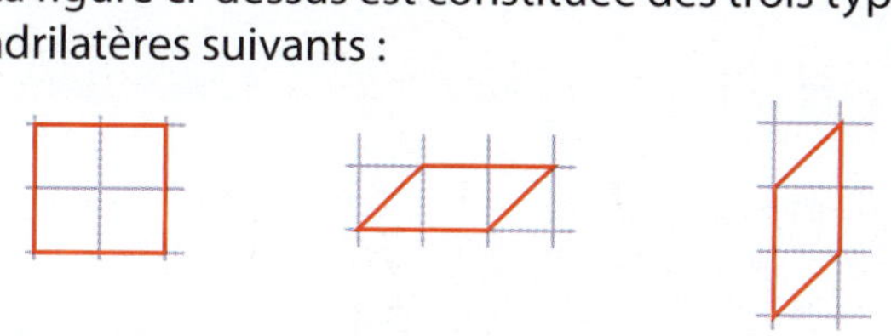

Colorier chaque quadrilatère du même type d'une même couleur sur la figure.

3. Combien voit-on de cubes représentés dans la figure ?

4. Tout le monde voit-il le même nombre de cubes ?

2

On estime qu'une goutte d'eau a un volume de 0,1 mL.

1. a. Si un robinet fuit et laisse passer une goutte d'eau toutes les quatre secondes, quel volume d'eau sera gaspillé en une année ?

b. Quel volume d'eau sera gaspillé en une année si le robinet laisse passer une goutte d'eau toutes les deux secondes ? toutes les secondes ?

c. Quel volume d'eau sera gaspillé en une année si le robinet laisse passer deux gouttes d'eau par seconde ?

2. Chercher le prix d'un mètre cube d'eau et en déduire, dans chacun des cas précédents, le coût de la fuite d'eau sur une année.

AVEC UN ORDINATEUR

À la fin du manuel, retrouve tes fiches **Tableur** et **Géométrie**

Vidéo

1 RELATION D'EULER

20 min

OBJECTIF : *Conjecturer une relation entre le nombre de sommets, de faces et d'arêtes d'un solide.*

Téléchargement

1. Télécharger sur le site compagnon les solides virtuels manipulables nécessaires pour cette activité.

2. Ouvrir une feuille de calcul dans un tableur et créer un tableau identique à celui-ci :

	A	B	C	D
1	Solides	Nombre de sommets	Nombre de faces	Nombre d'arêtes
2	Solide 1			
3	Solide 2			
4	Solide 3			

3. Compter le nombre d'arêtes, de faces et de sommets de chacun des solides téléchargés et compléter la feuille de calcul.

4. a. Dans la colonne E, calculer pour chaque solide la somme du nombre de sommets et du nombre de faces. → Tableur 1 et 2, p. 238

b. Que remarque-t-on ?

*Ce théorème n'est vrai que pour les solides « sans trou ». On l'appelle souvent **relation d'Euler pour les solides**.*

2 UN PATRON PAR SYMÉTRIE

20 min

OBJECTIF : *Utiliser la symétrie axiale pour construire le patron d'un parallélépipède rectangle.*

1. Construire un rectangle ABCD. → Géométrie 5, 7 et 8, p. 245 et 246

2. Construire ensuite un rectangle BCEF et un rectangle ABGH. Les trois rectangles ABCD, BCEF et ABGH doivent être différents.

3. En utilisant l'outil « Symétrie axiale », compléter le dessin de la question **2.** pour obtenir le patron d'un parallélépipède rectangle. → Géométrie 18, p. 251

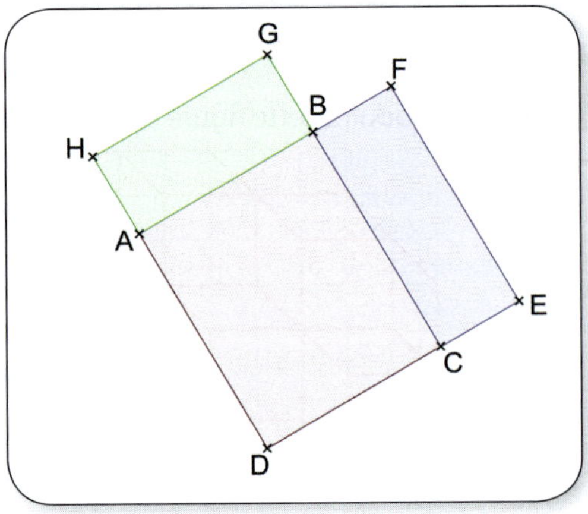

Avec l'autorisation de ton professeur, tu peux imprimer ce patron à découper pour fabriquer le parallélépipède rectangle correspondant.

3 CALCULER UN VOLUME

30 min

OBJECTIF : *Utiliser le tableur pour calculer des volumes et les exprimer dans différentes unités.*

1. Dans une feuille de calcul d'un tableur, construire le tableau suivant :

	A	B	C	D
1	Dimensions du parallélépipède en cm			Volume en cm³
2				

2. Saisir les dimensions d'un parallélépipède rectangle (hauteur, largeur, longueur) dans les cellules A2, B2 et C2.
Saisir dans la cellule D2 une formule qui permet de calculer le volume de ce solide. → Tableur 1, p. 238

3. a. Calculer, à l'aide de cette feuille de calcul, le volume des parallélépipèdes rectangles suivants :
– parallélépipède **1** de dimensions : 3 cm ; 5,7 cm et 8,1 cm ;
– parallélépipède **2** de dimensions : 7,3 cm ; 2,5 cm et 9 cm ;
– parallélépipède **3** de dimensions : 4,2 cm ; 3,1 cm et 12 cm.

b. Lequel de ces parallélépipèdes est le plus volumineux ?

4. Trouver le plus grand nombre de parallélépipèdes rectangles de volume 35 cm³.
Donner leurs dimensions.

5. a. Saisir dans la cellule E2 une formule permettant d'exprimer en cL le volume calculé dans la cellule D2.

b. Le parallélépipède trouvé à la question **3. b.** pourra-t-il recueillir le contenu d'une bouteille d'eau de 25 cL ?

c. Un parallélépipède rectangle a pour largeur 10 cm et pour longueur 16 cm.
Quelle doit être sa hauteur pour que son volume soit égal à un litre ?

4 LE PROGRAMME MYSTÉRIEUX

Une « boîte noire » est un nouvel outil du logiciel permettant de construire une figure selon un mystérieux programme ! Le but de l'activité est de percer ce mystère…
Pour cela, on peut déplacer les objets mais aussi faire toute nouvelle construction qui aide dans la recherche.

chargement

1. Télécharger sur le site compagnon le fichier « boite_noire_13 » et l'ouvrir.

2. Placer deux points A et B et appliquer l'outil nommé « boite_noire_13 » à ces deux points.

3. Écrire sur le cahier le programme de construction de l'objet apparu.

4. Tester ce programme de construction sur les points A et B.
Vérifier que l'on retrouve la même construction qu'en utilisant la boîte noire.
Est-ce vrai quelles que soient les positions des points A et B ?

26 FICHES MÉTHODE

TICE

Tableur

Géométrie

Ce livret illustre les **compétences techniques** utilisées dans les pages du manuel pour le tableur **Calc** de la suite **OpenOffice** et le logiciel de géométrie dynamique **Geogebra**. Ces deux logiciels sont libres et gratuitement téléchargeables ici :

OpenOffice : http://fr.openoffice.org/

Geogebra : http://www.geogebra.org/

Toutes les **compétences techniques** du livret sont illustrées par des vidéos disponibles sur le **site compagnon**. Video

Des **Fiches méthode écrites pour d'autres logiciels** sont également disponibles sur le **site compagnon**.

Tableur et Géométrie

***Pour faire des mathématiques avec un ordinateur**, on utilise principalement des logiciels de géométrie dynamique et des tableurs.*
*Ce manuel contient **plus de 60 activités à faire avec un ordinateur, prêtes à l'emploi**, réparties dans chacun des chapitres.*

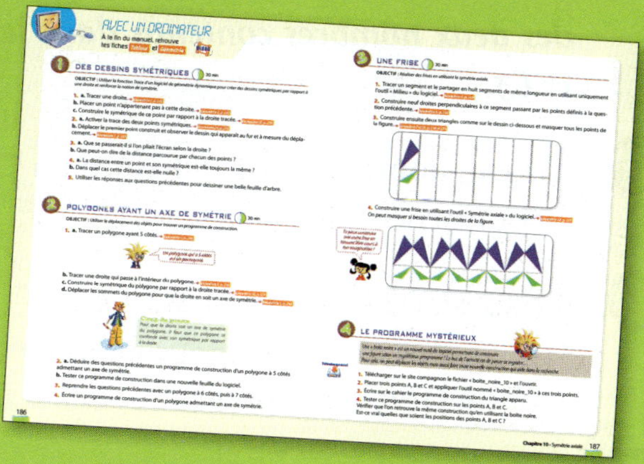

Tu es maintenant au collège et cette année, tu vas sans doute aller en salle informatique. Les logiciels utilisés te permettront de faire des mathématiques autrement et d'étudier des problèmes qui seraient très difficiles à résoudre sans un ordinateur.

Comment utiliser mes fiches méthode TICE pour apprendre à manipuler des logiciels de calcul et de géométrie ?

1 Une question est posée.

1. a. Tracer un polygone ayant 5 côtés. → Géométrie 7, p. 246

2 Je consulte la fiche méthode Géométrie 7 de la page 246.

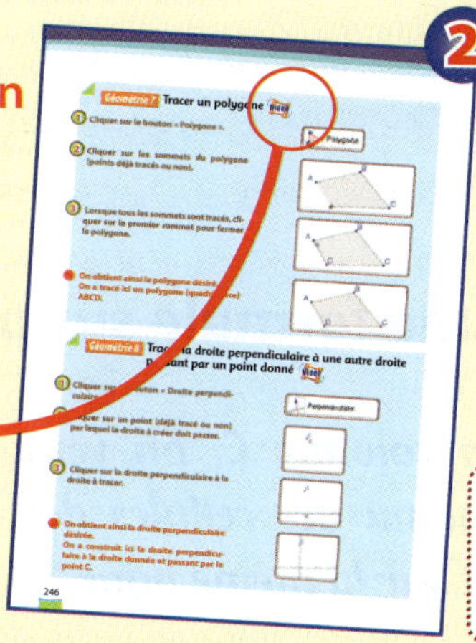

3 Je peux aussi aller voir la vidéo sur le site compagnon www.bordas-myriade.fr

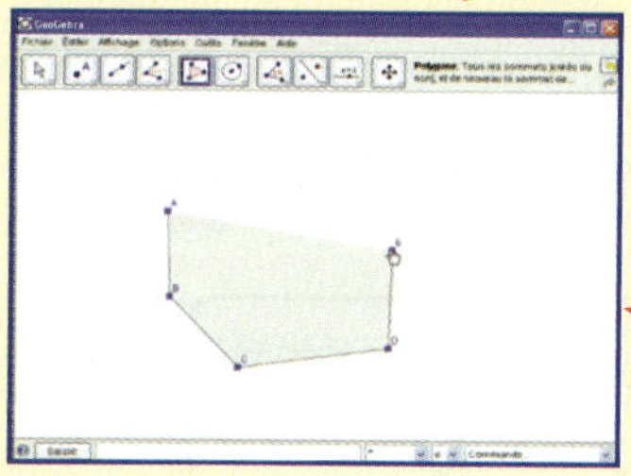

Tu sais maintenant tracer un polygone avec le logiciel Geogebra. Tu vois, c'est facile !

Tu deviendras de plus en plus autonome sur ces activités et tu pourras même en faire seul, au CDI ou chez toi, car les logiciels utilisés sont libres et gratuits.
Pour travailler plus spécialement avec un tableur-grapheur, tu trouveras en page 130 du manuel un livret contenant 10 travaux pratiques qui te permettront de progresser rapidement dans l'utilisation de ce logiciel.

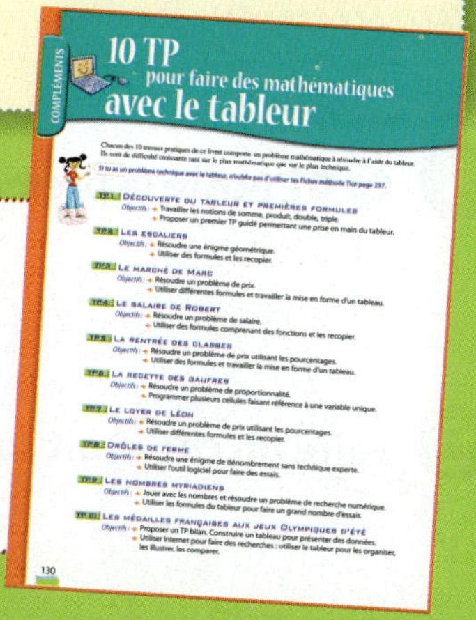

Tableur 1 Saisir une formule dans une cellule

On cherche à calculer dans la cellule D3 la somme des deux nombres contenus dans les cellules B3 et C3.

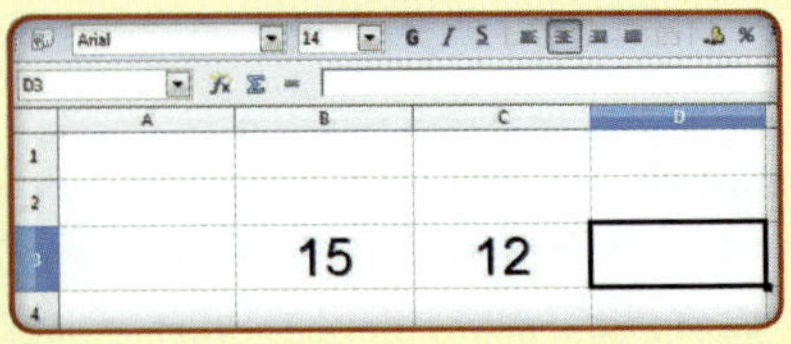

1 Écrire un nombre en B3, un autre en C3.

Ici, on écrit 15 en B3 et 12 en C3.

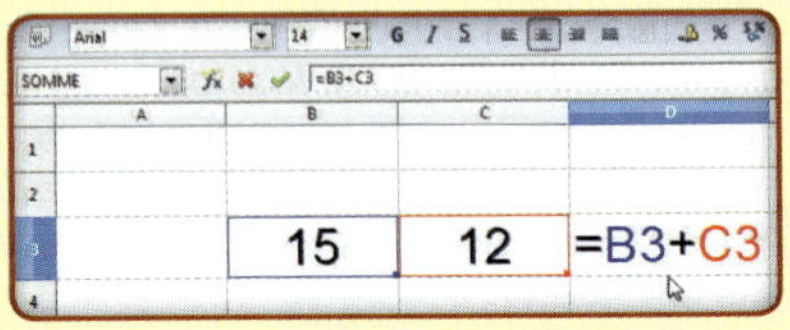

2 Cliquer en D3 et écrire « = B3 + C3 ».

Le signe = est utilisé pour indiquer au tableur que l'on va saisir une formule.

3 Valider la formule en appuyant sur la touche « entrée ».

Le tableur calcule la somme et affiche « 27 ».

Remarque : si l'on change une valeur dans une des deux cellules B3 ou C3, le tableur recalcule automatiquement la somme en D3.

On a entré ici « 33 » en B3 et le tableur calcule automatiquement la somme « 33 + 12 = 45 ».

Tableur 2 Recopier une formule sur plusieurs cellules

Dans chaque cellule de la colonne C, on veut calculer le produit du contenu des cellules des colonnes A et B se trouvant sur la même ligne.

1 En C1 écrire la première formule « = A1 * B1 ».

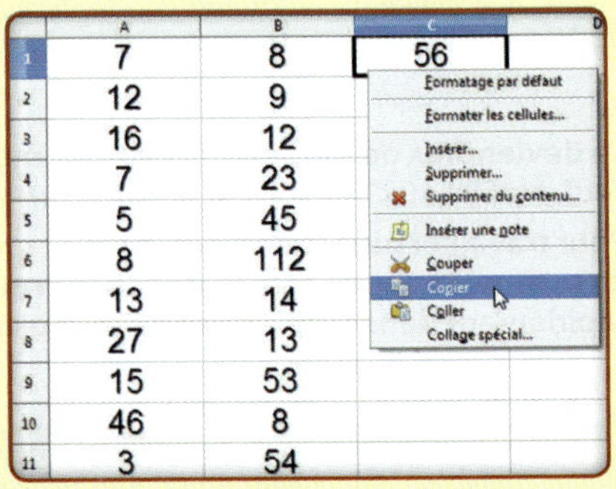

2 Faire un clic-droit sur C1 et choisir « Copier ».

3 **Sélectionner les cellules de la colonne C dans lesquelles on veut copier la formule.**

4 **Faire un clic-droit sur cette sélection et choisir « Coller ».**

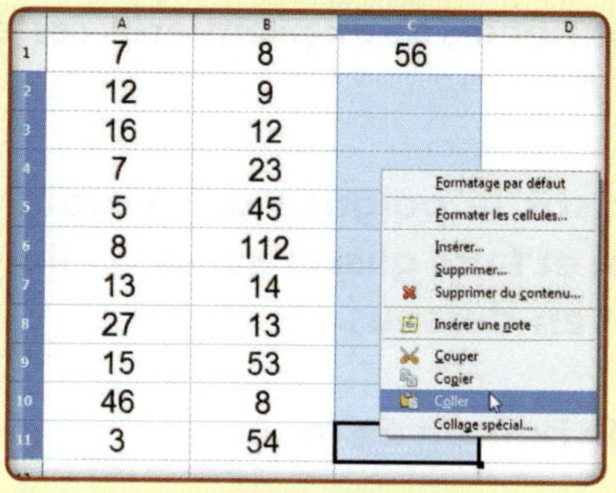

	A	B	C	D
1	7	8	56	
2	12	9		
3	16	12		
4	7	23		
5	5	45		
6	8	112		
7	13	14		
8	27	13		
9	15	53		
10	46	8		
11	3	54		

On obtient dans la colonne C le produit des cellules des colonnes A et B se trouvant sur la même ligne.

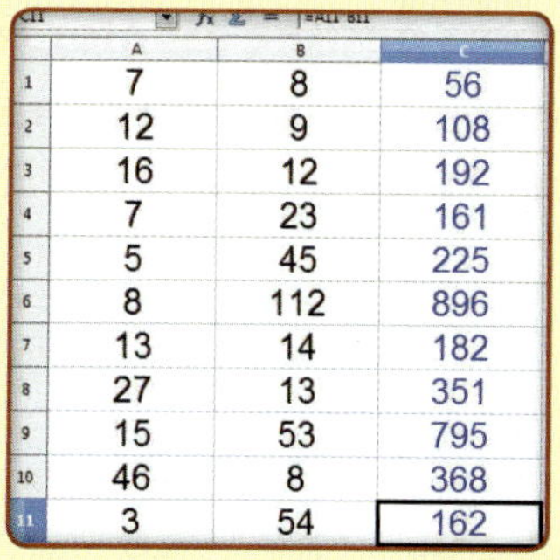

	A	B	C
1	7	8	56
2	12	9	108
3	16	12	192
4	7	23	161
5	5	45	225
6	8	112	896
7	13	14	182
8	27	13	351
9	15	53	795
10	46	8	368
11	3	54	162

Autre méthode : on peut aussi copier une cellule sur d'autres qui sont sur la même ligne ou dans la même colonne en utilisant la poignée de recopie qui se trouve en bas à droite de chaque cellule ou sélection.

Il suffit alors de cliquer sur cette poignée et de la faire glisser pour sélectionner les cellules où l'on veut recopier la formule et de la lâcher lorsque la sélection est faite.

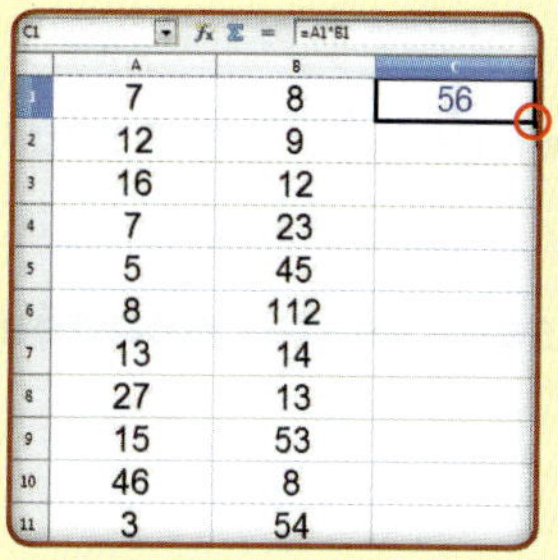

	A	B	C
1	7	8	56
2	12	9	
3	16	12	
4	7	23	
5	5	45	
6	8	112	
7	13	14	
8	27	13	
9	15	53	
10	46	8	
11	3	54	

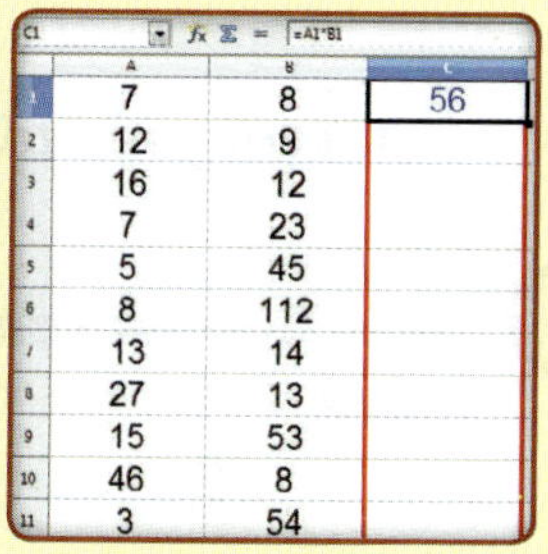

	A	B	C
1	7	8	56
2	12	9	
3	16	12	
4	7	23	
5	5	45	
6	8	112	
7	13	14	
8	27	13	
9	15	53	
10	46	8	
11	3	54	

Tableur 3 Créer une liste de nombres

Dans la colonne A, on cherche à créer une liste de nombres commençant par 10 et à intervalles réguliers, de 2 en 2 par exemple : 10, 12, 14, 16, 18, etc. sans avoir à les écrire tous.

1 **Dans les deux premières cellules de la colonne A, saisir les deux premiers nombres de la liste désirée.**

Ici, le premier (10), pour donner le point de départ et le second (12) pour donner l'écart entre les nombres de la liste (10 + 2 = 12).

	A
1	10
2	12
3	
4	
5	
6	
7	
8	

2 **Sélectionner les deux premières cellules de la colonne A.**

3 **Cliquer sur la poignée de recopie de cette sélection et faire glisser sur les cellules qui se trouvent en-dessous.**

4 **Lâcher le bouton de la souris.**

La liste de nombres désirée est alors créée.
On obtient une série de nombres, de 2 en 2, commençant par 10 et finissant par 28.

Tableur 4 Créer un diagramme en bâtons, circulaire ou cartésien

On veut présenter des données sous forme de diagramme.

1 **Sélectionner l'ensemble des données avec la souris.**

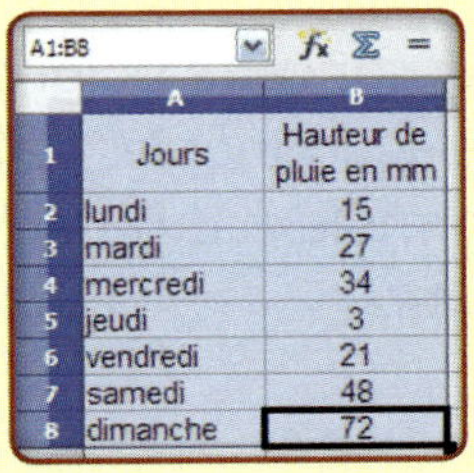

2 **Dans le menu « Insertion », cliquer sur « Diagramme ».**

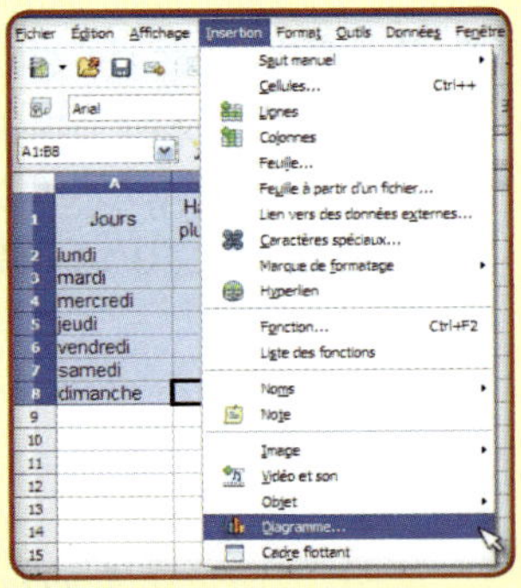

3 L'assistant de diagramme s'ouvre, il comporte quatre étapes.

ÉTAPE 1 : **Choisir le type de diagramme souhaité parmi les trois proposés :**

diagramme en bâtons | **diagramme circulaire** | **diagramme cartésien**

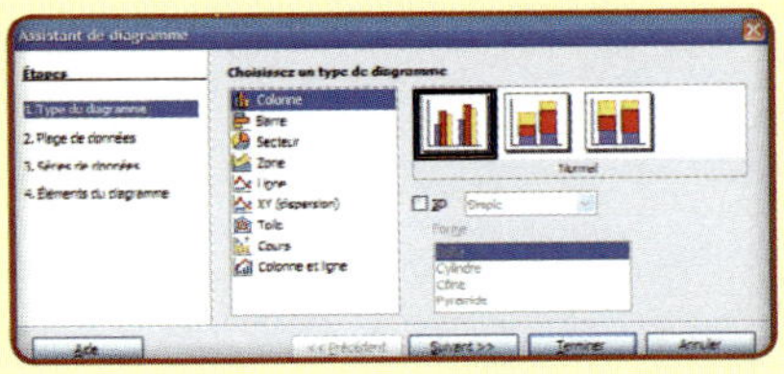

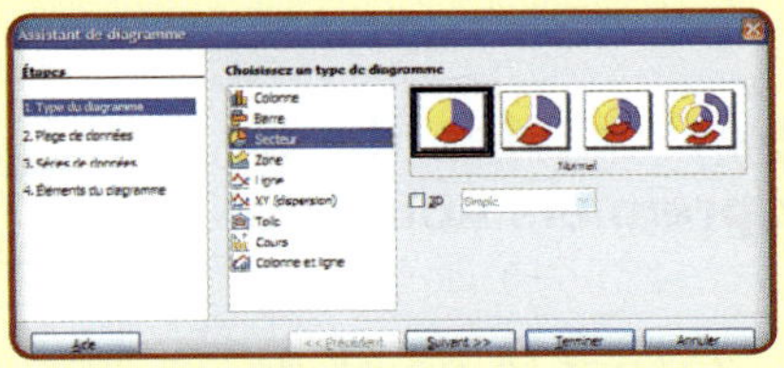

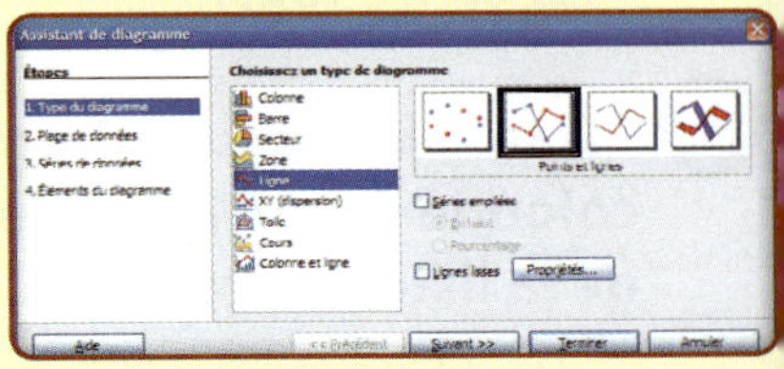

ÉTAPE 2 : Préciser trois éléments sur les données.

• **Où se trouve la plage de données ?** C'est là où se trouvent les données dans la feuille.

Ici, elles étaient sélectionnées avant de lancer l'assistant, cette ligne est déjà remplie.

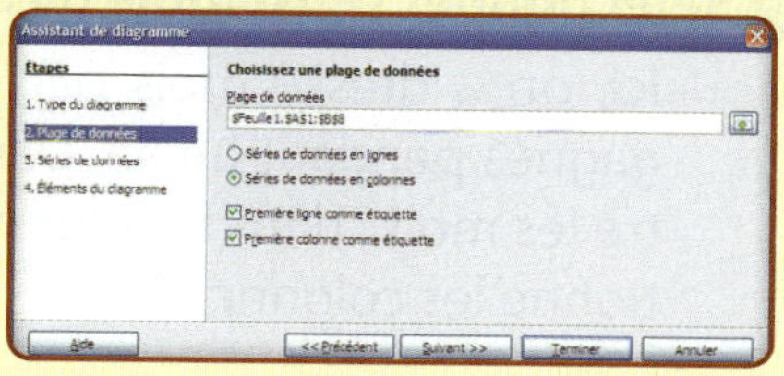

• **Comment sont organisées les séries de données ?** Il faut dire si les séries de données sont en ligne ou en colonnes.

Ici, la seule série de données est en colonne.

• **Où se situent les étiquettes de données ?** Les étiquettes de données peuvent se trouver dans la première ligne, la première colonne ou encore dans les deux.

Dans l'exemple, les étiquettes de données se trouvent dans la première ligne (Jours, Hauteur de pluie en mm) et aussi dans la première colonne (lundi, mardi, etc.)

ÉTAPE 3 : Indiquer les séries de données à représenter.

Ici, comme on a déjà sélectionné la plage de données au départ, le logiciel tente de déterminer les séries qu'il doit représenter. Si cela convient, on ne touche à rien dans cette étape et on passe à la suivante.

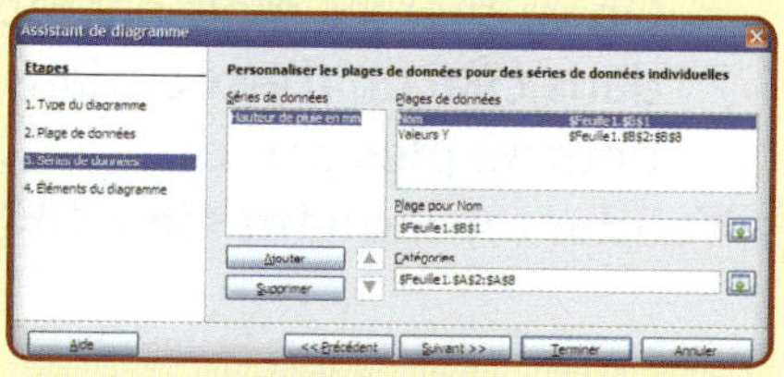

ÉTAPE 4 : Attribuer titres et légendes.

On peut donner un titre au diagramme ainsi qu'aux différents axes.
On peut aussi afficher ou non une grille derrière le diagramme pour en faciliter la lecture.
Enfin, on peut choisir d'afficher ou non la légende.

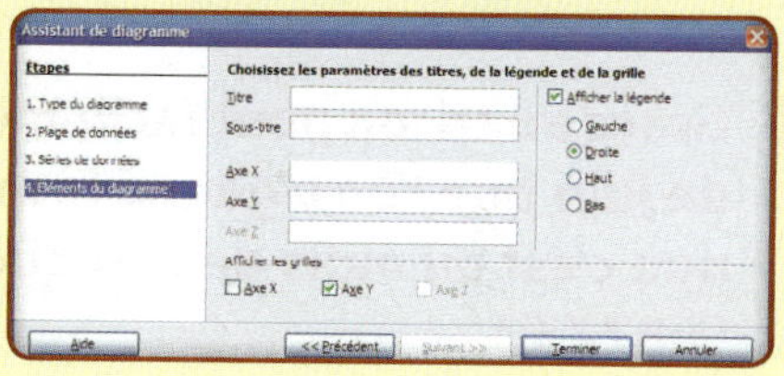

On obtient alors le diagramme demandé.

En bâtons

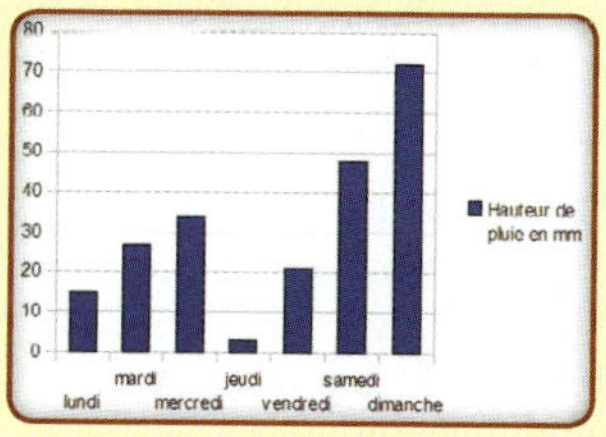

Circulaire

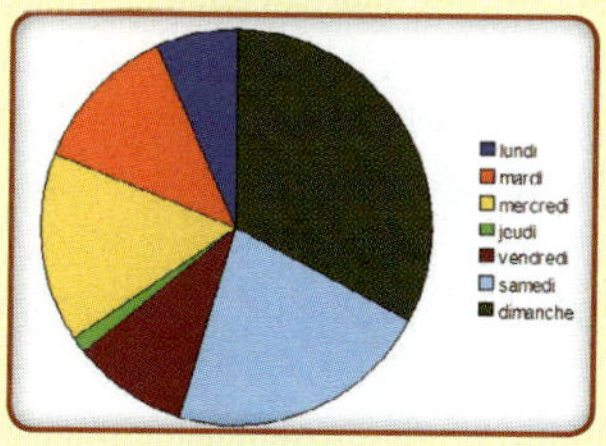

Cartésien

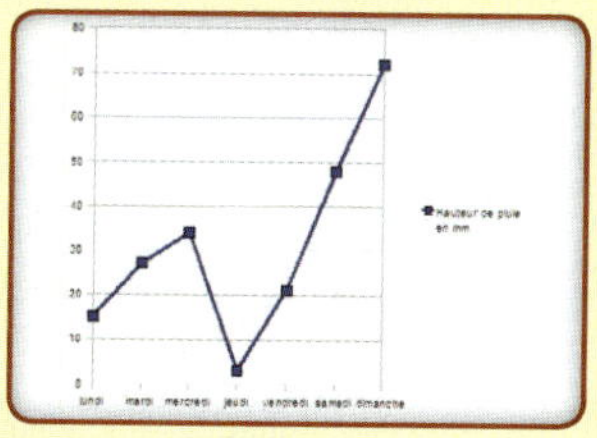

Tableur 5 Trier une liste de nombres Vidéo

Dans une colonne, on dispose d'une liste de nombres que l'on souhaite classer du plus petit au plus grand.

1 Sélectionner l'ensemble des données à trier.

Ici, on a dressé mois par mois la liste des salaires gagnés pendant un an. Dans la colonne A, on a rentré les mois ; dans la colonne B, les salaires. On sélectionne les colonnes A et B.

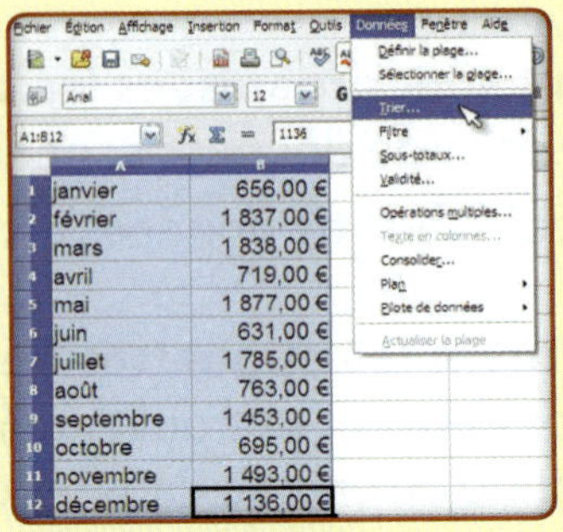

2 Dans le menu « Données », cliquer sur « Trier ».

3 Dans les « Critères de tri », choisir « Colonne B » et « Croissant ».

On va trier les mois par rapport à la somme gagnée dans chacun d'eux et dans l'ordre croissant (du plus petit au plus grand).

Valider en cliquant sur « OK ».

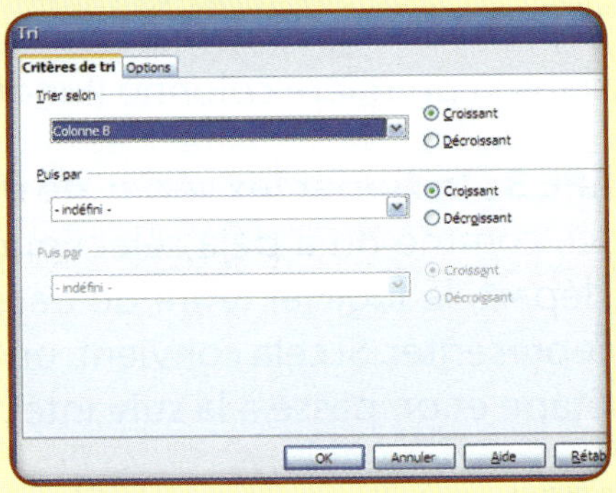

Grâce au tri, on peut facilement lire que c'est au mois de juin que l'on a gagné le moins d'argent (631 €) et que c'est au mois de mai que l'on en a gagné le plus (1 877 €).

	A	B
1	juin	631,00 €
2	janvier	656,00 €
3	octobre	695,00 €
4	avril	719,00 €
5	août	763,00 €
6	décembre	1 136,00 €
7	septembre	1 453,00 €
8	novembre	1 493,00 €
9	juillet	1 785,00 €
10	février	1 837,00 €
11	mars	1 838,00 €
12	mai	1 877,00 €

Géométrie 1 Déplacer un objet

1 **Cliquer sur le bouton « Déplacer ».**

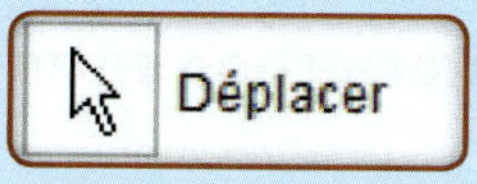

2 **Attraper l'objet à déplacer avec la souris.**

Ici, on veut déplacer le point A du triangle ABC.

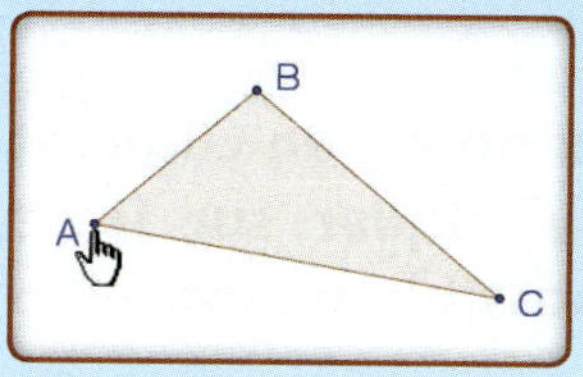

On peut ainsi rendre la figure dynamique.

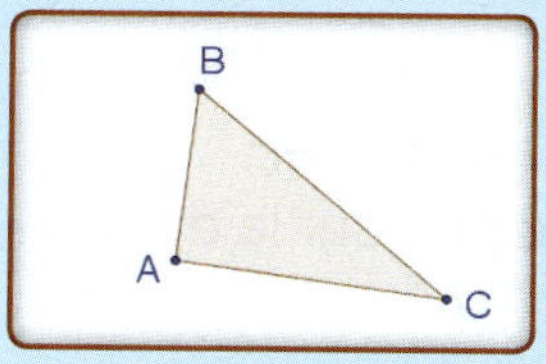

Géométrie 2 Placer un nouveau point

1 **Cliquer sur le bouton « Nouveau point ».**

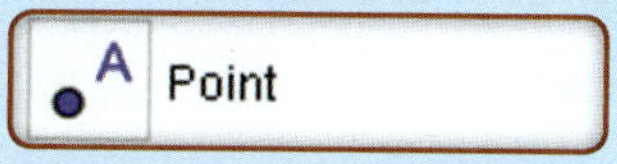

2 **Cliquer sur la feuille ou sur un objet déjà créé pour y placer ce nouveau point.**

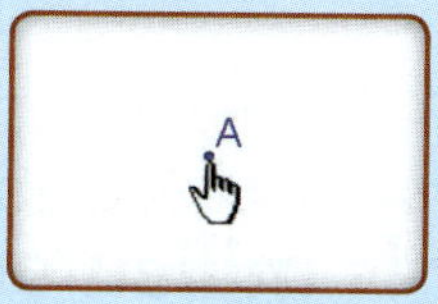

On obtient ainsi un nouveau point.
On a placé ici un point A.

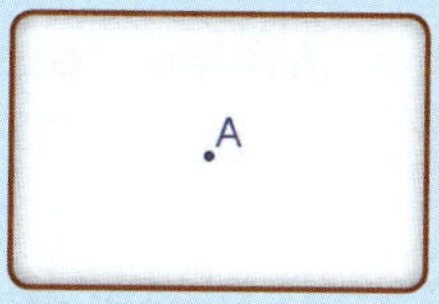

Géométrie 3 Placer des points à l'intersection de deux objets

1 **Cliquer sur le bouton « Intersection entre deux objets ».**

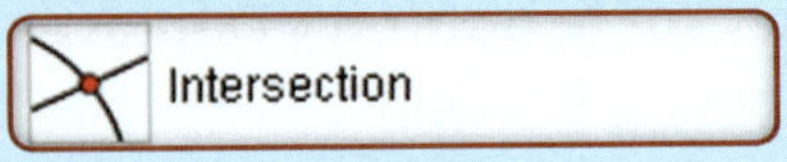

2 **Sélectionner les deux objets en cliquant sur chacun d'eux ou cliquer sur leurs intersections (c'est possible quand elles sont bien visibles).**

Ici, on veut placer des points à l'intersection d'un cercle et d'une droite.
On clique sur le cercle puis sur la droite.

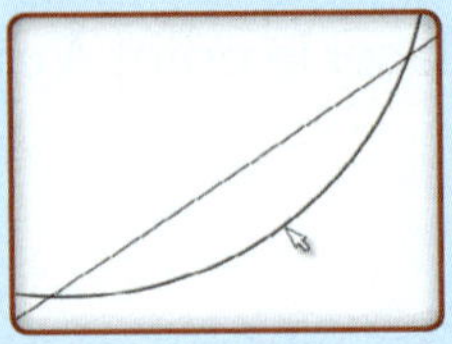

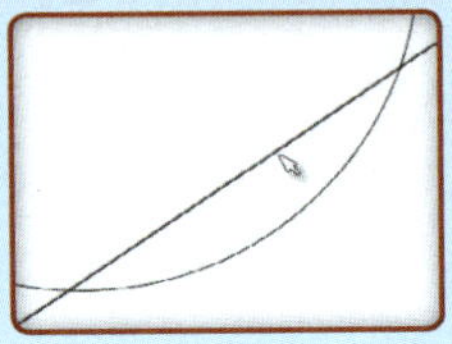

● **On obtient ainsi le ou les points d'intersection entre les deux objets sélectionnés.**

On a construit ici les points d'intersection G et H d'un cercle et d'une droite.

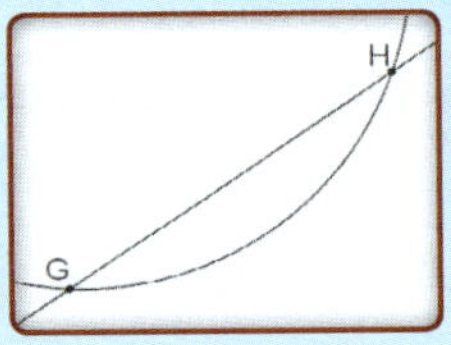

Géométrie 4 Placer le milieu ou le centre d'un objet

1 **Cliquer sur le bouton « Milieu ou centre ».**

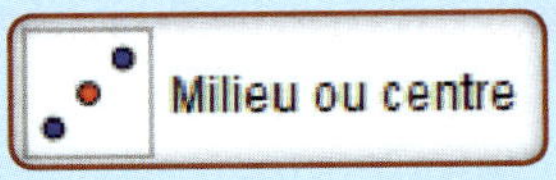

2 **Cliquer sur l'objet dont on veut placer le milieu ou le centre.**

On veut placer le milieu du segment [AB], on clique sur le segment [AB].

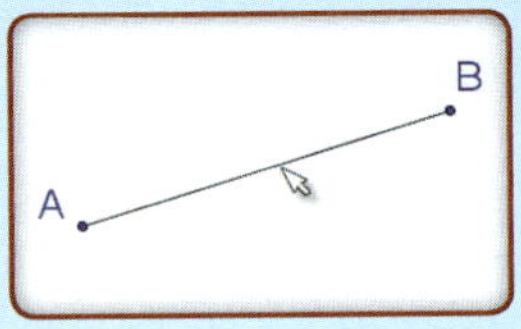

● **On obtient ainsi le milieu ou le centre désiré.**

On a construit ici le milieu C du segment [AB].

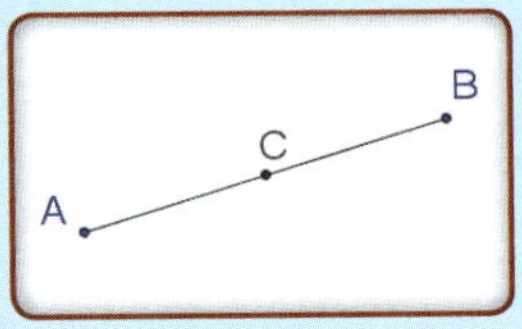

Géométrie 5 Tracer une droite, un segment ou une demi-droite passant par deux points

Vidéo

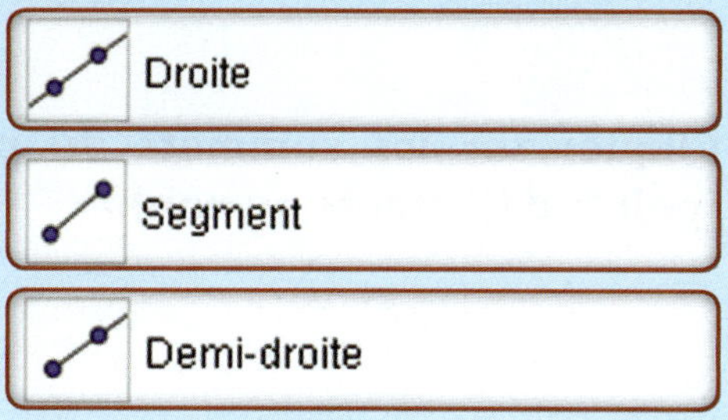

1. **Cliquer suivant le besoin sur le bouton « Droite passant par deux points », « Segment entre deux points » ou « Demi-droite passant par deux points ».**

2. **Cliquer sur les points (déjà tracés ou non) par lesquels l'objet (droite, segment ou demi-droite) doit passer.**

   On cherche à tracer un objet passant par A et B.

● **On obtient ainsi l'objet désiré (droite, segment ou demi-droite).**
On a construit ici la droite passant par A et B.

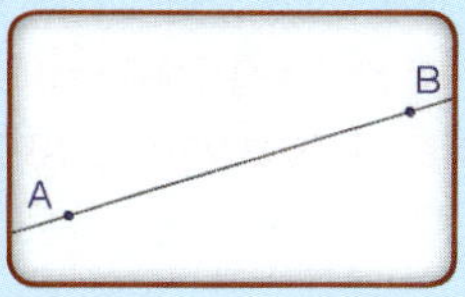

Géométrie 6 Tracer un segment de longueur donnée

Vidéo

1. **Cliquer sur le bouton « Segment créé par un point et une longueur ».**

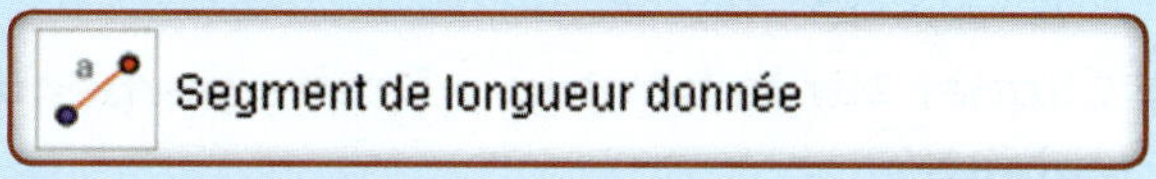

2. **Cliquer sur un point (déjà tracé ou non) qui est la première extrémité du segment.**

3. **Saisir la longueur du segment dans la fenêtre qui s'ouvre. Valider en cliquant sur « Appliquer ».**

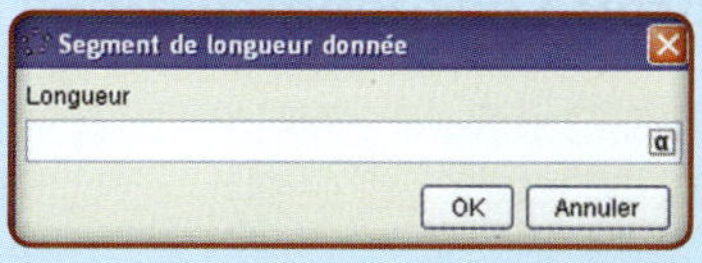

● **On obtient ainsi le segment désiré.**
On a construit ici un segment [AB] de longueur 4 unités.

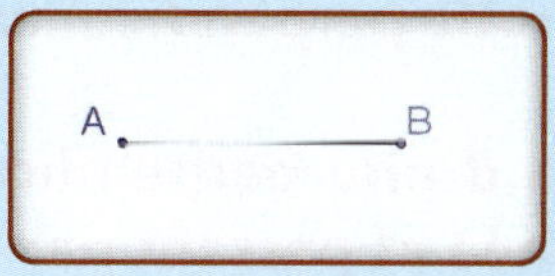

Géométrie 7 Tracer un polygone

1. Cliquer sur le bouton « Polygone ».

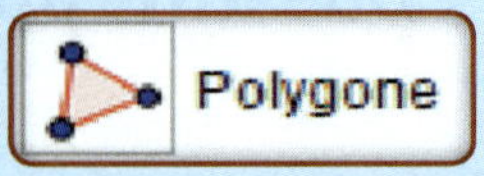

2. Cliquer sur les sommets du polygone (points déjà tracés ou non).

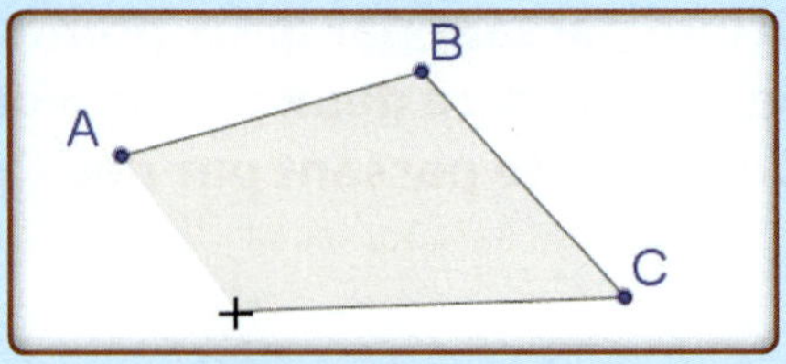

3. Lorsque tous les sommets sont tracés, cliquer sur le premier sommet pour fermer le polygone.

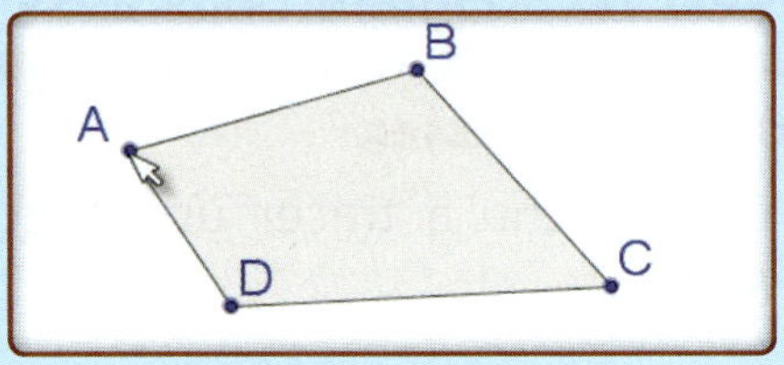

- On obtient ainsi le polygone désiré.
On a tracé ici un polygone (quadrilatère) ABCD.

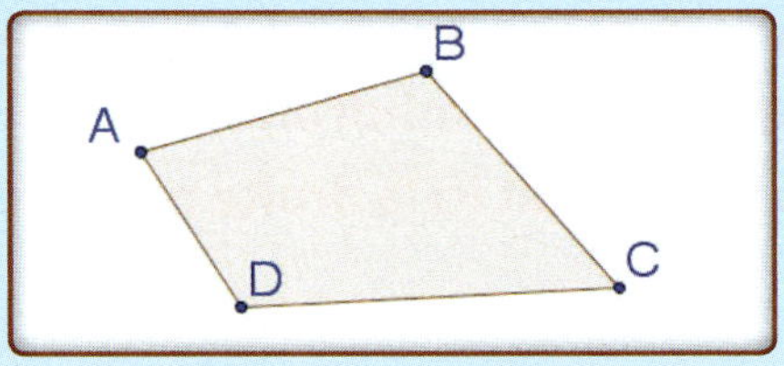

Géométrie 8 Tracer la droite perpendiculaire à une autre droite passant par un point donné

1. Cliquer sur le bouton « Droite perpendiculaire ».

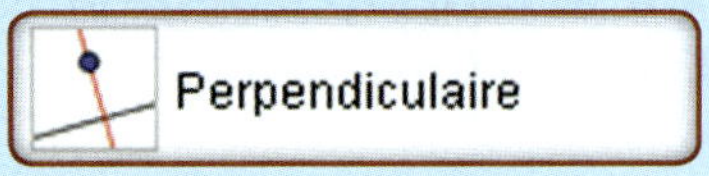

2. Cliquer sur un point (déjà tracé ou non) par lequel la droite à créer doit passer.

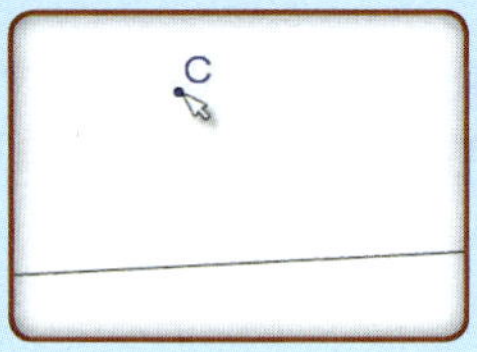

3. Cliquer sur la droite perpendiculaire à la droite à tracer.

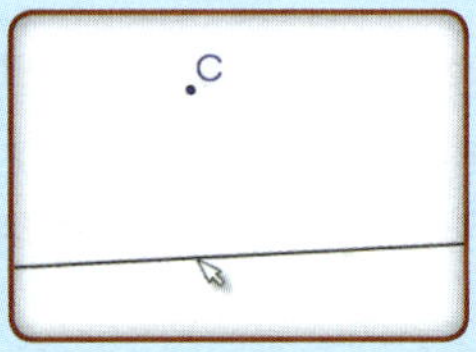

- On obtient ainsi la droite perpendiculaire désirée.
On a construit ici la droite perpendiculaire à la droite donnée et passant par le point C.

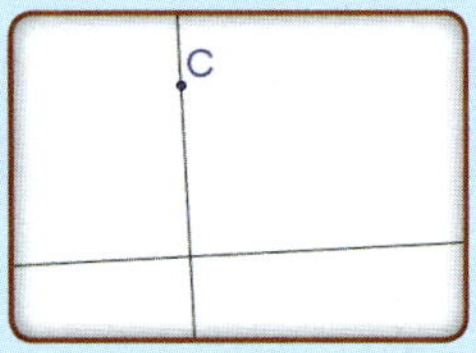

Géométrie 9 Tracer la droite parallèle à une autre droite passant par un point donné

1. Cliquer sur le bouton « Droite parallèle ».

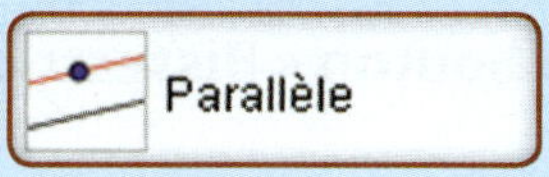

2. Cliquer sur un point (déjà tracé ou non) par lequel la droite à tracer doit passer.

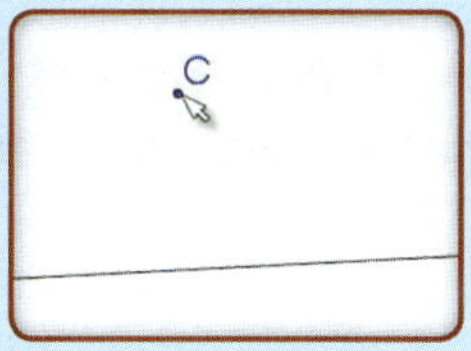

3. Cliquer sur la droite parallèle à la droite à tracer.

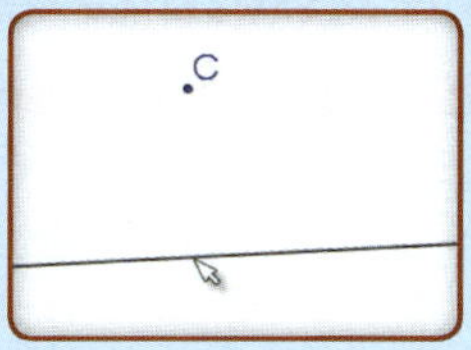

- **On obtient ainsi la droite parallèle désirée. On a tracé ici la droite parallèle à la droite donnée et passant par le point C.**

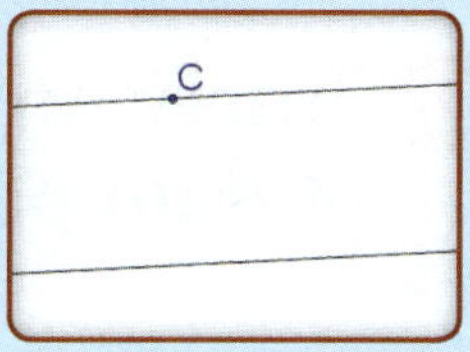

Géométrie 10 Tracer la médiatrice d'un segment

1. Cliquer sur le bouton « Médiatrice ».

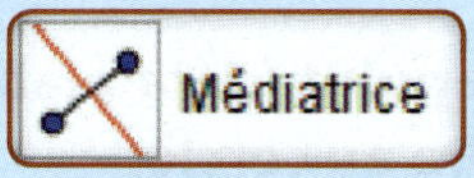

2. Cliquer sur un segment ou deux points (déjà placés ou non).

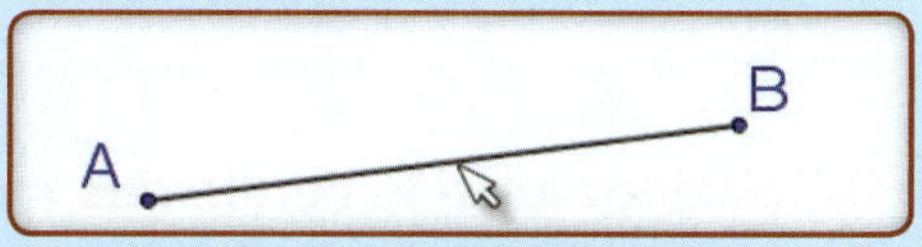

- **On obtient ainsi la médiatrice désirée. On a tracé ici la médiatrice du segment [AB].**

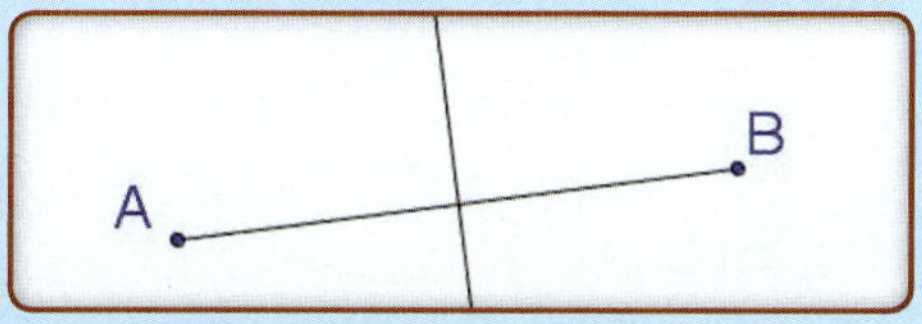

Géométrie 11 Tracer la bissectrice d'un angle

1. Cliquer sur le bouton « Bissectrice ».

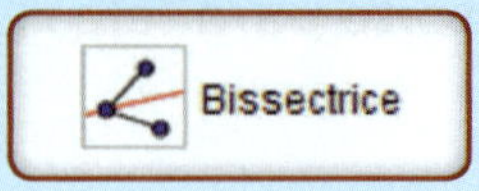

2. Cliquer sur les trois points formant l'angle ; le sommet est à cliquer en second.

a.
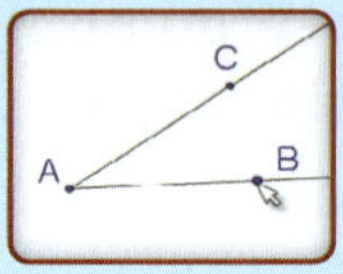

b.
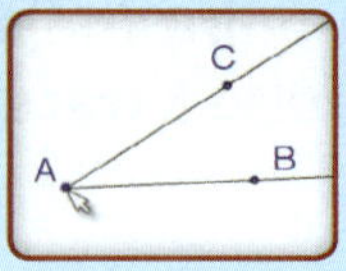

c.
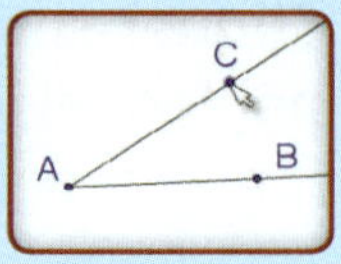

● On obtient ainsi la bissectrice désirée.
On a tracé ici la bissectrice de l'angle $\widehat{BAC}$.

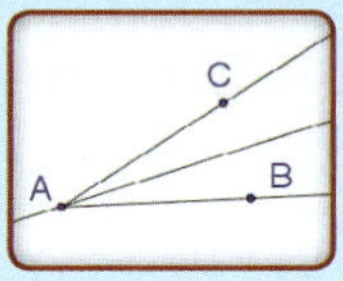

Géométrie 12 Tracer un cercle à partir de son centre et d'un point du cercle

1. Cliquer sur le bouton « Cercle (centre-point) ».

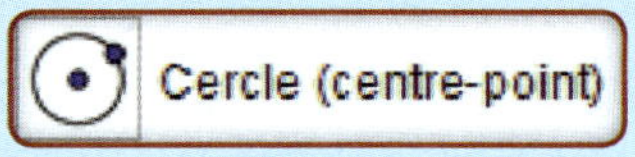

2. Cliquer sur le point (déjà placé ou non) qui sera le centre du cercle.

3. Cliquer sur un point (déjà placé ou non) qui appartiendra au cercle.

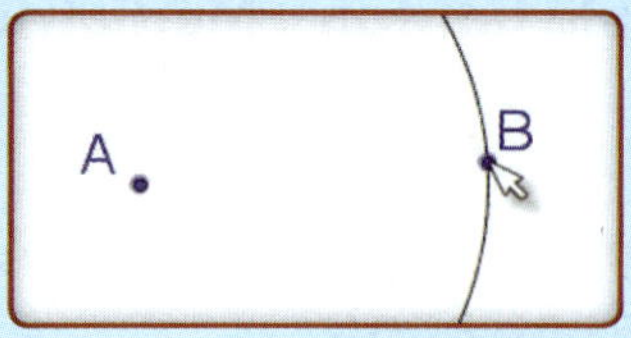

● On obtient ainsi le cercle désiré.
On a tracé ici le cercle de centre A passant par B.

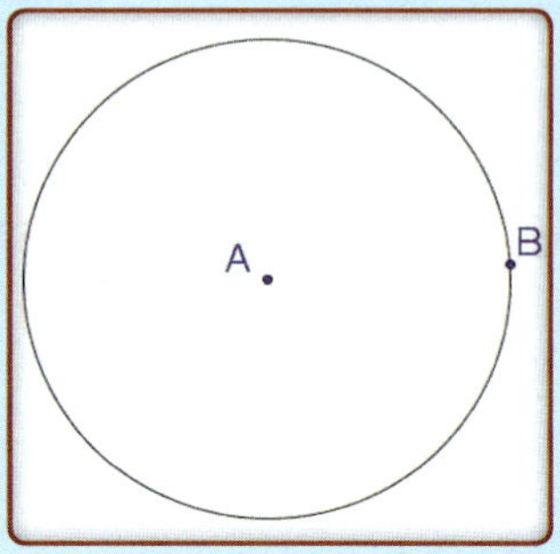

Géométrie 13 Tracer un cercle à partir de son centre et de son rayon

Vidéo

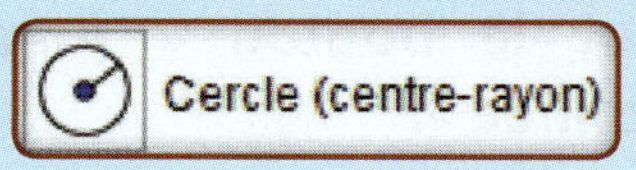

1 **Cliquer sur le bouton « Cercle (centre-rayon) ».**

2 **Cliquer sur le point (déjà placé ou non) qui est le centre du cercle.**

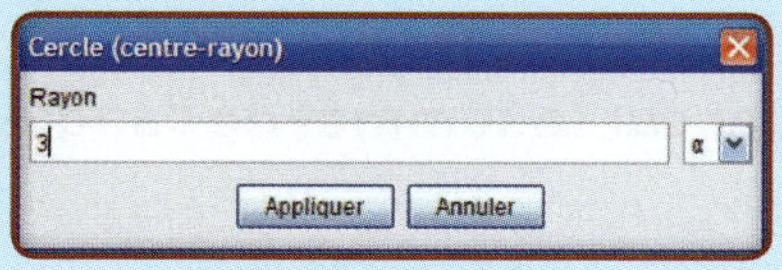

3 **Saisir le rayon du cercle dans la fenêtre qui s'ouvre.**
Valider en cliquant sur « Appliquer ».

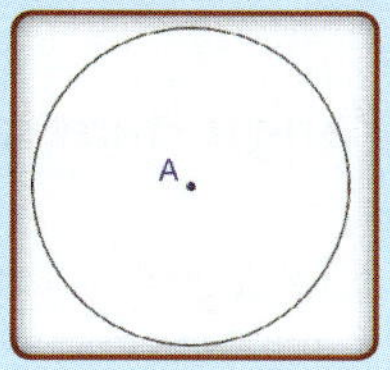

● **On obtient ainsi le cercle désiré.**
On a tracé ici le cercle de centre A et de rayon 3 unités.

Géométrie 14 Marquer un angle

Vidéo

1 **Cliquer sur le bouton « Angle ».**

2 **Cliquer sur les trois points (déjà placés ou non) formant l'angle ; le sommet est à cliquer en second.**

a.

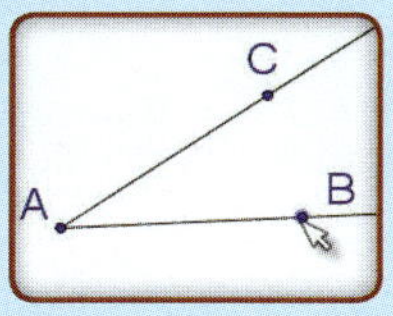

b.

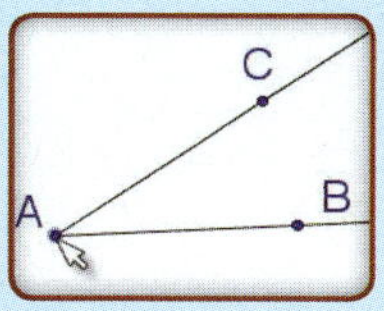

c.

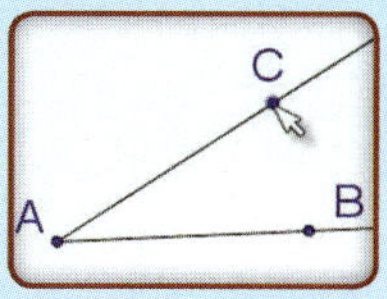

Remarque : pour finir, il faut préciser au logiciel que l'on ne veut pas travailler avec des angles rentrants :

– faire un clic droit sur l'angle.

– cliquer sur « Propriétés »

– chercher dans les onglets « Angle entre : » et sélectionner **0° et 180°**.

● **L'angle désiré est ainsi marqué.**
Sa mesure est affichée.

On a marqué ici l'angle $\widehat{BAC}$.
Sa mesure est égale à 34,88°.

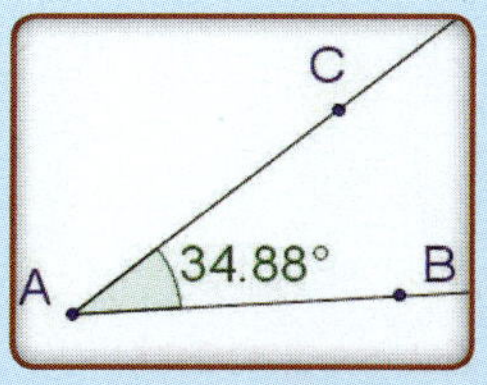

Autre méthode : Il est aussi possible de marquer un angle en cliquant sur les deux côtés de cet angle.

Géométrie 15 Tracer un angle de mesure donnée

1. **Cliquer sur le bouton « Angle de mesure donnée ».**

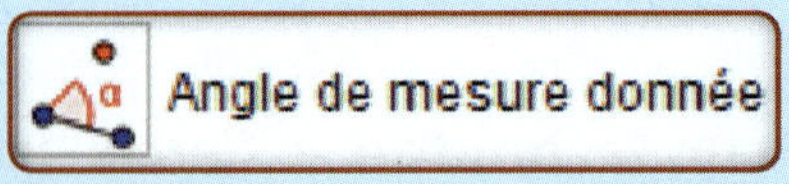

2. **Cliquer sur un point d'un des côtés de l'angle, un point autre que le sommet.**

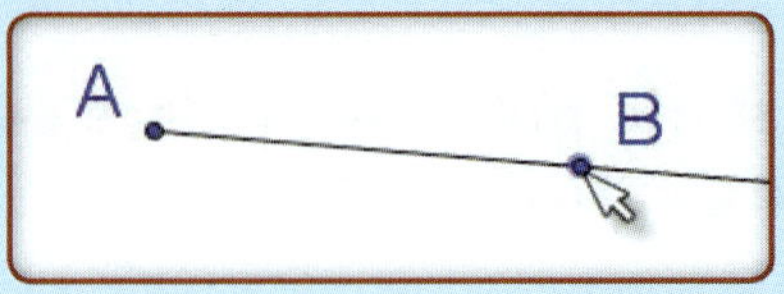

3. **Cliquer sur le sommet de l'angle.**

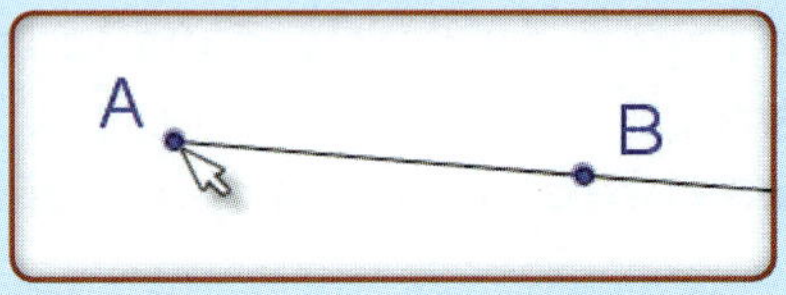

4. **Saisir la mesure de l'angle dans la fenêtre qui s'ouvre.**
Important : laisser l'unité degré « ° » derrière la mesure.
Valider en cliquant sur « Appliquer ».

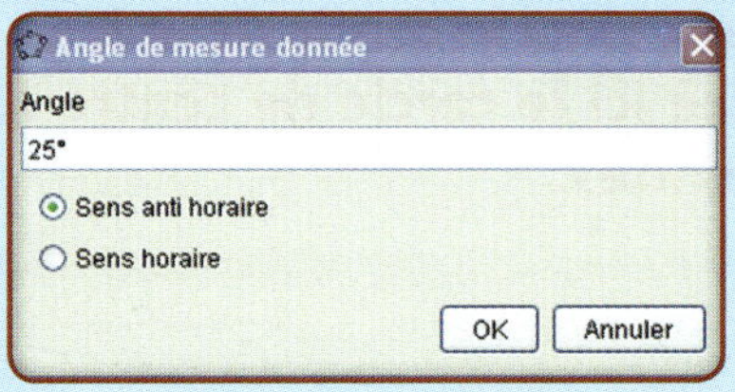

- **Après avoir construit la demi-droite [AB'), on obtient l'angle désiré.**

On a construit ici l'angle $\widehat{BAB'}$ de mesure 25°.

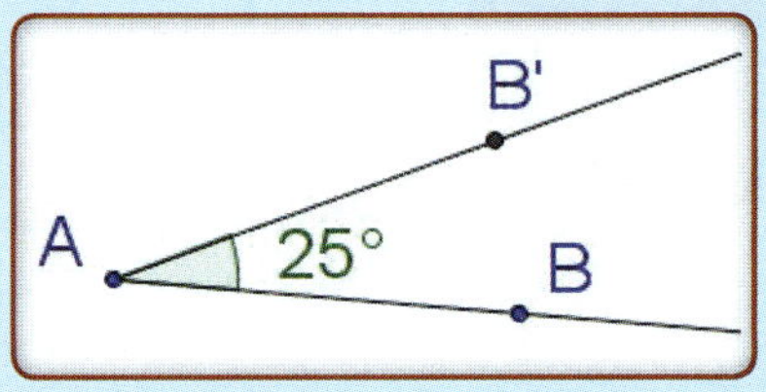

Géométrie 16 Afficher une longueur

1. **Cliquer sur le bouton « Distance ou Longueur ».**

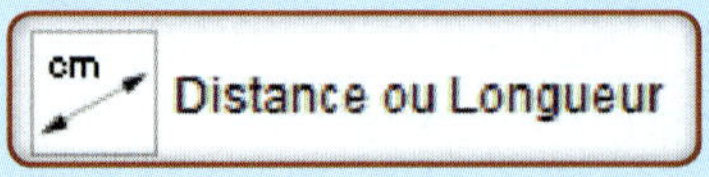

2. **Cliquer sur l'objet dont on veut avoir la longueur.**

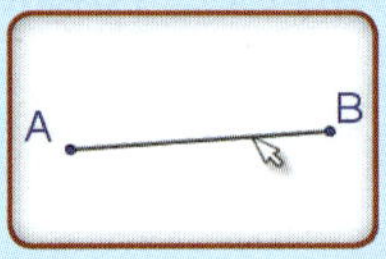

- **La mesure de l'objet s'affiche.**
On a affiché ici la longueur du segment [AB]. Elle est égale à 2,49 unités.

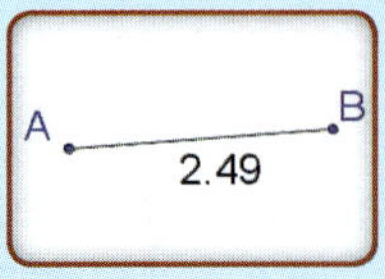

Géométrie 17 Afficher une aire

1 Cliquer sur le bouton « Aire ».

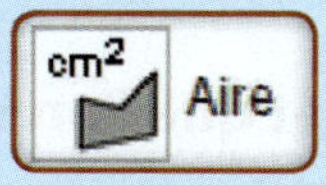

2 Cliquer sur le polygone dont on veut connaître l'aire.

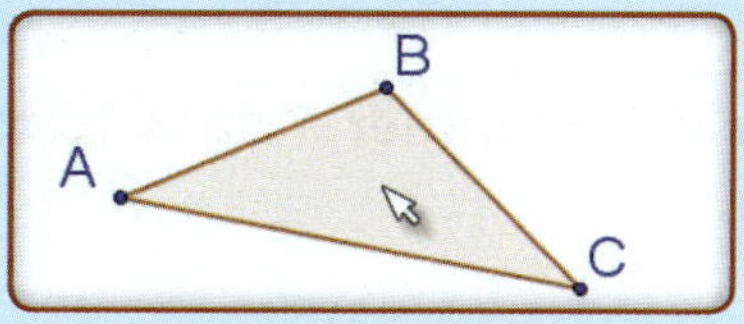

L'aire du polygone s'affiche.
On a affiché ici l'aire du triangle ABC.
Son aire est égale à 1,84 unités.

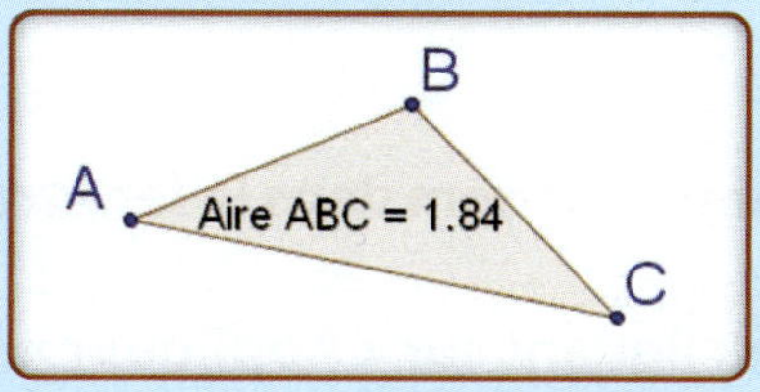

Géométrie 18 Construire le symétrique d'un objet par symétrie axiale

1 Cliquer sur le bouton « Symétrie axiale ».

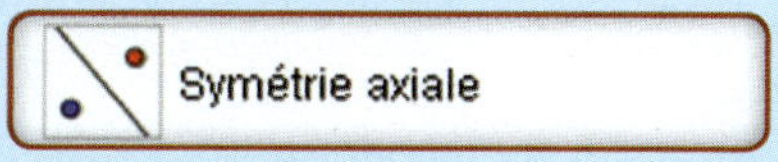

2 Cliquer sur l'objet dont on veut afficher le symétrique.

On cherche ici à afficher le symétrique du triangle ABC par rapport à la droite (DE).

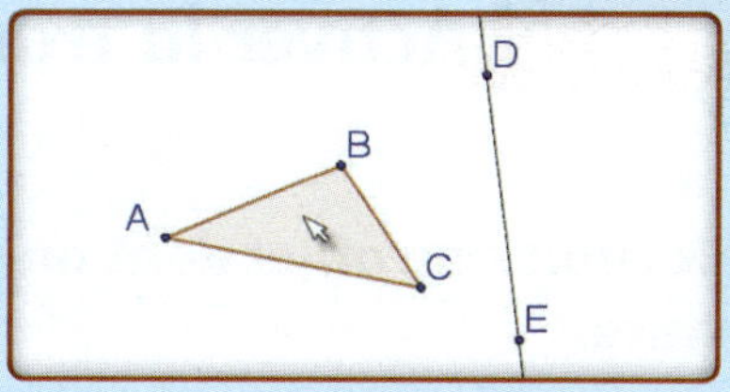

3 Cliquer sur l'axe de symétrie.

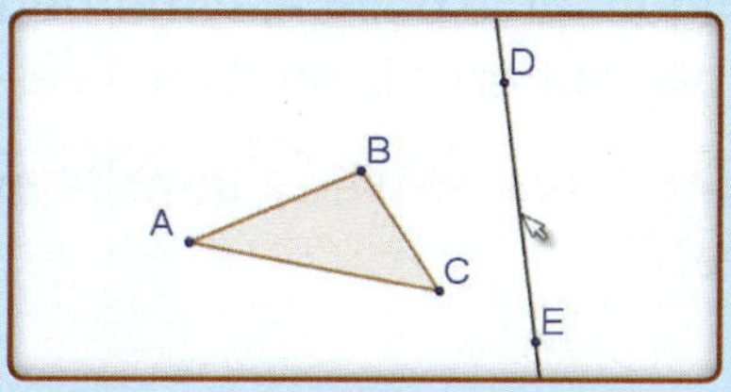

On obtient ainsi le symétrique de l'objet.
On a construit ici le symétrique A'B'C' du triangle ABC par rapport à la droite (DE).

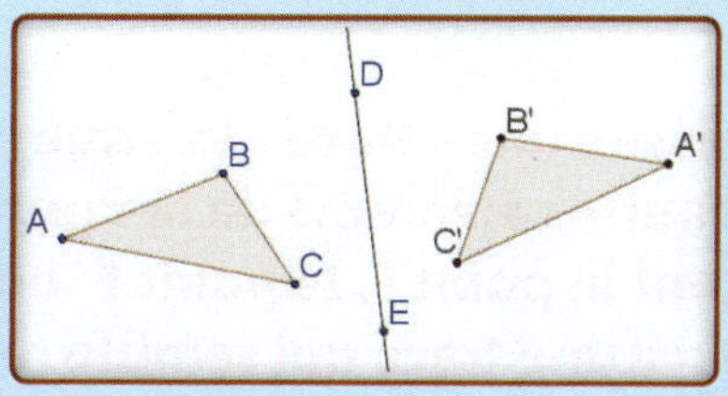

Géométrie 19 Renommer un objet

1. **Faire un clic droit sur l'objet que l'on veut renommer.**

2. **Cliquer sur « Renommer » dans le menu qui s'ouvre.**

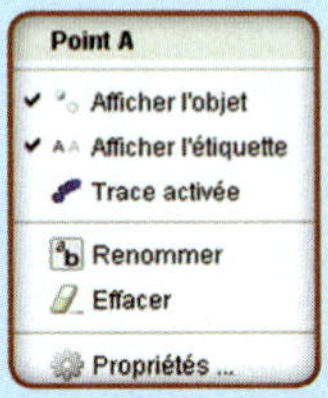

3. **Saisir le nouveau nom dans la fenêtre qui s'ouvre.**
Valider en cliquant sur « Appliquer ».

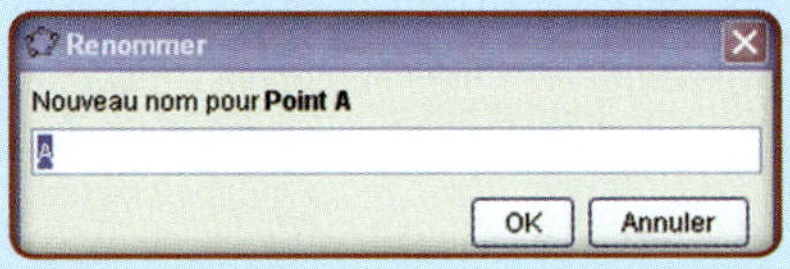

- **On a ainsi renommé l'objet.**
On a renommé ici le point A.
Son nouveau nom est P.

Géométrie 20 Activer la trace d'un objet

1. **Faire un clic droit sur l'objet dont on veut activer la trace.**
Ici, on clique sur le point F', symétrique du point F par rapport à la droite tracée.

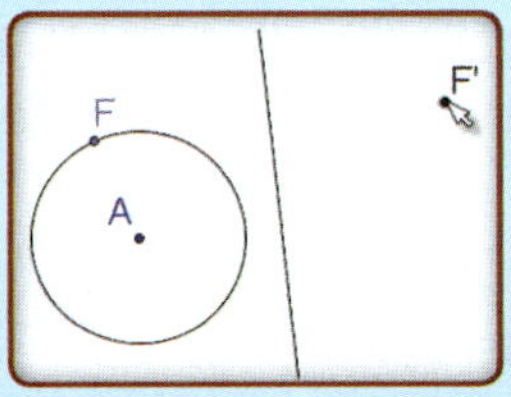

2. **Cliquer sur « Trace activée » dans le menu qui s'ouvre.**

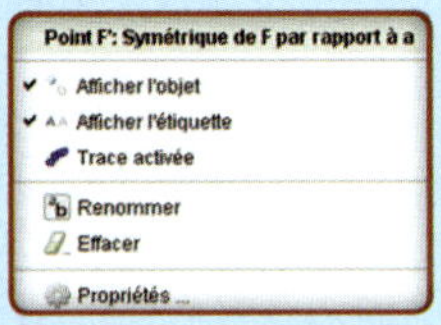

- **L'objet laisse une trace lorsque l'on déplace d'autres éléments de la figure.**
En déplaçant le point F, le point F' bouge et laisse ainsi une trace qui semble représenter un cercle.

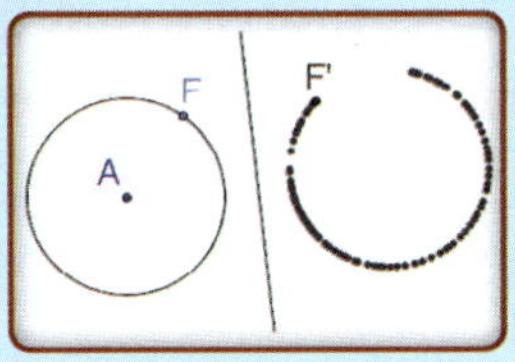

Géométrie 21 Afficher/cacher un objet

1 Cliquer sur le bouton « Afficher/cacher l'objet ».

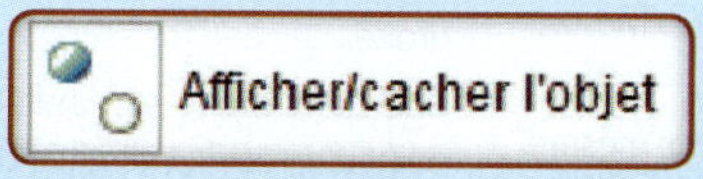

Tous les objets cachés sont surlignés.
Les objets visibles ne le sont pas.

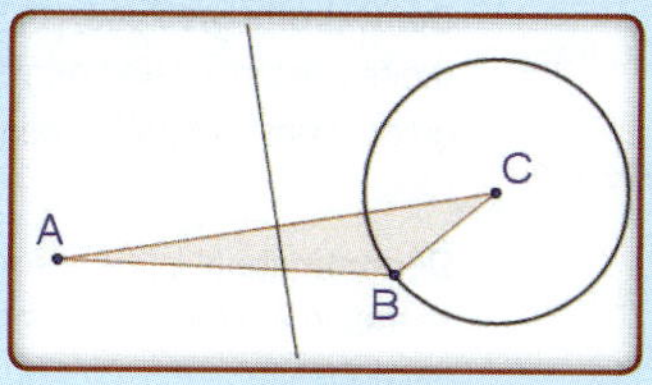

Pour rendre un objet visible, il suffit de cliquer dessus afin qu'il ne soit plus surligné.

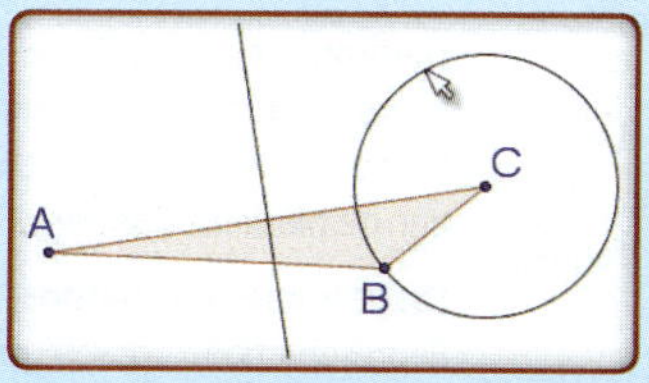

Pour cacher un objet, il suffit de cliquer dessus afin qu'il soit surligné.

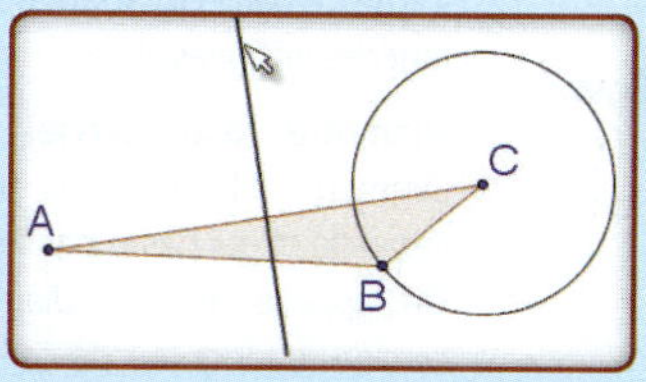

2 Quitter le mode « Afficher/cacher l'objet » en appuyant sur la touche « Echap » (ou « Esc ») du clavier.

ou

On a ainsi modifié l'affichage des objets. On a ici affiché le cercle et caché la droite.

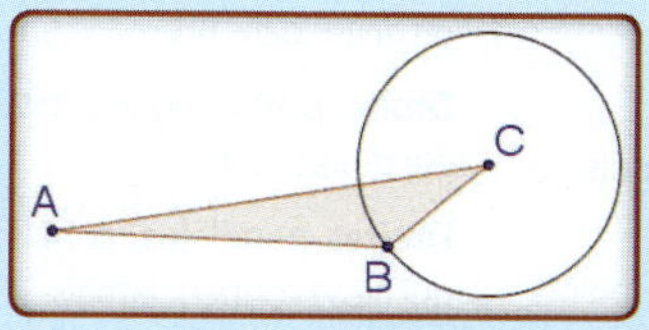

Autre méthode : Il est possible de modifier l'affichage d'un objet en effectuant un clic droit sur l'objet et en cochant/décochant « Afficher l'objet ».

Le dico des maths

A

Abscisse, p. 13 : Nombre permettant de repérer un point sur une demi-droite graduée.

Aire (d'une figure), p. 209 : Mesure de la surface d'une figure.

Angle aigu, p. 161 : Angle de mesure inférieure à 90°.

Angle droit, p. 161 : Angle de mesure 90°.

Angle nul, p. 161 : Angle de mesure 0°.

Angle obtus, p. 161 : Angle de mesure comprise entre 90° et 180°.

Angle plat, p. 161 : Angle de mesure 180°.

Angles adjacents, p. 171 : Angles ayant le même sommet, un côté commun et situés de part et d'autre de ce côté commun.

Are, p. 209 : Un are est égal à un décamètre carré (1 a = 1 dam^2).

Axe de symétrie (d'une figure), p. 177 : Le symétrique d'une figure par rapport à son axe de symétrie est confondu avec la figure.

B

Base, p. 192 : Côté opposé au sommet principal dans un triangle isocèle.

Bissectrice, p. 161 : Droite partageant un angle en deux angles de même mesure.

C

Carré du rayon, p. 209 : Produit du rayon par lui-même.

Cercle, p. 142 : Ensemble de points situés à égale distance d'un même point (le centre du cercle).

Cercles concentriques, p. 154 : Cercles de même centre.

Circonférence (d'un cercle), p. 208 : Longueur du pourtour de ce cercle.

Coefficient de proportionnalité, p. 100 : Nombre qui permet, en multipliant, de passer de la première à la deuxième ligne d'un tableau de proportionnalité.

Comparer, p. 13 : Dire si deux nombres sont égaux ou si l'un est plus petit ou plus grand que l'autre.

Corde, p. 142 : Segment qui relie deux points d'un cercle.

Critère de divisibilité, p. 64 : Condition à remplir par un nombre pour qu'il soit divisible par un autre.

Cube, p. 224 : Pavé droit dont toutes les arêtes ont la même longueur.

D

Degré, p. 161 : Unité de mesure des angles.

Demi-droite, p. 140 : Partie d'une droite.
Une demi-droite est limitée par un point d'un côté et illimitée de l'autre.

Demi-droite graduée, p. 13 : Demi-droite possédant une origine et des graduations régulièrement espacées.

Dénominateur, p. 84 : Nombre qui se trouve «en bas» dans une écriture fractionnaire.

Diagramme circulaire, p. 117 : Représentation graphique sous forme de disque illustrant la répartition de plusieurs données.

Diagramme en bâtons, p. 116 : Représentation graphique sous forme de barres illustrant ou comparant des données.

Diamètre (d'un cercle), p. 142 : Segment qui relie deux points de ce cercle et qui passe par son centre. On appelle aussi « diamètre du cercle » la longueur de ce segment, c'est le double du rayon.

Différence, p. 32 : Résultat d'une soustraction.

Dividende, p. 64 : Nombre que l'on divise dans une division.

Diviseur, p. 64 : Nombre par lequel on divise dans une division.

Droite, p. 140 : Ligne droite passant par deux points.

Droites parallèles, p. 141 : Droites qui ne se coupent jamais.

Droites perpendiculaires, p. 141 : Droites qui se coupent en formant un angle droit.

Droites sécantes, p. 140 : Droites qui se coupent un point.

E

Encadrer, p. 14 : Trouver un nombre plus petit et un nombre plus grand qu'un nombre donné.

Équidistant, p. 177 : À la même distance.

F

Facteur, p. 48 : Nombre utilisé dans une multiplication.

Fraction, p. 84 : Écriture fractionnaire dont le numérateur et le dénominateur sont des nombres entiers.

G

Grandeurs proportionnelles, p. 100 : Grandeurs dont les valeurs de l'une s'obtiennent en multipliant les valeurs de l'autre par un nombre constant.

Graphique cartésien, p. 117 : Représentation graphique sous forme d'une courbe montrant l'évolution d'une grandeur en fonction d'une autre.

H

Hectare, p. 209 : Un hectare est égal à un hectomètre carré (1 ha=1 hm^2).

Hypoténuse, p. 192 : Côté opposé à l'angle droit d'un triangle rectangle. C'est le côté le plus long d'un triangle rectangle.

I-L

Intercaler, p. 14 : Trouver un nombre compris entre deux autres.

Longueur d'un cercle, p. 208 : Longueur du pourtour de ce cercle.

M

Médiatrice (d'un segment), p. 141 : Droite perpendiculaire à ce segment en son milieu.

Mètre cube, p. 225 : Unité de mesure officielle des volumes.

Multiple (d'un nombre), p. 64 : Nombre faisant partie de la table de multiplication de ce nombre.

N-O

Numérateur, p. 84 : Nombre qui se trouve « en haut » dans une écriture fractionnaire.

Ordre de grandeur, p. 32 et p. 49 : Valeur approchée simple d'un nombre. On utilise notamment les ordres de grandeur pour se faire une idée du résultat d'un calcul.

P

Parallélépipède rectangle, p. 224 : Solide ayant six faces rectangulaires. On l'appelle aussi «pavé droit».

Patron, p. 224 : Dessin qui permet après découpage, pliage et collage de construire un solide de l'espace.

Périmètre, p. 208 : Longueur du pourtour d'une figure.

Perspective cavalière, p. 225 : Manière de représenter sur une feuille des solides de l'espace.

Pourcentage, p. 101 : Proportion d'une quantité par rapport à une autre exprimée à l'aide d'une écriture fractionnaire de dénominateur 100.

Produit, p. 48 : Résultat d'une multiplication.

Q-R

Quotient, p. 64 : Résultat d'une division.

Ranger, p. 14 : Classer des nombres du plus petit ou plus grand (ordre croissant) ou du plus grand au plus petit (ordre décroissant).

Rapporteur, p. 161 : Instrument de mesure des angles.

Rayon (d'un cercle), p. 142 : Segment qui relie un point de ce cercle à son centre. On appelle aussi « rayon du cercle » la longueur de ce segment.

Reste, p. 64 : Différence du dividende et du produit du diviseur par le quotient.

S

Segment, p. 140 : Partie d'une droite. Un segment est limité des deux côtés par deux points.

Somme, p. 32 : Résultat d'une addition.

Sommet principal d'un triangle isocèle, p. 192 : Sommet commun aux deux côtés de même longueur d'un triangle isocèle.

Symétrie axiale, p. 176 : Transformation qui fait correspondre à une figure une autre figure par pliage le long d'un axe.

Symétrique (d'une figure), p. 176 : Figure obtenue par pliage le long d'une droite d'une autre figure.

T

Tableau de données, p. 116 : Tableau permettant de présenter des renseignements chiffrés.

Tableau de proportionnalité, p. 101 : Tableau dans lequel on passe des valeurs de la première ligne à celles de la deuxième en multipliant toujours par un même nombre.

Terme, p. 32 : Nombre utilisé dans une addition ou une soustraction.

V

Valeur approchée, p. 14 et p. 64 : Valeur proche de la valeur exacte d'un nombre.

Valeur exacte, p. 65 : Valeur d'un nombre. Ce n'est pas une valeur approchée.

Corrigés des QCM « Je m'évalue »

Chapitre 1 Nombres entiers et décimaux

QCM p. 23

98 B — 99 D — 100 A, B et D — 101 B
102 C — 103 A — 104 D — 105 B et C
106 C — 107 B

Chapitre 2 Addition • Soustraction

QCM p. 39

67 B — 68 A — 69 B — 70 D — 71 A
72 B — 73 B — 74 C — 75 A et B — 76 A
77 A — 78 D — 79 D

Chapitre 3 Multiplication

QCM p. 55

67 A — 68 B — 69 B — 70 A — 71 A
72 A — 73 D — 74 A et C — 75 D — 76 C

Chapitre 4 Division

QCM p. 71

61 C — 62 D — 63 B, C et D — 64 A et C
65 B et C — 66 A et D — 67 D — 68 B
69 B — 70 B

Chapitre 5 Écritures fractionnaires

QCM p. 91

60 B et D — 61 A, B, C et D — 62 B — 63 D
64 B et D — 65 A et D — 66 A et B — 67 D
68 A, C et D — 69 D — 70 A et D

Chapitre 6 Proportionnalité

QCM p. 107

51 A — 52 B — 53 D — 54 C — 55 C
56 B — 57 B — 58 C — 59 A — 60 D

Chapitre 7 Organisation et représentation de données

QCM p. 125

31 A — 32 B — 33 B — 34 B — 35 C
36 B — 37 A — 38 C — 39 D — 40 C

Chapitre 8 Règle • Équerre • Compas

QCM p. 151

65 D — 66 C — 67 A, C et D — 68 B — 69 B
70 B — 71 B, C et D — 72 B — 73 B — 74 B

Chapitre 9 Rapporteur • Angles

QCM p. 167

45 B et C — 46 B — 47 A — 48 C — 49 B
50 C — 51 B — 52 B et C — 53 B et D — 54 B

Chapitre 10 Symétrie axiale

QCM p. 183

44 B et C — 45 B — 46 B et D — 47 A et D — 48 C
49 C — 50 A et D — 51 B — 52 C — 53 B

Chapitre 11 Figures usuelles

QCM p. 199

42 B — 43 A — 44 A et C — 45 A, B et D
46 B, C et D — 47 A et C — 48 B, C et D
49 A et C — 50 A et D — 51 B

Chapitre 12 Périmètre et aire

QCM p. 215

72 C et D — 73 B et D — 74 B — 75 B — 76 C
77 B — 78 C — 79 C — 80 A et D — 81 C

Chapitre 13 Parallélépipède rectangle • Volume

QCM p. 231

50 A, C et D — 51 B et C — 52 C — 53 D
54 A, B et D — 55 A, C et D — 56 B
57 D — 58 B, C et D — 59 A et C

Crédits photographiques

9 ph © nenetus/Fotolia ; **11** ph © Presse Sports/Alain Mounic ; **18bas** ph © Urba Images/G. Danger ; **18ht** ph © Raf Irusta/Fotolia ; **24** ph © BIS / British Museum, Londres / Archives Larbor ; **25** ph © Aurélien Pottier/Fotolia ; **29** ph © Yuriy Kulik/Shutterstock ; **31** ph © Piotr Marcinski/Fotolia ; **37** ph © Duris Guillaume/Fotolia ; **38** ph © Cosmos / David Parker / SPL ; **40** ph © Philippe Guignard / Air images – Contreforts Production ; **41ht** ph © BIS / Coll. Archives Larbor ; **41bas** ph © Sipa / Nivière ; **43** ph © BIS/ Ph coll Archives Sejer ; **45** ph ©Xinhua/ZUMA/REA ; **53g** ph © Twitter ; **53d** ph © Konstantin Yuganov/Fotolia ; **54** ph © Frank Leslie's Illustrated Newspaper ; **55** ph © Frog 974/ Fotolia ; **56g** ph © Jérôme Labarbe/Fotolia ; **56d** ph © Marco Rullkötter/Fotolia ; **57** ph © Erica Guilane-Nachez/Fotolia ; **59** ph © FreedomImage/Fotolia ; **61** ph © Elena Schweitzer/Shutterstock ; **66** ph © RMN / BPK, Berlin ; **67** ph © eZeePics Studio/ Shutterstock ; **68** ph © Kimberly Reinick/Fotolia ; **72** ph © Diego Cervo/Fotolia ; **73** ph © BIS / Ph. J.L. Charmet / Archives Larbor ; **75** ph © Gabriele Maltinti/Shutterstock ; **81** ph © Jill Chen/Shutterstock ; **83** ph © Kaktuzoid/Fotolia ; **87** © Beboy/Fotolia ; **90** ph © R. Villalon/Fotolia ; **92** ph © Richard Villalon/Fotolia ; **93 ht g** ph © BIS / NASA / Archives Larbor ; **93 ht m g** ph © BIS / NASA / Archives Larbor ; **93 ht m d** ph © BIS / NASA / Archives Larbor ; **93 ht d** ph © NASA / Johns Hopkins University / Applied Physics Laboratory / Carnegie Institution of Washington ; **93bas** ph © Unclesam/Fotolia ; **97** ph © D. Leonis Caldicola/Fotolia ; **98** ph © pp76/Fotolia ; **99** ph © DRX/Fotolia ; **105** ph © Vojtech Vlk/Fotolia ; **106** ph © Thibault Renard/Fotolia ; **108g** ph © SkyLine/Fotolia ; **108d** ph © Cosmos / Andrew Syred / SPL ; **109g** ph © Maxfx/Fotolia ; **109d** ph © Johan Swanepoel/Fotolia ; **113** ph © Sergey Nivens/Fotolia ; **119** ph © Daniel Rodriguez/iStock ; **122 ht** ph © wajan/Fotolia ; **124** ph © SunnyS/Fotolia ; **126** © Regormark/Fotolia ; **127ht** ph © Yves Roland/Fotolia ; **127bas** ph ©Collectio Arrtedia / Philippe Chaix et Jean-Paul Morel ; **129** DR ; **137** ph © Prod. Numérik/Fotolia ; **152** ph © Muzy/Shutterstock ; **153** ph © Nancy Dressel/Shutterstock ; **157** ph © Maxfx/Fotolia ; **168** ph © Oleksandr Moroz/Fotolia ; **173** ph ©Leemage/Cuboimages ; **189** ph © PJB/SIPA ; **200** ph © Andia.fr / Aldo Liverani ; **201** ph © Akg-images / Bildarchiv Steffens ; **203** ph © BIS / Hubert Josse / Archives Larbor ; **205** ph © Anne Kitzman/Fotolia ; **213** ph © Endostock/Fotolia ; **216** ph © Maxfx/Fotolia ; **217ht** ph © guy/Fotolia ; **217bas** ph © rvlsoft/Shutterstock ; **220h** ph © Renlow/Fotolia ; **220bas** ph © picsfive/Fotolia ; **221** ph ©Photononstop / Christophe Lehenaff ; **227** ph © Coprid/Fotolia ; **228** ph © Renlow/Fotolia ; **230** ph © auryndrikson/ Fotolia.

Édition : Béatrice Jovial-Vernet et Julien Barret

Couverture : Jean-François Saada

Illustrations : Jean-Gabriel Jauze

Recherche iconographique : Clémence Zagorsky

Fabrication : Jean-Philippe Dore

Coordination artistique : Pierre Taillemite

Réalisation et schémas : Soft Office

FSC www.fsc.org MIXTE Papier issu de sources responsables FSC® C022030

N° projet : 10201455
Dépôt légal : avril 2014
Imprimé en Italie
par Bona

IMPRIM'VERT

Le site compagnon

Avec Myriade, fais des maths autrement !
Myriade, ce n'est pas seulement un manuel, retrouve en un clic ces 56 animations et 26 vidéos sur www.bordas-myriade.fr.

1 Nombres entiers et décimaux

- Lire l'abscisse d'un point
- Placer un point d'abscisse donnée
- Décomposer un nombre décimal
- Comparer des nombres décimaux

2 Addition • Soustraction

- Ordres de grandeur
- Additionner ou soustraire des durées

3 Multiplication

- Effectuer une multiplication posée
- Multiplier par 10, 100, 1 000 et par 0,1 ; 0,01 ; 0,001

4 Division

- Effectuer une division décimale
- Effectuer une division euclidienne

5 Écritures fractionnaires

- Fractions sur une droite graduée
- Différentes écritures d'un quotient
- Simplifier une écriture fractionnaire

6 Proportionnalité

- Reconnaître la proportionnalité
- Utiliser la proportionnalité
- Appliquer un pourcentage

7 Organisation et représentation de données

- Lire un graphique cartésien
- Lire des données dans un tableau
- Lire un diagramme

8 Règle • Équerre • Compas

- Vocabulaire du cercle
- Tracer la droite perpendiculaire à une autre
- Tracer la droite parallèle à une autre passant par un point donné
- Construire un triangle connaissant les longueurs de ses côtés
- Construire la médiatrice d'un segment à la règle graduée et à l'équerre

9 Rapporteur • Angles

- Angles particuliers
- Mesurer un angle
- Construire un angle de mesure donnée

10 Symétrie axiale

- La symétrie axiale
- Construire la médiatrice d'un segment à la règle non graduée et au compas
- Construire la bissectrice d'un angle
- Construire le symétrique d'un point à la règle et à l'équerre
- Construire le symétrique d'un point au compas seulement
- Construire le symétrique d'une figure
- Construire le symétrique d'une droite
- Construire le symétrique d'un segment

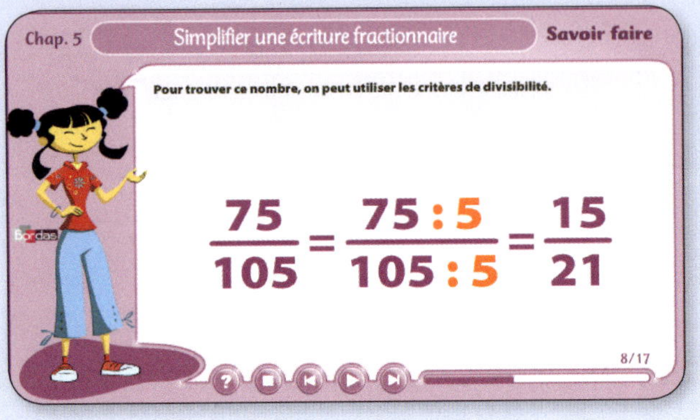

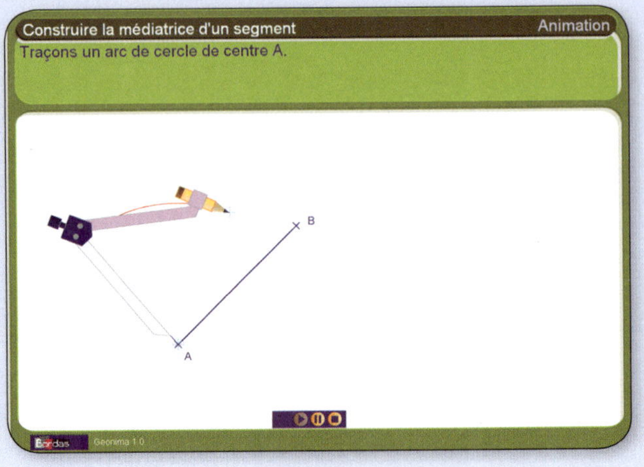